KB105345

하 늘 소
생 태 도 감

Cerambycidae of Korea

한반도의 산과 들에서 찾아낸 하늘소 357종

큰우단하늘소, 강원 양양군, 2012.9.3.

한반도 생물 생태 탐구 3

하늘소 생태도감

Cerambycidae of Korea

한반도의 산과 들에서 찾아낸 하늘소 357종

장현규, 이승현, 최웅 지음 | 이승환 감수

GEOBOOK 지오북

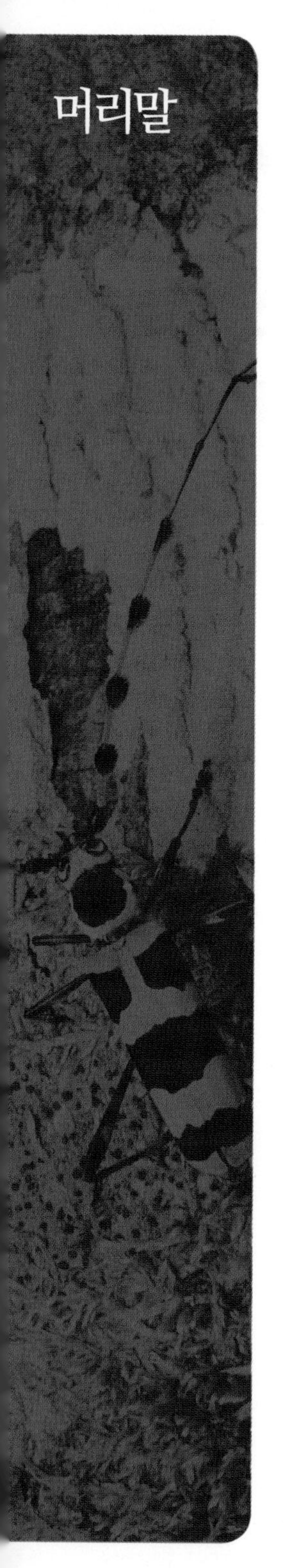

머리말

하늘소를 너무나도 사랑하는 사람으로서 故 이승모 선생님의 『한반도 하늘소과 갑충지』(1987) 이후로 30여 년간 하늘소 도감이 단 한 권도 출판되지 않았다는 사실이 항상 아쉬웠습니다. 많은 사람들이 오랜 시간 기다리던 책을 저희들이 출판하게 된 것을 영광이라고 생각합니다.

이 책의 발간으로 더 많은 사람들이 하늘소과 곤충들에 대한 관심을 가지게 되기를 기대해 봅니다. 그리고 우연히 마주친 하늘소에 대해 궁금해하고, 그 궁금증을 해결해나가는 도구로 이 책이 사용된다면 좋겠습니다. 곤충을 찾아다니면서 가장 매력적인 일은 책이나 논문에서 도판을 보고 넋을 잃었던 바로 그 곤충을 자연에서 아름다운 풍광과 함께 관찰하는 것입니다. 아직도 『한반도 하늘소과 갑충지』에서 표본으로만 보던 하늘소를 처음 만났을 때의 짜릿함과 환희가 잊히지 않습니다. 『하늘소 생태도감』이 독자들에게 저희가 느꼈던 설렘을 주는 길잡이가 될 수 있다면 더 이상 바랄 것이 없겠습니다. 나아가 학계에 계신 여러 전문가들의 동정과 채집에 도움이 되기를 바라봅니다.

『하늘소 생태도감』은 한반도에 기록되어 있는 하늘소 357종을 다루었습니다. 단순히 종을 기록하고 형태를 간단하게 언급하던 기존의 틀에서 벗어나 하늘소의 생활사를 문헌과 필자의 관찰 기록을 바탕으로 정리하였습니다. 또한 생생한 생태사진도 함께 실었습니다. 국내에서 채집된 하늘소의 표본사진을 사용하였으며, 한반도 북부에서만 관찰되거나 오랜 기간 채집되지 않은 종들은 동종의 해외 표본사진을 담았습니다. 다양한 사진들이 표본 동정이나 야외 동정에 유용하게 쓰일 것이라고 생각합니다.

이 책을 내기까지 많은 분들의 도움이 있었습니다. 먼저 흔쾌히 감수를 맡아주신 서울대학교 곤충계통분류학 연구실의 이승환 교수님께 감사드립니다. 하늘소 분류와 문헌 확보에 큰 도움을 주시고 검토를 도와주신 오승환 님, 많은 현장 경험을 토대로 곤충에 대한 다양한 가르침을 주신 오해용 님, 늘 부족한 동생들을 챙겨주시는 장영철 님, 새로운 시각으로 자연을 보도록 일깨워주시는 홍성택 님께 감사드립니다. 또한 각 지역에서 곤충 생활을 하시며 많은 정보를 아낌없이 제공해주신 강웅, 강의영, 김준영, 박상규, 박상인, 성명현, 손승구, 안상만, 이민혁, 이정빈, 이호단 선후배님들께 고마움을 전합니다. 한반도 북부에 서식하는 하늘소들을 관찰하기 위한 백두산 채집 여행을 기획하고 실행할 수 있게 도와주신 아시아나항공과 아시아나 드림윙즈 관계자 여러분께도 감사드립니다. 그리고 이 책을 쓸 수 있도록 쉽지 않은 결정을 내려주시고 책으로 제작해주신 지오북의 황영심 대표님과 직원분들께 진심으로 감사의 말씀을 올립니다.

2015년 3월

장현규, 이승현, 최웅

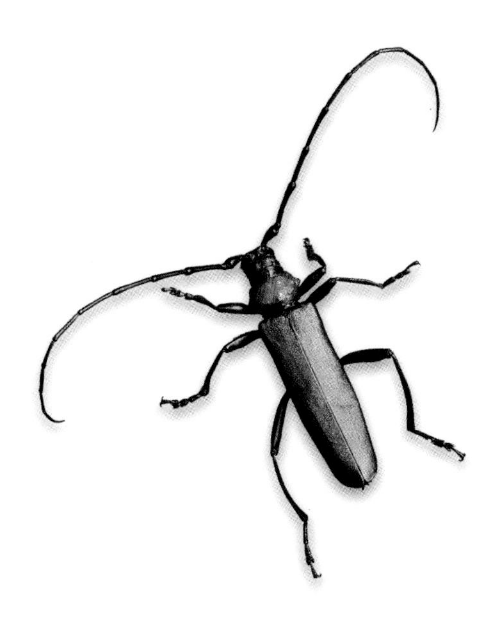

일러두기

1. 이 책은 2016년까지 한반도에 기록된 모든 하늘소과 곤충을 수록하여 총 7아과 49족 176속 357종으로 정리했다.

2. 이 책에서 국내 분포가 처음으로 밝혀진 종은 11종, 미동정종은 5종이다.

3. 국명이 없는 종에 대해서는 학명의 어원, 속명, 외형 등을 고려해 새로 부여했다. 이 책에서 새로 국명이 붙여진 종은 39종이다.

4. 기주식물은 저자들이 관찰한 결과와 문헌을 참고해 정리하였으며, 관찰 결과와 문헌 기록이 극명히 다른 경우 관찰 결과를 우선하였다.

5. 학명과 분류체계는 「Catalogue of Palaearctic Coleoptera volume 8」(Löbl & Smetana, 2010)을 따랐으며, 2010년 이후 기록된 종은 해당 논문에 기입된 학명을 따랐다.

6. 과거 오동정으로 인해 학명과 국명에 혼돈이 있는 경우, 국명은 그대로 두고 올바른 학명으로 수정하였다.

7. 이 책의 인용(citation)시 출처는 다음과 같이 표기한다.

   장현규, 이승현, 최웅. 2015. 하늘소 생태도감. 지오북. 서울. 399pp.

   Jang, H. K., Lee, S. H., & Choi, W. 2015. Cerambycidae of Korea. Geobook. Seoul. 399 pp.

이 책을 보는 방법

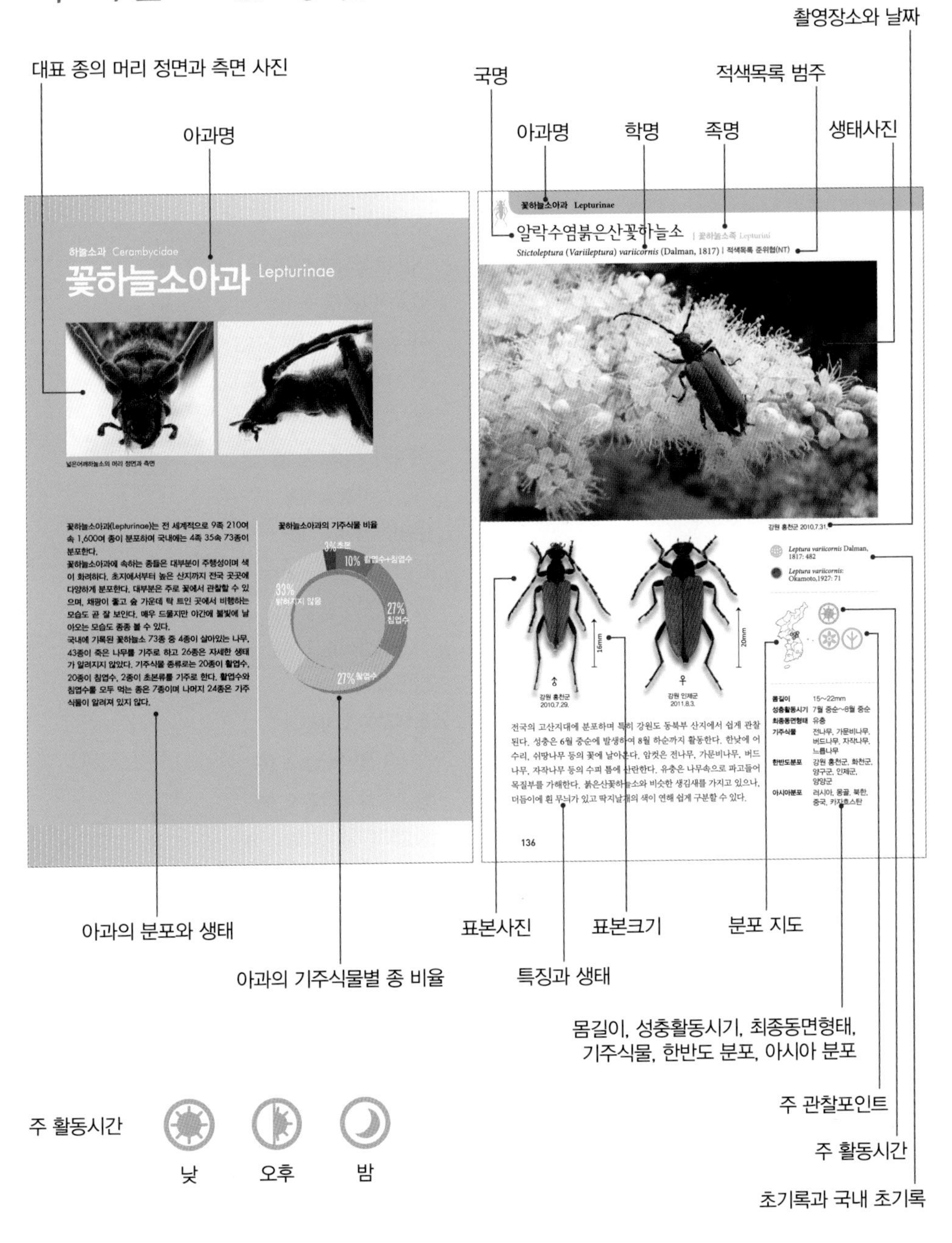

주 관찰포인트

나무 풀 꽃 불빛

차례

검정하늘소아과 Spondylidinae

벌하늘소아과 Necydalinae

하늘소아과 Cerambycinae

목하늘소아과 Lamiinae

표본 찾아보기

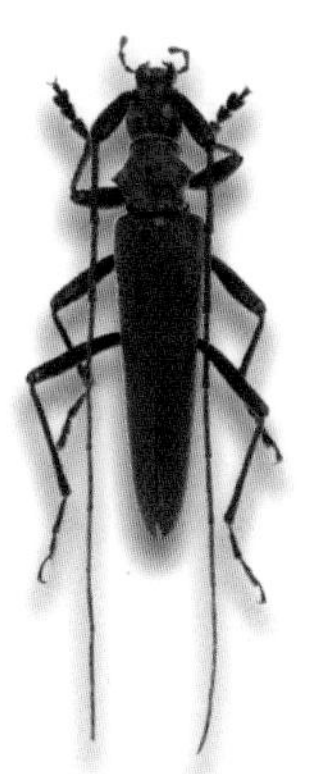
깔따구하늘소 69쪽

장수하늘소 72쪽

톱하늘소 74쪽

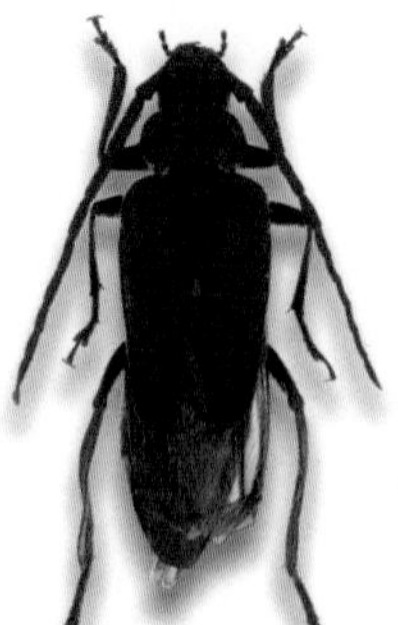
반날개하늘소 75쪽

버들하늘소 77쪽

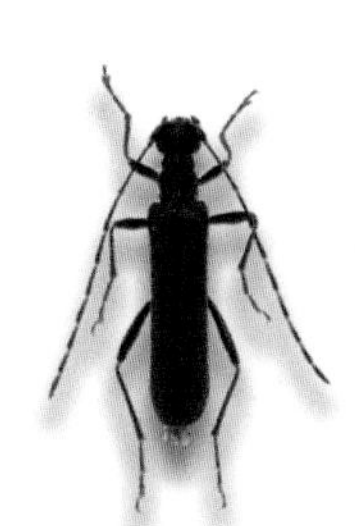
검정홀쭉꽃하늘소 80쪽

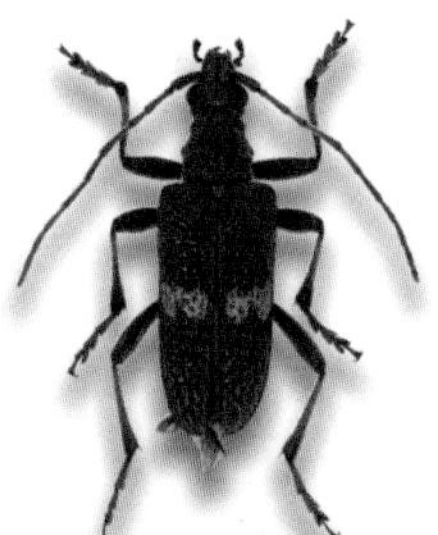
곰보꽃하늘소 81쪽

소나무하늘소 82쪽

이른봄꽃하늘소 83쪽

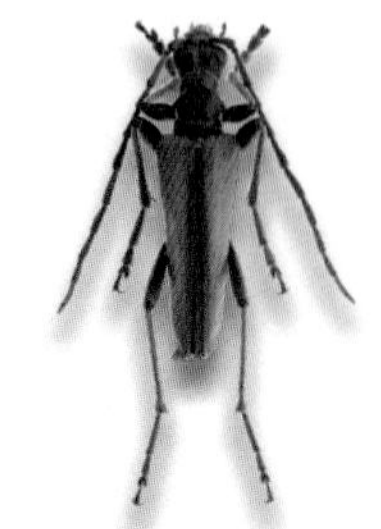
넓은어깨하늘소 84쪽

무늬넓은어깨하늘소 85쪽

봄산하늘소 87쪽

점박이산하늘소 88쪽

고운산하늘소 89쪽

무늬산하늘소 90쪽

산하늘소 90쪽

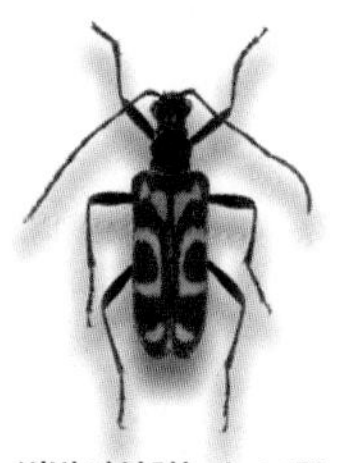
별박이산하늘소 91쪽

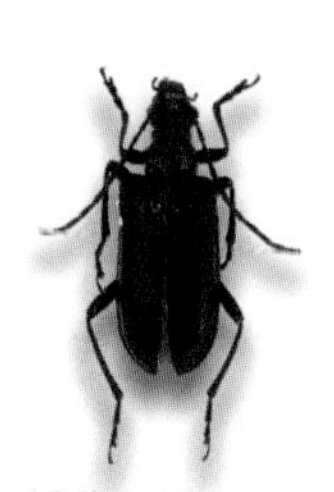
작은청동하늘소 92쪽

청동하늘소 93쪽

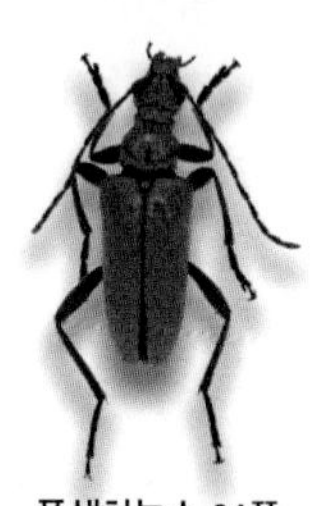
풀색하늘소 94쪽

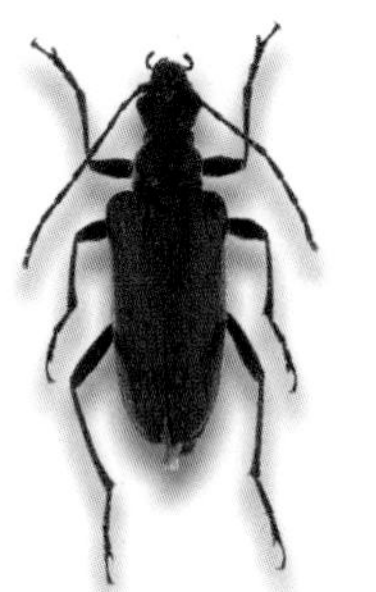
황줄박이풀색하늘소 96쪽

남풀색하늘소 97쪽

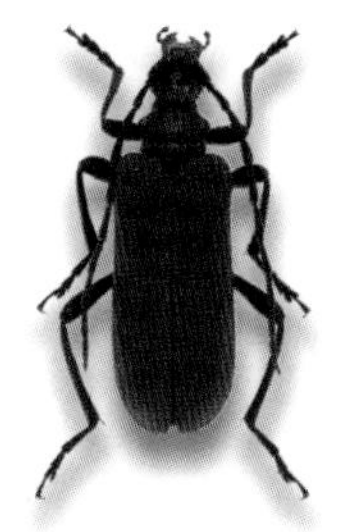
우리꽃하늘소 98쪽

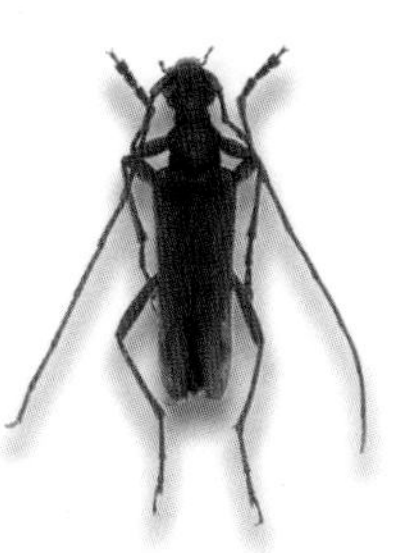
따색하늘소 99쪽

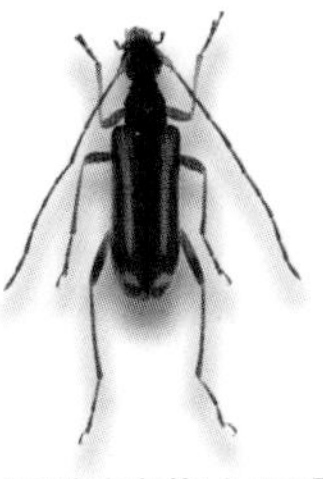
나도산각시하늘소 100쪽

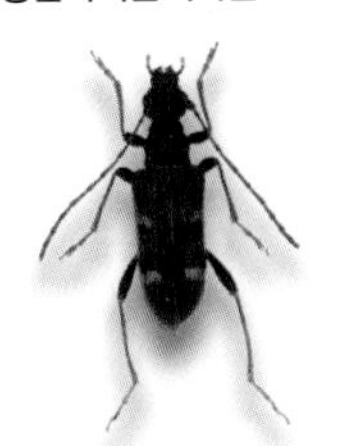
넉점각시하늘소 101쪽

노랑각시하늘소 102쪽

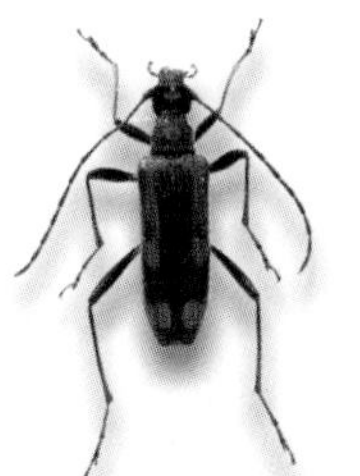
닮은산각시하늘소 103쪽

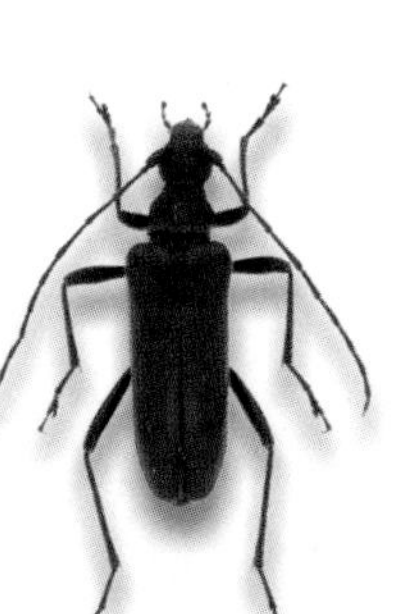
북방각시하늘소 104쪽

산각시하늘소 105쪽

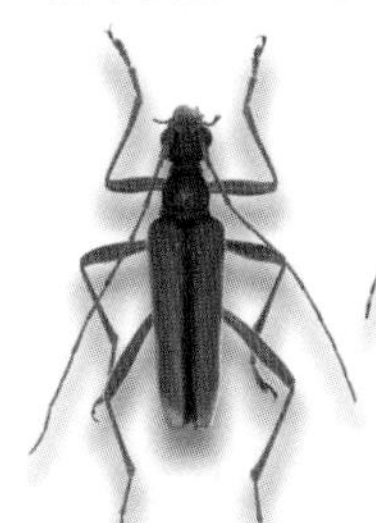
산줄각시하늘소 106쪽

줄각시하늘소 107쪽

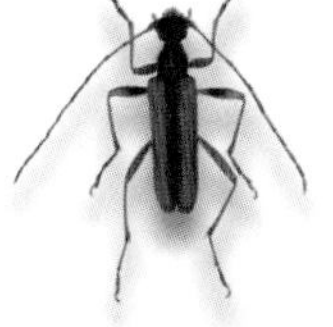
홍가슴각시하늘소 107쪽

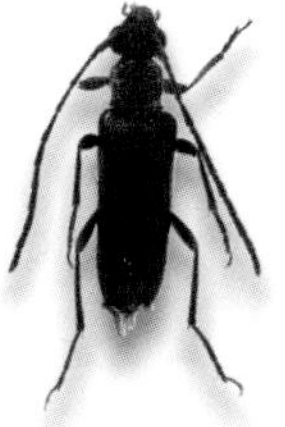
꼬마꽃하늘소 110쪽

북방꼬마꽃하늘소 111쪽

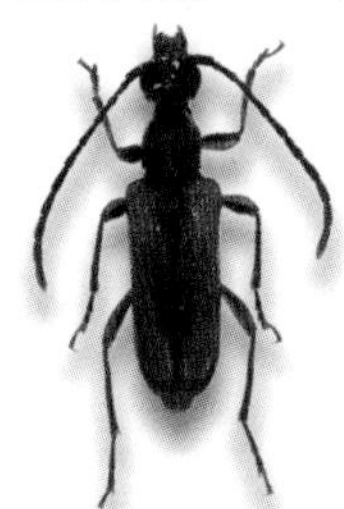
꼬마산꽃하늘소 112쪽

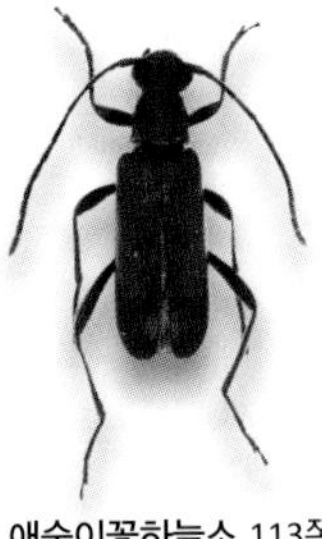
애숭이꽃하늘소 113쪽

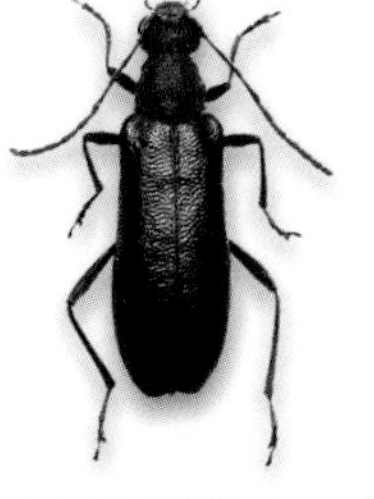
남색애숭이꽃하늘소 114쪽

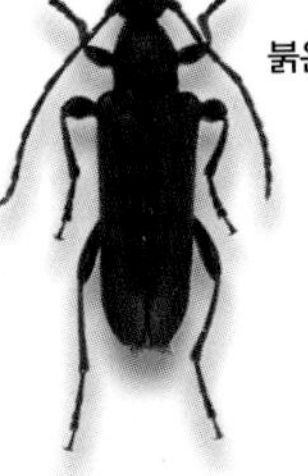
남색산꽃하늘소 115쪽

붉은어깨검은산꽃하늘소 116쪽

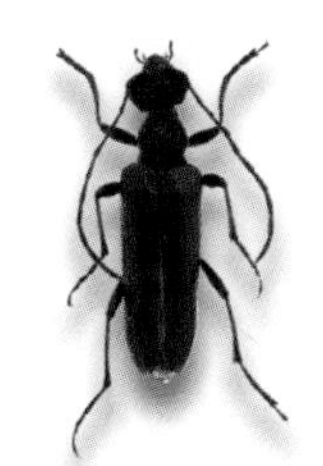
애검정꽃하늘소 116쪽

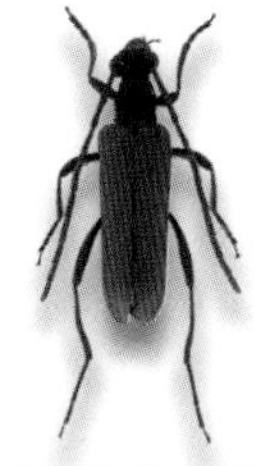
우단꽃하늘소 118쪽

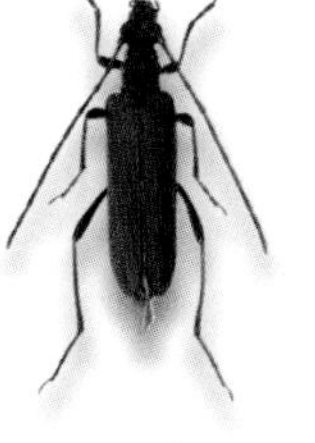
검정우단꽃하늘소 118쪽

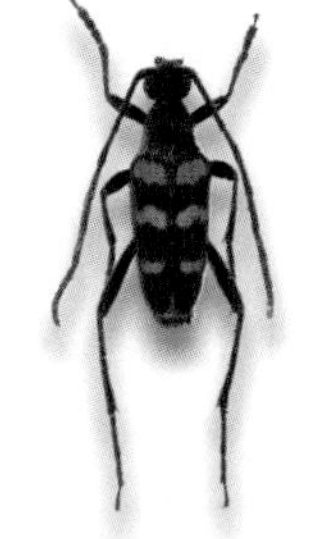
산알락꽃하늘소 119쪽

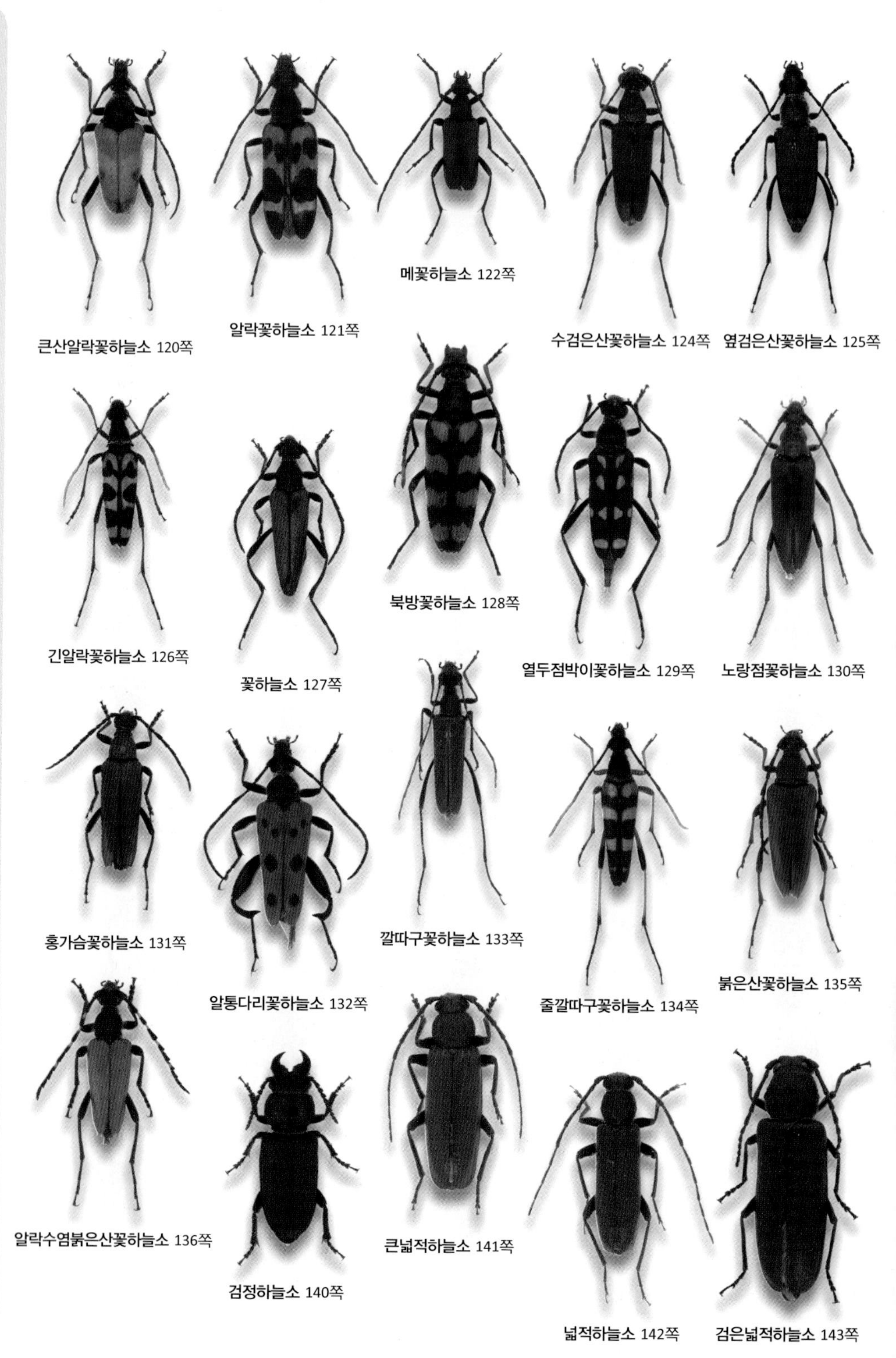

큰산알락꽃하늘소 120쪽
알락꽃하늘소 121쪽
메꽃하늘소 122쪽
수검은산꽃하늘소 124쪽
옆검은산꽃하늘소 125쪽
긴알락꽃하늘소 126쪽
꽃하늘소 127쪽
북방꽃하늘소 128쪽
열두점박이꽃하늘소 129쪽
노랑점꽃하늘소 130쪽
홍가슴꽃하늘소 131쪽
알통다리꽃하늘소 132쪽
깔따구꽃하늘소 133쪽
줄깔따구꽃하늘소 134쪽
붉은산꽃하늘소 135쪽
알락수염붉은산꽃하늘소 136쪽
검정하늘소 140쪽
큰넓적하늘소 141쪽
넓적하늘소 142쪽
검은넓적하늘소 143쪽

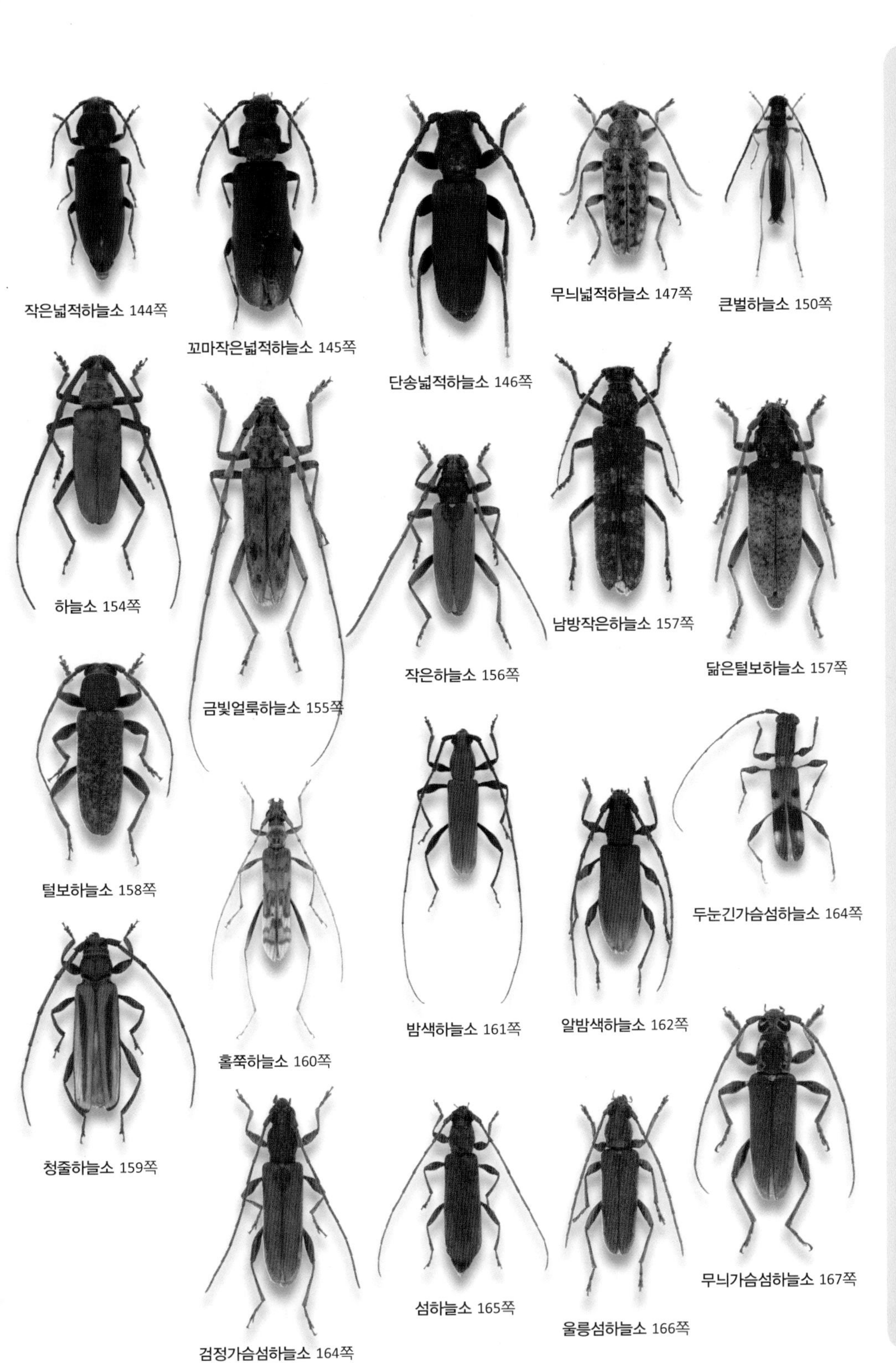
작은넓적하늘소 144쪽
꼬마작은넓적하늘소 145쪽
단송넓적하늘소 146쪽
무늬넓적하늘소 147쪽
큰벌하늘소 150쪽
하늘소 154쪽
금빛얼룩하늘소 155쪽
작은하늘소 156쪽
남방작은하늘소 157쪽
닮은털보하늘소 157쪽
털보하늘소 158쪽
청줄하늘소 159쪽
홀쭉하늘소 160쪽
밤색하늘소 161쪽
알밤색하늘소 162쪽
두눈긴가슴섬하늘소 164쪽
검정가슴섬하늘소 164쪽
섬하늘소 165쪽
울릉섬하늘소 166쪽
무늬가슴섬하늘소 167쪽

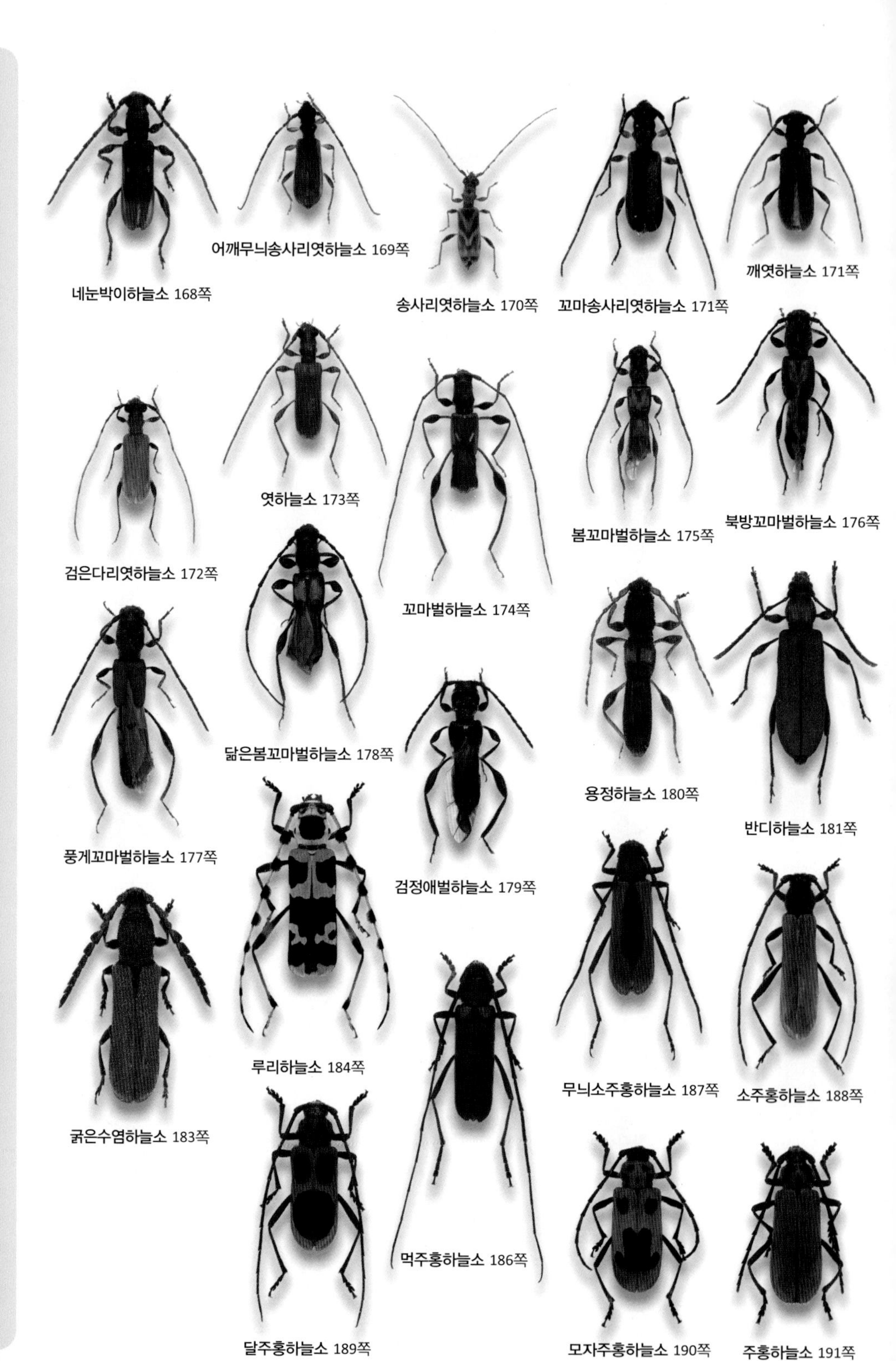

네눈박이하늘소 168쪽
어깨무늬송사리엿하늘소 169쪽
송사리엿하늘소 170쪽
꼬마송사리엿하늘소 171쪽
깨엿하늘소 171쪽
검은다리엿하늘소 172쪽
엿하늘소 173쪽
꼬마벌하늘소 174쪽
봄꼬마벌하늘소 175쪽
북방꼬마벌하늘소 176쪽
풍게꼬마벌하늘소 177쪽
닮은봄꼬마벌하늘소 178쪽
검정애벌하늘소 179쪽
용정하늘소 180쪽
반디하늘소 181쪽
굵은수염하늘소 183쪽
루리하늘소 184쪽
먹주홍하늘소 186쪽
무늬소주홍하늘소 187쪽
소주홍하늘소 188쪽
달주홍하늘소 189쪽
모자주홍하늘소 190쪽
주홍하늘소 191쪽

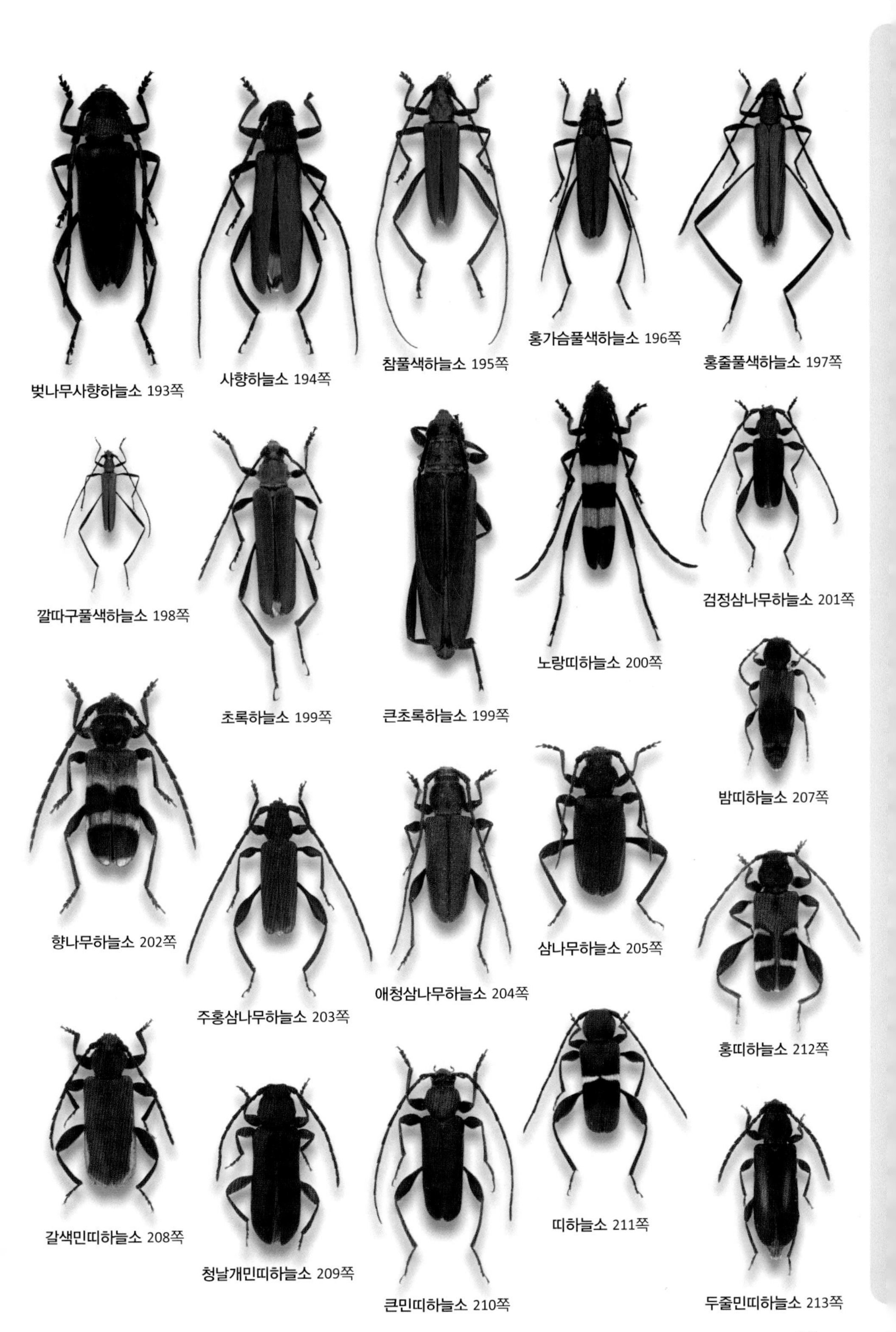
벚나무사향하늘소 193쪽
사향하늘소 194쪽
참풀색하늘소 195쪽
홍가슴풀색하늘소 196쪽
홍줄풀색하늘소 197쪽
깔따구풀색하늘소 198쪽
초록하늘소 199쪽
큰초록하늘소 199쪽
노랑띠하늘소 200쪽
검정삼나무하늘소 201쪽
향나무하늘소 202쪽
주홍삼나무하늘소 203쪽
애청삼나무하늘소 204쪽
삼나무하늘소 205쪽
밤띠하늘소 207쪽
갈색민띠하늘소 208쪽
청날개민띠하늘소 209쪽
큰민띠하늘소 210쪽
띠하늘소 211쪽
홍띠하늘소 212쪽
두줄민띠하늘소 213쪽

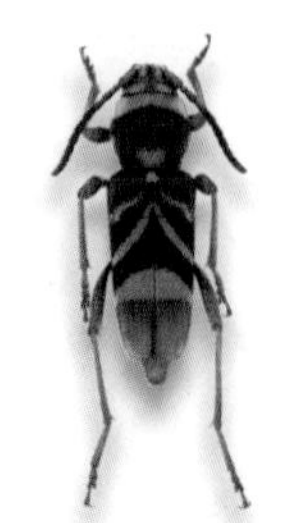
호랑하늘소 214쪽

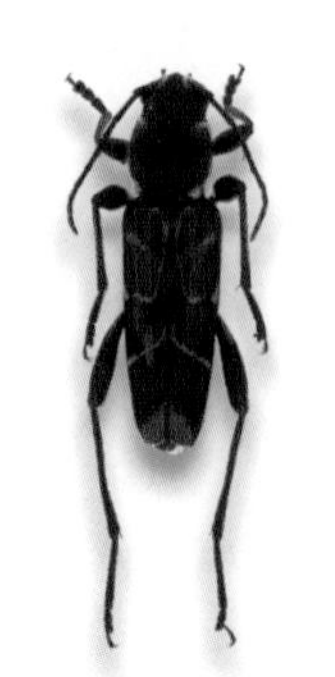
세줄호랑하늘소 215쪽

갈색호랑하늘소 216쪽

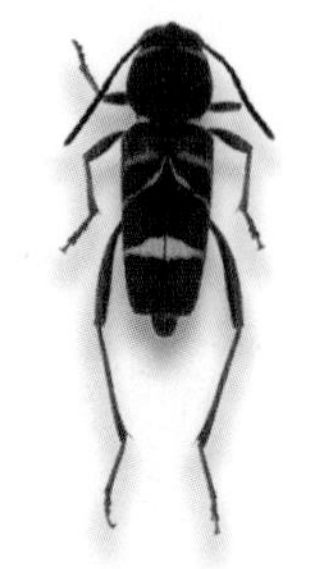
노란줄호랑하늘소 217쪽

닮은북자호랑하늘소 218쪽

닮은애호랑하늘소 219쪽

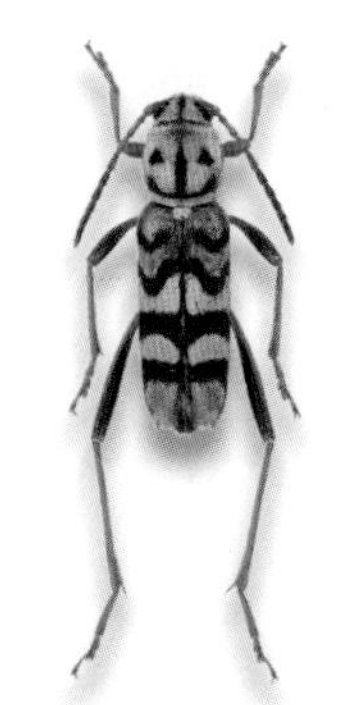
애호랑하늘소 220쪽

넉점애호랑하늘소 221쪽

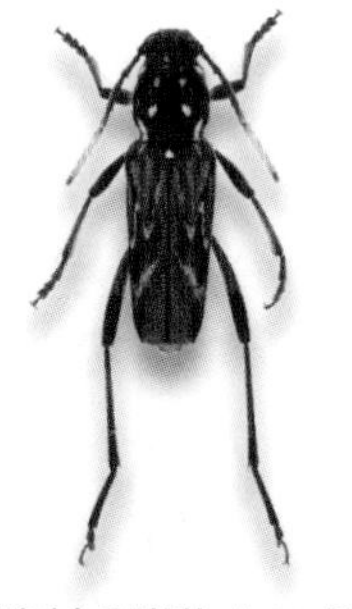
별가슴호랑하늘소 222쪽

제주호랑하늘소 223쪽

홍가슴호랑하늘소 224쪽

포도호랑하늘소 225쪽

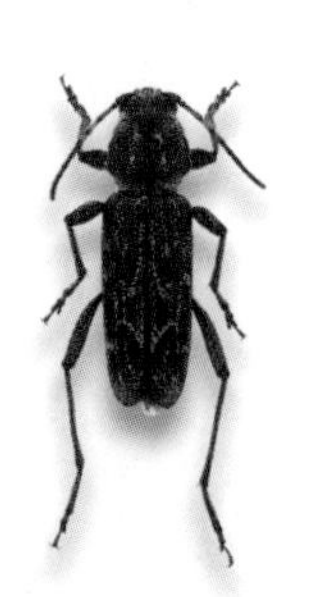
닮은줄호랑하늘소 227쪽

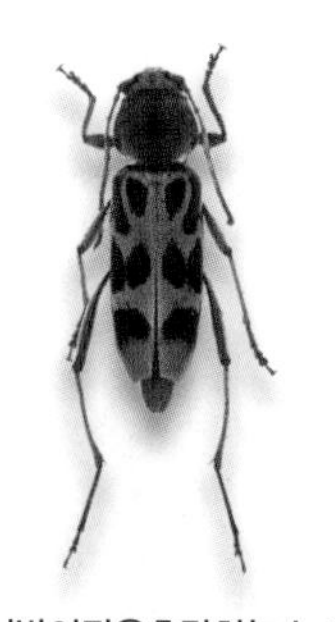
무늬박이작은호랑하늘소 228쪽

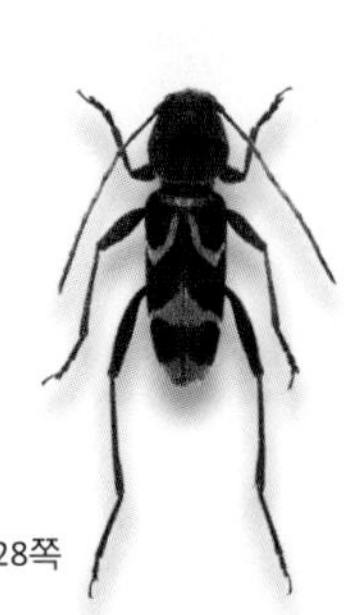
작은호랑하늘소 229쪽

홍호랑하늘소 230쪽

넓은홍호랑하늘소 231쪽

벌호랑하늘소 232쪽

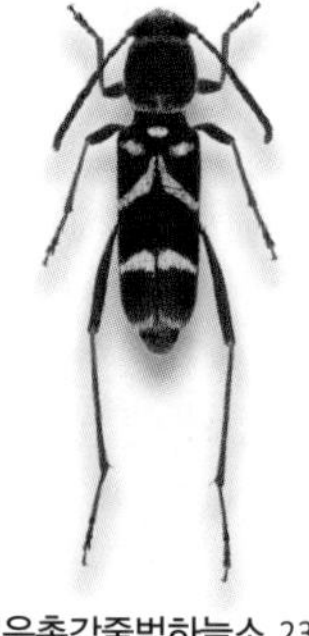
넓은촉각줄범하늘소 233쪽

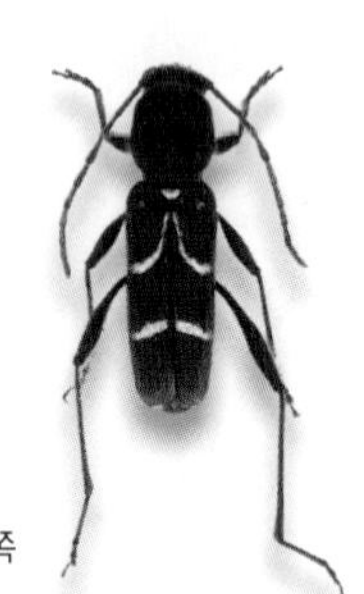
산흰줄범하늘소 234쪽

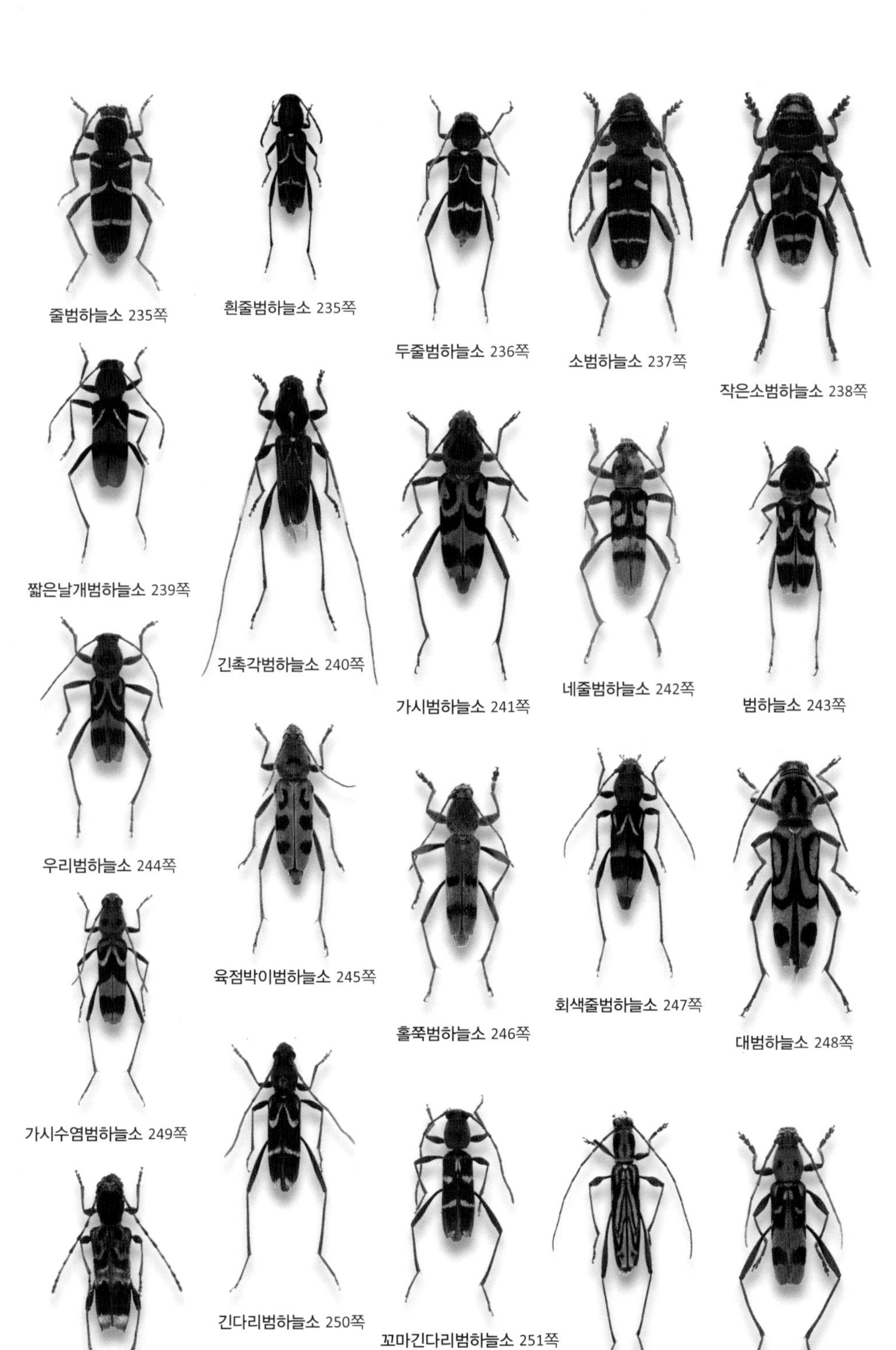

줄범하늘소 235쪽

흰줄범하늘소 235쪽

두줄범하늘소 236쪽

소범하늘소 237쪽

작은소범하늘소 238쪽

짧은날개범하늘소 239쪽

긴촉각범하늘소 240쪽

가시범하늘소 241쪽

네줄범하늘소 242쪽

범하늘소 243쪽

우리범하늘소 244쪽

육점박이범하늘소 245쪽

홀쭉범하늘소 246쪽

회색줄범하늘소 247쪽

대범하늘소 248쪽

가시수염범하늘소 249쪽

긴다리범하늘소 250쪽

꼬마긴다리범하늘소 251쪽

측범하늘소 252쪽

서울가시수염범하늘소 253쪽

흰테범하늘소 254쪽

깨다시하늘소 258쪽

남방깨다시하늘소 259쪽

섬깨다시하늘소 260쪽

흰깨다시하늘소 261쪽

긴깨다시하늘소 262쪽

소머리하늘소 262쪽

흰줄측돌기하늘소 263쪽

측돌기하늘소 264쪽

뾰족날개하늘소 265쪽

나도오이하늘소 266쪽

흰가슴하늘소 268쪽

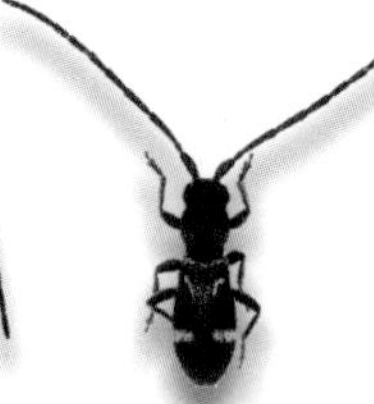
좁쌀하늘소 269쪽

우리하늘소 270쪽

수염초원하늘소 272쪽

남색초원하늘소 273쪽

닮은남색초원하늘소 274쪽

우리남색초원하늘소 275쪽

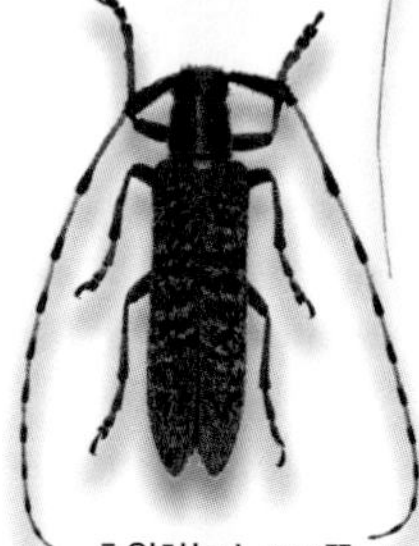
초원하늘소 276쪽

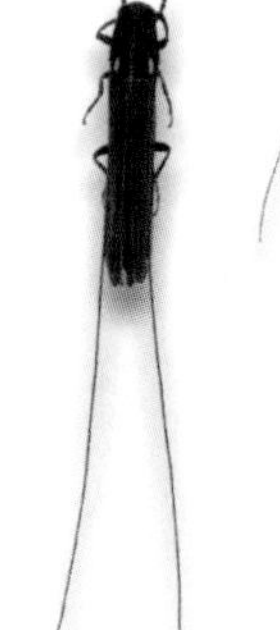
원통하늘소 277쪽

작은초원하늘소 278쪽

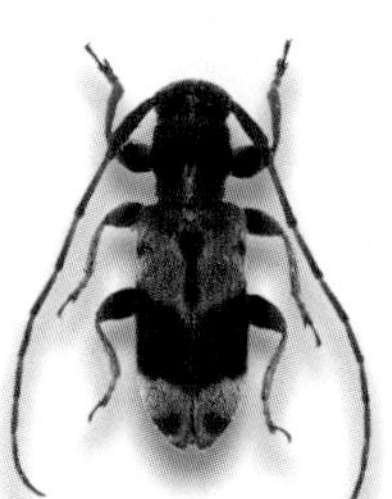
꼬마하늘소 279쪽

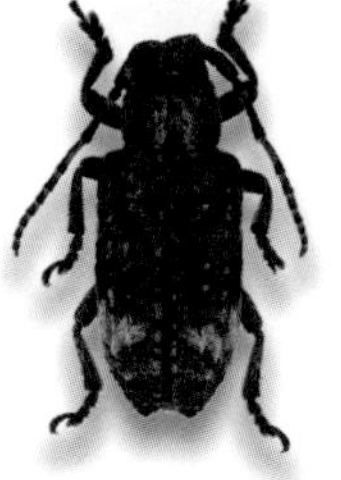
흰점곰보하늘소 280쪽

대륙곰보하늘소 281쪽

우리곰보하늘소 282쪽

큰곰보하늘소 283쪽

흰띠곰보하늘소 284쪽

곰보하늘소 285쪽

지리곰보하늘소 286쪽

짝지하늘소 287쪽

두꺼비하늘소 288쪽

목하늘소 288쪽

우리목하늘소 289쪽

후박나무하늘소 290쪽

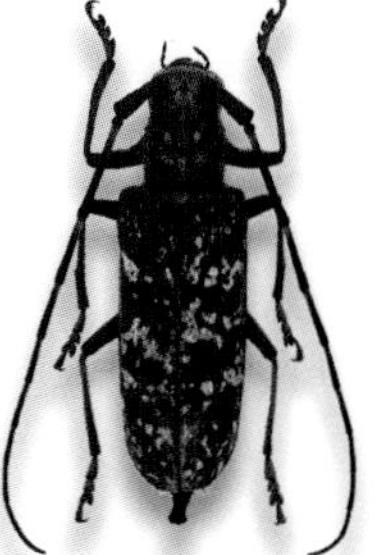
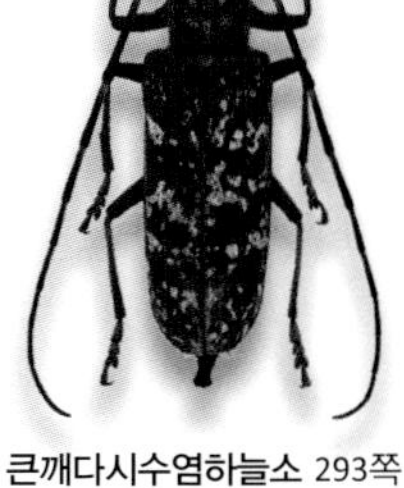

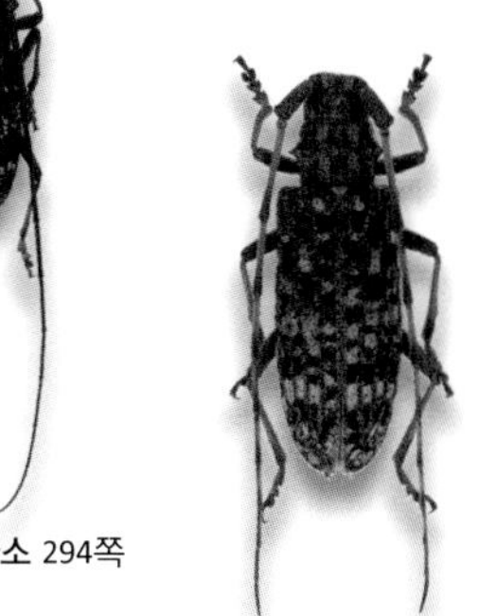

도깨비하늘소 291쪽

긴수염하늘소 292쪽

큰깨다시수염하늘소 293쪽

북방수염하늘소 294쪽

솔수염하늘소 295쪽

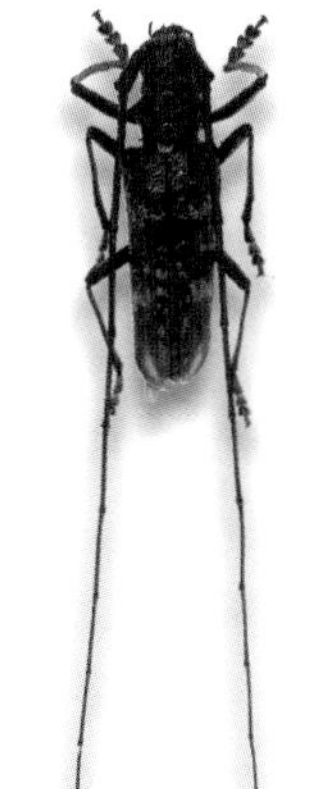

알락하늘소 299쪽

수염하늘소 296쪽

점박이수염하늘소 297쪽

작은우단하늘소 302쪽

유리알락하늘소 300쪽

큰우단하늘소 301쪽

우단하늘소 303쪽

밤우단하늘소 304쪽

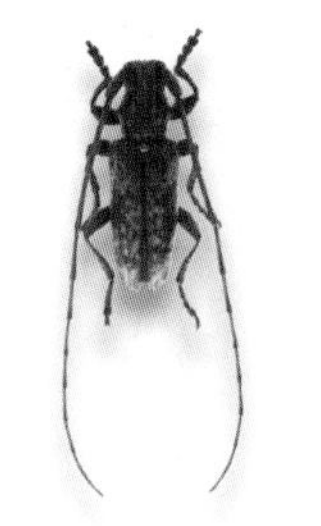

애기우단하늘소 304쪽

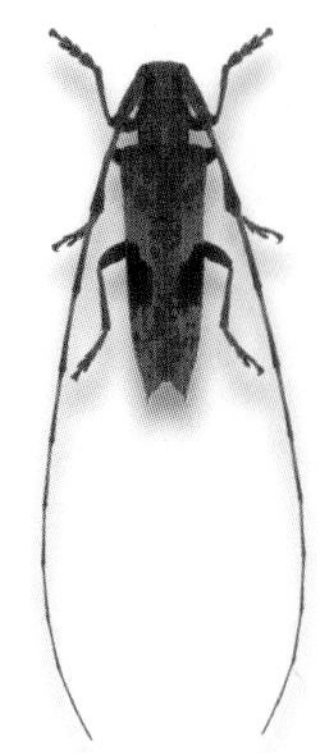

화살하늘소 305쪽

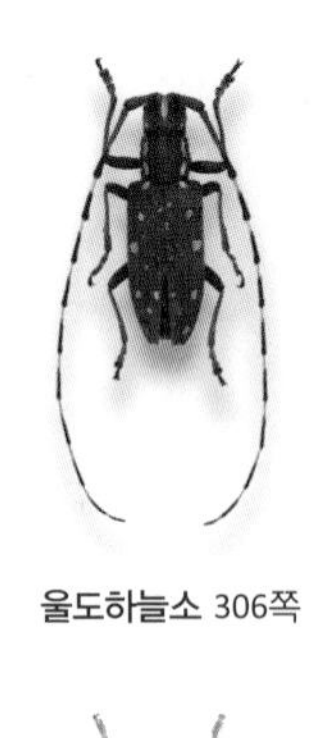

울도하늘소 306쪽

뽕나무하늘소 308쪽

참나무하늘소 310쪽

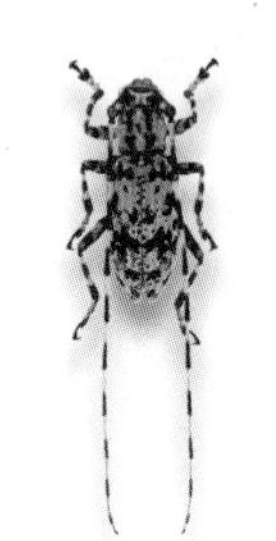

알락수염하늘소 311쪽

털두꺼비하늘소 312쪽

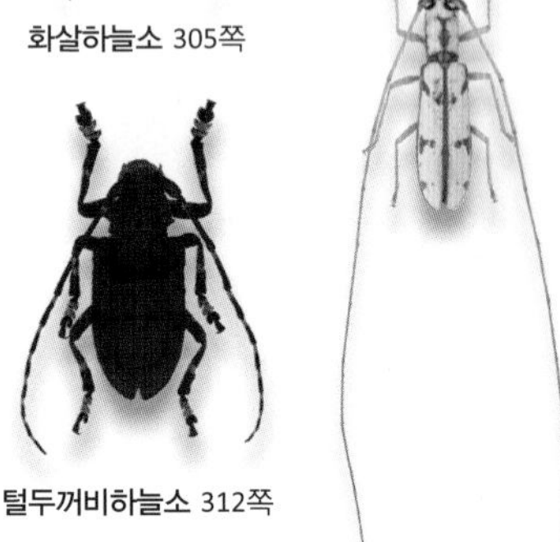

굴피염소하늘소 313쪽

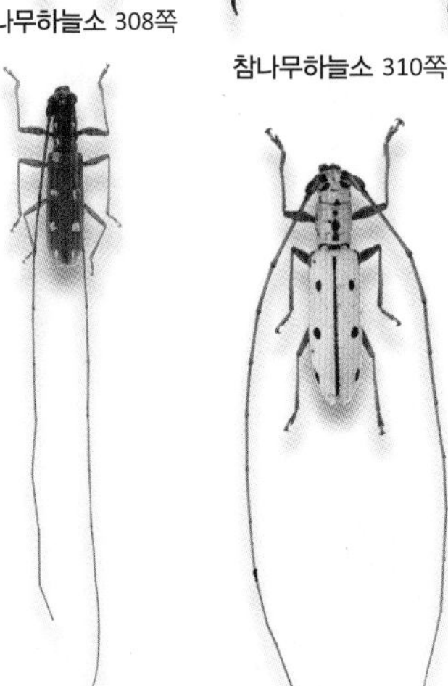

염소하늘소 314쪽

점박이염소하늘소 315쪽

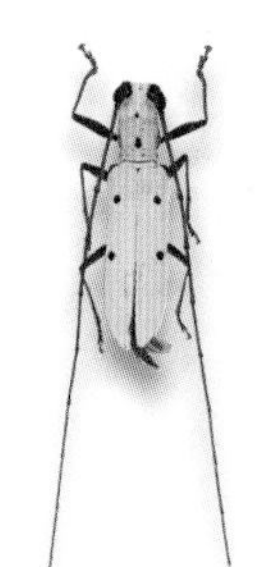

흰염소하늘소 316쪽

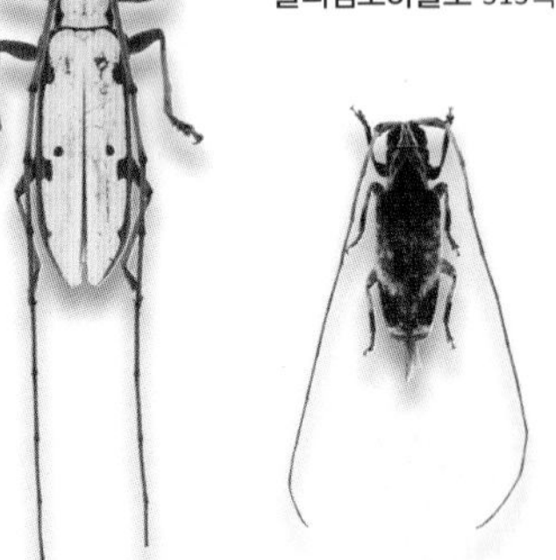

테두리염소하늘소 317쪽

흰무늬말총수염하늘소 318쪽

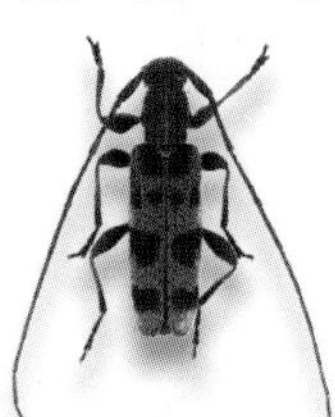

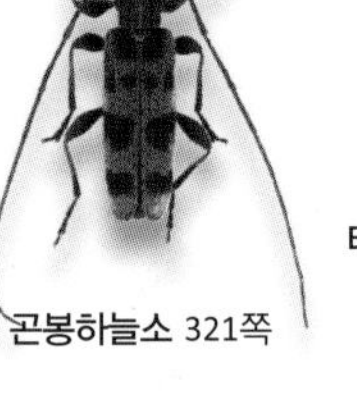

곤봉하늘소 321쪽

말총수염하늘소 319쪽

무늬곤봉하늘소 320쪽

권하늘소 322쪽

남방통하늘소 323쪽

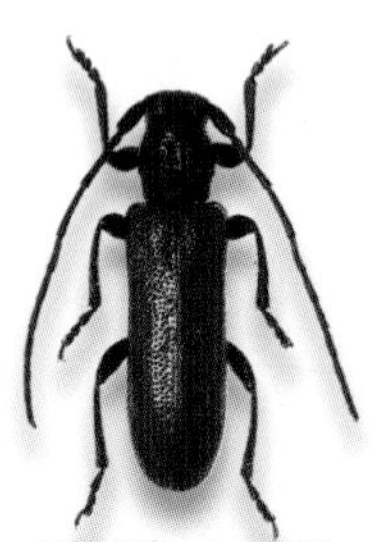

곰보통하늘소 323쪽

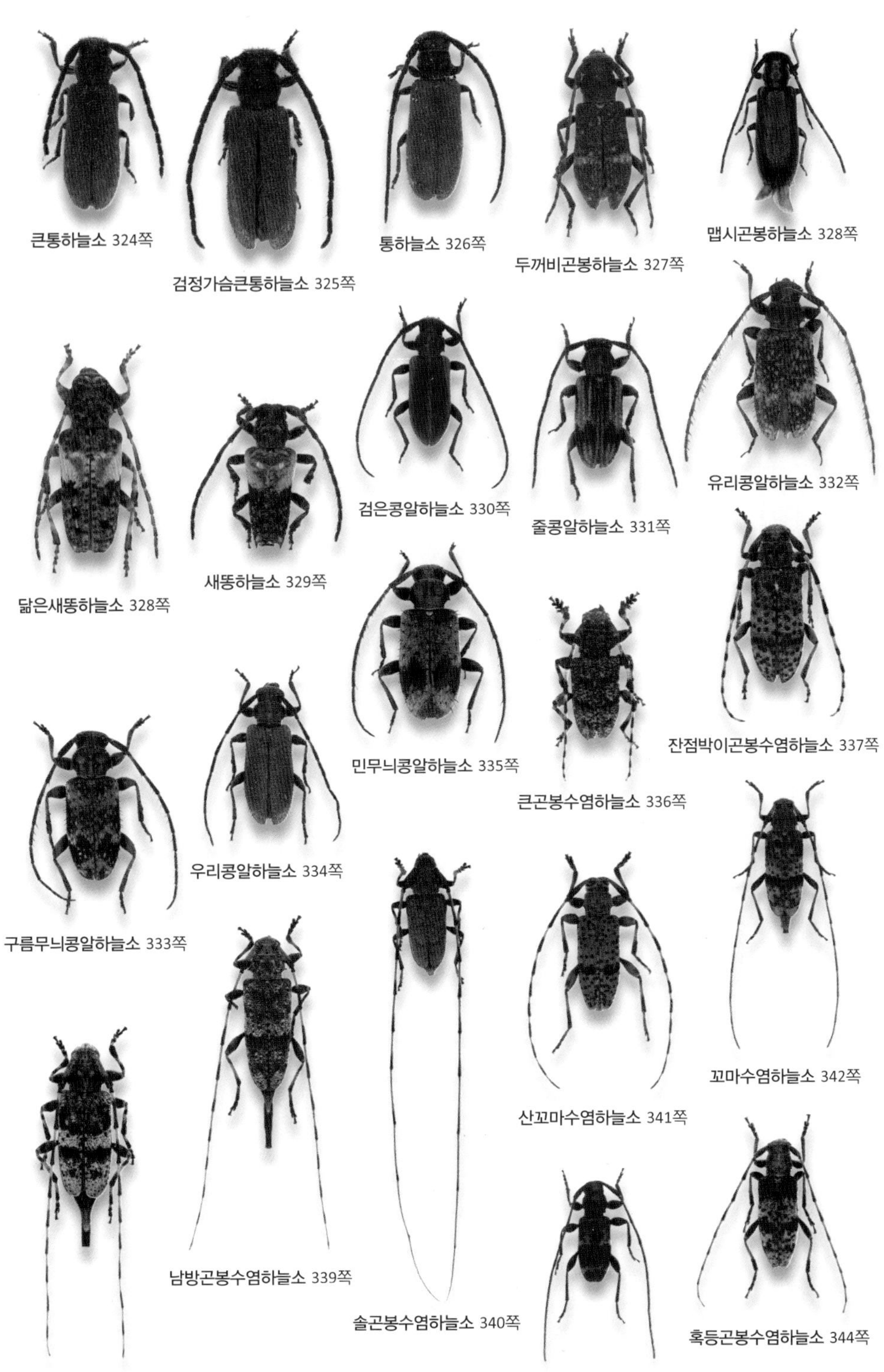
큰통하늘소 324쪽
검정가슴큰통하늘소 325쪽
통하늘소 326쪽
두꺼비곤봉하늘소 327쪽
맵시곤봉하늘소 328쪽
닮은새똥하늘소 328쪽
새똥하늘소 329쪽
검은콩알하늘소 330쪽
줄콩알하늘소 331쪽
유리콩알하늘소 332쪽
구름무늬콩알하늘소 333쪽
우리콩알하늘소 334쪽
민무늬콩알하늘소 335쪽
큰곤봉수염하늘소 336쪽
잔점박이곤봉수염하늘소 337쪽
북방곤봉수염하늘소 338쪽
남방곤봉수염하늘소 339쪽
솔곤봉수염하늘소 340쪽
산꼬마수염하늘소 341쪽
꼬마수염하늘소 342쪽
흰점꼬마수염하늘소 343쪽
혹등곤봉수염하늘소 344쪽

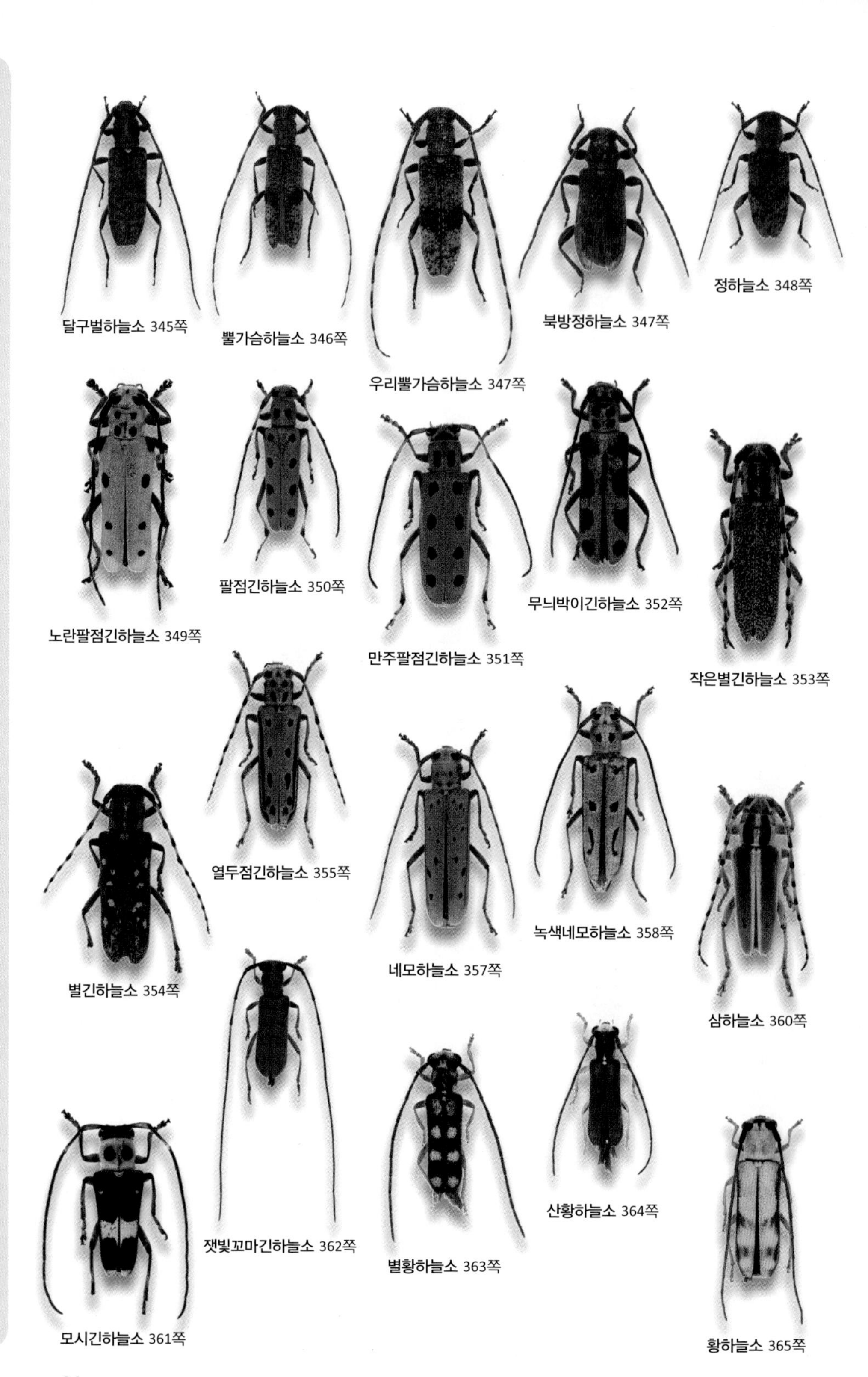

달구벌하늘소 345쪽
뿔가슴하늘소 346쪽
우리뿔가슴하늘소 347쪽
북방정하늘소 347쪽
정하늘소 348쪽
노란팔점긴하늘소 349쪽
팔점긴하늘소 350쪽
만주팔점긴하늘소 351쪽
무늬박이긴하늘소 352쪽
작은별긴하늘소 353쪽
별긴하늘소 354쪽
열두점긴하늘소 355쪽
네모하늘소 357쪽
녹색네모하늘소 358쪽
삼하늘소 360쪽
모시긴하늘소 361쪽
잿빛꼬마긴하늘소 362쪽
별황하늘소 363쪽
산황하늘소 364쪽
황하늘소 365쪽

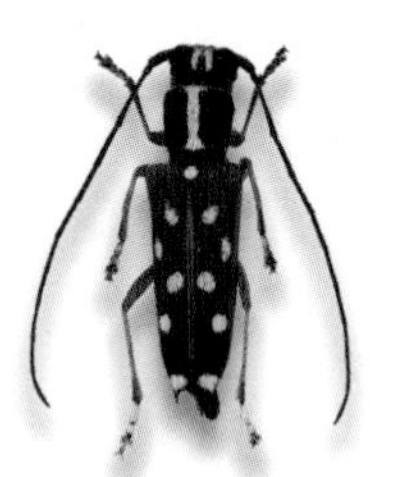
흰점하늘소 366쪽

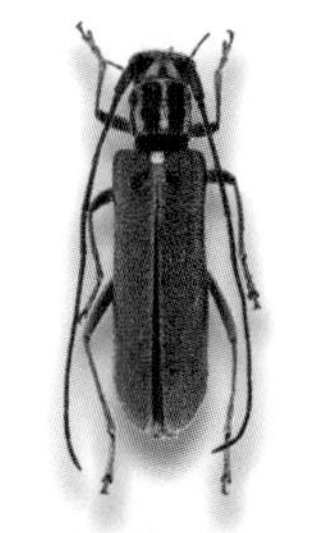
당나귀하늘소 367쪽

먹당나귀하늘소 368쪽

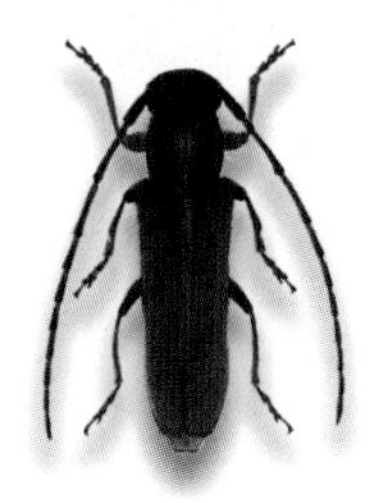
국화하늘소 369쪽

먹국화하늘소 370쪽

검정국화하늘소 371쪽

노랑줄점하늘소 372쪽

선두리하늘소 373쪽

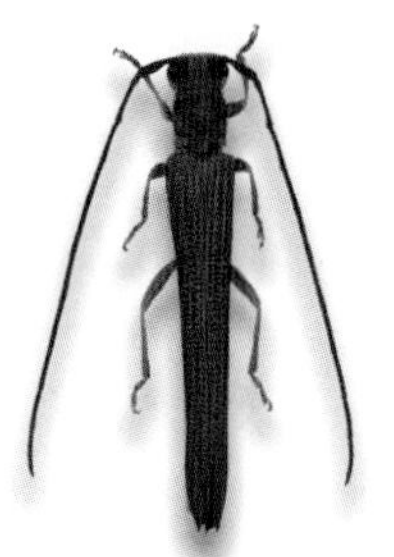
홀쭉사과하늘소 374쪽

월서사과하늘소 375쪽

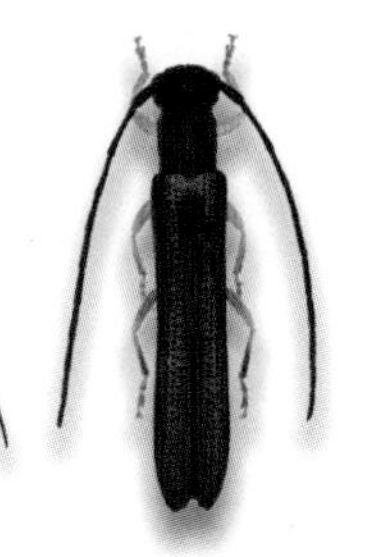
검정사과하늘소 376쪽

고삼사과하늘소 377쪽

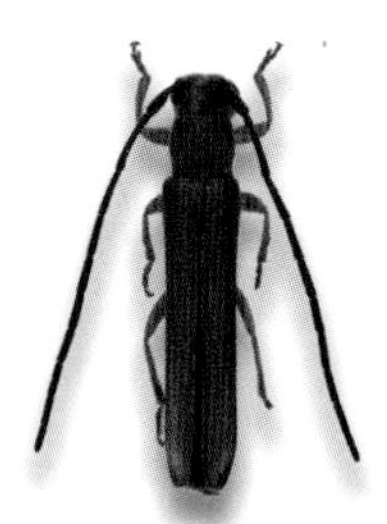
우리사과하늘소 378쪽

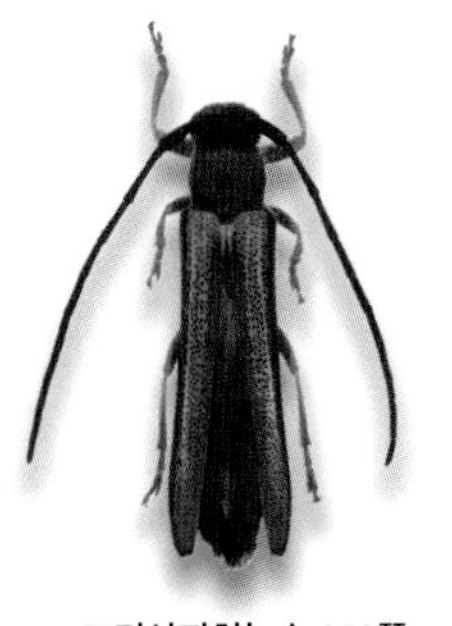
고리사과하늘소 379쪽

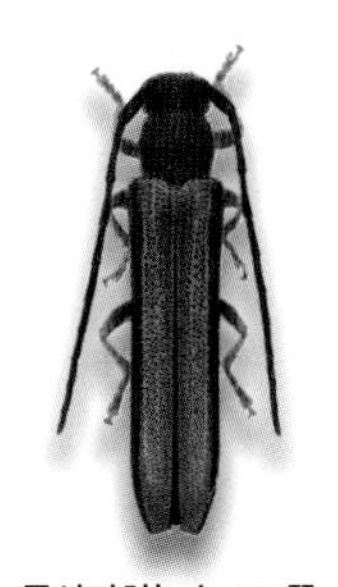
통사과하늘소 380쪽

두눈사과하늘소 381쪽

사과하늘소 382쪽

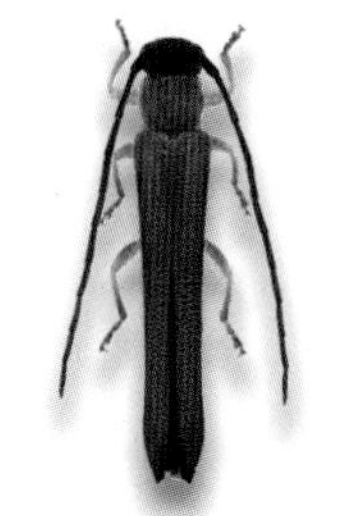
대만사과하늘소 383쪽

남색하늘소 385쪽

큰남색하늘소 386쪽

하늘소 알아보기

하늘소는 어떤 곤충일까?

하늘소 연구의 역사

하늘소에 대한 오해와 진실

하늘소의 형태

하늘소의 생태

하늘소 채집과 표본

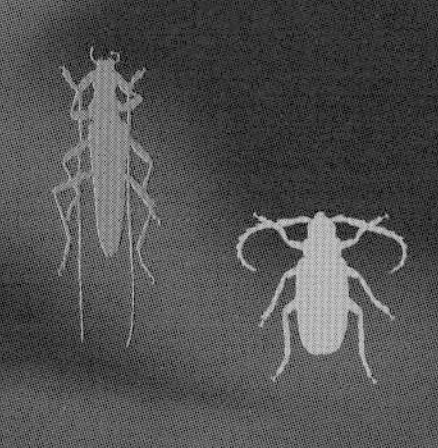
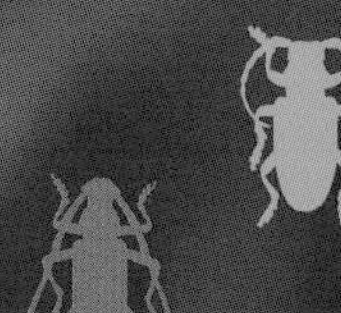
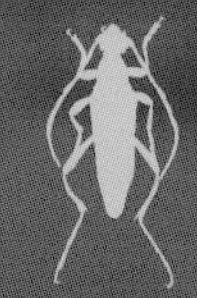

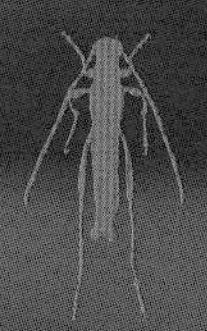

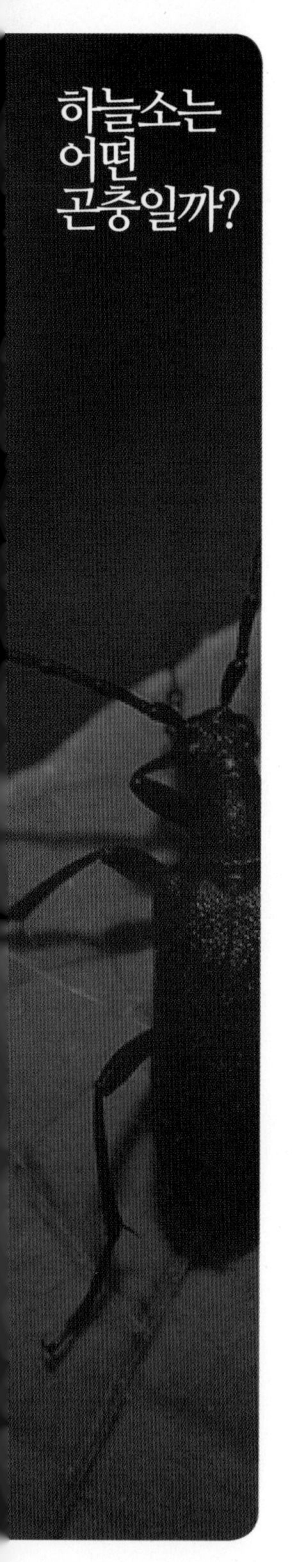

하늘소는 어떤 곤충일까?

하늘소는 절지동물문 곤충강 딱정벌레목 하늘소과(Cerambycidae)로 분류되는 딱정벌레의 총칭이다. 하늘소는 전 세계에 분포하며 다년생 식물을 기반으로 살아간다. 극히 일부 종을 제외하고 대부분의 하늘소는 초식성이며 알에서 애벌레를 거쳐 번데기가 된 후 성충으로 활동하는 완전변태 곤충이다.

하늘소라는 단어에 대한 정확한 유래를 찾기는 힘들지만 이가환이라는 조선후기의 실학자가 18세기 말 저술한 책『물보(物譜)』에서, 중국에서 사용하는 천우(天牛)라는 단어를 글자 그대로 하늘소로 번역해 놓았다. 하늘소는 지역에 따라 돌드레, 돌드레미, 찝게, 하늘소 등 부르는 명칭이 많았으나 이제는 하늘소가 표준어다. 해외에서 하늘소를 지칭하는 명칭들을 살펴보면 longhorn beetle, longicorn beetle, round–headed borer, goat beetle, 天牛 등이 있는데 소와 관련된 단어가 들어간 이름이 많다는 점이 주목할 만하다. 영미권에서 일반적으로 쓰이는 longicorn beetle은 라틴어 longus(긴) + cornu(뿔)에서 유래하였다.

하늘소라고 하면 보통 크고 힘센 종만 떠올리기 쉽다. 하지만 하늘소는 전 세계적으로 35,000여 종이 알려져 있으며 크기와 색깔도 매우 다양하다. 전 세계에서 가장 크다고 알려진 하늘소는 남아메리카의 열대우림에 서식하는 *Titanus giganteus* (Linnaeus, 1758)이다. 성충은 최대 180mm까지 자라며 유충은 250mm에 달한다.

반면 가장 작다고 알려진 하늘소는 *Decarthria stephensii, Decarthria albofasciata*로 몸길이가 1.5~2mm에 불과하다(Les longicornes des Petites Antilles, Coleoptera, Cerambycidae).

국내에서 가장 큰 하늘소는 최대 110mm까지 자라는 천연기념물 제218호인 장수하늘소다. 반면 국내에서 가장 작은 하늘소는 좁쌀하늘소로 몸길이 3mm 정도이다.

이 책에서는 국내에 서식하는 하늘소를 총 7아과 357종으로 재정리하였다.

Titanus giganteus

하늘소 연구의 역사

한국의 하늘소를 학계에 처음으로 알린 논문은 독일의 곤충학자 콜베(H. J. Kolbe)가 1886년에 발표한 'Beiträge zur Kenntnis der Coleopteren-Fauna Koreas'이다. 당시 도쿄대학 광물지리학과 교수로 재직 중이던 독일의 지질학자 고체(C. Gottsche)가 조선 통리아문 협판이었던 묄렌도르프(Möllendorff)의 의뢰로 1884년 조선에서 자원 조사를 하던 중 채집한 곤충들을 독일의 곤충학자 콜베에게 보내 발표한 것이다.

이후 1800년대 말에는 강글바우어(L. Ganglbauer, 1887)와 베이츠(H.W. Bates, 1888), 라이터(E. Reitter, 1895) 등 주로 유럽의 학자들에 의해 한국에 서식하는 하늘소들이 보고되었다. 20세기 초부터는 1910년 일제강점기가 시작되면서 일본인 학자들에 의해 한국의 하늘소에 대한 연구가 보고되었다. 이들은 「곤충」, 「대만박물학회회보」, 「곤충계」, 「곤충세계」, 「Insecta Matsumurana」 등 국외의 학술지에 한국의 하늘소에 대한 논문을 발표하였다.

1923년에는 조선박물학회가 설립되었고 이어 「조선박물학회회보」를 출간하면서 한국의 하늘소에 대한 논문들이 발표되었으나, 주로 일본인 학자들이 회원이었다. 1930년대 이후부터 소수의 한국인 학자들이 가입하여 활동하였는데, 이 중 조복성 박사가 1934년 「조선박물학회잡지」 제17호에 한국인 최초로 하늘소에 대한 논문을 발표하였다.

이후 조복성 박사는 광복 전까지 하늘소와 관련한 여러 편의 논문을 발표했다. 광복 후에는 국립과학박물관장을 역임하였으며, 6.25전쟁 이후에는 성균관대학교, 고려대학교에서 후학을 양성하며 1970년대까지 한국의 하늘소 연구를 주도했다.

광복 후에는 「한국동물학회지」에 하늘소에 관한 논문이 발표되었으나 1970년 한국곤충학회가 설립되면서 「한국곤충학회지」에 하늘소에 대한 논문들이 발표되었다. 1969년에는 『한국동식물도감』 10권(갑충편)이 출판되어 처음으로 하늘소에 대한 전체적인 정리가 이루어진다.

한국곤충학회 설립 이후로는 이승모 박사가 하늘소 연구를 주도하게 되었고, 1987년 한국의 하늘소 302종을 총망라한 첫 하늘소 도감 『한반도 하늘소과 갑충지』를 출판했다. 이후 안승락(1989), 오승환(2000), 한영은(2010), 김경미(2012) 등에 의해 일부 족, 속 별 분류가 정리되고, 한국곤충학회, 한국응용곤충학회, 한국임학회 등에서 펴내는 학술지를 통해하늘소의 분류나 생태에 관한 논문들이 산발적으로 발표되고 있다.

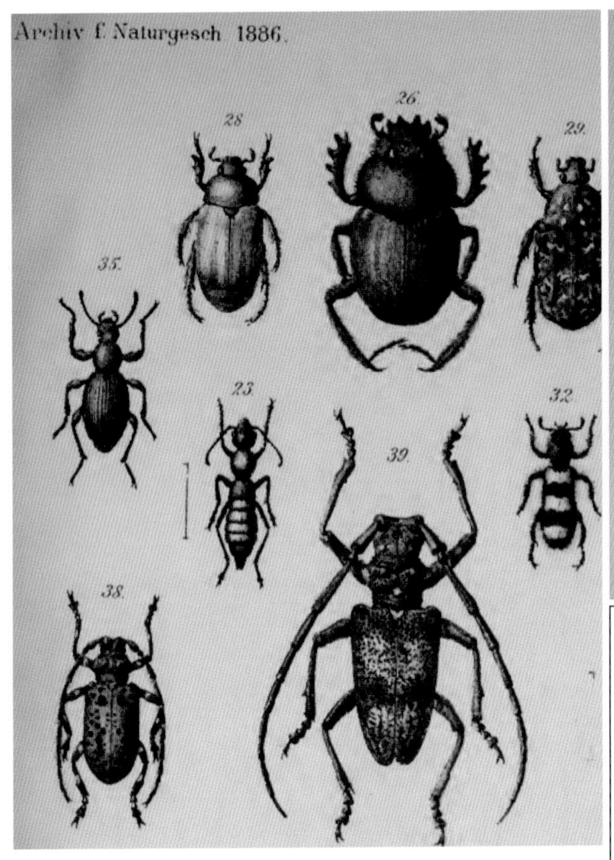

(Aus dem Königl. zoologischen Museum zu Berlin.)

Beiträge

zur Kenntniss der

Coleopteren-Fauna Koreas,

bearbeitet auf Grund der von Herrn Dr. C. Gottsche während der Jahre 1883 und 1884 in Korea veranstalteten Sammlung; nebst Bemerkungen über die zoogeographischen Verhältnisse dieses Faunengebietes und Untersuchungen über einen Sinnesapparat im Gaumen von *Misolampidius morio.*

Von

H. J. Kolbe.

Hierzu Tafel X, XI.

Vom zoogeographischen Standpunkte aus betrachtet, sehen wir in den Beiträgen aus Korea, die wir Herrn Dr. C. Gottsche verdanken, einen willkommenen Zuwachs für die Wissenschaft nicht nur, sondern auch für die Sammlungen des Königlichen zoologischen Museums in Berlin, dem der genannte Reisende und Gelehrte seine Ausbeute bereitwilligst überliess. Bisher waren zoologische Objekte, zumal Coleoptera, aus der selbst jetzt noch wenig erschlossenen Halbinsel Korea in den Museen kaum vorhanden, höchstens vereinzelte Species, die an den Grenzen oder in einem Hafenorte des Landes gelegentlich gesammelt wurden. Herr Dr. C. Gottsche nahm, von Japan kommend, nach einem kurzen Besuche der Hauptstadt Söul im Jahre 1883 im darauffolgenden Jahre einen achtmonatlichen Aufenthalt in Korea und machte während dieser Zeit einige Reisen quer durch das Land von den Gestaden des chinesischen bis zum japanischen Meere, und auch der

韓半島하늘소(天牛)科甲虫誌

The Longicorn Beetles of Korean Peninsula

李 承 模

Lee, Seung-Mo

國立科學舘

National Science Museum,
Seoul, Korea

December 1987

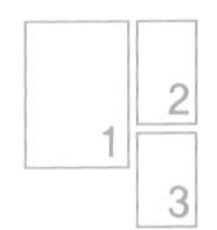

1,2 한국의 하늘소가 처음 기재된 문헌인 'Beiträge zur Kenntnis der Coleopteren-Fauna Koreas' 논문의 삽화와 첫페이지
3 1987년 출판된『한반도 하늘소과 갑충지』

1. 한국의 하늘소

사람들에게 알고 있는 곤충 이름을 물어보면 어떤 곤충을 떠올릴까? 많은 사람들이 호랑나비, 고추잠자리 같은 곤충을 먼저 생각할 것이다. 유명한 노래 제목 때문일 수도 있고, 어린 시절 동네 친구들과 산으로 들로 놀러 다니며 보았거나 혹은 학교 방학숙제에 단골손님으로 등장하던 친숙한 존재이기 때문일 수도 있다.

질문을 바꿔 하늘소에 대해 물어보면 사람들은 가장 먼저 장수하늘소를 떠올린다. 그중에는 어린 시절 장수하늘소를 보았다는 사람들도 많지만 실제로는 다른 대형 하늘소이거나 사슴벌레, 장수풍뎅이인 경우가 대부분이다. 심지어는 물방개와 물장군까지 장수하늘소라고 말하는 사람들도 만나 보았으니, 크고 힘세 보이는 곤충을 장수하늘소라고 잘못 생각하는 사람들이 많은 것이 사실이다. 이들에게 장수하늘소 외에 다른 하늘소에 대해 아는 것이 있냐고 질문하면 십중팔구 대답을 하지 못한다. 사람들의 머릿속엔 오직 장수하늘소만 각인되어 있는 것 같다. 그러나 이런 일반적인 생각과 다르게, 국내에는 350여 종의 다양한 하늘소가 서식한다. 그 종류가 다양한 만큼 장수하늘소와 크기가 비슷한 종도 있고, 장수하늘소의 발톱만큼 조그마한 종도 있다.

홍단딱정벌레

왕사슴벌레

사슴풍뎅이

2. 해충으로서의 하늘소

모든 하늘소들의 공통적인 특징은 인간에게 해를 주는 해충으로 분류된다는 점이다. 하늘소는 풀이나 나무를 가해하는 식식성 딱정벌레이기 때문에 임업해충의 한 종류이다. 유충기에 살아있는 나무를 먹는 종들은 과실수, 가로수 등을 시들게 만든다. 유충의 가해로 인해 나무가 시들어 죽는 경우도 있으며, 유충이 먹고 지나간 자리는 내구성이 약해져 자연재해가 발생했을 때 쉽게 부러지기도 한다. 이런 종들은 성충이 되어서도 주로 나무의 잎맥이나 가지를 갉아먹어 추가 피해를 입히기도 한다. 유충기에 죽은 나무를 가해하는 하늘소도 목재의 강도를 약화시키기 때문에 해충으로 취급되는 경우도 있다.

최근에 주목받고 있는 솔수염하늘소와 북방수염하늘소는 소나무재선충이라는 기생충을 매개하는 것으로도 유명하다. 소나무재선충은 스스로 기주를 이동할 수 없어 솔수염하늘소 같은 매개충의 체내에 머물러 있다가 성충이 가지의 연한 부분을 씹어 먹거나 산란시 수피를 물어뜯는 행동을 할 때 건강한 나무에 침투한다. 침투한 재선충은 나무를 고사시키고 고사된 감염목이 솔수염하늘소 등에게 산란처를 제공하면서 솔수염하늘소와 소나무재선충은 공생관계를 유지하게 된다. 일본에서 시작된 소나무재선충 피해사례는 아시아를 넘어 북미와 서부유럽까지 퍼져나간 상태다.

1 북방수염하늘소
2 솔수염하늘소
3 소나무재선충
4 소나무재선충의 피해를 입은 소나무

3. 하늘소의 가치

하늘소에게는 해충과는 반대되는 밝은 면도 존재한다. 먼저 하늘소는 정서 곤충으로서의 높은 잠재성을 가진다. 최근 한국의 곤충산업 시장은 2천억 원 가까운 규모로 성장하면서 정서 곤충에 대한 관심이 커지고 있다. 주로 사슴벌레와 장수풍뎅이, 나비 등을 취급하는 업체들이 폭발적으로 증가하고 있는 가운데, 하늘소도 서서히 주목을 받고 있다. 대중적으로 사랑받을 수 있는 크고 아름다운 벚나무사향하늘소 등은 일부 농가에서 시험적으로 사육해 판매하기도 한다. 앞으로 홍가슴풀색하늘소, 루리하늘소 등의 사육방법이 알려져 대중화된다면 하늘소를 전문적으로 사육하는 업체가 생길지도 모를 일이다.

다음으로는 멸종위기종으로서의 가치다. 자연과 생태계에 대한 관심이 커지면서 멸종위기종의 개체수를 인공적으로 늘리는 등 복원하려는 움직임이 많다. 하늘소 하면 떠오르는 대표적인 멸종위기종이 있는데 바로 장수하늘소다. 장수하늘소뿐만 아니라 멸종위기종 2급으로 지정되어 있다가 최근 해제된 울도하늘소는 국가기관과 사설기관에서 인공먹이와 사육법을 개발해 특허까지 낸 이력이 있다. 이외에도 개체수가 적고 보호할 필요성이 충분한 종들이 많기 때문에 이들을 보호종으로 지정하고 복원사업을 전개해 나가야 한다.

인간의 쓸모와는 별개로 하늘소에게 주어진 생태적 역할이 있다. 유충기에 살아있는 나무를 가해하는 하늘소라고 해도 나무를 단순히 시들게 만들고 죽게 만드는 범인이라고 단정지을 수 없다. 하늘소들에 의해 죽은 나무는 또 다른 곤충들의 보금자리가 되기 때문이다. 졸참나무하늘소가 가해해 쓰러진 참나무에서 말벌이나 딱정벌레들이 동면하기도 하고, 그 쓰러진 나무가 해가 지나 썩어가면서 다른 하늘소, 사슴벌레, 거저리, 방아벌레, 다듬이벌레 등 여러 곤충이 살아가는 삶의 터전이 되기도 한다. 이렇듯 하늘소 역시 다른 생물들처럼 복잡한 생태계에서 주어진 역할을 다하는 없어서는 안 될 존재인 것이다.

적색목록에 오른 하늘소 종류

범주	국명
위급(CR)	장수하늘소(1종)
취약(VU)	용정하늘소, 홍가슴꽃하늘소, 네눈박이하늘소, 목하늘소, 알락수염하늘소, 솔곤봉수염하늘소, 루리하늘소(7종)
준위협(NT)	우리범하늘소, 알락수염붉은산꽃하늘소(2종)

(국립생물자원관, 2013)

1 벚나무사향하늘소
2 울도하늘소

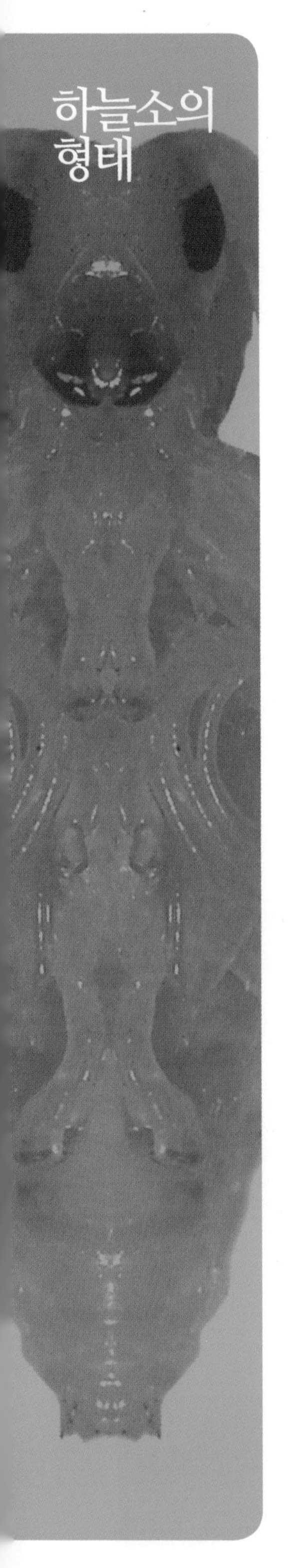

1. 성충의 형태

몸길이는 3mm가 채 안 되는 것에서부터 12cm가 넘는 것까지 다양하다. 몸은 가늘고 긴 원통형에 가깝다. 더듬이가 긴 것이 특징이며, 대개 11~12마디로 이루어져 있다. 그중 제2절의 길이는 항상 다른 것보다 짧고, 암컷이 수컷보다 더듬이 길이가 짧다. 더듬이가 톱니 모양 또는 빗살 모양으로 생긴 종도 있다. 머리는 앞가슴보다 작고 튼튼한 큰턱과 콩팥형 겹눈을 가지고 있다. 일반적으로 앞가슴은 딱지날개보다 좁다. 앞가슴과 가운뎃가슴에 있는 발음기를 마찰하여 소리를 낸다. 딱지날개는 단단하며, 종에 따라 색상과 단단한 정도, 길이가 상이하다. 복부는 5마디이고, 일반적으로 긴 다리를 가지고 있으며, 발목마디 아래에 흡착판이 있다.

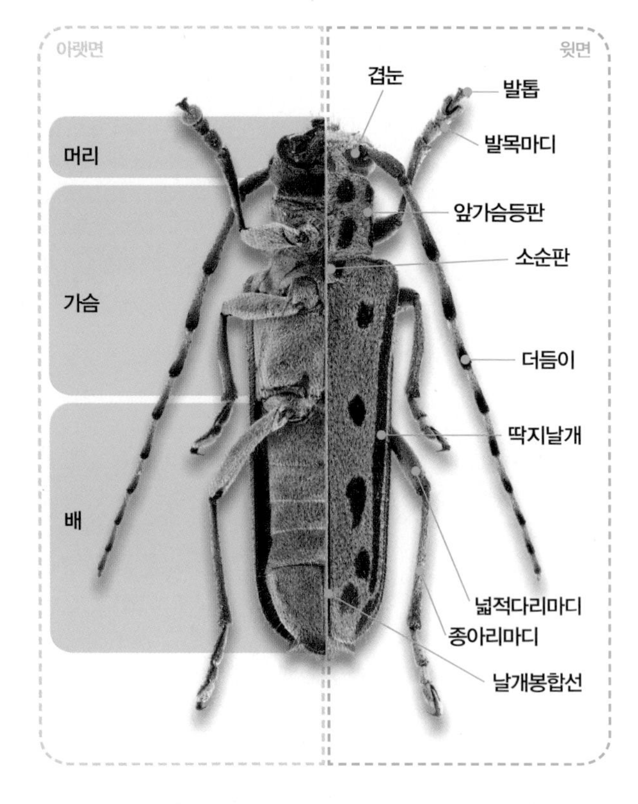

하늘소의 구조와 명칭

더듬이

하늘소의 가장 큰 특징은 더듬이다. 더듬이의 길이는 종마다 다른데, 몸길이의 절반 정도 되는 것부터 5배에 이르는 것까지 다양하다. 일반적으로 수컷의 더듬이가 암컷보다 길다. 더듬이는 11~12마디로 이루어져 있다. 각 마디는 길쭉한 원통형부터 넓적한 세모꼴까지 다양하다. 미세한 털로 뒤덮여 있으며 털이 한데 모여서 뭉치처럼 보이는 종도 있다.

알락하늘소 홍호랑하늘소 남색초원하늘소

눈

곤충은 대부분 겹눈 구조를 가지고 있으며 하늘소 역시 마찬가지다. 겹눈은 복안이라고도 하는데 가느다란 낱눈이 벌집 모양으로 모여있다. 각각의 낱눈이 각막, 유리체, 소망막을 가지고 있어 일반적인 안구와 흡사한 구조를 이룬다. 움직임, 형체, 색체를 구별할 수 있고, 특히 파장이 짧은 자외선도 구분할 수 있다. 하지만 파장이 긴 빨간색은 인지하지 못한다고 알려져 있다. 작은 안구의 특성상 시력이 낮지만 움직이고 있는 물체는 낱눈 각각에 차례로 자극을 주기 때문에 움직임을 감지하는 능력은 뛰어나다.

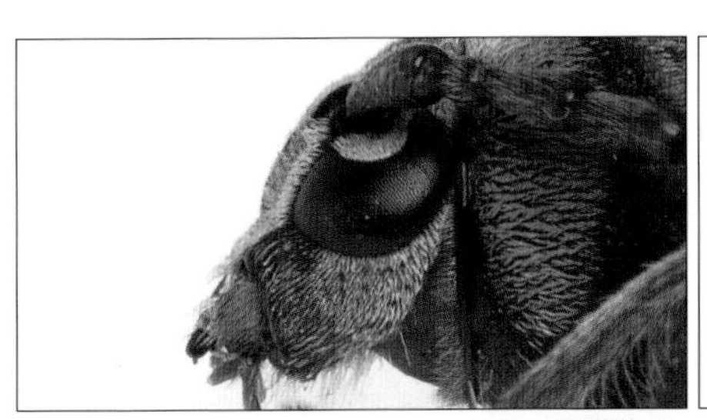

호랑하늘소

긴알락꽃하늘소

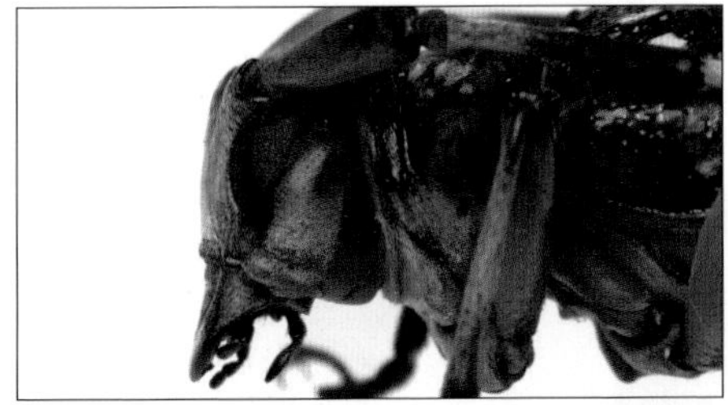

알락하늘소

하늘소

턱

종마다 생태에 따라 턱의 발달 정도가 다양하다. 수피를 갉아먹거나, 산란시 턱으로 상처를 내고 산란하는 종들은 턱이 날카롭게 발달해 있다. 반면 꽃잎, 화분 등을 먹는 꽃하늘소류는 턱의 발달이 미약하다.

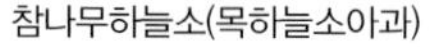
참나무하늘소(목하늘소아과)

봄산하늘소(꽃하늘소아과)

딱지날개

하늘소를 위에서 볼 때 가장 많은 부분을 차지하는 것이 딱지날개다. 딱지날개는 다양한 역할을 한다. 견고함으로 자신을 방어하고 화려함으로 경고를 보내며, 복잡한 형태나 보호색으로 천적의 눈을 피하기도 한다. 딱지날개는 각 종마다 다양한 형태, 무늬, 색상을 가지는 방향으로 진화해 왔으며 근연종, 근연속일수록 유사한 형태를 보이는 경우가 많다.

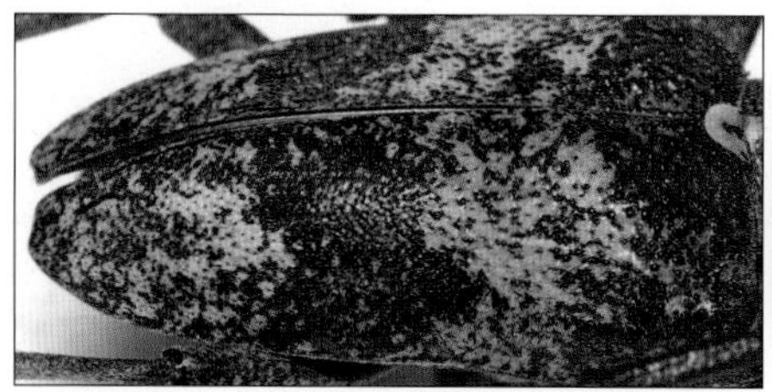
우리목하늘소 : 매우 단단한 딱지날개를 가지고 있으며, 나무껍질과 비슷한 무늬가 있어 나무에 붙어있을 때 눈에 잘 띄지 않는다.

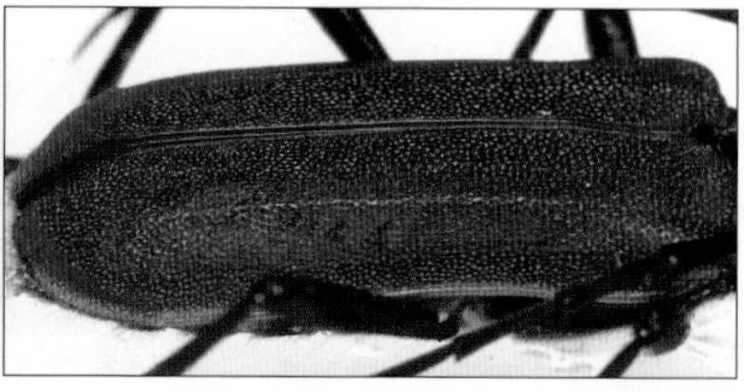
주홍하늘소 : 강렬한 붉은 색상으로 다른 하늘소에 비해 두께가 얇아 속이 비쳐 보일 때가 있다.

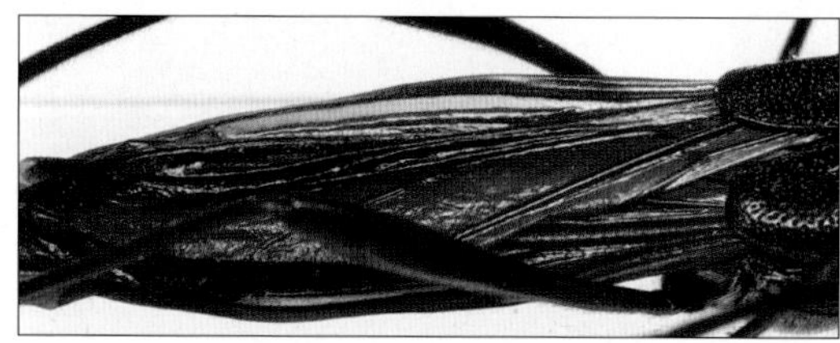
큰벌하늘소 : 딱지날개 부분이 배마디의 절반 이하의 길이만 차지하고 있어 마치 벌과 유사한 형태를 보인다.

루리하늘소 : 밝은 하늘색으로 화려한 무늬가 있다. 날개가 연약해서 날개봉합선이 잘 벌어진다.

2. 유충의 형태

유충은 대부분 막대형의 몸통에 백색이며 번데기 직전에는 노란빛이 감돈다. 머리는 몸에 비해 작고 턱이 발달되어 있다. 다리는 3마디에 몰려있으며 거의 퇴화되었다.

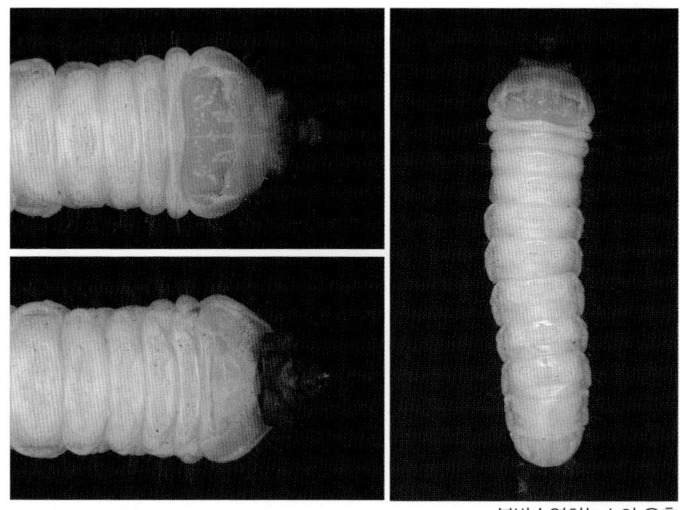

북방수염하늘소의 유충

3. 번데기의 형태

하늘소 번데기는 더듬이, 날개, 다리 등이 모두 발달되어 있어 성충과 매우 유사하다. 더듬이가 긴 하늘소의 번데기는 몸을 휘감고 있거나 돌돌 말려있는 형태를 띤다.

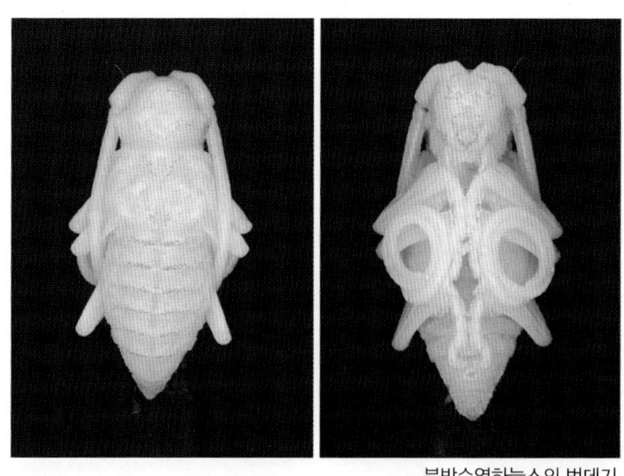

북방수염하늘소의 번데기

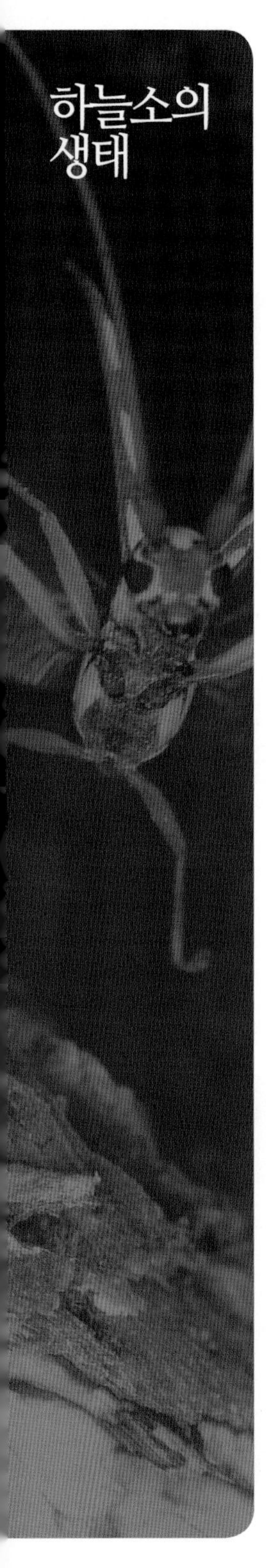

하늘소의 생태

1. 성충의 생태

휴식

하늘소는 주 활동시간 외에는 기주식물 근처에서 휴식을 취한다. 이때 천적으로부터 자신의 몸을 숨길 수 있는 안전한 곳으로 이동한다. 나뭇잎의 뒷면, 나무의 껍질 틈 사이, 나무와 흙 사이 등 천적에게 발견되지 않을 만한 장소에서 몸을 움직이지 않고 가만히 있는다.

1 수피 틈에 숨어있는 갈색호랑하늘소
2 수피 틈에 숨어있는 두줄민띠하늘소
3 가지 사이에 있는 우리하늘소

비행

하늘소는 먹이활동, 짝짓기, 산란을 위해 먼 거리를 날아서 이동한다. 꽃하늘소류, 범하늘소류, 벌하늘소류는 채광이 좋은 공터나 임도에서 날아가는 모습이 쉽게 관찰된다. 일반적으로 하늘소아과와 꽃하늘소아과의 하늘소가 목하늘소아과보다 비행능력이 뛰어나다. 목하늘소아과에는 소머리하늘소와 같이 뒷날개가 퇴화되어 날지 못하는 종도 있다.

1 굴피염소하늘소의 비행
2 갈색호랑하늘소의 비행과정
3 남색초원하늘소의 비행
4 점박이수염하늘소의 비행

먹이활동

곧바로 산란을 할 수 있는 성숙한 상태로 성충이 되는 하늘소가 있는가 하면, 성숙하지 않은 상태로 성충이 되는 하늘소도 있다. 특히 후자에게 성숙과 짝짓기 및 산란을 위해 먹이활동은 매우 중요하다. 하늘소가 먹이활동을 하는 장소는 크게 꽃, 잎과 줄기, 수액 3가지로 구분할 수 있다.

■ **꽃** 꽃에 모이는 하늘소들은 꽃잎이나 수분을 섭취하는데, 대부분 꽃하늘소아과다. 그 외에 범하늘소류, 꼬마벌하늘소류, 주홍하늘소류도 꽃에 자주 날아오고, 목하늘소아과도 드물긴 하지만 꽃에서 이따금씩 발견된다. 또한 특정 하늘소들이 선호하는 꽃도 있다. 고운산하늘소는 작약에서, 봄산하늘소는 양지꽃에서 먹이활동을 한다. 하지만 신나무나 층층나무처럼 다양한 하늘소들이 날아와 먹이활동을 하는 꽃도 있다.

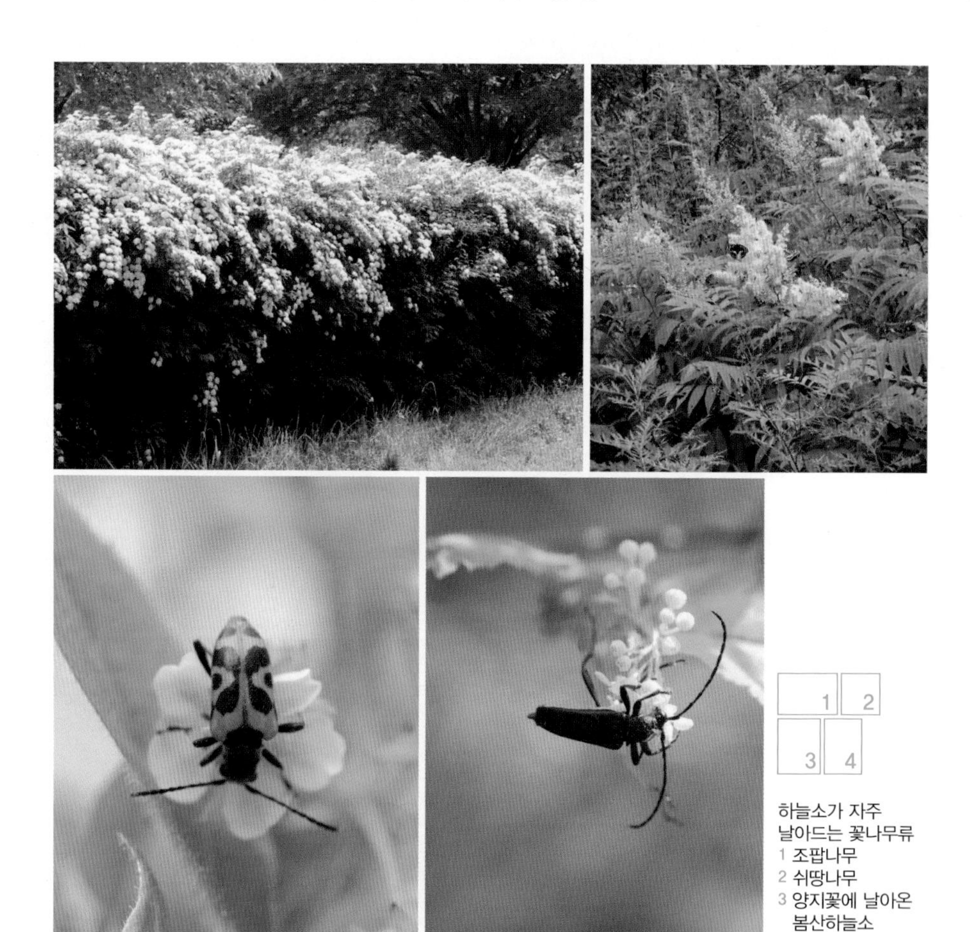

하늘소가 자주 날아드는 꽃나무류
1 조팝나무
2 쉬땅나무
3 양지꽃에 날아온 봄산하늘소
4 꽃가루를 먹는 꽃하늘소

■ **잎과 줄기** 염소하늘소처럼 살아있는 나뭇잎의 잎맥을 갉아먹기 위해 잎 뒷면에서 활동하는 하늘소가 있는가 하면, 얇고 부드러운 줄기를 갉아먹는 알락하늘소, 참나무하늘소 등도 있다. 곰보하늘소, 우리하늘소 등은 나무의 껍질을 갉아먹는다.

■ **수액** 나무에서 흐르는 수액에는 야행성 하늘소들이 주로 모인다. 수액을 먹는 종으로는 하늘소, 톱하늘소, 참풀색하늘소 등이 대표적이다.

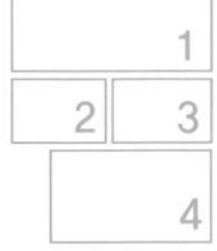

1 뽕나무 잎을 갉아먹는 점박이염소하늘소
2 수액을 먹고 있는 하늘소
3 예덕나무 수피를 갉아먹는 우리하늘소
4 뽕나무가지를 가해하는 뽕나무하늘소

짝짓기

일반적으로 짝짓기에 있어서 수컷이 암컷보다 적극적으로 행동한다. 암컷을 마주친 수컷은 더듬이를 떨면서 암컷에게 접근한다. 암컷이 수컷의 구애를 받아들이면 짝짓기가 시작된다. 암컷은 마음에 들지 않는 수컷이 접근하면 도망가거나 다리로 수컷의 몸을 밀쳐 내는 구애 거부행동을 하기도 한다. 톱하늘소나 장수하늘소 같은 종은 암컷이 페로몬을 분사해 수컷을 유인한다고 알려져 있다. 짝짓기는 주로 꽃, 수액 등의 먹이활동 장소나 기주식물 등에서 이루어진다.

1 페로몬을 방출하는 톱하늘소
2 홍가슴풀색하늘소
3 수염하늘소

1 닮은남색초원하늘소
2 긴알락꽃하늘소
3 두줄민띠하늘소
4 별가슴호랑하늘소
5 주홍삼나무하늘소

산란

하늘소는 종마다 살아가는 방식에 따라 산란장소가 다르다. 하늘소의 산란장소는 다음과 같이 분류할 수 있다.

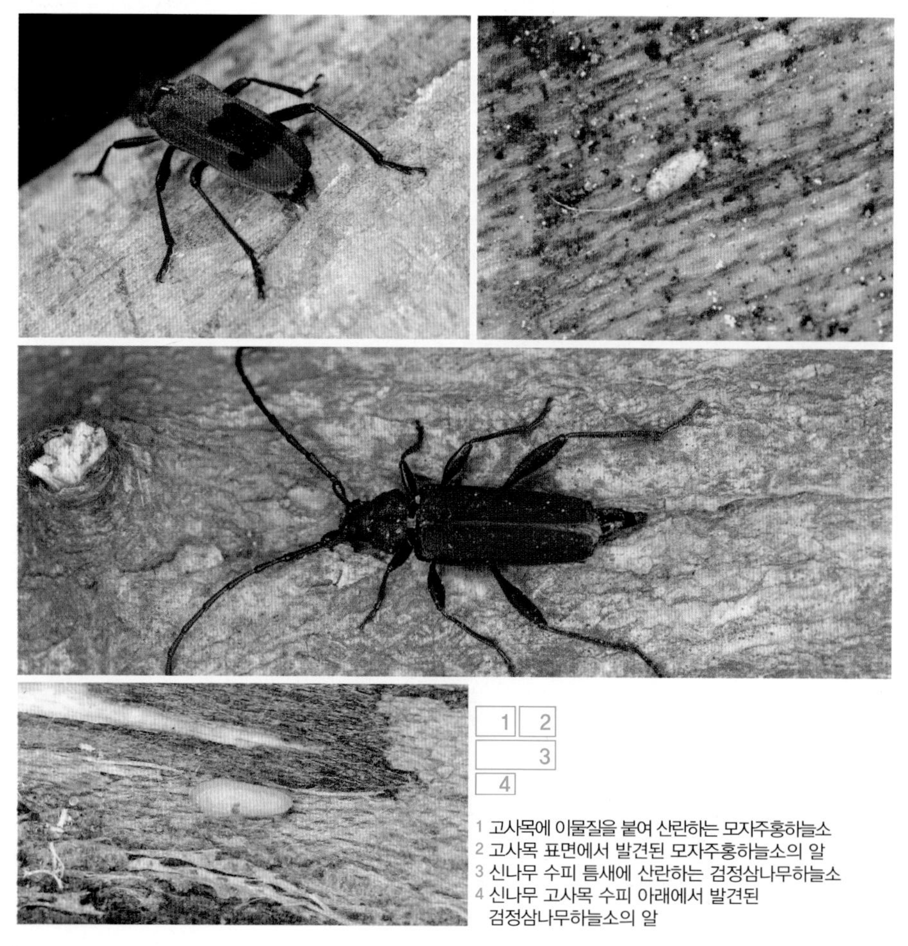

1 고사목에 이물질을 붙여 산란하는 모자주홍하늘소
2 고사목 표면에서 발견된 모자주홍하늘소의 알
3 신나무 수피 틈새에 산란하는 검정삼나무하늘소
4 신나무 고사목 수피 아래에서 발견된 검정삼나무하늘소의 알

1 뽕나무하늘소가 산란한 흔적
2 살아있는 개망초에서 발견된 국화하늘소의 알
3 살아있는 예덕나무의 죽은 부분에 산란하는 제주호랑하늘소
4 유리알락하늘소가 칠엽수에 산란한 흔적
5 살아있는 나무의 수피 아래에서 발견된 유리알락하늘소의 알
6 살아있는 버드나무에 상처를 내고 산란하는 유리알락하늘소

2. 유충의 생태

유충의 성장

하늘소 유충은 일반적으로 식물의 내부에서 타원형의 유충터널을 파고 식물조직을 먹으며 성장한다. 일부 종은 흙 속에서 식물의 뿌리를 가해하면서 성장하기도 한다. 유충이 성장하는 방식은 표와 같이 크게 4가지 형태로 나눌 수 있다.

하늘소는 보통 수피 부분에 산란하기 때문에 수피 근방에서 부화하지만 이후 습성에 따라 위와 같이 다양한 방식으로 성장한다. 하늘소의 유충기는 종마다 다르며 짧게는 6개월, 길게는 4~5년에 이르기도 한다.

성장	번데기	종 예시
수피	수피	노란팔점긴하늘소, 팔점긴하늘소, 소나무하늘소, 꼬마하늘소
수피	목질부	북방수염하늘소, 별황하늘소, 산황하늘소, 밤색하늘소, 깨엿하늘소
뿌리	흙 속	넓은어깨하늘소, 고운산하늘소, 우리꽃하늘소
목질부	목질부	가시범하늘소, 후박나무하늘소

1 알에서 갓 깨어난 검정삼나무하늘소 유충
2 알에서 깨어나 수피 아래로 파고든 무늬소주홍하늘소 유충
3 살아있는 칠엽수 수피 아래에서 성장하는 유리알락하늘소 유충
4 참나무 수피 아래에서 성장하는 털두꺼비하늘소 유충

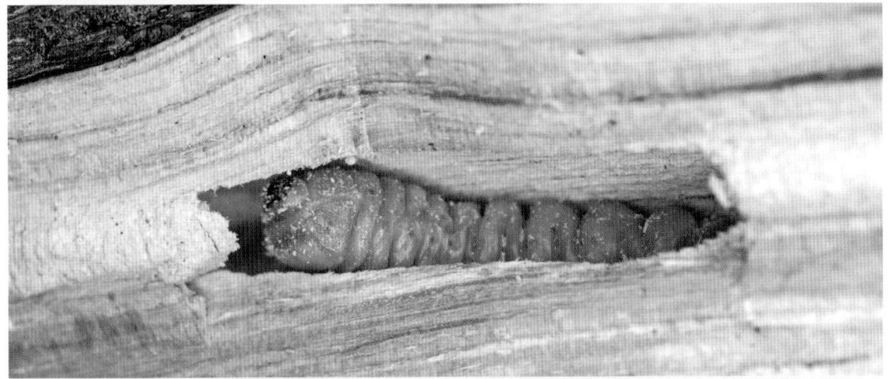

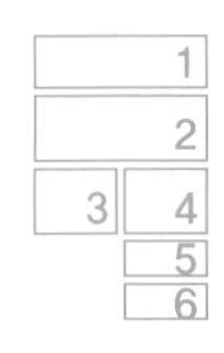

1 다래 수피 아래에서 성장하는 노란팔점긴하늘소 유충
2 상수리나무 목질부에서 성장하는 가시범하늘소 유충
3 고사한 관목의 얇은 줄기에서 성장하는 유충
4 뽕나무 목질부에서 성장하는 큰곰보하늘소 유충
5 살아있는 뽕나무 가지에서 성장하는 뽕나무하늘소 유충
6 살아있는 생강나무의 가는 가지에서 성장하는 굵은수염하늘소 유충

식흔

유충들은 기주식물을 가해하면서 다양한 흔적을 남기는데 이를 식흔(食痕)이라 부른다. 식흔으로 하늘소 유충의 기생 여부를 확인할 수 있다. 식흔의 형태에는 여러 가지 종류가 있다.

■ **유충터널** 유충은 초목 내부에서 이동하며 성장한다. 유충은 타원형의 터널을 뚫으면서 이동하기 때문에 나무를 가로로 잘라 단면을 보면 하늘소 유충이 살고 있는지 확인할 수 있다. 고사목을 가해하는 종의 유충터널은 일반적으로 유충의 배설물과 섬유질 가루로 가득 찬다. 살아있는 나무에 사는 종의 유충터널은 비어있는 경우가 많다. 하늘소의 유충터널 단면이 타원형인데 반해 벌의 유충터널 단면은 원형이고, 비단벌레는 편형(扁形)이다.

■ **톱밥 배출** 초목 내부에서 섭식하는 유충들은 식물에 작은 배출구를 뚫어 톱밥을 배출하기도 한다. 살아있는 나무를 가해하는 일부 종의 경우 톱밥과 수액이 함께 배출되기도 한다.

■ **충영** 살아있는 나무가 해충에게 해를 입으면 이상발육으로 인해 그 부위가 부풀어 오르는 경우가 있는데 이를 충영이라고 부른다. 보통 혹벌, 나방 등으로 인해 생기는 경우가 많지만 작은별긴하늘소, 별긴하늘소 등에 의해서 나타나기도 한다.

굴피염소하늘소가 굴피나무 내부를 가해한 흔적

북방수염하늘소 유충이 배출한 고사목 톱밥

1 섬하늘소, 제주호랑하늘소가 가해한 노박덩굴 줄기의 단면
2,3 사시나무 가지에 남긴 작은별긴하늘소 충영과 자른 단면
4,5 후박나무하늘소의 유충으로 인해 부풀어 오른 줄기와 배출되는 톱밥
6 충영 속에 들어있는 작은별긴하늘소

3. 번데기의 생태

번데기방의 형태

유충은 일반적으로 초목의 내부를 턱으로 갉아서 번데기방을 만든다. 목본류에 기생하는 하늘소는 크게 목질부 안에 번데기방을 트는 종, 수피 아래쪽에 번데기방을 트는 종으로 나눌 수 있다. 일부 종은 흙 속에 고치 형태의 번데기방을 만들기도 한다. 목질부 안에 번데기방을 트는 종은 미리 탈출공을 뚫고 톱밥으로 막아놓은 뒤 번데기가 되는 경우도 있다.

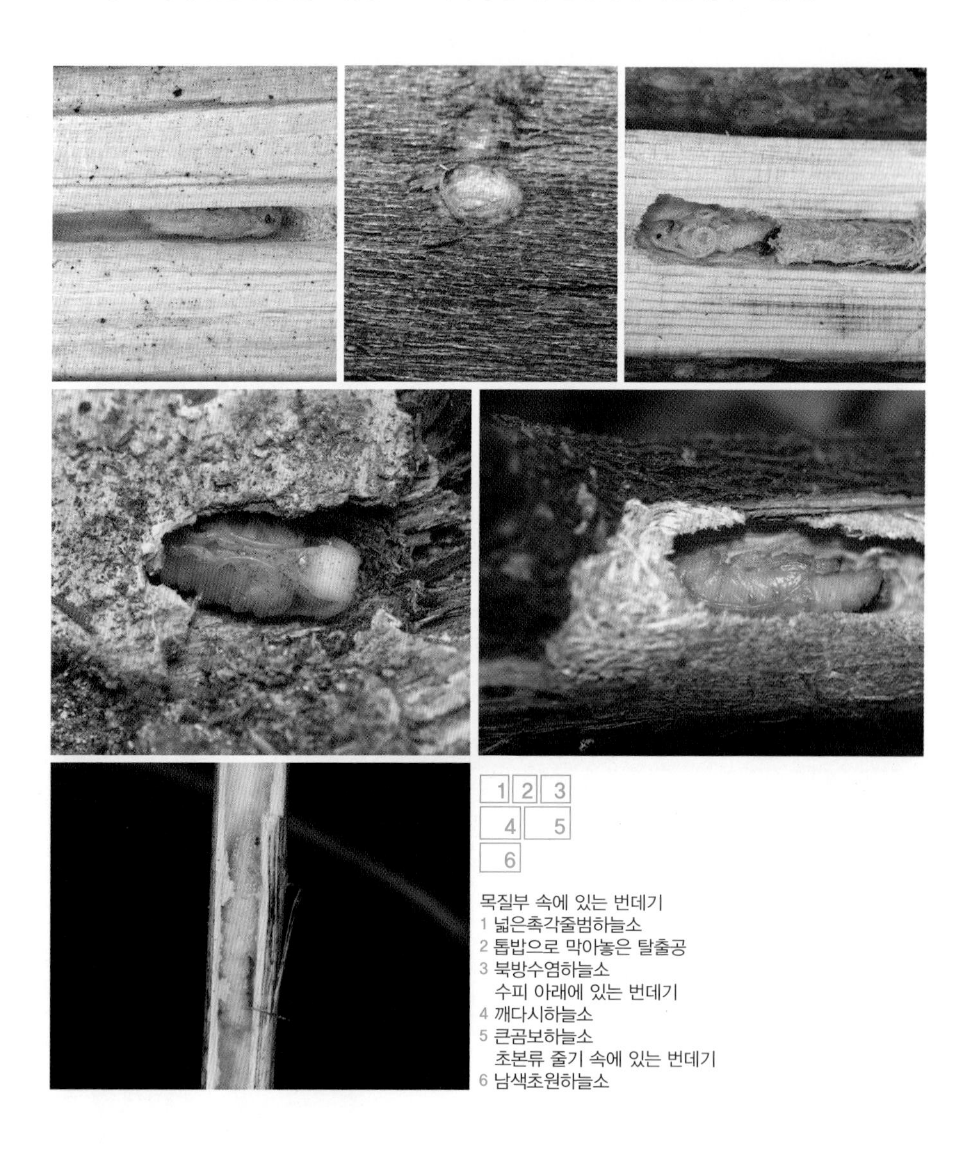

1	2	3
4	5	
6		

목질부 속에 있는 번데기
1 넓은촉각줄범하늘소
2 톱밥으로 막아놓은 탈출공
3 북방수염하늘소
수피 아래에 있는 번데기
4 깨다시하늘소
5 큰곰보하늘소
초본류 줄기 속에 있는 번데기
6 남색초원하늘소

용화과정

번데기방을 튼 유충은 전용이 되어 번데기가 될 준비를 하고, 전용이 된 지 1~2주가 지나면 번데기로 탈바꿈한다. 이를 용화(pupation, 蛹化)라고 한다. 버들하늘소의 경우 용화에 걸리는 시간이 2분 미만으로 굉장히 짧다. 따라서 용화과정을 관찰하기란 쉬운 일이 아니다. 아래 사진들은 15초 단위로 촬영된 사진 중 특징적인 사진을 골라 나열한 것이다.

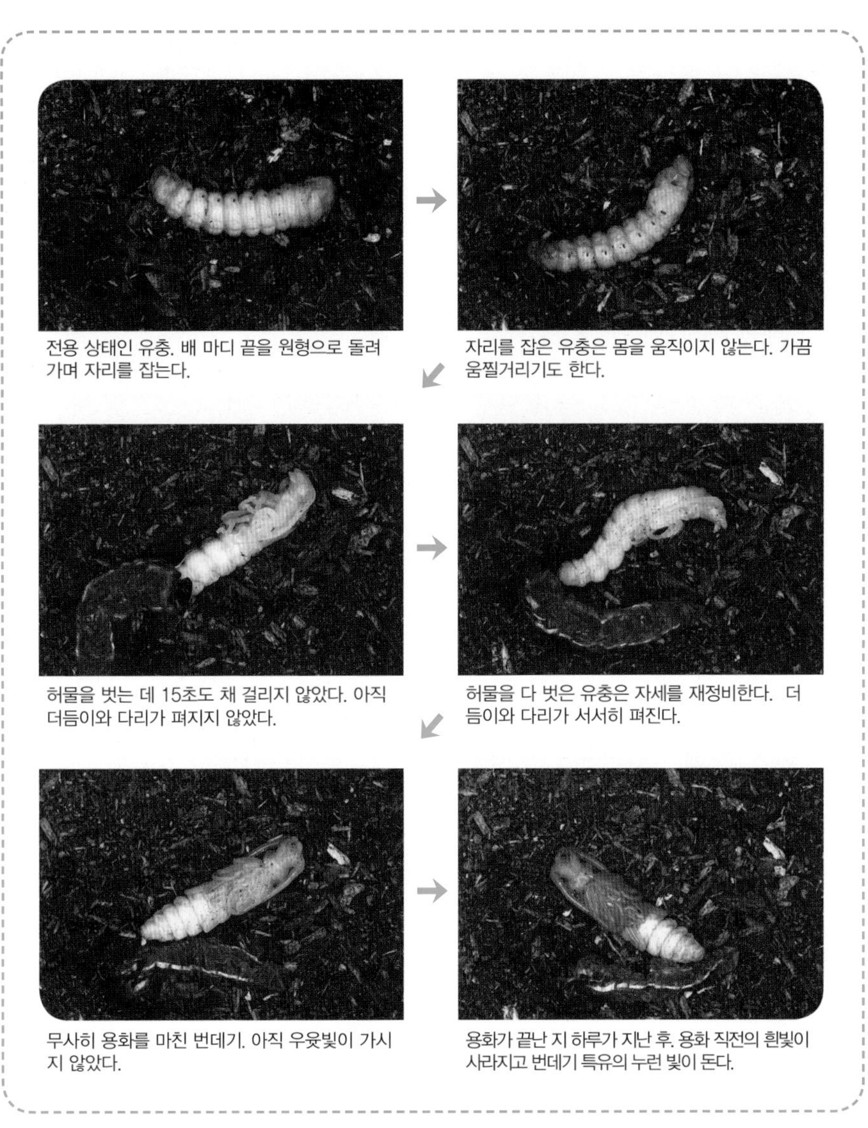

버들하늘소의 용화과정

우화과정

번데기가 성충으로 탈바꿈하는 것을 우화(eclosion, 羽化)라고 한다. 번데기 기간은 종에 따라 다르지만 일반적으로 15~20일 정도이다. 우화에 있어 가장 중요한 요소는 온도와 습도라고 알려져 있다. 우화는 약 30분간 지속되므로 용화과정보다는 관찰하기 용이하다.

우화를 목전에 둔 번데기. 겹눈이 검은색으로 비쳐 보인다면 우화가 임박했다는 증거다.

다리와 머리, 더듬이를 움직이면서 우화가 시작된다.

온 몸을 움직이며 허물을 벗는다.

허물을 다 벗은 후, 몸을 완전히 뒤집은 성충. 딱지날개가 마르지 않아 흰빛을 띤다.

몸이 말라가면서 딱지날개 색깔이 점점 갈색으로 변한다.

우화한 지 5일이 지난 성충. 몸 색깔이 완전한 갈색을 띤다.

버들하늘소의 우화과정

탈출

성충은 우화를 마치고 약 2주가 지나면 번데기방에서 밖으로 나온다. 하늘소 탈출공의 모양은 일반적으로 원형인데, 타원형이나 불규칙한 모양을 띠는 종도 있다.

1 잔점박이곤봉수염하늘소의 탈출
2 육점박이범하늘소의 탈출
3 측범하늘소의 탈출
4 알락하늘소 탈출공
5 세줄호랑하늘소 탈출공
6 주홍하늘소 탈출공
7 주홍삼나무하늘소 탈출공(추정)

4. 하늘소의 천적

유충의 천적

하늘소 유충은 일반적으로 수목 내부에 있기 때문에 외부적 위협에 안전할 것처럼 보이지만 딱따구리 등 나무를 쪼는 새에게 취약하다. 개미벌, 기생벌 등도 유충에게 위험한 천적인데, 최근에는 이런 천적곤충을 이용한 하늘소 방제법 연구가 활발하다.

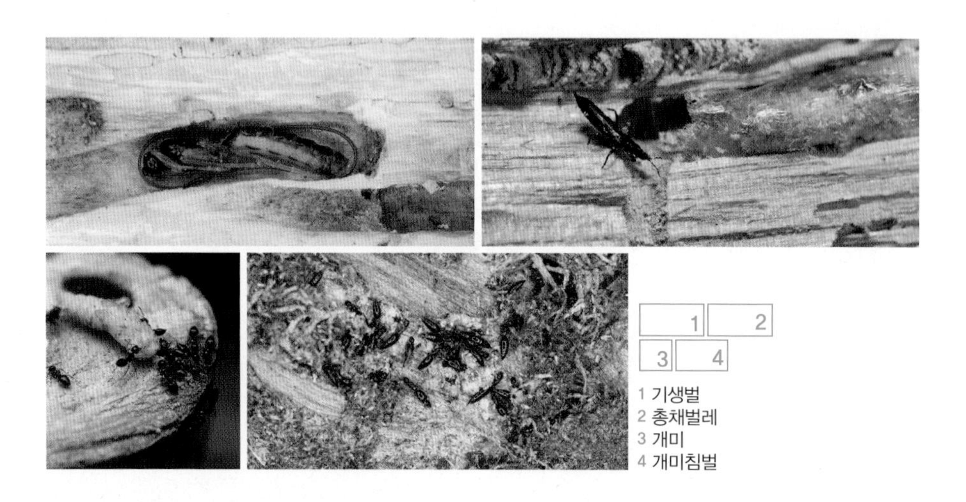

1 기생벌
2 총채벌레
3 개미
4 개미침벌

성충의 천적

야외에서 활동하는 하늘소 성충도 여러 위험에 노출되어 있다. 조류를 비롯해 개구리, 각종 잡식성 야생동물, 다른 종의 곤충까지 모두가 하늘소의 천적이다. 서식지를 파괴하는 인간도 예외일 수 없다.

1 새에게 당한 뽕나무하늘소 유충
2 거미줄에 걸린 작은소범하늘소
3 차에 깔려 죽은 톱하늘소
4 짝짓기 도중 밟힌 우단하늘소 한 쌍

5. 하늘소의 방어행동

경계행동

하늘소는 외부의 위협을 느끼면 "끼익 끼익" 하는 소리를 낸다. 대부분의 종은 앞가슴등판과 딱지날개 사이의 빨래판 같은 기관을 서로 마찰시켜 소리를 내며 이 부분을 발음기라고 한다. 톱하늘소 같은 일부 종은 뒷다리와 딱지날개를 비벼서 소리를 내기도 한다.

뽕나무하늘소의 발음기

의사행동

천적을 만나 위협을 느끼면 죽은 척 하는 하늘소도 있다. 대부분 곧바로 다리를 오므리고 땅바닥으로 떨어져서 의사행동을 멈추고 도망가지만, 오랫동안 의사행동을 지속하는 경우도 있다.

1 별황하늘소
2 우리목하늘소
3 뾰족날개하늘소
4 북방수염하늘소

1. 봄 · 여름 채집

봄과 여름은 다양한 곤충들이 왕성하게 활동하는 시기이다. 그러나 하늘소들을 만나기란 쉬운 일이 아니다. 대부분의 하늘소는 크기가 작고 보호색을 띠고 있는 종이 많아 활동 중에도 눈에 잘 띄지 않기 때문이다. 하지만 그들의 생활방식을 잘 알고 다가가면 더 많은 종류의 하늘소를 만날 수 있다. 이와 함께 효율적으로 하늘소를 관찰하고 채집하기 위해서는 널리 알려진 몇 가지 채집기법과 채집도구를 알아놓는 것이 좋다.

준비물

■ **지퍼백** 채집한 하늘소는 한 마리씩 따로 지퍼백에 넣어놓는다. 하늘소는 턱이 날카로우므로 여러 마리를 한 곳에 넣으면 서로 물어서 다리나 더듬이가 쉽게 손상된다. 지퍼백은 크기가 다양하지만 하늘소는 소형종이 대부분이므로 작은 것(30×40mm)을 준비하는 것이 좋다.

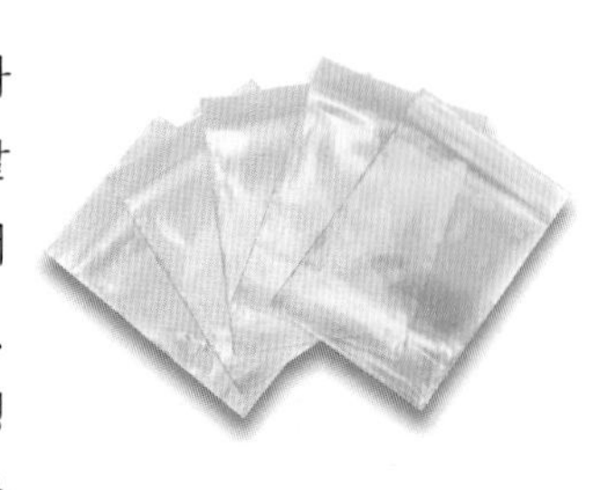

■ **플라스틱병** 몸이 털로 덮여있는 하늘소는 지퍼백에서 발버둥치다가 무늬가 손상되는 경우가 많다. 이런 종류는 작은 플라스틱통에 한 마리씩 넣으면 손상을 방지할 수 있다.

■ **포충망** 하늘소를 채집하는 가장 기본이 되는 도구로, 전문가용 잠자리채라고 생각하면 된다. 일반 잠자리채보다 망의 지름이 크고 깊이가 깊다. 과학사, 곤충 관련 커뮤니티 등에서 구입할 수 있으나 긴 포충망을 사용하려면 낚시점에서 5~7m 정도 되는 뜰채를 구입하여 개조하는 것이 좋다.

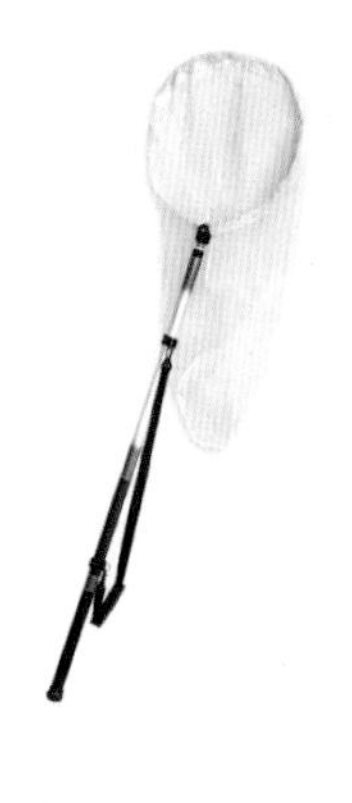

■ **비팅망** 나무나 덩굴 등을 쳐서 놀라 떨어지는 하늘소를 채집하기 위한 도구이다. 국내에는 판매하는 곳이 없으며, 낚시점에서 파는 새우망 등을 개조해 만들 수 있다.

그 밖에 긴 옷, 등산화, 가방, 랜턴, 카메라 등이 필요하다.

채집방법

■ **육안조사(Searching)** 눈으로 보고 하늘소를 채집하는 방법이다. 서식지, 기주식물, 가해흔적, 활동시간 등에 대한 지식을 바탕으로 하늘소를 찾는다. 눈으로 보고 채집하는 것은 채집하려고 하는 하늘소의 생태에 대해 잘 알아야 하므로 어려운 채집법 중 하나다.

■ **쓸어잡기(Sweeping)** 하늘소는 사람의 눈에 띄지 않게 잎 뒤나 가지에 붙어있는 경우가 많다. 포충망을 이용해 하늘소가 있을 것 같은 장소(꽃, 시든 잎, 마른 가지 등)를 쓸어내듯 털면 근처에 있던 하늘소가 망 속으로 떨어진다. 특히 눈으로 보기 힘든 높은 곳에 있는 하늘소를 채집하기에 좋은 채집법이다.

■ **털어잡기(Beating)** 가지에 꼭 붙어있는 하늘소들은 쓸어잡기로는 잘 떨어지지 않는다. 그래서 적절한 크기의 비팅망을 아래에 두고 막대로 나무를 세게 치면 비팅망으로 떨어지는 하늘소를 잡을 수 있다. 다리 힘이 센 목하늘소 종류를 채집할 때 유용한 방법이다.

■ 등화채집(Light trap) 하늘소 중에는 주광성(빛으로 향하는 성질)을 가진 종들이 많다. 야간에 숲 속의 탁 트인 공간에서 전등을 켜놓으면 주광성 하늘소들을 포함해 각종 곤충들이 날아온다. 이 중 필요한 종만 골라서 채집하는 방법이 등화채집이다. 직접 전등을 켜기 힘들다면 산길의 가로등 주변, 교외의 주유소 등을 탐색해 보는 것도 좋은 방법이다.

* 주의사항 : 여름철에는 벌, 모기, 진드기 같은 위험한 곤충이나 뱀, 멧돼지 같은 야생동물을 조심해야 한다. 특히 더운 날에는 일사병, 탈수 같은 증상들도 유의해야 한다. 특히 산속에서의 위험한 행동은 자제하는 것이 좋다.

2. 겨울 채집

가을이 가고 겨울이 오면 그 많던 곤충들이 하나둘 모습을 감추기 시작한다. 하지만 곤충들은 완전히 사라진 것이 아니라 잠시 우리 눈에 띄지 않는 곳에서 새로운 삶을 준비하고 있다. 대부분의 하늘소는 유충이나 번데기 상태로 겨울을 보내고, 몇몇 종들은 성충으로 봄을 기다리기도 한다. 겨울철에는 주로 고사한 나무속이나 식물의 뿌리, 흙 속에서 하늘소의 모습을 볼 수 있다.

준비물 톱, 전정가위, 따뜻한 옷, 등산화, 카메라, 가방

채집방법

하늘소는 나무나 풀에 기생하는 곤충이다. 따라서 겨울에 유충이 들어있는 기주식물을 가져오면 이른 봄쯤 우화해 나오는 성충을 얻을 수 있다. 나무를 잘라와서 성충을 우화시키는 이 방법은 손상되지 않은 깨끗한 표본을 얻을 수 있다는 장점이 있다.

■ **자르기** 나무도 생명이므로 살아있는 나무를 자르는 것은 피한다. 고사목의 껍질을 벗겨 보거나, 톱으로 잘라서 단면을 확인하는 방법으로 하늘소 유충이 들어있는지 여부를 알 수 있다. 식흔이 뚜렷하고 오래되지 않은 나무를 가져오는 것이 좋다. 오래되었거나 식흔이 가루로 차 있지 않은 나무는 개미, 개미벌, 지네 등이 활동하고 있을 가능성이 높으므로 가져오지 않는다.

■ **보관하기** 곤충 채집에 있어 가장 중요한 정보는 채집장소이므로 반드시 채집지를 구분해 나무를 보관해야 한다. 보관중인 나무를 쪼개서 번데기방의 형태, 유충의 섭식형태 등을 관찰할 수도 있다. 보관하는 상자나 비닐봉지를 잘 밀봉하지 않으면 개미나 개미벌 등이 기어 나와 물릴 수 있으므로 주의한다.

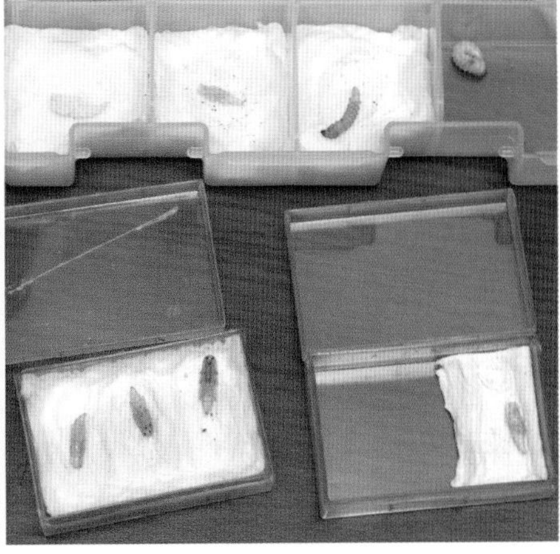

* 주의사항 : 겨울철은 여름철보다 해가 짧기 때문에 채집계획을 무리하지 않게 짜는 것이 좋다. 또한 채집법이 대부분 공구를 다루어야 하는 것이기 때문에 특히 안전에 유의해야 한다.

3. 표본 제작

곤충을 연구할 때 반드시 있어야 하는 것이 곤충의 표본이다. 곤충의 표본은 실제 대상이 있어야 연구가 가능한 곤충학의 특성상 필수 불가결한 요소로, 채집지역과 장소를 확인할 수 있는 기본정보를 제공하며, 신종의 기재, 확인, 비교 등의 다양한 용도로 사용된다.

곤충의 표본방법은 건조표본과 액침표본 2가지로 나눌 수 있으나 여기서는 일반적인 건조표본의 전족방법을 소개한다.

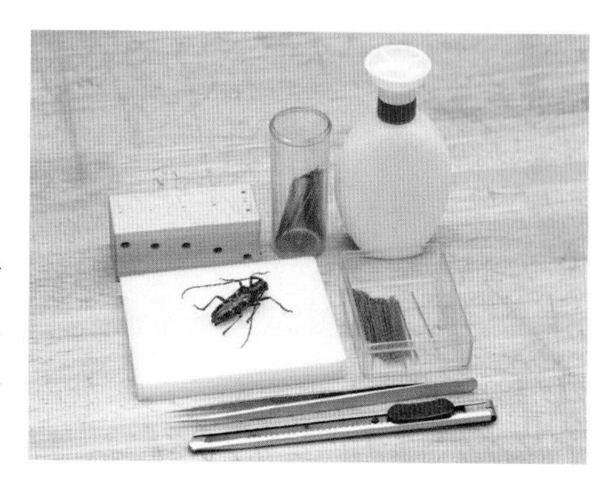

준비물 곤충핀, 전족핀, 대지, 전족판, 핀셋, 평균대, 표본상자 (이 외에 건조표본 제작 시 연화에 필요한 물품, 기름종이, 접착제 등도 같이 준비하면 유용하다.)

■ **곤충핀** 스테인레스 재질의 곤충 전용 핀을 사용한다. 일반 핀의 경우 길이가 짧고 두께가 적합하지 않으며, 녹이 슬어 곤충표본에는 맞지 않다. 굵기에 따라 미침과 일반 곤충핀으로 나누며, 일반 곤충핀은 두께에 따라 00~7호까지 나뉜다. 하늘소의 경우 보통 1~3호 핀을 사용한다.

■ **전족핀** 일반 침핀을 사용해도 무난하나 곤충핀 길이의 핀을 사용하는 것이 편리하며, 2cm 이하의 소형 곤충의 경우 시중에서 판매되는 동방침을 사용하는 것이 좋다.

■ **대지** 곤충의 몸에 핀을 꽂지 않는 경우 사용하며, 곤충의 몸길이에 따라 알맞은 크기의 대지를 사용하면 된다.

■ **전족판** 우드락이나 스티로폼 등을 사용한다.

■ **핀셋** 곤충표본 시 자세를 잡는 데 필요하며, 직선형과 곡선형 핀셋이 주로 사용된다.

■ **평균대** 곤충의 표본과 라벨의 위치를 조정할 때 사용한다.

■ **표본상자** 표본 작업이 끝난 표본을 보관할 때 사용하며, 시중에서 판매되는 표본상자를 사용하는 것이 좋다.

제작방법

■ **연화작업** 건조된 곤충의 경우 따뜻한 물이나 수증기를 이용하여 연화시킨다. 채집한 후 냉동 보관했거나 금방 죽은 곤충의 경우 연화작업을 거치지 않고 바로 전족한다.

연화작업

■ **수분 제거** 연화된 곤충의 몸의 물기, 이물질을 닦고 휴지 위에 올려 수분을 제거한다.

■ **곤충핀 꽂기** 곤충을 전족판에 올리고 오른쪽 딱지날개에 곤충핀을 꽂는다. 핀을 꽂아 곤충핀이 복부를 관통할 때 핀이 관절부를 찔러 손상되지 않도록 주의한다.

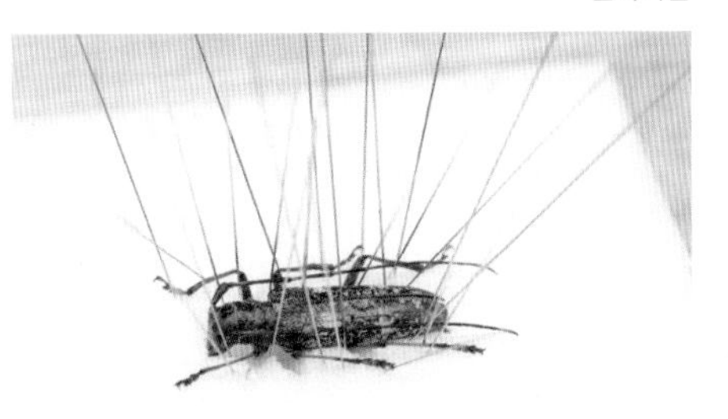
곤충핀 꽂기

■ **건조** 전족 작업이 끝나면 햇빛이 들지 않는 서늘한 공간에 건조시킨다. 보통 2~3주 정도 걸린다.

■ **라벨 작업** 곤충표본은 라벨을 반드시 부착해야 하며, 표본을 할 때 함께 작성하는 것이 좋다. 완성된 표본은 라벨과 함께 표본상자에 종류별로 넣고 보관한다.

라벨 작업

■ **높이 맞추기** 표본 건조가 완전히 끝나면 평균대를 이용해 표본의 높이를 맞춘 후 라벨을 작성하여 핀에 꽂고 평균대를 이용해 높이를 맞춘다.

■ **보관** 표본을 오래 보관하기 위해서 주기적으로 나프탈렌 등 방습제, 방충제를 넣어 표본이 상하지 않도록 유의한다.

높이 맞추기

하늘소과 Cerambycidae

딱정벌레목 Order Coleoptera
머리대장계열 Series Cucujiformia
잎벌레상과 Superfamily Chrysomeloidea Latreille, 1802
하늘소과 Family Cerambycidae Latreille, 1802

하늘소과는 잎벌레상과에 속한 분류군으로 단일 과로 통용되고 있으며, 일부 학자들은 하늘소를 상과(Cerambycoidea Latreille,1802)로 보기도 한다. 이 책에서는 「Catalogue of Palaearctic Coleoptera volume 8」(Löbl & Smetana, 2010)의 분류체계를 따라 하늘소를 단일 과로 정리했다. 국내에 서식하는 곤충 중 하늘소와 같은 상과에 속하는 과로는 수중다리잎벌레과(Megalopodidae Latreille, 1802), 잎벌레과(Chrysomelidae Latreille, 1802)가 있다.
하늘소과의 특징으로는 긴 체형, 11마디로 구성된 더듬이(톱하늘소아과와 목하늘소아과에 속하는 일부 분류군은 더듬이가 12마디), 5마디로 구성된 부절(일부 목하늘소아과는 4마디) 등이 있다.

깔따구하늘소아과
Disteniinae

톱하늘소아과
Prioninae

꽃하늘소아과
Lepturinae

검정하늘소아과
Spondylidinae

벌하늘소아과
Necydalinae

하늘소아과
Cerambycinae

목하늘소아과
Lamiinae

깔따구하늘소아과 Disteniinae

깔따구하늘소의 머리 정면과 측면

깔따구하늘소아과(Disteniinae)는 전 세계적으로 4족 37속 379종이 알려져 있으며, 국내에는 1족 1속 1종이 분포한다.
깔따구하늘소아과는 분류학적 위치에 논란이 있는 분류군이다. 어떤 학자들을 깔따구하늘소아과를 독립된 과(Disteniidae)로 보기도 하고, 어떤 학자들은 하늘소과에 속하는 하나의 아과로 여기기도 한다. 이 책에서는 2010년 출판된 「Catalogue of Palaeartic Coleoptera」라는 목록집의 분류체계를 따라 깔따구하늘소를 아과 수준으로 다루었다.
국내에 기록된 깔따구하늘소아과는 깔따구하늘소 1종으로 활엽수 고사목을 가해한다.

깔따구하늘소아과의 기주식물 비율

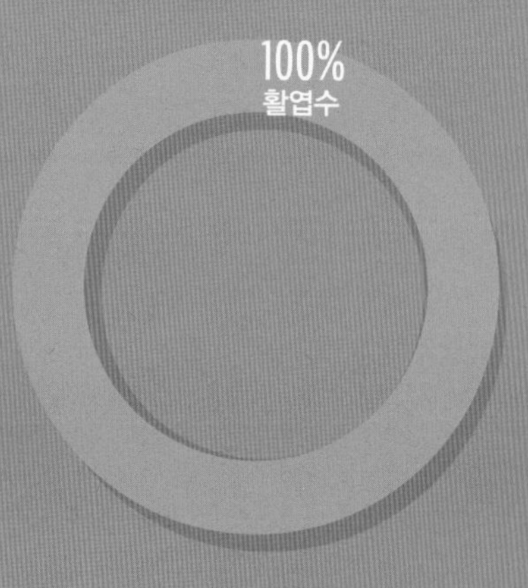

깔따구하늘소족 Disteniini |

깔따구하늘소

Distenia gracilis gracilis (Blessig, 1872)

강원 양양군 2013.7.9.

Apheles gracilis Blessig, 1872: 168

Apheles gracilis Blessig, 1872: 168; Ganglbauer, 1886: 131

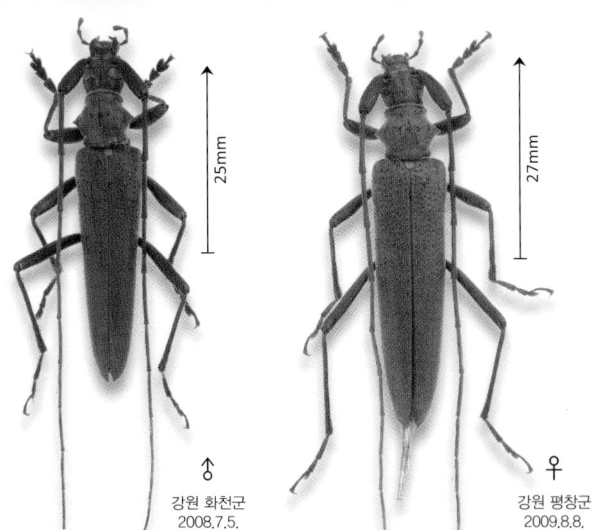

♂ 강원 화천군 2008.7.5.

♀ 강원 평창군 2009.8.8.

몸길이	20~30mm
성충활동시기	6월 중순~10월 하순
최종동면형태	유충
기주식물	물박달나무, 버드나무
한반도분포	전국
아시아분포	러시아, 북한, 일본, 중국

전국의 산지에 널리 분포하고 개체수도 많아 쉽게 볼 수 있다. 성충은 6~10월까지 활동하고 보통 오후부터 늦은 밤까지 활엽수 고사목 가지를 오르내리는 모습을 볼 수 있으며 불빛에도 자주 날아온다. 암컷은 버드나무, 오리나무, 단풍나무 등의 뿌리 부근에 산란한다. 유충은 뿌리나 나무둥치 부분의 목질부에서 자란다. 다 자란 유충은 뿌리 부근의 목질부에서 번데기방을 틀고 우화한다.

하늘소과 Cerambycidae

톱하늘소아과 Prioninae

톱하늘소의 머리 정면과 측면

톱하늘소아과(Prioninae)는 전 세계적으로 26족 299 속 1,100여 종이 알려져 있으며, 국내에는 5족 5속 5 종이 분포한다.

톱하늘소아과는 하늘소과 내에서 비교적 원시적인 분류군이라고 알려져 있다(Linsely, 1961; Svácha & Danilevsky, 1987). 톱하늘소아과에는 장수하늘소속(Callipogon) 등 대형 하늘소들이 포함되어 있으며, 목재나 나무 뿌리를 가해하는 종이 많아 'Woodboring Beetles', 'Root borer'라고 불린다. 머리 크기에 비해 턱이 큰 편이고 앞으로 뻗어 있다. 대부분 야행성이며 불빛에도 잘 유인된다.

국내에 분포하는 대부분의 톱하늘소아과는 쇠약목과 고사목을 가해한다. 이 중 침엽수를 가해하는 종은 침엽수와 활엽수를 모두 가해하는 톱하늘소 1종뿐이며 나머지는 활엽수를 가해한다.

톱하늘소아과의 기주식물 비율

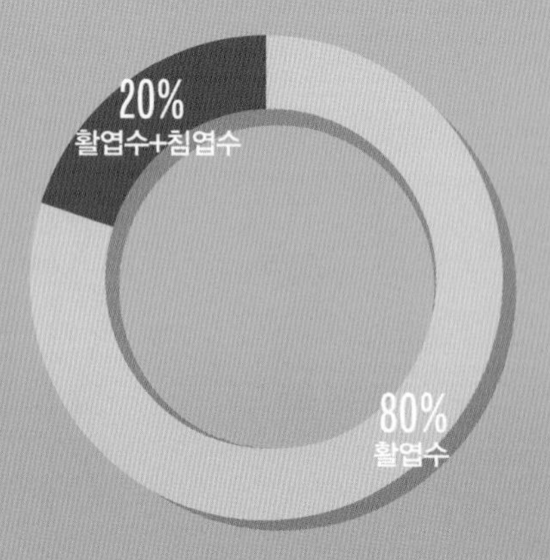

버들하늘소, 강원 양양군 2013.7.6.

장수하늘소족
72쪽

버들하늘소족
77쪽

반날개하늘소족
75쪽

톱하늘소족
74쪽

장수하늘소 | 장수하늘소족 Callipogonini

Callipogon (*Eoxenus*) *relictus* Semenov, 1899 | 적색목록 위급(CR)

과거에는 서울 근교나 춘천, 강원도 일부 지역에서도 기록이 있었으나 최근 개체수가 눈에 띄게 줄었다. 관찰되는 지역은 경기도 포천의 국립수목원이 유일하며 이곳에서도 몇 년에 한 번꼴로 매우 드물게 발견된다. 성충은 주로 7~8월까지 수령이 오래된 서어나무, 신갈나무, 물푸레나무에서 활동한다. 야행성으로 불빛에 날아오는 경우가 많지만 이따금 낮에 발견되기도 한다. 동북아 최대의 하늘소이자 우리나라에서 가장 큰 갑충이다. 현재 천연기념물 제218호로 지정되어 있다.

Callipogon relictus Semenov, 1899: 570

Macrotoma (*Bandar*) *fisheri* Waterhouse 1884: 382; Saito, 1932: 442

몸길이	55~110mm
성충활동시기	7월 하순~8월 하순
최종동면형태	유충
기주식물	서어나무, 신갈나무, 물푸레나무, 느릅나무
한반도분포	경기 포천시, 강원 춘천시, 강릉시
아시아분포	러시아, 북한, 중국

♂

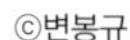
©변봉규

♀

©변봉규

©변봉규

톱하늘소 | 톱하늘소족 Prionini

Prionus insularis insularis Motschulsky, 1857

강원 철원군 2013.6.29.

32mm

♂
경기 고양시
2006.7.20.

♀
강원 양양군
2012.7.13.

Prionus insularis Motschulsky, 1857: 36

Prionus insularis: Kolbe, 1886: 219

몸길이	18~45mm
성충활동시기	6월 하순~9월 초순
최종동면형태	유충
기주식물	각종 침엽수 및 활엽수
한반도분포	전국, 제주
아시아분포	러시아, 북한, 중국

전국의 잡목림에 서식하며 개체수도 많아 쉽게 발견된다. 6월 하순~9월 초순까지 활동하며, 밤에 참나무 수액을 먹고 불빛에도 날아온다. 해외 자료에 따르면 암컷이 활엽수 밑동에 산란한다고 하지만, 국내에서는 침엽수 벌채목에서 자주 보인다. 유충은 나무 밑동과 뿌리 부근을 가해하며, 성장을 마치면 땅속으로 나와 번데기방을 만들고 우화한다. 다른 하늘소들은 가슴과 배 사이의 발음기로 소리를 내는 반면, 톱하늘소는 뒷다리와 딱지날개를 마찰시켜 소리를 낸다. 암컷이 페로몬을 배출하며 수컷을 유인하는 장면도 드물게 볼 수 있다.

반날개하늘소족 Anacolini |

반날개하늘소

Psephactus remiger remiger Harold, 1879

전남 해남군 2011.6.2.사육

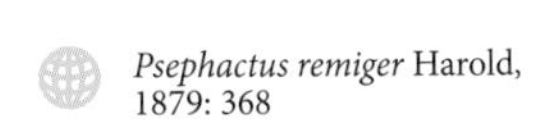

Psephactus remiger Harold, 1879: 368

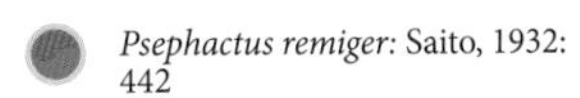

Psephactus remiger: Saito, 1932: 442

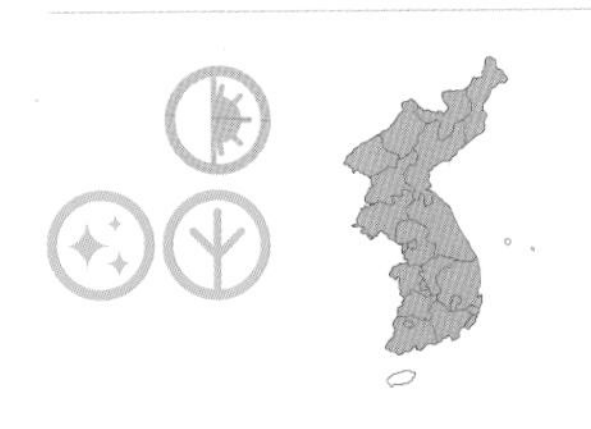

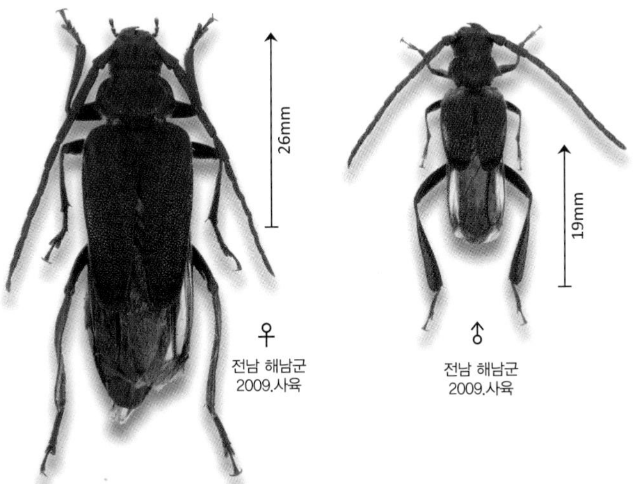

♀ 전남 해남군 2009.사육

♂ 전남 해남군 2009.사육

몸길이	12~30mm
성충활동시기	6월 하순~8월 하순
최종동면형태	유충
기주식물	서어나무, 팽나무 등의 활엽수
한반도분포	전국
아시아분포	일본

서어나무가 많은 활엽수림에 분포한다. 6월 하순에 발생해서 8월 하순까지 활동한다. 성충은 오후부터 활동을 시작하며, 주로 서서 죽은 활엽수에서 산란하거나 짝짓기 등의 활동을 한다. 해 질 녘에는 나무 사이를 빠르게 날아다니기도 한다. 해외에서는 각종 활엽수에 산란한다고 알려져 있지만 국내에서는 서어나무 고사목에 산란하는 경우가 대부분이다. 딱지날개가 배를 반밖에 덮고 있지 않아서 반날개하늘소라는 이름이 붙었다.

사슴하늘소 | 사슴하늘소족 Eurypodini

Eurypoda (*Neoprion*) *batesi* Gahan, 1894

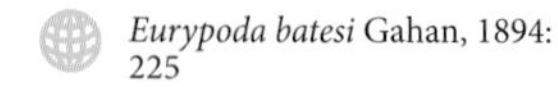

Eurypoda batesi Gahan, 1894: 225

Eurypoda batesi: Lee, 1980: 46

아열대성 상록활엽수림에 서식하는 종으로, 1978년 제주도에서 한 차례 채집되었다. 그 후로 종적이 묘연하다가 최근 제주도에서 1개체가 추가로 관찰되었다. 성충은 6월에 발생하여 9월까지 활동한다. 야행성으로 주로 나무 구멍에서 생활하기 때문에 관찰이 어려우며, 밤에 불빛을 보고 날아오기도 한다. 국내에서는 조록나무에서 채집되었으며 해외에서는 모밀잣밤나무, 구실잣밤나무, 푸조나무 등이 기주식물로 알려져 있다. 공식적인 기록은 제주도에만 있으나 생태로 미루어보아 남부지방 해안지역의 상록활엽수림에도 서식할 가능성이 높다.

몸길이	25~36mm
성충활동시기	6월 중순~9월 하순
최종동면형태	유충
기주식물	녹나무, 잣밤나무, 푸조나무, 후박나무
한반도분포	제주
아시아분포	일본, 중국

사슴하늘소가 서식하는 제주도의 상록수림

버들하늘소족 Aegosomatini |

버들하늘소

Aegosoma sinicum sinicum White, 1853

강원 양양군 2013.7.27.

Aegosoma sinicum A. White, 1853: 30

Aegosoma sinicum White, 1853: 30; Bates, 1888: 378

전국의 산지에 널리 분포하고 개체수가 많으며 크기가 커서 쉽게 발견된다. 6~8월까지 주로 활동하며, 밤에 참나무 수액에서 먹이활동을 하거나 불빛에 날아온다. 암컷은 여러 종류의 활엽수에 산란한다. 유충은 목질부를 가해하며 애벌레 상태에서 겨울을 나고 늦봄에 나무속에서 성충이 된다. 도심에서도 어렵지 않게 관찰할 수 있는 종이며, 몸집도 커서 장수하늘소로 오인하는 경우가 많다.

몸길이	32~60mm
성충활동시기	6월 중순~8월 하순
최종동면형태	유충
기주식물	각종 활엽수
한반도분포	전국, 제주
아시아분포	대만, 러시아, 북한, 중국

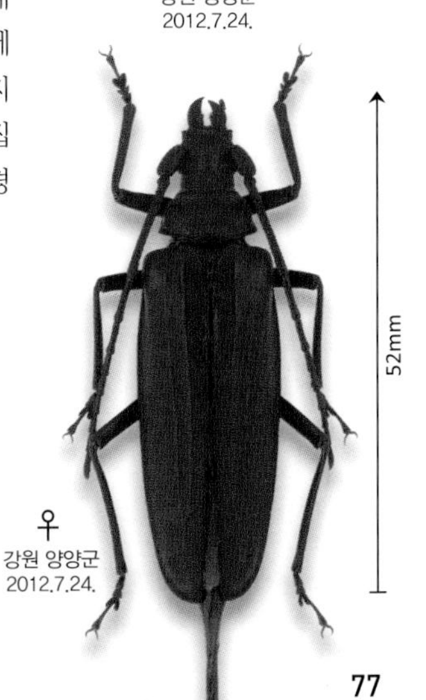

♂ 강원 양양군 2012.7.24.

♀ 강원 양양군 2012.7.24.

하늘소과 Cerambycidae

꽃하늘소아과 Lepturinae

넓은어깨하늘소의 머리 정면과 측면

꽃하늘소아과(Lepturinae)는 전 세계적으로 9족 210여 속 1,600여 종이 분포하며 국내에는 4족 35속 73종이 분포한다.

꽃하늘소아과에 속하는 종들은 대부분이 주행성이며 색이 화려하다. 초지에서부터 높은 산지까지 전국 곳곳에 다양하게 분포한다. 대부분은 주로 꽃에서 관찰할 수 있으며, 채광이 좋고 숲 가운데 탁 트인 곳에서 비행하는 모습도 곧 잘 보인다. 매우 드물지만 야간에 불빛에 날아오는 모습도 종종 볼 수 있다.

국내에 기록된 꽃하늘소 73종 중 4종이 살아있는 나무, 43종이 죽은 나무를 기주로 하고 26종은 자세한 생태가 알려지지 않았다. 기주식물 종류로는 20종이 활엽수, 20종이 침엽수, 2종이 초본류를 기주로 한다. 활엽수와 침엽수를 모두 먹는 종은 7종이며 나머지 24종은 기주식물이 알려져 있지 않다.

꽃하늘소아과의 기주식물 비율

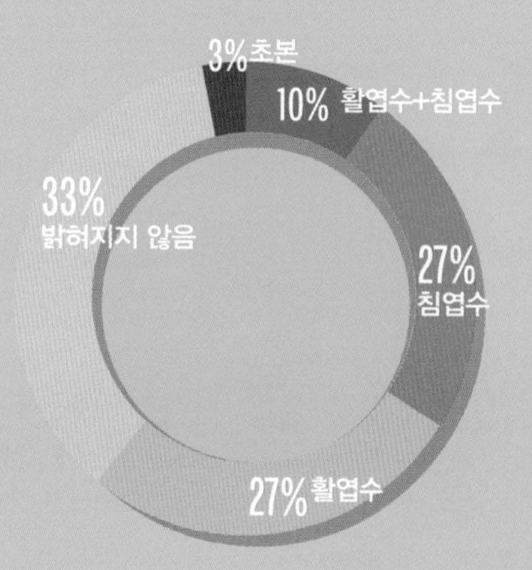

산줄각시하늘소, 강원 홍천군 2013.6.14.

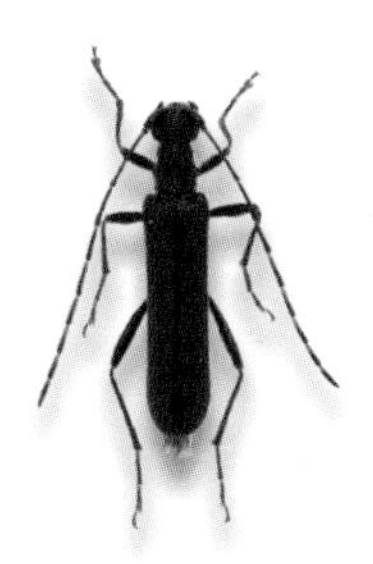

검정홀쭉꽃하늘소족
80쪽

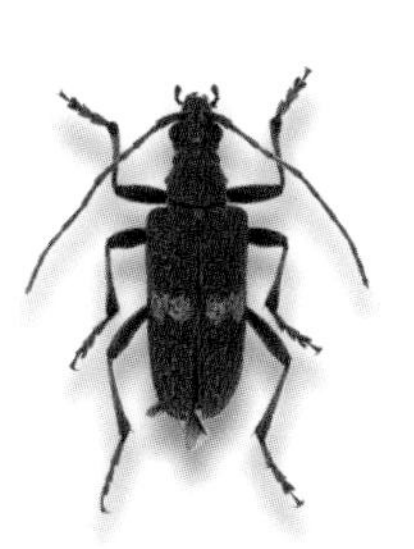

곰보꽃하늘소족
81쪽

소나무하늘소족
82쪽

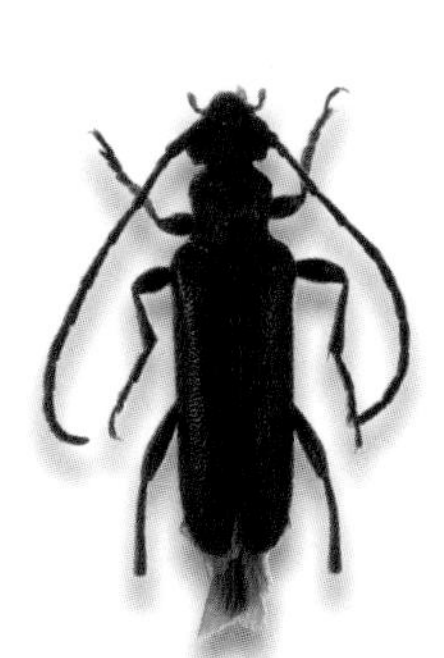

꽃하늘소족
110쪽

검정홀쭉꽃하늘소[신칭] | 검정홀쭉꽃하늘소족 Encyclopini

Encyclops macilentus (Kraatz, 1879)

강원 화천군 2013.6.2.

8mm

♂

강원 홍천군
2013.6.1.

9mm

♀

강원 화천군
2013.6.2.

Microrhabdium macilentum Kraatz, 1879

미기록

몸길이	8~11mm
성충활동시기	5월 하순~6월 중순
최종동면형태	밝혀지지 않음
기주식물	참나무
한반도분포	강원
아시아분포	러시아

국내에서 처음으로 보고되는 종으로, 5월 말에 강원도 산간지역의 층층나무 꽃과 노린재나무 꽃에서 암수 각 1개체씩 채집하였다. 암컷은 살아있는 참나무 수피에 산란한다. 부화한 유충은 수피의 코르크층을 바닥 쪽으로 파고들며 가해한다. 종령 유충은 수피 내부에 탈출공을 미리 뚫어놓고 번데기가 된다.

곰보꽃하늘소족 Sachalinobiini |

곰보꽃하늘소

Sachalinobia koltzei (Heyden, 1887)

강원 평창군 2011.5.24.

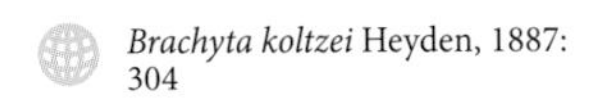

Brachyta koltzei Heyden, 1887: 304

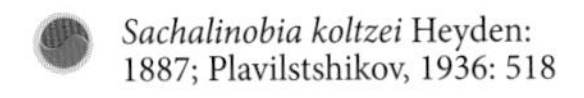

Sachalinobia koltzei Heyden: 1887; Plavilstshikov, 1936: 518

몸길이	12~24mm
성충활동시기	5월 중순~6월 중순
최종동면형태	성충
기주식물	솔송나무, 일본개분비나무, 전나무
한반도분포	강원 태백시, 평창군
아시아분포	러시아, 일본, 중국

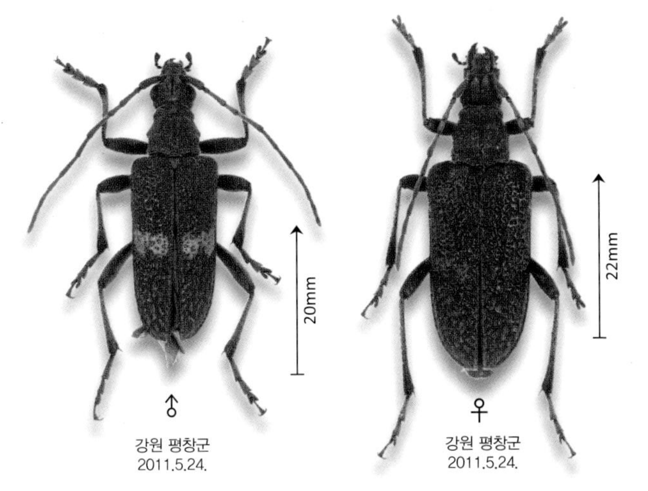

강원 평창군 2011.5.24.

강원 평창군 2011.5.24.

강원도 동북부지방 고산지대의 침엽수림에 서식하며 관찰하기 쉽지 않다. 성충은 5월 중순에 발생하여 6월 중순까지 활동한다. 주로 수피가 벗겨진 오래된 침엽수 고사목이나 이와 유사한 형태를 보이는 구조물에 모여든다. 마가목 꽃에 날아오기도 한다. 암컷은 전나무, 가문비나무 등 침엽수 고사목, 뿌리 부근, 꺾인 가지 등에 산란한다. 유충은 나무 밑동에서 뿌리 쪽으로 나아가며 목질부를 가해한다. 유충은 성장을 마치면 목질부에 번데기방을 틀고 우화한다.

소나무하늘소 | 소나무하늘소족 Rhagiini

Rhagium (Rhagium) inquisitor rugipenne Reitter, 1898

경기 양평군 2013.5.12.

16mm
♂
대전
2009.4.4.

15mm
♀
서울
2011.2.13.

전국의 침엽수림에 분포하며 개체수도 많다. 암컷은 각종 침엽수의 껍질 틈에 산란하며 한 군데에 여러 개의 알을 낳는 경우도 있다. 유충은 수피 아래를 가해하며, 9월경 성장을 마치면 나무 수피 아래에 번데기방을 짓고 우화한 채로 월동한다. 그러나 가을쯤 번데기방에서 나와 활동하는 개체들도 이따금 눈에 띈다. 성충은 이듬해 이른 봄부터 활동을 시작해 5월 하순까지 활동한다. 주로 한낮에 침엽수 고사목에서 활동하며 살아있는 나무에 붙어있는 개체도 종종 관찰된다. Ohbayashi(1994)는 국내에 분포하는 종은 *R. inquistor*가 아닌 *R. pseudojaponicum* Podany, 1964라고 명기하였다.

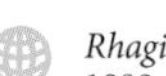

Rhagium rugipennis Reitter, 1898: 357

Rhagium (Hargium) inquisitor Linnaeus: 1758; Okamoto, 1924: 189

몸길이	12~20mm
성충활동시기	10월 초순~5월 하순
최종동면형태	성충
기주식물	분비나무, 소나무, 잣나무
한반도분포	전국
아시아분포	러시아, 몽골, 북한, 중국

소나무하늘소족 Rhagiini |

이른봄꽃하늘소 신칭

Enoploderes (*Pyrenoploderes*) sp.

강원 화천군 2013.4.27.

 미동정

 미동정

몸길이	9~11mm
성충활동시기	4월 하순~6월 초순
최종동면형태	밝혀지지 않음
기주식물	단풍나무, 삼나무, 아그배나무, 예덕나무
한반도분포	경기 포천시, 가평군, 강원 화천군, 충남 공주시
아시아분포	일본

충청남도와 경기도 일부 지역의 산지에 국지적으로 서식하며 개체수는 매우 적다. 성충은 4월 하순부터 발생하여 6월 초순까지 활동한다. 주행성으로 주로 단풍나무, 예덕나무 고목의 옹이에서 생활하며 꽃에 오는 일은 매우 드물다. 짝짓기도 단풍나무에서 이루어지며 때때로 단풍나무 잎 위로 올라온 개체들이 관찰된다. 암컷은 단풍나무 등의 옹이에 산란하며, 유충은 옹이 내부의 썩은 부분을 가해한다고 알려져 있다.

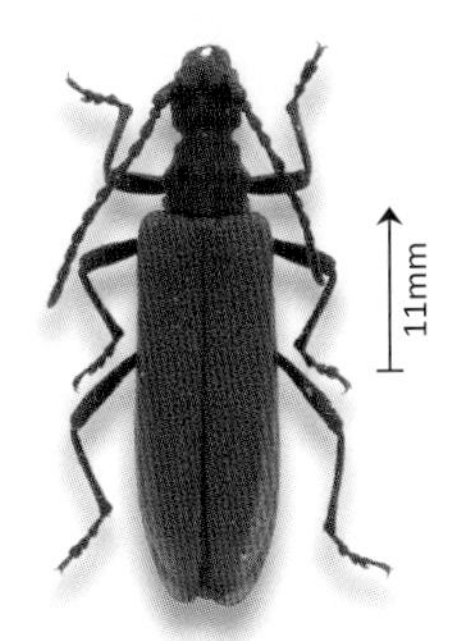

♀

경기 포천시
2007.4.25.

넓은어깨하늘소

| 소나무하늘소족 Rhagiini

Stenocorus (*Stenocorus*) *amurensis* (Kraatz, 1879)

강원 화천군 2012.6.18.

19mm

♂
강원 화천군
2012.6.16.

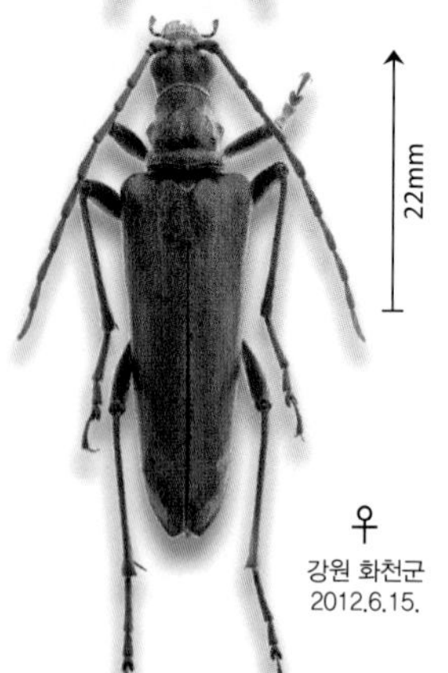

22mm

♀
강원 화천군
2012.6.15.

동북부지방 고산지대의 잡목림에 서식한다. 6월 초순에 발생하여 7월 중순까지 활동한다. 성충은 먹이활동을 위해 다래 꽃으로 날아오며 다래 꽃에 가만히 앉아 있기보다는 쉬지 않고 날아다닌다. 꽃에서 관찰되는 수컷의 수가 암컷의 수보다 월등히 많으며 가래나무 잎 뒷면에서 쉬고 있는 모습도 종종 관찰된다. 암컷은 버드나무, 참나무, 호두나무, 단풍나무 등의 고사목 뿌리 부근이나 근처 흙에 산란한다. 유충은 뿌리의 수피 아랫부분을 가해하며 성장을 마치면 땅속으로 기어 나와 번데기방을 틀고 그 안에서 성충이 된다. 이전에 국내에 기록되었던 *S. meridianus*는 *S. amurensis*의 오동정이다.

 *Toxotus amurensis* Kraatz, 1879: 100

 *Stenocorus amurensis* Kraatz, 1879: 100; Okamoto, 1927: 67

몸길이	16~27mm
성충활동시기	6월 초순~7월 중순
최종동면형태	유충
기주식물	버드나무, 참나무, 호두나무, 단풍나무
한반도분포	강원
아시아분포	러시아, 북한, 중국

소나무하늘소족 Rhagiini |

무늬넓은어깨하늘소

Pachyta bicuneata Motschulsky, 1860

중국 옌볜 (China) 2013.7.22.

Pachyta bicuneata Motschulsky, 1860: 147

Pachyta bicuneata: Okamoto, 1927: 67

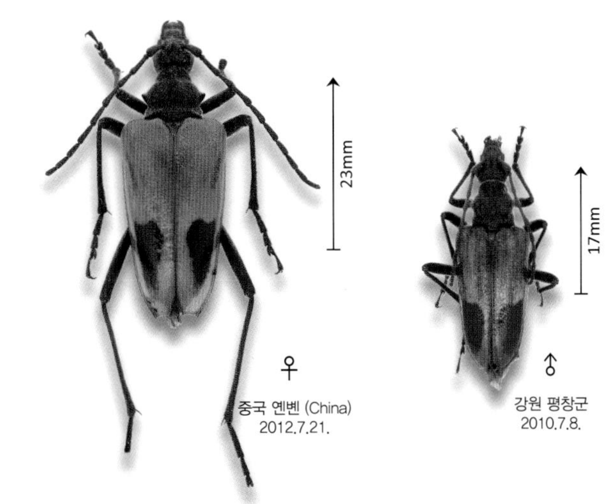

중국 옌볜 (China) 2012.7.21.

강원 평창군 2010.7.8.

몸길이	15~24mm
성충활동시기	7월 초순~8월 초순
최종동면형태	유충
기주식물	잣나무
한반도분포	강원 평창군, 함북, 평남
아시아분포	러시아, 북한, 중국

계방산, 오대산 등 강원도 동북부지방의 고산지대에 분포하지만 지금까지 남한에서 관찰된 개체수는 매우 적다. 성충은 7월 초순에 발생하여 8월 중순까지 활동한다. 주로 쉬땅나무, 어수리, 당귀, 노루오줌의 꽃에 모이며 짝짓기도 꽃 위에서 이루어진다. 암컷은 잣나무 뿌리 부근에 알을 낳으며, 유충은 수피 바로 아랫부분을 가해한다. 성장을 마친 유충은 땅속으로 나와 지하 2cm 지점에서 번데기방을 틀고 우화한다. 시초의 검은 점무늬가 2~4개까지 발현되는 변이가 나타난다.

긴무늬넓은어깨하늘소 | 소나무하늘소족 Rhagiini

Pachyta lamed lamed (Linnaeus, 1758)

Cerambyx lamed Linnaeus, 1758: 391

Evodinus punctatus: Okamoto, 1927: 68

남한에는 기록이 없고 북한의 함경남도 두운봉, 평안북도 후창군에서 기록이 있다. 7~8월에 활동하며 침엽수림에 서식한다고 알려져 있다. Cho(1946)에 의한 경기도 소요산 기록은 Tamanuki(1933) 가 기록한 Sohyo(함북 창평)를 Soyo(소요산)로 잘못 인용한데서 온 오기록이다. 암컷은 커다란 전나무 고사목의 썩어가는 얇은 뿌리 부분에 산란한다. 유충은 수피 아래를 가해하다가 어느 정도 성장하면 목질부로 파고들어 간다. 성장을 마친 유충은 뿌리에서 땅속으로 나와 번데기방을 틀고 우화한다. 휴전선보다 위도가 훨씬 높은 곳에 서식하기 때문에 남한에서 발견될 가능성은 굉장히 희박하다.

몸길이	11~22mm
성충활동시기	7월 초순~8월 중순
최종동면형태	유충
기주식물	가문비나무, 구상나무, 잣나무, 전나무
한반도분포	함남, 평북
아시아분포	러시아, 몽골, 일본, 중국

긴무늬넓은어깨하늘소가 서식하는 고산의 산림스텝지역, 중국 연변

소나무하늘소족 Rhagiini | 봄산하늘소

Brachyta amurensis (Kraatz, 1879)

강원 춘천시 2012.5.5.

Pachyta amurensis Kraatz, 1879: 69

Evodinus interrogationis amurensis Heyrovsky, 1932: 27

♀
강원 춘천시
2011.5.2.

♂
강원 인제군
2010.5.9.

몸길이	8~10mm
성충활동시기	4월 중순~6월 초순
최종동면형태	밝혀지지 않음
기주식물	밝혀지지 않음
한반도분포	경기, 강원, 충청, 전북
아시아분포	러시아, 북한

중북부 산림지대에 폭넓게 분포하며 남부지방의 산지에서 발견되기도 한다. 성충은 5월 초순에 발생하여 6월 초순까지 활동한다. 성충은 주로 정오 무렵에 양지꽃에 날아와 먹이활동을 한다. 꽃 주위를 맴돌다 빠르게 산길을 따라 비행하는 모습도 자주 눈에 띈다. 아직까지 정확한 기주식물이 밝혀지지 않았으나 근연종들의 생태로 보아 초본류 뿌리나 고사한 침엽수 뿌리 부근을 가해할 것으로 보인다.

점박이산하늘소^신칭 | 소나무하늘소족 Rhagiini

Brachyta (Brachyta) punctata lazarevi Danilevsky, 2014

중국 옌볜 (China) 2013.7.23.

15mm

♂ 중국 옌볜 (China) 2008.7.5.

11mm

♀ 중국 옌볜 (China) 2012.7.14.

Pachyta punctata Faldermann, 1833: 67

Evodinus punctate: Okamoto, 1927: 68

몸길이	11~19mm
성충활동시기	7월 초순~8월 초순
최종동면형태	밝혀지지 않음
기주식물	밝혀지지 않음
한반도분포	함북
아시아분포	러시아, 몽골, 북한

남한에는 기록이 없고 함경북도 길주군 양사면(합수)에서만 기록되어 있다. 다른 산하늘소류와 마찬가지로 한낮에 주로 꽃에 모이며 먹이활동과 짝짓기를 한다. 아직 국내의 정확한 생태나 기주식물이 확인되지 않았다. 산하늘소의 변이형과 유사하지만 가운데 딱지날개 중앙부 바깥쪽의 무늬가 점으로 명확히 떨어져서 나타나는 특징이 있다. 『한반도 하늘소과 갑충지』(Lee, 1987)에 기록된 산하늘소 표본(Pl.3~22b)은 점박이산하늘소의 오동정이다.

소나무하늘소족 Rhagiini |

고운산하늘소

Brachyta (*Fasciobrachyta*) *bifasciata bifasciata* (Olivier, 1795)

강원 양양군 2013.6.15.

Leptura bifasciata Olivier, 1792: 520

Pachyta daurica Gebler 1817: 329; Saito, 1932: 442

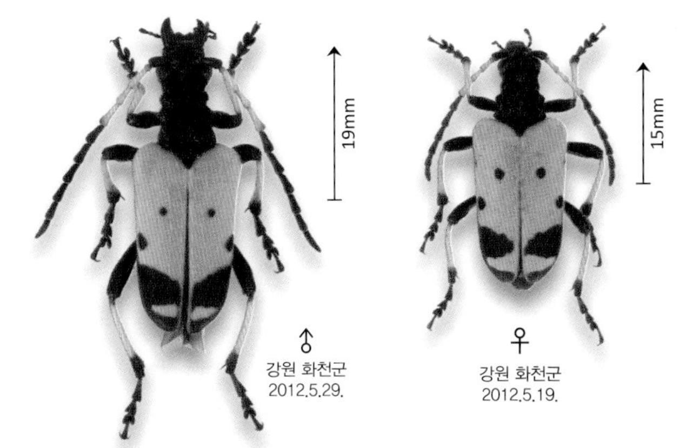

몸길이	16~23mm
성충활동시기	4월 하순~6월 중순
최종동면형태	유충
기주식물	백작약
한반도분포	경기 동두천시, 강원 평창군, 화천군, 양양군
아시아분포	러시아, 중국

경기도와 강원도의 산간지역에서 발견되는 대형 꽃하늘소이다. 4월 하순에 발생하여 6월 중순까지 활동한다. 성충은 봄철에 개화하는 다양한 꽃에 날아오나 주로 작약에서 관찰되며 꽃가루와 꽃잎을 섭취한다. 공터나 산길을 비행하는 개체들이 종종 관찰되기도 한다. 암컷은 백작약의 뿌리나, 뿌리 부근의 흙에 산란한다. 유충은 흙속에서 부화해 곧바로 초본 내부로 파고든다. 유충은 처음에는 코르크층을 가해하다가 어느 정도 성장하면 연조직으로 파고든다. 성장을 마친 유충은 흙으로 나와 번데기방을 틀고 우화한다. 살아있는 작약을 가해하는 유충이 죽은 작약을 가해하는 유충보다 훨씬 빠르게 성장한다.

무늬산하늘소 | 소나무하늘소족 Rhagiini

Brachyta (*Variobrachyta*) *variabilis aberrans* (Villiers, 1960)

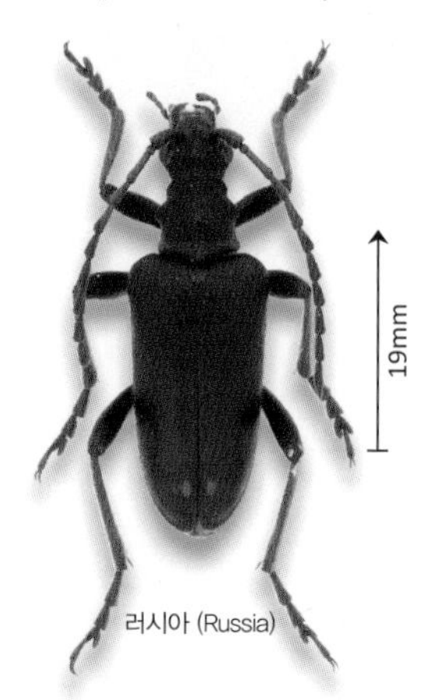

러시아 (Russia)

해발 2,000m 정도 되는 고산 초원지대에 서식하는 종으로, 남한의 채집기록은 없고 북한에서만 발견되었다. 5~6월경 미나리과, 장미과 등의 꽃에 모여 활동한다고 알려져 있다. 암컷은 대극 혹은 작약과 식물의 뿌리 부근에 산란한다. 유충은 뿌리 속으로 파고들어가 코르크층 및 식물의 연조직을 가해한다. 성장을 마친 유충은 흙으로 나와 번데기 방을 틀고 우화한다.

 *Leptura variabilis* Gebler, 1817: 320

 *Evodinus variabilis*, Plavilstshikov, 1936: 516

몸길이	12~25mm
성충활동시기	5월 하순~6월 하순
최종동면형태	유충
기주식물	대극, 작약과
한반도분포	함북
아시아분포	러시아, 몽골, 북한, 중국, 카자흐스탄

산하늘소 | 소나무하늘소족 Rhagiini

Brachyta (*Brachyta*) *interrogationis kraatzi* Ganglbauer, 1889

 *Leptura interrogationis* Linnaeus, 1758: 398

 *Evodinus interrogationis:* Mochizuki, 1935: 30.

러시아 (Russia)

고산지대나 산림스텝지역에 서식하는 종으로, 남한에는 기록이 없고 개마고원, 백두산, 부전고원 등 북한에만 채집기록이 남아 있다. 성충은 미나리과, 장미과, 대극과 등의 이파리 조직이나 꽃잎, 화분 등을 먹으며, 암컷은 작약, 등대풀속 등의 식물에 산란한다. 유충은 초본의 연조직을 가해하다가 성장을 마치면 땅속으로 나와 우화한다. 2~3령 유충은 뿌리에서 흙으로 나와 지근을 섭식하기도 한다. Lee(1987)에 따르면 경기도 소요산(Cho, 1940) 에서의 기록은 기록 작성에 사용된 표본을 재검토한 바 *B. amurensis* Kraatz의 오동정 기록이었다고 한다.

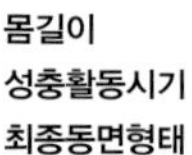

몸길이	9~18mm
성충활동시기	7월 초순~8월 중순
최종동면형태	유충
기주식물	작약, 쥐손이풀
한반도분포	함북
아시아분포	러시아, 몽골, 북한, 일본, 중국, 카자흐스탄

소나무하늘소족 Rhagiini |

별박이산하늘소

Evodinus borealis (Gyllenhal, 1827)

강원 인제군 2014.6.15.

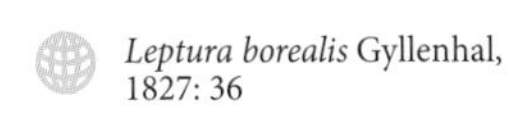

Leptura borealis Gyllenhal, 1827: 36

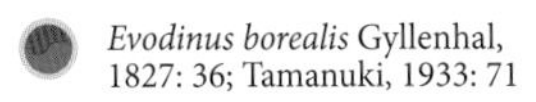

Evodinus borealis Gyllenhal, 1827: 36; Tamanuki, 1933: 71

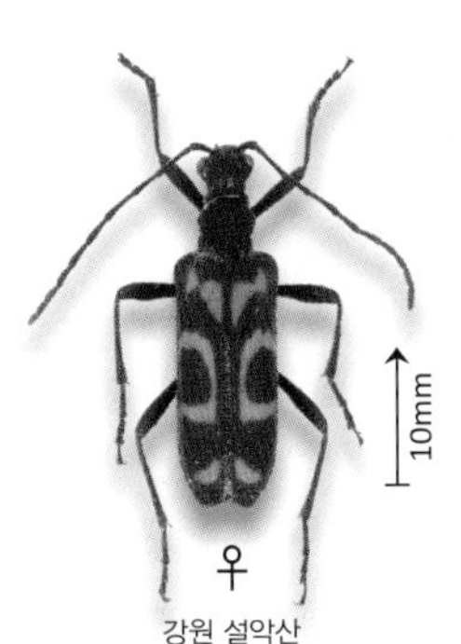

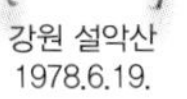

강원 설악산
1978.6.19.

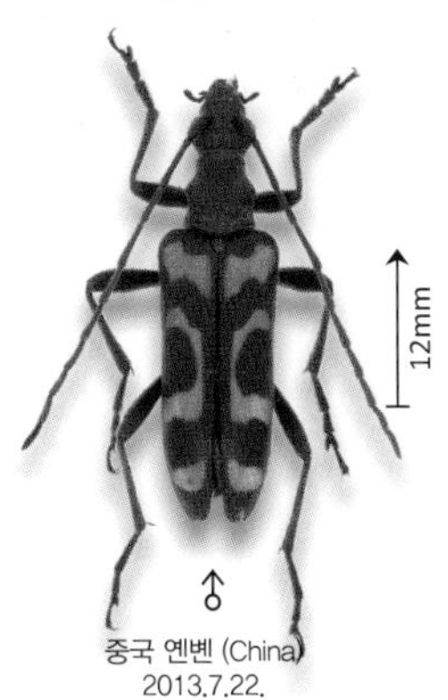

중국 옌볜 (China)
2013.7.22.

몸길이	9~11mm
성충활동시기	5월 중순~7월 중순
최종동면형태	유충
기주식물	전나무, 단풍나무
한반도분포	강원 인제군, 경남 산청군, 함남
아시아분포	러시아, 몽골, 북한, 일본, 중국

과거 지리산, 설악산에서 채집된 개체들이 『한반도 하늘소과 갑충지』(Lee, 1987)에 기록된 이후 관찰되지 않다가 최근 설악산 정상부 정향나무 꽃에서 1개체가 발견되었다. 해외에서는 해발 2,000m 정도의 고산지대 언덕지형에서 많이 관찰된다. 성충은 5월 중순에 발생하여 7월 중순까지 활동한다. 다양한 꽃에 날아오지만 주로 마가목, 박새 등의 꽃에서 먹이활동을 한다. 암컷은 쓰러진 지 얼마 되지 않은 전나무, 단풍나무, 기타 활엽수 등의 껍질 틈에 산란한다. 성장이 끝난 유충은 나무 밖으로 떨어져 나와 땅속으로 들어가서 번데기방을 틀고 우화한다.

작은청동하늘소 | 소나무하늘소족 Rhagiini

Gaurotes (Carilia) kozhevnikovi komensis Tamanuki, 1938

강원 홍천군 2013.5.23.

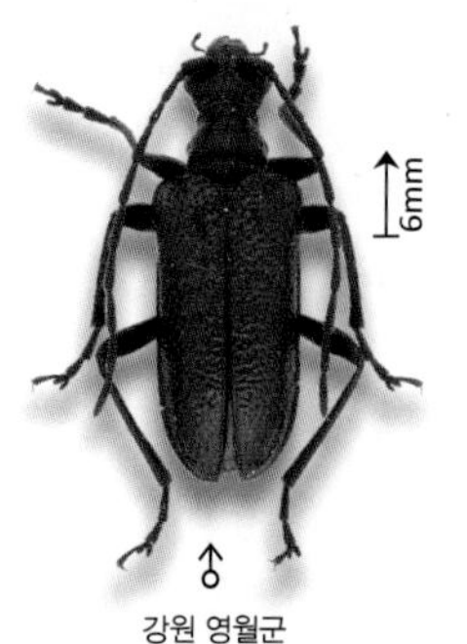

강원 영월군
2009.5.10.

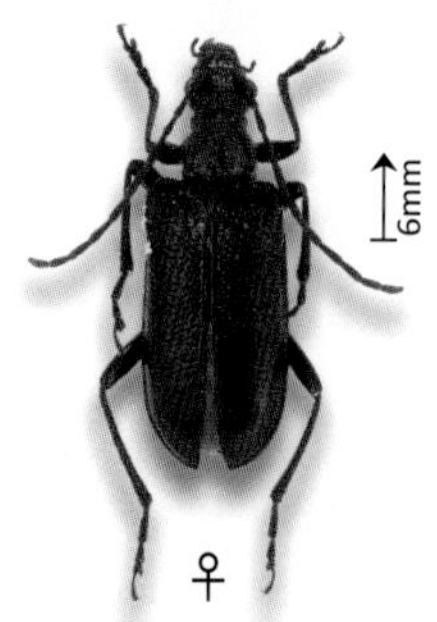

강원 화천군
2010.7.4.

 *Gaurotes virginea kozhevnikovi* Plavilstshikov, 1915: 105

 *Gaurotes virginea kozhevnikovi*: Tamanuki, 1933: 72

전국의 산림지대에 고르게 분포한다. 성충은 5월 초순~7월 초순까지 활동한다. 맑은 날 낮에 쥐똥나무, 층층나무, 신나무 등의 꽃에서 먹이 활동을 하며 개체수가 많아 한 곳에서 여러 마리가 관찰되는 경우도 많다. 딱지날개 색상은 청록색과 짙은 남색, 가슴판 색상은 검은색과 붉은색으로 변이가 나타난다. 암컷은 단풍나무, 가문비나무, 잎갈나무, 전나무 등의 나무둥치, 썩은 가지에 산란한다. 유충은 성장이 끝나면 나무를 뚫고 나와 지면 아래 5cm 지점에서 번데기방을 틀고 우화한다. 국내에 분포하는 아종의 특징은 배가 검은색이다.

몸길이	6~8mm
성충활동시기	5월 초순~7월 초순
최종동면형태	유충
기주식물	층층나무, 단풍나무, 전나무
한반도분포	전국
아시아분포	러시아, 북한, 중국

소나무하늘소족 Rhagiini |

청동하늘소

Gaurotes (Paragaurotes) ussuriensis Blessig, 1873

경기 양평군 2013.5.12.

Gaurotes ussuriensis Blessig, 1873: 247

Gaurotes ussuriensis: Okamoto, 1927: 68

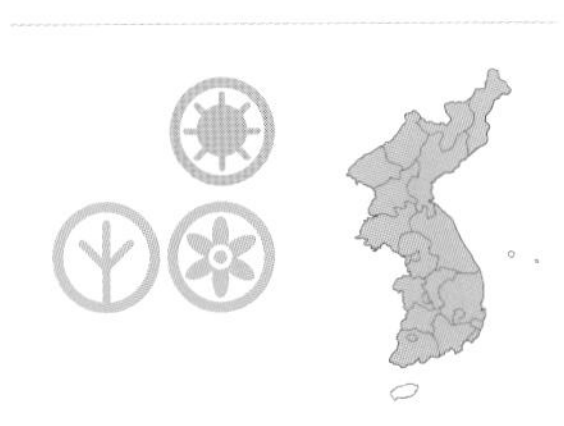

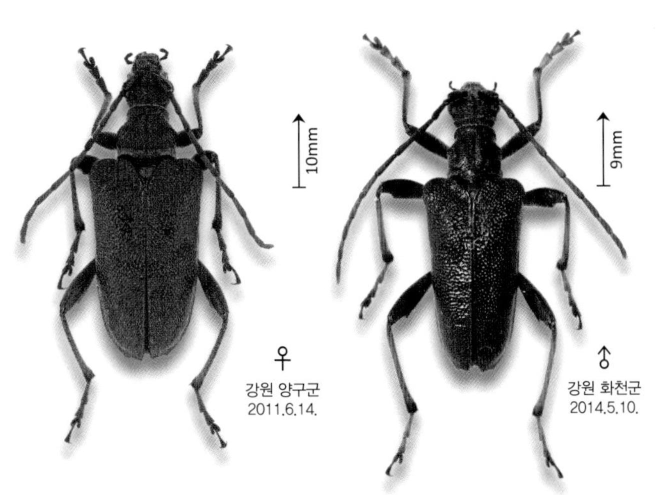

몸길이	9~13mm
성충활동시기	5월 초순~7월 초순
최종동면형태	유충
기주식물	붉나무, 신나무, 가래나무, 느릅나무, 참나무
한반도분포	전국
아시아분포	동시베리아, 러시아, 북한, 중국

전국의 산림지대에 고르게 분포한다. 성충은 5월 초순에 발생하여 7월 초순까지 활동한다. 주로 한낮에 꽃에 모이며 침엽수류 고사목에서도 종종 관찰된다. 딱지날개는 일반적으로 광택이 나는 청동색이며 녹색~붉은색까지 변이가 나타난다. 암컷은 가래나무, 느릅나무, 붉나무, 신나무, 참나무 등의 껍질 틈 혹은 고사한 굵은 가지에 산란한다. 유충은 수피 바로 아래를 가해하며 성장을 마치면 나무를 뚫고 나와 땅속으로 들어가 지하 3~5cm에 번데기방을 만들고 성충이 된다.

풀색하늘소 | 소나무하늘소족 Rhagiini

Euracmaeops angusticollis (Gebler, 1833)

중국 옌볜 (China) 2013.7.14.

7mm

♂ 중국 옌볜 (China) 2013.7.14.

9mm

♀ 중국 옌볜 (China) 2013.7.14.

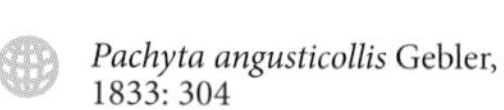

Pachyta angusticollis Gebler, 1833: 304

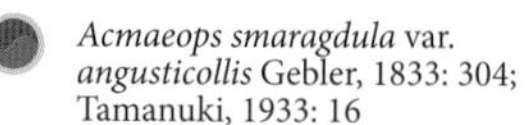

Acmaeops smaragdula var. *angusticollis* Gebler, 1833: 304; Tamanuki, 1933: 16

타이가산림지대에 서식하는 종으로 현재까지 남한에서의 기록은 없다. 한반도 초기록은 Tamanuki(1933)가 함경도에서 채집하였다고 기록하였다. 백두산에서는 한낮에 어수리, 쉬땅나무에서 먹이활동을 하는 모습을 관찰했다. 암컷은 소나무 고사목, 벌채목 등의 수피 틈에 산란한다. 유충은 수피 바로 밑을 가해하며 같은 자리에서 번데기방을 만들고 우화한다. 약한 연둣빛의 털이 몸 전체를 빼곡히 뒤덮고 있다.

몸길이	7~9mm
성충활동시기	7월 초순~8월 초순
최종동면형태	유충
기주식물	각종 침엽수
한반도분포	함북, 함남
아시아분포	러시아, 몽골, 북한, 중국

소나무하늘소족 Rhagiini | 줄박이풀색하늘소

Gnathacmaeops pratensis (Laicharting, 1784)

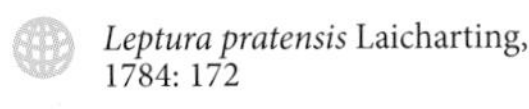

Leptura pratensis Laicharting, 1784: 172

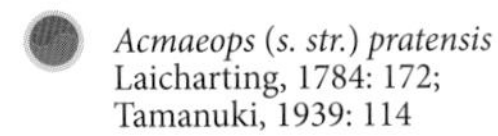

Acmaeops (s. str.) pratensis Laicharting, 1784: 172; Tamanuki, 1939: 114

침엽수림에 서식하는 북방계 하늘소로 남한에는 현재까지 기록이 없다. Ohbayashi(1942)가 함경남도 부전군 부전고원에서 처음 기록하였다. 성충은 7월 초순~8월 중순까지 활동한다고 알려져 있다. 형태는 황줄박이풀색하늘소와 유사하지만 머리와 가슴이 검은색이고 딱지날개는 황갈색이다. 쓰러진 침엽수 등의 수피 틈에 산란하며, 유충은 수피 밑을 가해하고 성장이 끝나면 나무에 구멍을 뚫고 나와 땅으로 떨어져 땅속에서 우화한다.

몸길이 7~10mm
성충활동시기 7월 초순~8월 중순
최종동면형태 밝혀지지 않음
기주식물 낙엽송, 소나무
한반도분포 함남 부전군
아시아분포 러시아, 몽골, 중국, 카자흐스탄, 키르기스스탄

소나무하늘소족 Rhagiini | 털가슴풀색하늘소

Euracmaeops smaragdulus (Fabricius, 1793)

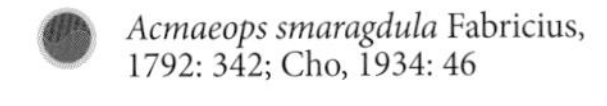

Leptura smaragdulus Fabricius, 1792: 342

Acmaeops smaragdula Fabricius, 1792: 342; Cho, 1934: 46

현재까지 남한에서의 기록은 없다. 국내 초기록은 Cho(1934)에서 언급된 북한의 관모봉과 백두산이다. 한낮에 초본류의 꽃에 모인다고 알려져 있다. 약한 연둣빛의 털이 몸 전체를 듬성듬성 덮고 있다. 암컷은 삼나무, 전나무의 껍질 틈에 산란한다. 유충은 수피 바로 밑을 가해하며 성장이 끝나면 구멍을 뚫고 나무 밖으로 떨어져 나오며 이후 땅속으로 들어가 번데기방을 만들고 우화한다.

몸길이 7~10mm
성충활동시기 7월 중순~8월 중순
최종동면형태 유충
기주식물 전나무, 가문비나무, 삼나무
한반도분포 함북, 양강도
아시아분포 러시아, 몽골, 중국, 카자흐스탄

황줄박이풀색하늘소 | 소나무하늘소족 Rhagiini

Euracmaeops septentrionis (Thomson, 1866)

Pachyta septentrionis C. G. Thomson, 1866: 61

Acmaeops septentrionalis Thomson, 1886: 61; Ohbayashi, 1942: 19

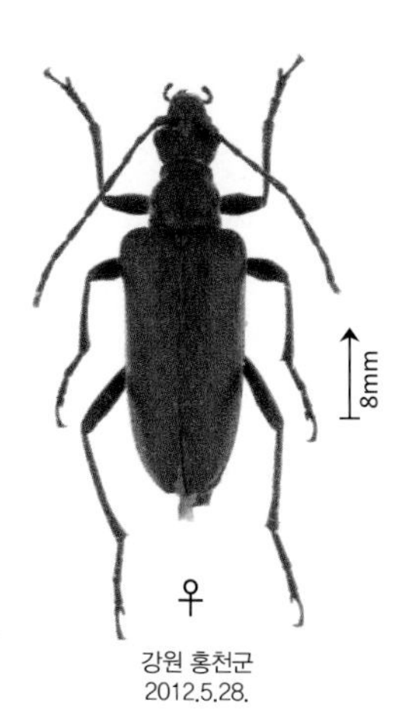

강원 홍천군
2012.5.28.

주로 강원도와 경기도의 침엽수가 많은 곳에 서식한다. 성충은 5월 중순에 발생하여 7월 초순까지 활동한다. 꽃에 모이기보다는 오후에 침엽수 벌채목에서 관찰되는 경우가 많다. 암컷은 단풍나무, 잎갈나무 등의 수피 틈에 알을 낳으며, 유충은 수피 밑을 가해한다. 성장이 끝난 유충은 가을쯤 나무에 구멍을 뚫고 나와 땅으로 떨어져서 지면 아래 3~5cm에 번데기방을 틀고 성충이 된다. 딱지날개 측면에 황색줄이 가늘게 있어 황줄박이풀색하늘소라는 이름이 붙었다.

몸길이	6~10mm
성충활동시기	5월 중순~7월 초순
최종동면형태	유충
기주식물	잣나무, 가문비나무, 잎갈나무, 단풍나무
한반도분포	경기 가평군, 강원, 함남
아시아분포	러시아, 몽골, 북한, 카자흐스탄

극동남풀색하늘소 | 소나무하늘소족 Rhagiini

Dinoptera anthracina (Mannerheim, 1849)

Pachyta anthracina Mannerheim, 1849: 246

Acmaeops (Dinoptera) anthracina Mannerheim, 1849: 246; Plavilstshikov, 1936: 521

북한의 함경북도 청진과 주을에서만 기록이 있다. 국내에서는 기록된 바가 없으며 정확한 생태도 밝혀지지 않았다. 해외에서는 주로 한낮에 꽃에서 먹이활동과 짝짓기를 하며, 기주식물이나 기타 생태적인 정보는 알려져 있지 않다. 남풀색하늘소와 닮았으나 극동남풀색하늘소는 체폭이 좁고 색상이 더 검은색에 가깝다. 북한에서도 동북부지방 끝부분의 고산지대에 서식하므로 남한에서는 서식하기 어려울 것으로 보인다.

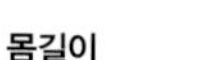

몸길이	7~9mm
성충활동시기	7월 초순~8월 중순
최종동면형태	밝혀지지 않음
기주식물	밝혀지지 않음
한반도분포	함북
아시아분포	러시아, 몽골, 중국, 홍콩, 마카오

소나무하늘소족 Rhagiini |

남풀색하늘소

Dinoptera minuta minuta (Gebler, 1832)

강원 화천군 2013.6.2.

Pachyta minuta Gebler, 1832: 69

Acmaeops (*Dinoptera*) *minuta* Gebler, 1832: 69; Matsushita et Tamanuki, 1935: 4

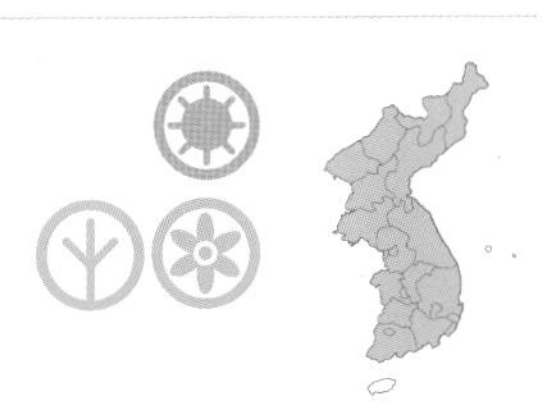

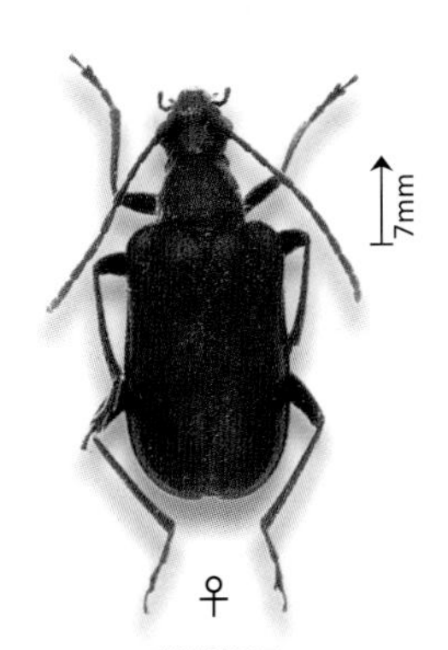

강원 양구군
2011.5.13.

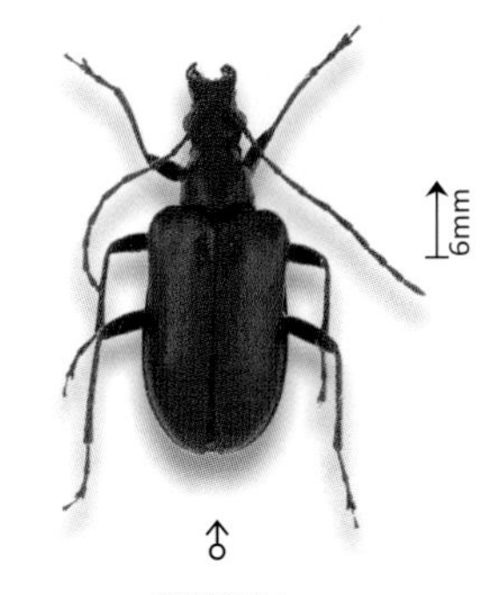

강원 평창군
2007.5.26

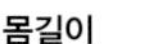

몸길이	6~8mm
성충활동시기	5월 중순~7월 초순
최종동면형태	유충
기주식물	층층나무
한반도분포	전국
아시아분포	러시아, 북한, 중국

전국에 분포한다. 성충은 5월 초순에 발생하여 7월 초순까지 활동한다. 한낮에 흰색 꽃에 잘 모이며 주로 쥐똥나무 꽃에서 많이 관찰되었다. 작은청동하늘소와 겉모습이 유사하나 딱지날개의 점각이 작고, 가슴판 측면의 굴곡 모양이 다르며 가슴판 중앙에 세로홈이 없다. 암컷은 단풍나무, 호두나무, 물푸레나무 등의 썩은 가지, 죽은 지 얼마 안 된 가지 등에 산란한다. 유충은 수피 내부나 수피 아랫부분을 가해하며 성장을 끝내면 나무에서 땅으로 떨어져 땅속으로 기어들어가 번데기방을 만들고 성충이 된다.

우리꽃하늘소 | 소나무하늘소족 Rhagiini

Sivana bicolor (Ganglbauer, 1887)

강원 영월군 2008.5.27.

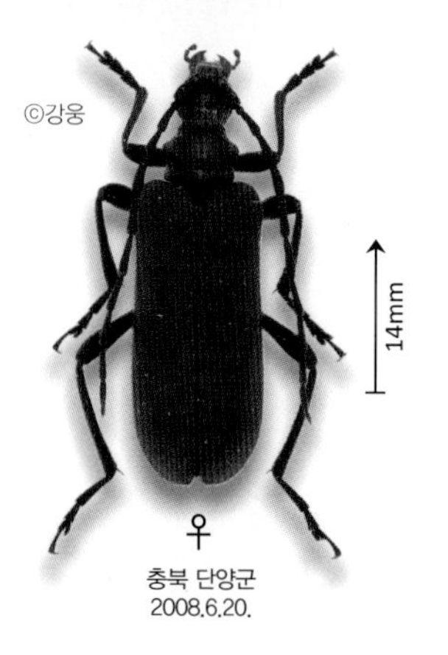

충북 단양군
2008.6.20.

경기도와 강원도 산지의 활엽수림에 국지적으로 분포하며 개체수는 많지 않은 것으로 보인다. 5월 하순에 발생하여 7월 중순까지 활동하며 한낮에 갈매나무 부근에서 날아다니는 모습을 관찰할 수 있다. 암컷은 팥배나무, 갈매나무 등의 뿌리 부근 흙에 산란한다. 유충은 기주식물의 수피 바로 아랫부분을 가해하며 성장이 끝나면 뿌리 밖으로 나와 땅속에서 번데기방을 틀고 우화한다. 보통 수컷이 먼저 우화해 암컷이 우화해 나오는 나무 근처에서 대기하다가 암컷이 나오는 즉시 짝짓기를 시도한다.

 *Sieversia bicolor* Ganglbauer, 1887: 134

 *Sieversia coreana* Okamoto, 1927: 67

몸길이	10~16mm
성충활동시기	5월 하순~7월 중순
최종동면형태	유충
기주식물	갈매나무, 팥배나무
한반도분포	경기 포천시, 가평군, 강원 원주시, 태백시, 홍천군, 영월군
아시아분포	러시아, 북한, 중국

소나무하늘소족 Rhagiini |

따색하늘소

Pseudosieversia rufa (Kraatz, 1879)

강원 화천군 2013.6.22.

 *Pidonia rufa* Kraatz, 1879: 101

 *Pseudosieversia coreana* Matsushita, 1934: 539

몸길이	10~15mm
성충활동시기	6월 초순~8월 초순
최종동면형태	유충
기주식물	가래나무, 물푸레나무
한반도분포	경기, 강원, 충청, 전북, 경북, 제주
아시아분포	러시아, 북한, 중국

전국적으로 분포하나 개체수가 많지는 않다. 6월 초순에 출현하여 8월 초순까지 활동한다. 낮에는 잎이나 고사목 가지에서 쉬는 모습이 자주 관찰된다. 일반적인 꽃하늘소들과 다르게 밤에 불빛에 유인되어 날아오는 경우가 많다. 수컷은 대체로 밝은 갈색이고, 암컷은 밝은 갈색~어두운 갈색까지 변이가 나타난다. 암컷은 가래나무, 물푸레나무 등의 밑동이나 굵은 뿌리 부분에 산란한다. 유충은 굵은 뿌리 부분을 가해하고 성장이 끝나면 뿌리를 탈출해 땅으로 기어 나와 번데기방을 틀고 성충이 된다. 우리꽃하늘소와 마찬가지로 보통 수컷이 먼저 우화해 암컷이 우화해 나오는 나무 근처에서 대기하다가 암컷이 나오는 즉시 짝짓기를 시도한다.

16mm

♀
경남 산청군
2013.7.27.

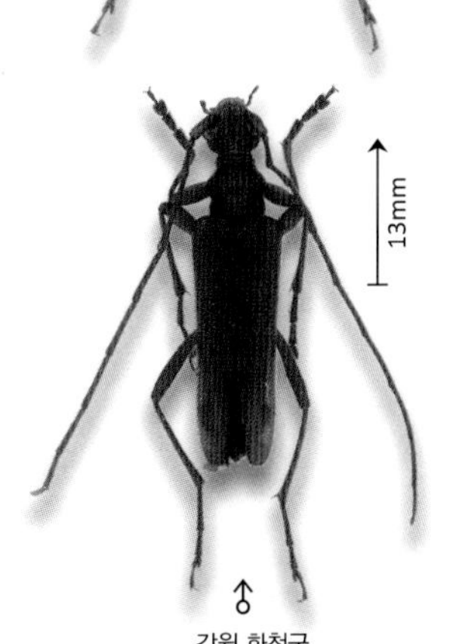

♂
강원 화천군
2011.7.2.

나도산각시하늘소 | 소나무하늘소족 Rhagiini

Pidonia (Pidonia) alpina An & Kwon, 1991

강원 화천군 2013.6.15.

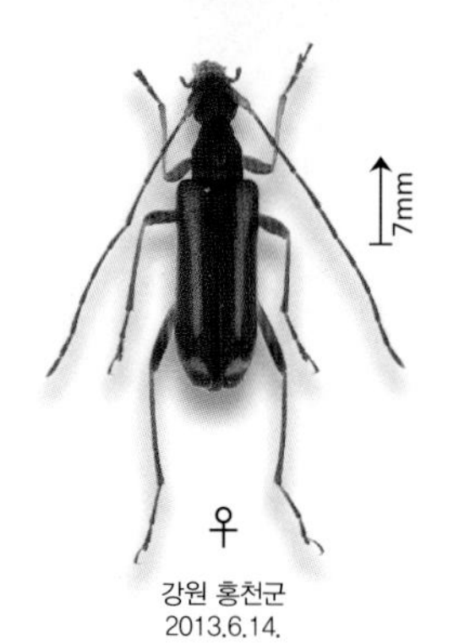

강원 홍천군
2013.6.14.

강원도, 경상도의 산지에 분포한다. 성충은 5월 초순에 발생하여 6월 중순까지 활동한다. 한낮에 층층나무 꽃, 다래 꽃 등 주로 흰색 꽃에 모인다. 줄각시하늘소와 무늬가 유사하나 크기가 작고 딱지날개 무늬가 확연히 떨어져 있다.

 *Pidonia alpina* An & Kwon, 1991: 43

 *Pidonia alpina* An & Kwon, 1991: 43

몸길이	6~9mm
성충활동시기	5월 중순~6월 하순
최종동면형태	밝혀지지 않음
기주식물	밝혀지지 않음
한반도분포	강원 태백시, 양양군, 경북 영주시, 경남 산청군, 거창군

소나무하늘소족 Rhagiini |

넉점각시하늘소

Pidonia (Omphalodera) puziloi (Solsky, 1873)

강원 홍천군 2013.6.30.

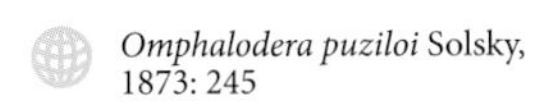

Omphalodera puziloi Solsky, 1873: 245

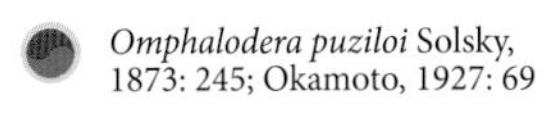

Omphalodera puziloi Solsky, 1873: 245; Okamoto, 1927: 69

6mm ♀ 강원 홍천군 2013.6.14.

5mm ♂ 강원 홍천군 2013.6.1.

몸길이	5~8mm
성충활동시기	5월 중순~7월 초순
최종동면형태	밝혀지지 않음
기주식물	밝혀지지 않음
한반도분포	전국, 제주
아시아분포	러시아, 몽골, 북한, 일본, 중국

저지대~고산지대까지 전국의 활엽수림에 넓게 분포하며 개체수도 매우 많다. 성충은 주로 한낮에 흰색 꽃에 잘 모이며 종종 풀잎에도 앉아 있다. 개체수가 너무 많은 탓에 한 개의 꽃송이 아래 여러 마리의 넉점각시하늘소가 모여있는 광경도 어렵지 않게 관찰할 수 있다. 국내 각시하늘소들 중에서 크기가 가장 작다.

노랑각시하늘소

| 소나무하늘소족 Rhagiini

Pidonia (*Mumon*) *debilis* (Kraatz, 1879)

강원 평창군 2012.6.2.

9mm

♀

강원 춘천시
2009.5.19.

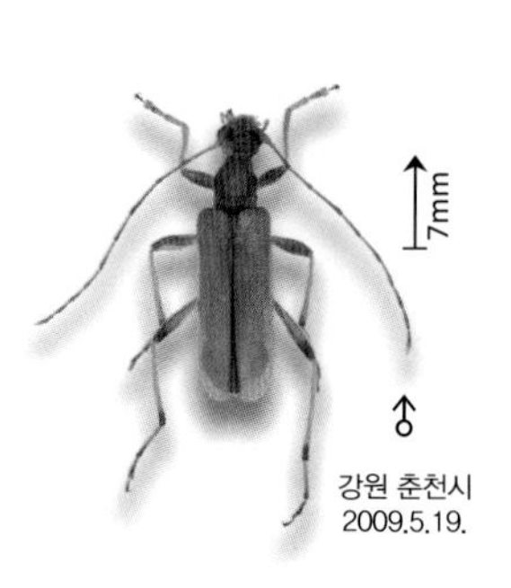

강원 춘천시
2009.5.19.

Grammoptera debilis Kraatz, 1879: 104

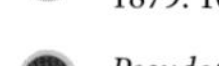

Pseudopidonia debilis Kraatz, 1879: 104; Matsushita, 1932: 64

전국의 산지에 분포하며 개체수도 매우 많다. 성충은 봄에 활동하며 한낮에 흰색 꽃에 잘 모인다. 맑은 날에는 꽃 한 뭉치에 수십 마리가 모여 있는 광경도 종종 관찰된다. 개체별 변이는 거의 없는 편이다. 몸 전체가 노란빛을 띠어서 노랑각시하늘소라는 이름이 붙었다.

몸길이	6~8mm
성충활동시기	5월 중순~6월 중순
최종동면형태	밝혀지지 않음
기주식물	밝혀지지 않음
한반도분포	전국
아시아분포	러시아, 북한, 중국

소나무하늘소족 Rhagiini |

닮은산각시하늘소 신칭

Pidonia (Pidonia) propinqua Danilevsky, 1933

강원 평창군 2013.6.9.

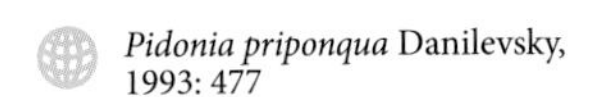
Pidonia priponqua Danilevsky, 1993: 477

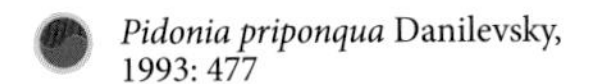
Pidonia priponqua Danilevsky, 1993: 477

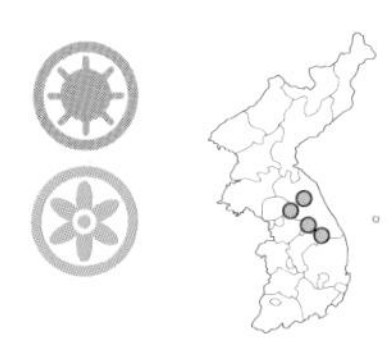

강원도 동북부 산지에 분포하며 개체수는 보통이다. 늦봄과 초여름에 관찰되며 주로 한낮에 꽃에 모이는 경우가 많다. 현재까지 정확한 생활사는 밝혀지지 않았다. 산각시하늘소와 매우 닮았으나 복부마디에 노란빛이 감돈다.

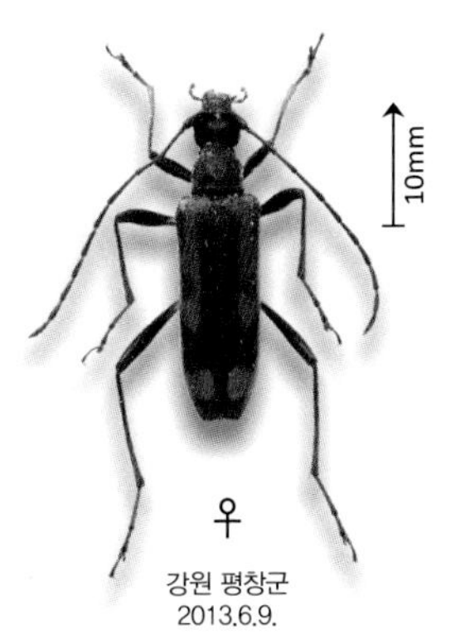

강원 평창군
2013.6.9.

몸길이	7~10mm
성충활동시기	5월 중순~6월 하순
최종동면형태	밝혀지지 않음
기주식물	밝혀지지 않음
한반도분포	강원 홍천군, 평창군, 화천군, 금강군(북한)
아시아분포	북한

북방각시하늘소 | 소나무하늘소족 Rhagiini

Pidonia (Pidonia) suvorovi Baeckmann, 1903

강원 홍천군 2013.6.14.

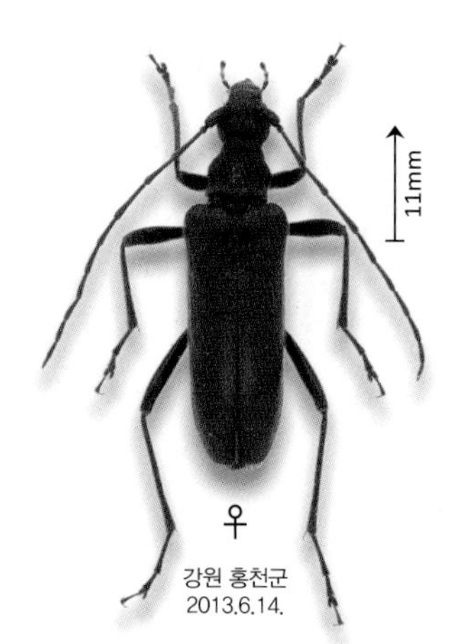

강원 홍천군 2013.6.14.

강원도 동북부지방의 고산지대에 분포한다. 성충은 5월 하순에 발생하여 6월 하순까지 활동한다. 주로 해발 800m 이상에서 발견되며 한낮에 눈개승마, 마가목 등의 흰색 꽃에 모이지만 개체수가 적은 탓에 관찰하기 쉽지 않다. 다른 각시하늘소들과 달리 몸 전체에 무늬가 전혀 없으며, 검은색을 띤다.

 *Pidonia suvorovi* Baeckmann, 1903: 115

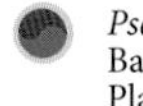 *Pseudopidonia suvorovi* Baeckmann, 1903: 115; Plavilstshikov, 1936: 241, 527

몸길이	8~12mm
성충활동시기	5월 하순~6월 하순
최종동면형태	밝혀지지 않음
기주식물	잎갈나무
한반도분포	강원 인제군, 양양군
아시아분포	러시아, 북한

소나무하늘소족 Rhagiini |

산각시하늘소

Pidonia (Pidonia) amurensis (Pic, 1900)

강원 화천군 2013.6.2.

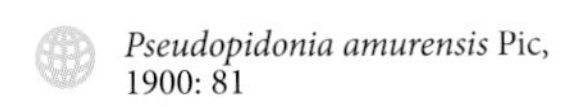

Pseudopidonia amurensis Pic, 1900: 81

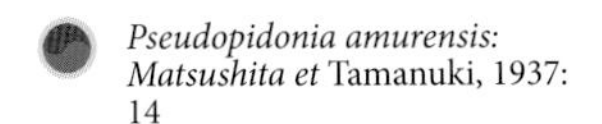

Pseudopidonia amurensis: Matsushita et Tamanuki, 1937: 14

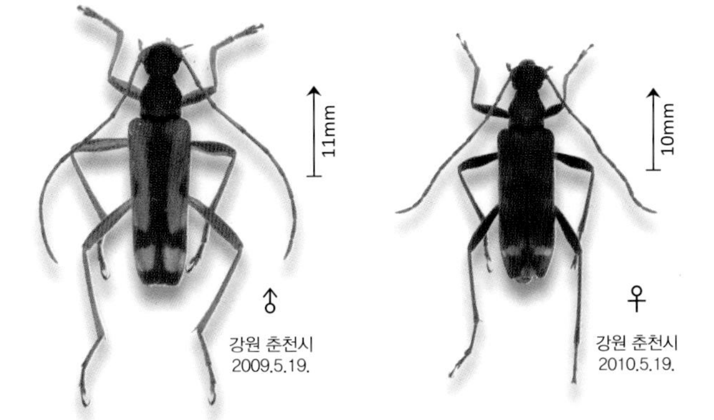

몸길이	7~11mm
성충활동시기	5월 중순~6월 하순
최종동면형태	밝혀지지 않음
기주식물	밝혀지지 않음
한반도분포	경기, 강원, 경상
아시아분포	러시아, 북한, 일본, 중국

전국의 산지에 분포하며 개체수도 많다. 성충은 5월 초순부터 발생하여 6월 중순까지 활동한다. 한낮에 주로 꽃에 모여 먹이활동이나 짝짓기를 한다. 이따금 오래된 활엽수 고사목 밑동 부근에서도 발견된다. 암컷의 무늬는 개체별 변이가 많은 것이 특징이다. 과거 들각시하늘소(*P. signifera*)라고 기록된 종은 산각시하늘소의 오동정이다.

산줄각시하늘소 | 소나무하늘소족 Rhagiini

Pidonia (Pidonia) similis (Kraatz, 1879)

경남 함양군 2013.7.17.

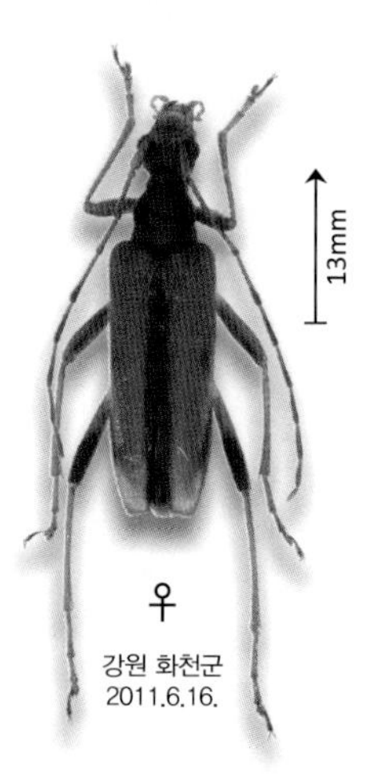

♂ 강원 화천군 2009.6.20.

♀ 강원 화천군 2011.6.16.

Grammoptera similis Kraatz, 1879: 102

Pseudopidonia similis: Plavilstshikov, 1936: 525

몸길이 11~14mm
성충활동시기 5월 하순~7월 중순
최종동면형태 밝혀지지 않음
기주식물 버드나무
한반도분포 강원, 경남 산청군
아시아분포 러시아, 북한, 중국

강원도, 지리산 등 고산지대에서 주로 관찰된다. 성충은 주로 한낮에 임도 주변이나 상 정상 초지 부근에서 꽃에 날아와 먹이 및 짝짓기 활동을 하는 모습이 관찰된다. 다른 각시하늘소들과 달리 가슴판 측면부에 검은 띠가 세로로 있는 것이 특징이다. 지리산에서 관찰되는 개체는 이 띠가 유난히 진하다. 국내 각시하늘소 중 가장 크다.

소나무하늘소족 Rhagiini |

줄각시하늘소

Pidonia (Pidonia) gibbicollis (Blessig, 1873)

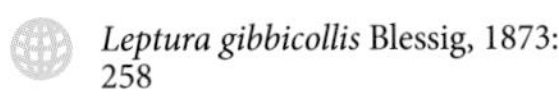
Leptura gibbicollis Blessig, 1873: 258

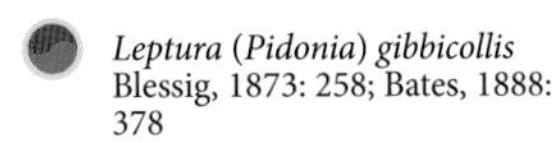
Leptura (Pidonia) gibbicollis Blessig, 1873: 258; Bates, 1888: 378

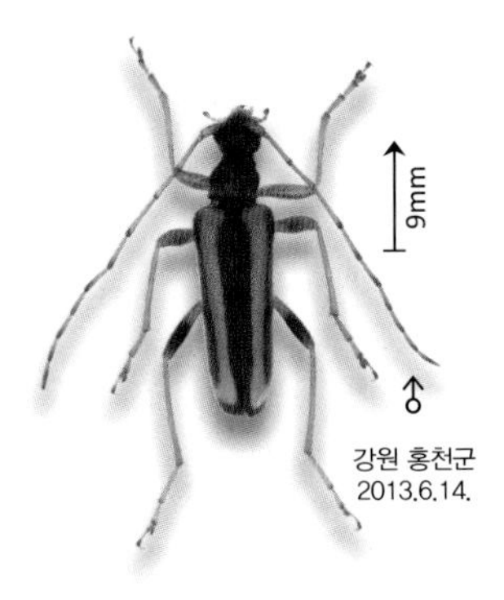

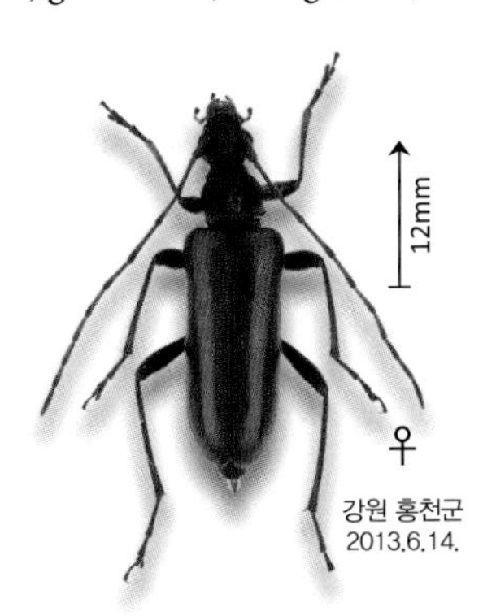

몸길이	7~13mm
성충활동시기	5월 중순~6월 하순
최종동면형태	밝혀지지 않음
기주식물	밝혀지지 않음
한반도분포	전국
아시아분포	러시아, 북한, 일본, 중국

전국의 활엽수림에 분포하며 개체수도 많다. 성충은 5월 중순~6월 하순까지 활동한다. 한낮에 꽃에서 먹이활동을 하는데 개체수가 많아서 인지 꽃의 종류를 막론하고 어느 꽃에서든 볼 수 있다. 신갈나무 고목의 뿌리 부근에서 기어 다니는 개체들이 관찰되며, 산란을 하는 모습은 확인해보지 못했다.

소나무하늘소족 Rhagiini |

홍가슴각시하늘소

Pidonia (Pidonia) alticollis (Kraatz, 1879)

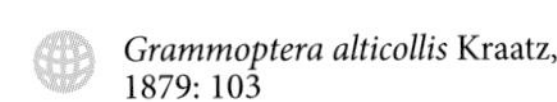
Grammoptera alticollis Kraatz, 1879: 103

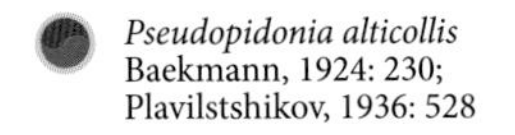
Pseudopidonia alticollis Baekmann, 1924: 230; Plavilstshikov, 1936: 528

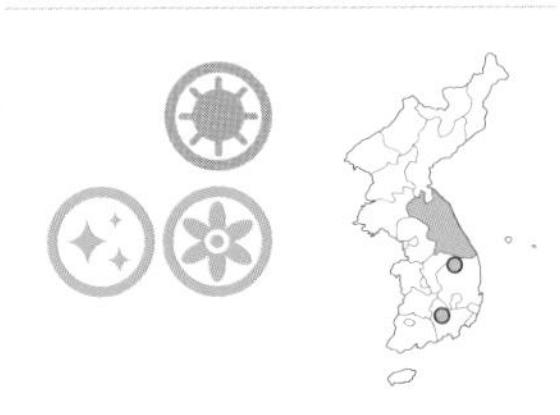

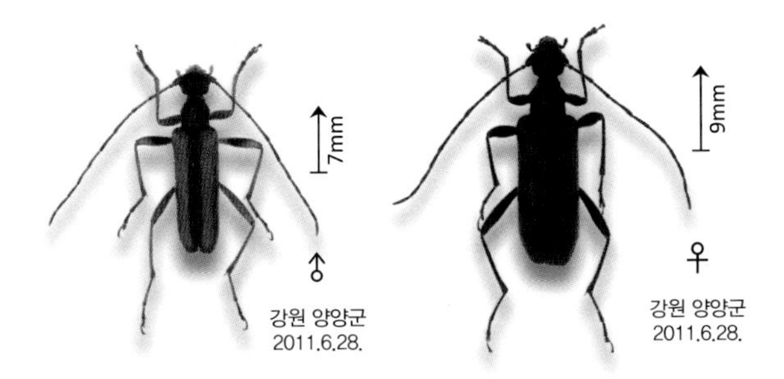

몸길이	7~10mm
성충활동시기	5월 중순~6월 하순
최종동면형태	밝혀지지 않음
기주식물	밝혀지지 않음
한반도분포	강원, 경북 영주시, 경남 산청군
아시아분포	러시아, 북한

강원도 산지와 경상도 일부 지역에 분포하며 봄에 주로 관찰된다. 성충은 5월 중순부터 발생하며 종종 7월 초순까지 활동하는 개체들도 있다. 한낮에는 층층나무, 다래 등의 꽃에 모이며 종종 야간에 불빛에 날아오기도 한다. 가슴판이 붉은색을 띠어 국내에 서식하는 다른 각시하늘소류와 쉽게 구분된다. 암컷은 딱지날개가 검은색이며 수컷은 밝은 갈색이다.

강원각시하늘소신칭 | 소나무하늘소족 Rhagiini

Pidonia (Pidonia) kanwonensis Danilevsky, 1993

 *Pidonia kanwonensis* Danilevsky, 1993: 111

 *Pidonia kanwonensis* Danilevsky, 1993: 111

몸길이	8~13mm
성충활동시기	5월 중순~6월 하순
최종동면형태	밝혀지지 않음
기주식물	밝혀지지 않음
한반도분포	강원 금강군(북한)
아시아분포	북한

강원도에 분포하며 생태적인 정보는 알려지지 않았다. 줄각시하늘소와 매우 닮았다. 두 종의 차이점은 강원각시하늘소가 측면에서 볼 때 전흉배판의 형태가 부드럽고 완만한 곡선을 이룬다는 점이다.

긴각시하늘소 | 소나무하늘소족 Rhagiini

Pidonia (Pidonia) longipennis An & Kwon, 1991

 *Pidonia longipennis* An & Kwon, 1991: 50

 *Pidonia longipennis* An & Kwon, 1991: 50

몸길이	8~12mm
성충활동시기	5월 중순~6월 하순
최종동면형태	밝혀지지 않음
기주식물	밝혀지지 않음
한반도분포	강원 태백시, 양양군

강원도 등지에 분포한다. 줄각시와 유사하지만 줄각시하늘소는 가슴판의 중앙부분이 볼록 솟아 있고, 긴각시하늘소는 가슴판의 굴곡이 없이 평탄한 것이 다른 점이다.

닮은북방각시하늘소신칭 | 소나무하늘소족 Rhagiini

Pidonia (Pidonia) maura Danilevsky, 1996

 *Pidonia maura* Danilevsky, 1996: 19

 *Pidonia maura* Danilevsky, 1996: 19

몸길이	9~11mm
성충활동시기	5월 중순~6월 하순
최종동면형태	밝혀지지 않음
기주식물	밝혀지지 않음
한반도분포	경남 함양군

경상남도에서 채집된 기록이 있으며, 북방각시하늘소와 매우 닮았다. 전흉배판을 옆에서 보았을 때 굴곡이 없으며 부드러운 선 형태이다.

Pidonia elegans An & Kwon, 1991: 47

Pidonia elegans An & Kwon, 1991: 47

소나무하늘소족 Rhagiini |

멋쟁이각시하늘소

Pidonia (*Pidonia*) *elegans* An & Kwon, 1991

몸길이 7~10mm
성충활동시기 5월 중순~6월 하순
최종동면형태 밝혀지지 않음
기주식물 밝혀지지 않음
한반도분포 강원 양양군, 경북 김천시, 영주시, 경남 산청군

경상도와 강원도의 울창한 산림에 분포한다. 산각시하늘소와 외형적으로 유사하다.

Pidonia seungmoi An & Kwon, 1991: 51

Pidonia seungmoi An & Kwon, 1991: 51

소나무하늘소족 Rhagiini |

승모각시하늘소

Pidonia (*Pidonia*) *seungmoi* An & Kwon, 1991

몸길이 10~13mm
성충활동시기 5월 중순~6월 하순
최종동면형태 밝혀지지 않음
기주식물 밝혀지지 않음
한반도분포 강원 양양군

설악산에서 채집된 기록만 있다. 줄각시하늘소와 유사하나 딱지날개 기부에 있는 넓은 검은 무늬로 구분할 수 있다.

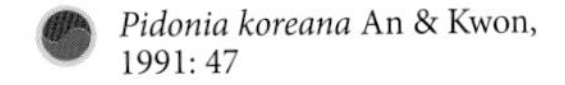

소나무하늘소족 Rhagiini |

우리각시하늘소

Pidonia (*Pidonia*) *koreana* An & Kwon, 1991

Pidonia koreana An & Kwon, 1991: 47

Pidonia koreana An & Kwon, 1991: 47

몸길이 8~10mm
성충활동시기 5월 중순~6월 하순
최종동면형태 밝혀지지 않음
기주식물 밝혀지지 않음
한반도분포 강원 화천군, 전북 진안군, 제주

제주도를 포함한 일부 지역에 국지적으로 분포한다. 나도산각시하늘소와 유사하나 가슴판의 위, 아래 부분에 붉은빛이 감돌고 측면의 굴곡이 심하다.

Pidonia weolseonae An & Kwon, 1991: 55

Pidonia weolseonae An & Kwon, 1991: 55

소나무하늘소족 Rhagiini |

월서각시하늘소

Pidonia (*Pidonia*) *weolseonae* An & Kwon, 1991

몸길이 10~14mm
성충활동시기 5월 중순~6월 하순
최종동면형태 밝혀지지 않음
기주식물 밝혀지지 않음
한반도분포 강원 태백시, 양양군, 경북 영주시

강원도와 경상북도에 국지적으로 분포한다. 승모각시하늘소, 줄각시하늘소와 외형적으로 유사하다.

꼬마꽃하늘소 | 꽃하늘소족 Lepturini

Alosterna diversipes (Pic, 1929)

강원 평창군 2013.6.9.

5mm

♂

강원 홍천군 2013.6.14.

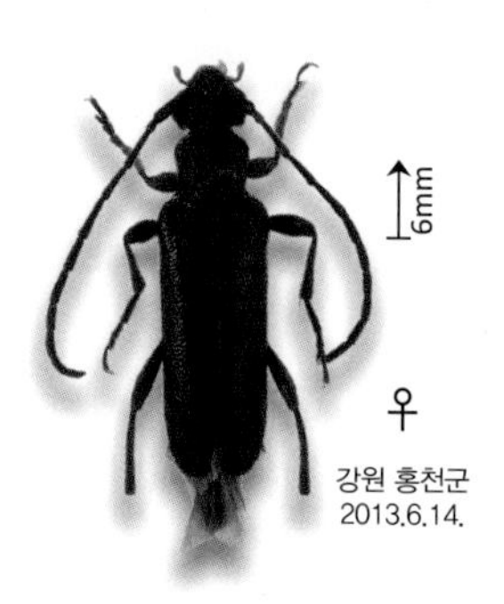

♀

강원 홍천군 2013.6.14.

 *Grammoptera ingrica* v. *diversipes* Pic, 1929: 9

 *Alosterna elegantula* Kraatz, 1879: 185; Plavilstshikov, 1936: 547

고산지대의 울창한 활엽수림에 분포하며 개체수는 적은 편이다. 성충은 5월 중순~6월 하순까지 활동한다. 한낮에 꽃에 날아와 먹이활동과 짝짓기를 하지만 크기가 작고 개체수가 적어 관찰하기가 쉽지 않다. 암컷은 살아있는 다래 덩굴의 수피 틈에 산란한다. 유충은 수피 내부를 가해하며 같은 자리에서 번데기방을 만들고 우화한다. 애숭이꽃하늘소와 닮았지만 앞다리가 붉은색을 띤다.

몸길이	5~6mm
성충활동시기	5월 중순~6월 하순
최종동면형태	유충
기주식물	다래
한반도분포	경기 포천시, 강원 태백시, 인제군, 경북 영주시, 영천시
아시아분포	러시아, 북한, 중국

꽃하늘소족 Lepturini |

북방꼬마꽃하늘소

Alosterna tabacicolor tenebris Danilevsky, 2012

중국 옌볜 (China) 2013.7.22.

Alosterna tabacicolor tenebris Danilevsky, 2012

Alosterna tabacicolor bivittis Motschulsky, 1860: 146; Plavilstshikov, 1936: 547

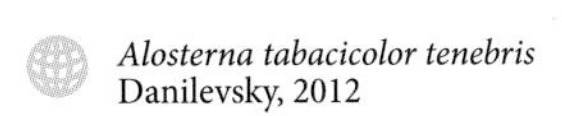

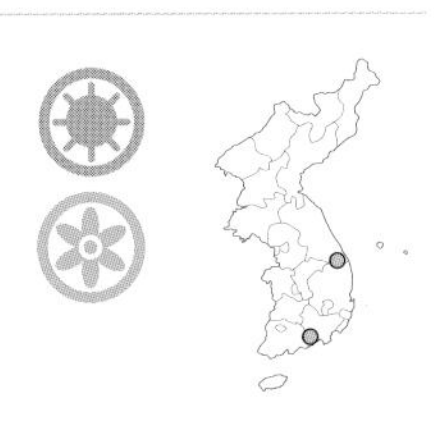

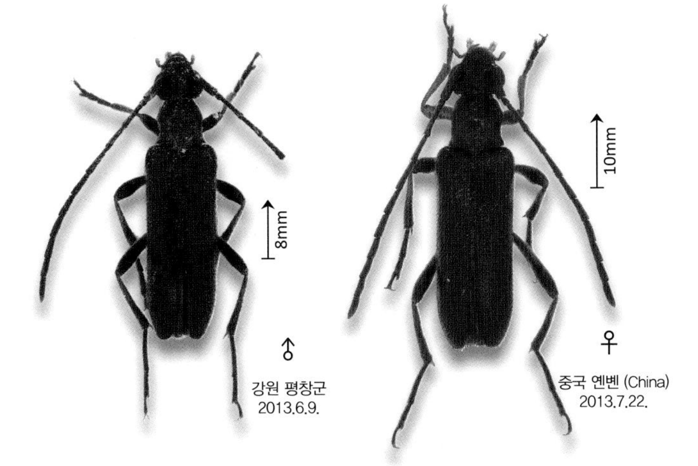

몸길이	6~10mm
성충활동시기	5월 중순~6월 하순
최종동면형태	유충
기주식물	각종 침엽수 및 활엽수
한반도분포	강원 태백시, 경남 하동군
아시아분포	러시아, 몽골, 북한, 일본, 카자흐스탄

강원도와 경상남도 일부 지역의 고산지대에 서식한다. 성충은 5월 중순부터 발생하여 6월 하순까지 활동한다. 주로 한낮에 흰 꽃에서 활동하며, 암컷은 참나무, 음나무, 느릅나무 고사목의 갈라진 틈 등에 산란한다. 유충은 수피 혹은 수피 바로 밑을 가해하며 같은 자리에서 번데기방을 틀고 늦은 봄경 우화한다. 딱지날개가 황갈색인 것과 검은색인 것 2가지 색변이가 나타난다.

꼬마산꽃하늘소 | 꽃하늘소족 Lepturini

Pseudalosterna elegantula (Kraatz, 1879)

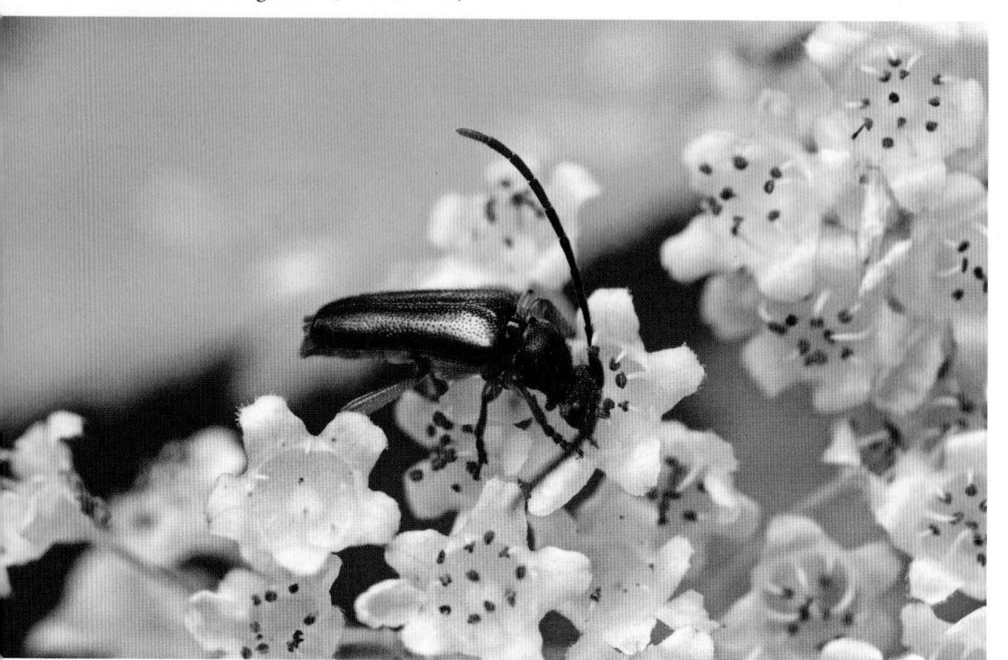

강원 화천군 2013.6.15.

5mm

♂

강원 화천군
2009.6.20.

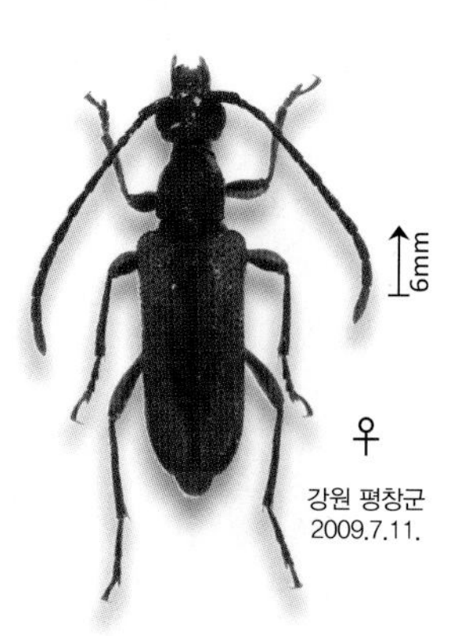

♀

강원 평창군
2009.7.11.

 *Grammoptera elegantula* Kraatz, 1879: 185

 *Leptura* (*Pseudallosterna*) *misella*: Tamanuki, 1942: 113

전국에 서식한다. 성충은 5월 초순에 발생하여 7월 하순까지 관찰된다. 한낮에 층층나무, 노린재나무, 참조팝나무 등의 다양한 꽃에 날아온다. 암컷은 칡 등의 덩굴식물 수피 틈에 산란한다. 유충은 수피 내부를 가해하며 같은 자리에서 번데기방을 만들고 우화한다. 딱지날개의 색변이가 있는데 연갈색 무늬가 넓은 것부터 매우 적은 것까지 다양하다. 『한반도 천우과 갑충지』(Lee, 1987)에는 *P. misella*로 기록되어 있으나, Holzschuh(1999:11)에 따르면 대륙에 서식하는 종은 *P. elegantula*라고 한다.

몸길이	4~7mm
성충활동시기	5월 중순~7월 하순
최종동면형태	밝혀지지 않음
기주식물	칡, 덩굴식물류
한반도분포	전국
아시아분포	러시아, 북한, 중국

꽃하늘소족 Lepturini |

애숭이꽃하늘소

Grammoptera (*Grammoptera*) *gracilis* Brancsik, 1914

강원 평창군 2013.6.9.

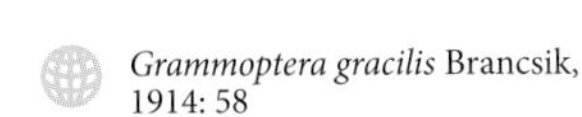

Grammoptera gracilis Brancsik, 1914: 58

Grammoptera gracilis: Tamanuki, 1942: 55

5mm

♂

강원 춘천시
2009.5.3.

6mm

♀

강원 홍천군
2013.6.1.

몸길이	5~6.5mm
성충활동시기	5월 초순~5월 하순
최종동면형태	유충
기주식물	금사철, 노박덩굴, 물푸레나무, 솔비나무, 피나무
한반도분포	강원 춘천시, 평창군, 인제군
아시아분포	러시아

강원도 산지에 분포하며 5월 초순~5월 하순까지 활동한다. 5월 초순에 노박덩굴 속에서 월동을 마친 성충을 관찰하였다. 성충은 눈개승마, 단풍나무, 조팝나무, 층층나무 등의 꽃에서 먹이활동을 한다. 유충은 수피 바로 밑을 가해하며 성장이 끝나면 늦은 봄 경 수피 바로 밑 부분에 번데기방을 틀고 성충이 된다. 『한반도 하늘소과 갑충지』(Lee, 1987)에는 *Alosterna chalybeella*로 기록되어 있으나 이는 오동정이다. M.L. Danilevsky에 의하면 *A. chalybeella*는 주로 섬지역에 서식하며, *G. gracilis*가 러시아와 한국의 일반적인 종이라고 한다.

우리애숭이꽃하늘소 신칭 | 꽃하늘소족 Lepturini

Grammoptera (Neoencyclops) querula Danilevsky, 1993

 *Grammoptera querula* Danilevsky, 1993: 476

 *Grammoptera querula* Danilevsky, 1993: 476

북한 양강도 백두산에서만 기록이 있는 희귀종이며, 남한에서는 발견된 적이 없다. 채집된 개체수가 매우 적으며 정확한 생태도 파악이 안 된 상태이다. 머리와 가슴판은 검은색이며, 딱지날개는 광택 있는 보랏빛을 띤다. 애숭이꽃하늘소속에 속해 있지만 다른 애숭이꽃하늘소 종과는 시초의 표면과 가슴판의 형태가 많이 다르다.

몸길이	5~7mm
성충활동시기	밝혀지지 않음
최종동면형태	밝혀지지 않음
기주식물	밝혀지지 않음
한반도분포	양강도
아시아분포	북한

남색애숭이꽃하늘소 신칭 | 꽃하늘소족 Lepturini

Grammoptera (Grammoptera) coerulea Jurec, 1933

 *Grammoptera coerulea* Jurec, 1933: 128

 미기록

♂ 강원 화천군 2014.5.6.

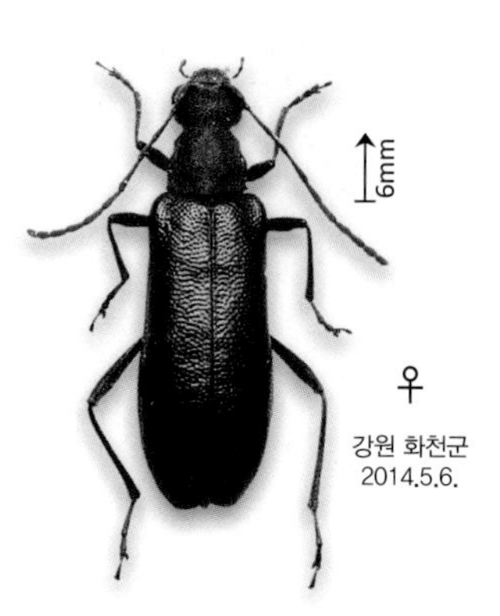

♀ 강원 화천군 2014.5.6.

몸길이	4~6mm
성충활동시기	5월 중순~6월 중순
최종동면형태	밝혀지지 않음
기주식물	피나무
한반도분포	강원 홍천군, 평창군
아시아분포	러시아

강원도 동북부지방 고산지대에 국지적으로 분포하며 개체수는 적고 출현 시기도 매우 짧다. 성충은 주간에 돌배나무, 층층나무, 노린재나무 등 흰 꽃에 모인다. 서식지에는 개체 밀집도가 높은 편이나 아직 관찰된 장소는 매우 적다. 애숭이꽃하늘소와 같은 속이며 생김새도 닮았지만 남색빛 광택이 나서 이름을 '남색애숭이꽃하늘소' 라고 지었다.

꽃하늘소족 Lepturini |

남색산꽃하늘소

Anoplodera (*Anoploderomorpha*) *cyanea* (Gebler, 1832)

강원 홍천군 2013.6.30.

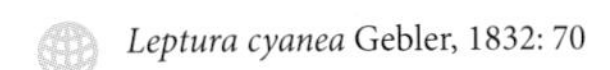

Leptura cyanea Gebler, 1832: 70

Leptura (*Anoploderomorpha*) *cyanea* Gebler, 1832: 70; Okamoto, 1927: 72

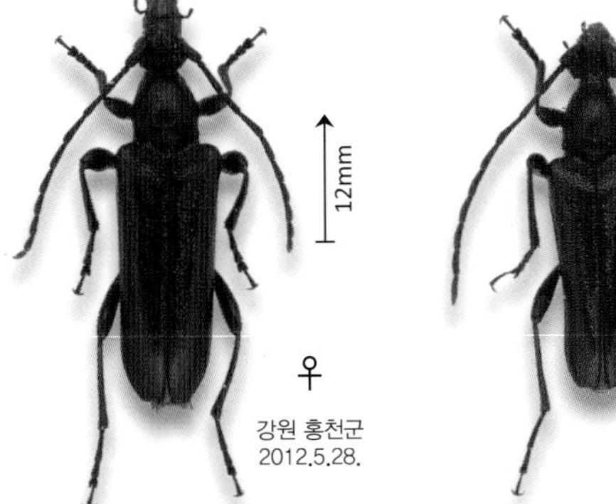

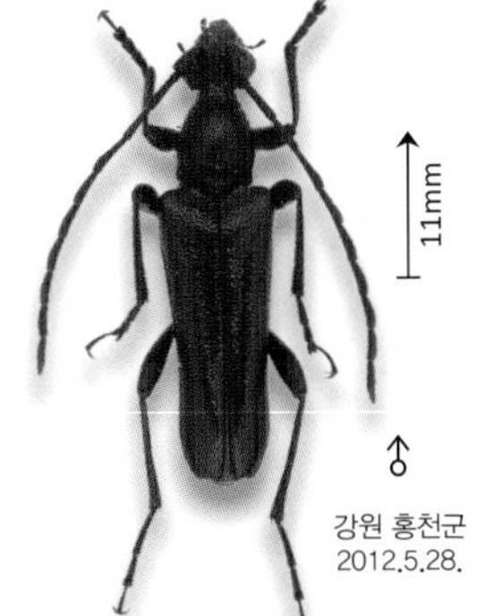

몸길이	10~15mm
성충활동시기	5월 중순~7월 초순
최종동면형태	밝혀지지 않음
기주식물	물푸레나무, 단풍나무
한반도분포	경기, 강원, 충북, 경북
아시아분포	대만, 러시아, 몽골, 북한, 일본, 중국

경기도, 강원도, 충청북도, 경상북도 산지에 분포한다. 성충은 5월 중순~7월 초순까지 관찰되며, 암컷이 수컷보다 남색상이 진하다. 맑은 날 오전 이른 시간부터 오후 늦게까지 다래, 쥐똥나무, 층층나무 등 다양한 꽃에 모인다. 꽃에 오랫동안 앉아 있기보다는 꽃 주위를 비행하다 잠시 앉아 흡밀하고 다시 날기를 반복한다. 암컷은 물푸레나무, 단풍나무, 참나무 등의 고사목 수피에 알을 낳는다. 유충은 목질부를 가해하며 유충터널 끝부분에 번데기방을 틀고 우화한다.

붉은어깨검은산꽃하늘소 | 꽃하늘소족 Lepturini

Anoplodera (Anoplodera) rufihumeralis (Tamanuki, 1938)

Leptura rufihumeralis Tamanuki, 1938: 167

Leptura (Anoplodera) rufihumeralis Tamanuki, 1938: 167

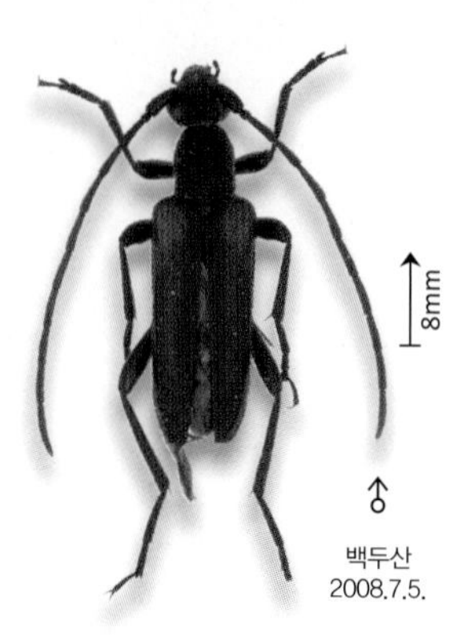

남한에는 기록이 없으며, 북한의 함경북도 마이산, 연암, 두류산, 양강도 태흥단, 백두산 등 북부지방의 고산지대에서만 기록이 있다. 성충은 7월 초순에 발생하여 8월 초순까지 활동한다. 한낮에 꽃에 날아온다고 알려져 있으며, 정확한 기주식물은 알려진 바 없다. 명칭 그대로 딱지날개의 상단부분만 약한 붉은빛을 띠며 나머지 부분은 약한 광택이 나는 검은색이다.

몸길이	8~9mm
성충활동시기	7월 초순~8월 초순
최종동면형태	밝혀지지 않음
기주식물	밝혀지지 않음
한반도분포	함북, 양강도
아시아분포	러시아, 몽골, 북한, 중국

애검정꽃하늘소 | 꽃하늘소족 Lepturini

Kanekoa azumensis (Matsushita & Tamanuki, 1942)

Leptura azumensis Matsushita & Tamanuki, 1942: 79.

Kanekoa azumensis Matsushita & Tamanuki, 1942: 79; Komiya, 1971: 65

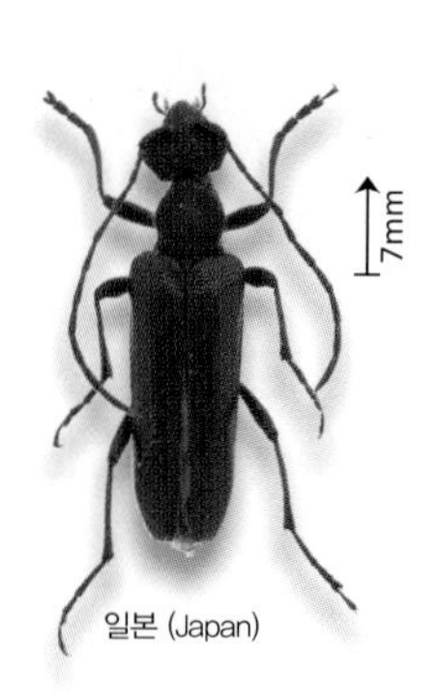

전국에서 내륙의 기록은 없고, 제주도에 기록이 남아 있지만 표본은 확인 할 수 없었다. 성충은 4월 중순부터 발생하며 7월 중순까지 활동한다. 주로 한낮에 꽃에 날아와 먹이활동과 짝짓기를 하며, 암컷은 삼나무에 산란하기 위해 모인다고 알려져 있다. 생김새는 수검은산꽃하늘소와 유사하나 딱지날개에 점각이 두드러지고 옅은 청색 광택이 난다. 가슴판의 폭이 머리의 폭보다 좁다.

몸길이	7~8mm
성충활동시기	4월 중순~7월 중순
최종동면형태	밝혀지지 않음
기주식물	삼나무
한반도분포	제주
아시아분포	일본

꽃하늘소족 Lepturini |

명주하늘소

Corennys sericata Bates, 1884

Corennys sericata Bates, 1884: 225

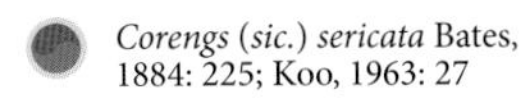

Corengs (sic.) sericata Bates, 1884: 225; Koo, 1963: 27

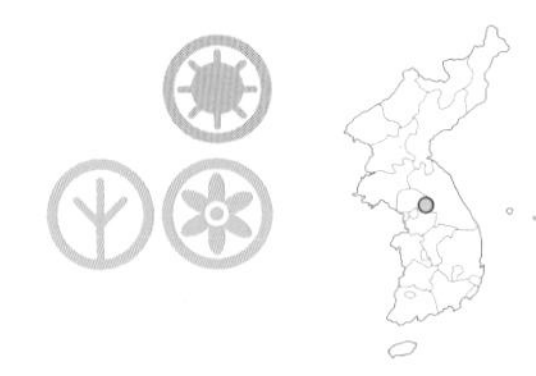

국내에서는 현재까지 경기도 명지산에서만 기록이 있으며(Koo, 1963), 이후로는 채집된 기록이 없는 희귀종이다. 성충은 7월 초순에 발생하여 8월 중순까지 활동한다. 각종 꽃에 모이며 산란을 위해 너도밤나무와 사스래나무 고사목에 날아오는 것으로 알려져 있다. 몸 전체가 붉은 자줏빛을 띠고, 딱지날개에는 세로선이 있으며 , 더듬이 1~4마디가 매우 굵은 것이 특징이다.

몸길이 12~17mm
성충활동시기 7월 초순~8월 중순
최종동면형태 밝혀지지 않음
기주식물 너도밤나무, 버드나무, 사스래나무
한반도분포 경기 가평군
아시아분포 일본, 중국

꽃하늘소족 Lepturini |

세줄꽃하늘소

Cornumutila quadrivittata (Gebler, 1830)

Leptura quadrivittata Gebler, 1830: 193

Cornumutila quadrivittata Gebler, 1830: 193; Mochizuki, 1939: 39

타이가지대와 산악림지대의 침엽수림에 서식하는 종으로 남한에서의 기록은 없으며, 함경북도 두류산에서만 채집기록이 있다. 7월 초순~8월 중순 사이에 활동하며 꽃에서 관찰하기는 쉽지 않다. 암컷은 각종 침엽수의 수피 틈에 산란을 하며, 유충은 수피로부터 5cm 아래의 목질부를 가해한다. 유충은 성장이 끝나면 수피 바로 밑으로 나와 번데기방을 틀고 우화한다. 우화한 후 바로 짝짓기를 해서 자신이 우화한 나무에 산란하는 특성을 가지고 있다.

몸길이 8~12mm
성충활동시기 7월 초순~8월 중순
최종동면형태 유충
기주식물 가문비나무, 시베리아낙엽송, 전나무
한반도분포 함북
아시아분포 러시아, 북한

검정우단꽃하늘소 | 꽃하늘소족 Lepturini

Nivellia extensa extensa (Gebler, 1841)

Leptura extensa Gebler, 1841: 613

Nivellia extensa Gebler, 1841: 613; Cho, 1946: 37

설악산, 오대산, 태백산 등 해발 1,300m 이상 아고산지대의 침엽수림에 서식한다. 눈개승마, 마가목 등 흰색 꽃에 모여든다. 암컷은 전나무 등 침엽수의 지름이 10cm 정도 되는 가지에 산란을 한다. 유충은 목질부로 파고들어가 가해한다. 종령 유충은 수피 바로 밑까지 탈출할 공간을 뚫어놓은 후 목질부에 번데기방을 틀고 들어가 우화한다. 꽃하늘소 검정형과 유사하나 온몸에 짧은 털이 많은 점과 가슴판의 모양에서 차이가 난다.

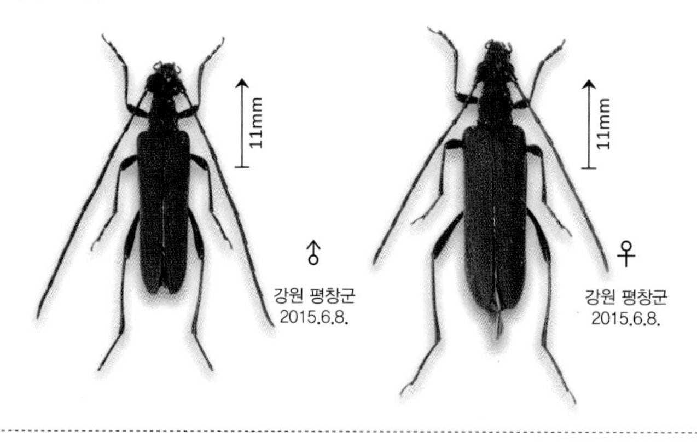

♂ 강원 평창군 2015.6.8.
♀ 강원 평창군 2015.6.8.

몸길이	11~12mm
성충활동시기	6월 초순~7월 초순
최종동면형태	유충
기주식물	전나무
한반도분포	강원 태백시, 인제군, 평창군
아시아분포	러시아, 몽골, 일본

우단꽃하늘소 | 꽃하늘소족 Lepturini

Nivellia sanguinosa (Gyllenhal, 1827)

Leptura sanguinosa Gyllenhal, 1827: 21

Nivellia sanguinosa Gyllenhal, 1827: 21; Tamanuki, 1933: 19

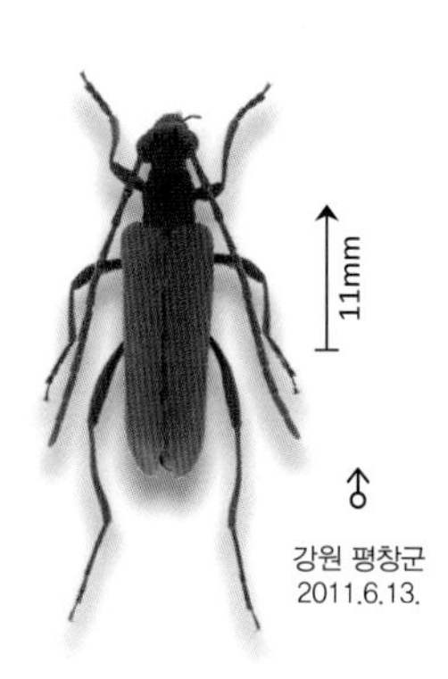

♂ 강원 평창군 2011.6.13.

강원도의 계방산, 오대산, 점봉산 등 동북부지방 고산지대 활엽수림에 서식한다. 성충은 5월 중순부터 발생하여 6월 중순까지 활동한다. 주로 산정상과 능선부의 승마류 같은 흰색 꽃에 모이며 활엽수류 잎 위에 앉아 쉬고 있는 모습도 가끔 관찰된다. 암컷은 버드나무, 귀룽나무, 오리나무, 개암나무, 단풍나무 등의 서서 죽은 나무나 쓰러진 나무의 수피 밑에 산란한다. 유충은 부화 후 나무속으로 파고들어가 목질부를 가해한다. 성장을 마친 유충은 수피 바로 밑까지 탈출할 공간을 뚫어놓은 후 목질부 안쪽으로 들어가 우화한다.

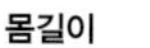

몸길이	10~15mm
성충활동시기	5월 중순~6월 중순
최종동면형태	유충
기주식물	버드나무, 귀룽나무, 오리나무, 단풍나무, 사시나무
한반도분포	강원 태백시, 인제군, 평창군
아시아분포	러시아, 몽골, 북한, 일본, 중국, 카자흐스탄

꽃하늘소족 Lepturini |

함경산꽃하늘소

Xestoleptura baeckmanni (Plavilstshikov, 1936)

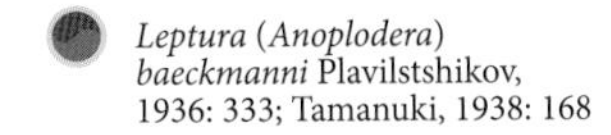

Leptura baeckmanni Plavilstshikov, 1936: 333

Leptura (Anoplodera) baeckmanni Plavilstshikov, 1936: 333; Tamanuki, 1938: 168

몸길이	12~13mm
성충활동시기	7월 초순~8월 중순
최종동면형태	밝혀지지 않음
기주식물	밝혀지지 않음
한반도분포	함북
아시아분포	러시아, 북한

남한에는 기록이 없고 북한의 함경북도 마이산에 기록이 남아 있는 북방계 꽃하늘소이다. 성충은 7월에 출현하여 8월까지 활동한다. 주로 한낮에 꽃에 날아오며 기주식물은 알려지지 않았다. 암수 모두 머리와 가슴판은 검고 딱지날개는 검은 바탕에 연노란색의 무늬가 있다. 딱지날개의 연노란색 무늬는 수컷이 넓고 뚜렷하며, 암컷은 매우 희미하다. 해외에는 시베리아와 극동지방에 분포한다.

꽃하늘소족 Lepturini |

산알락꽃하늘소

Pachytodes longipes (Gebler, 1832)

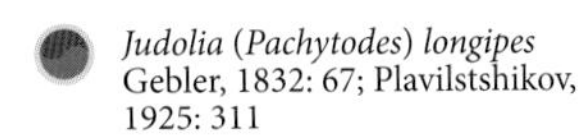

Pachyta longipes Gebler, 1832: 67

Judolia (Pachytodes) longipes Gebler, 1832: 67; Plavilstshikov, 1925: 311

몸길이	10~18mm
성충활동시기	6월 하순~7월 하순
최종동면형태	유충
기주식물	산자나무
한반도분포	강원 홍천군, 인제군
아시아분포	러시아, 몽골, 북한, 중국

설악산에만 채집기록이 있던 매우 희귀한 고산성 꽃하늘소이다. 최근 30여 년 만에 강원도 북부지방 산간 지역에서 암컷 1개체가 추가로 채집되었다. 성충은 7월 초순에 발생하여 8월 초순까지 활동한다. 활엽수와 침엽수가 혼재된 고산지대에 서식하며 한낮에 쉬땅나무 꽃 등에 모인다. 암컷은 산자나무 등 활엽수 나무둥치에 산란한다. 유충은 수피 바로 밑 부분을 가해하며, 같은 자리에서 번데기방을 틀고 우화한다.

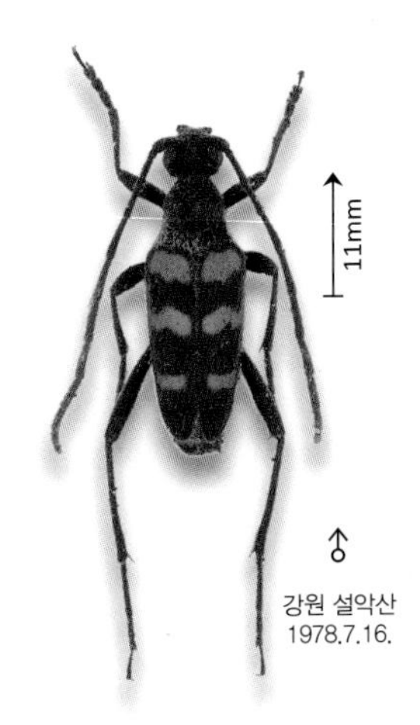

♂
강원 설악산
1978.7.16.

큰산알락꽃하늘소 | 꽃하늘소족 Lepturini

Pachytodes cometes (Bates, 1884)

Leptura cometes Bates,1884: 188

Leptura cometes: Ishii, 1940: 53

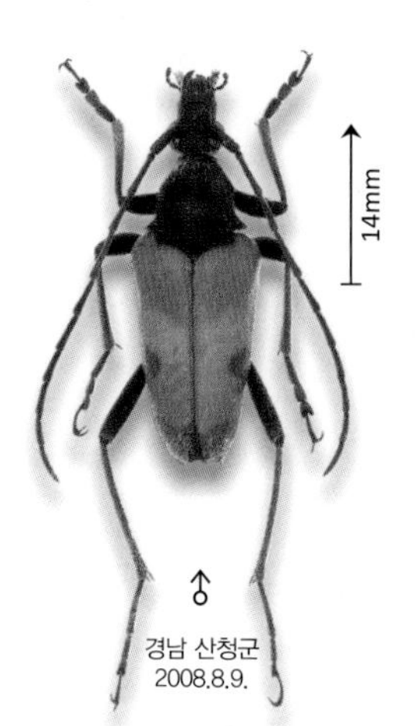

최근 지리산 정상부에서 1개체가 채집되었다. 이전에는 표본기록 없이 1940년 소요산 채집기록만 남아 있던 매우 희귀한 고산성 꽃하늘소이다. 성충은 7월 중순 발생하여 8월 중순까지 활동한다. 고지대의 숲과 인접한 곳의 꽃에서 관찰된다. 암컷은 고사하거나 썩은 전나무 밑동, 뿌리 등에 산란한다. 유충은 수피 바로 아랫부분을 가해하며 성장을 마치면 나무를 뚫고 나와 땅속으로 들어가 번데기방을 틀고 우화한다.

몸길이	12~20mm
성충활동시기	7월 중순~8월 중순
최종동면형태	유충
기주식물	낙엽송, 전나무속 침엽수
한반도분포	경기 동두천시, 경남 산청군
아시아분포	러시아, 일본

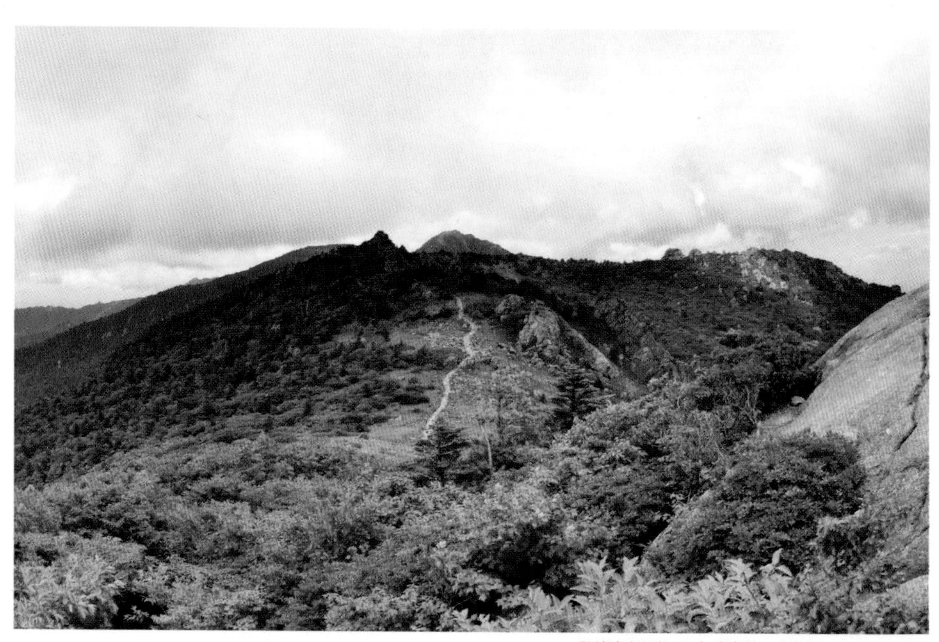

큰산알락꽃하늘소가 서식하는 지리산 능선, 경남 산청군

꽃하늘소족 Lepturini |

알락꽃하늘소

Judolia dentatofasciata (Mannerheim, 1852)

중국 옌볜 (China) 2013.7.23.

Grammoptera dentatofasciata Mannerheim, 1852: 308

Strangalis trifasciata Fabricius, 1793: 349; Saito, 1932: 441

몸길이	8~14mm
성충활동시기	7월 초순~8월 중순
최종동면형태	유충
기주식물	전나무, 가문비나무, 낙엽송
한반도분포	강원 인제군, 양강도 혜산시
아시아분포	러시아, 일본, 몽골, 북한

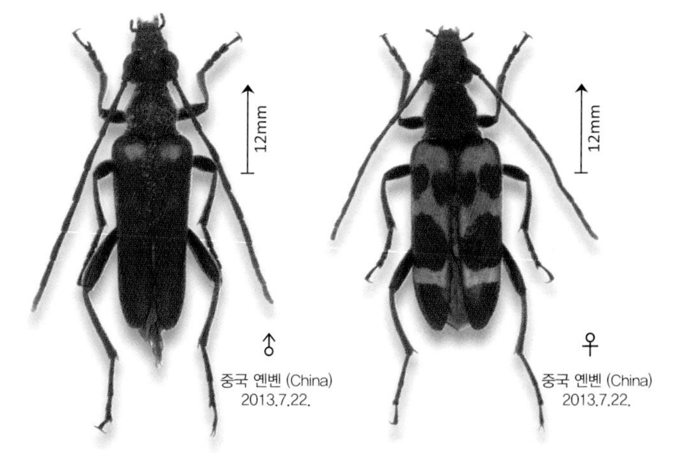

♂ 중국 옌볜 (China) 2013.7.22.

♀ 중국 옌볜 (China) 2013.7.22.

남한에서는 현재까지 설악산에만 기록(Lee, 1979)이 있다. 성충은 고산지대의 침엽수림에 서식하며, 7월 초순에 발생하여 8월까지 활동한다. 백두산에서 한낮에 당귀, 쉬땅나무, 어수리 등의 꽃에 날아와 먹이활동을 하는 모습을 관찰했다. 암컷은 낙엽송, 가문비나무, 전나무, 소나무 등 침엽수 등에 산란한다. 주로 서서 죽은 나무의 노출된 뿌리 부분, 둥치 아랫부분 등에 산란한다. 유충은 수피 바로 아래를 가해하며 성장을 마치면 땅속으로 들어가 지하 10~30cm 지점에 번데기방을 틀고 우화한다. 딱지날개의 무늬변이가 다양하다.

메꽃하늘소 | 꽃하늘소족 Lepturini

Judolidia znojkoi Plavilstshikov, 1936

강원 양양군 2012.6.15.

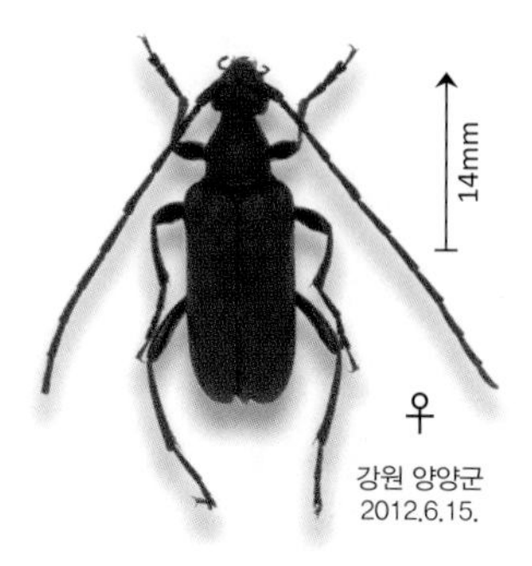

Judolidia znojkoi Plavilstshikov, 1936: 400

Judolidia znojkoi Plavilstshikov, 1936: 440, 573, f. 131

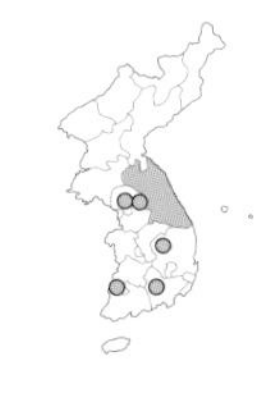

전국의 산지에 서식한다. 성충은 6~8월까지 활동한다. 낮에 각종 꽃에 날아오며 산 능성 부근을 날아다니는 개체들도 종종 발견된다. 암컷은 괴불나무 등의 뿌리 근처 흙에 산란한다. 유충은 부화 후 뿌리로 들어가 둥치 쪽으로 파고든다. 유충은 수피 밑을 가해하며 같은 자리에서 번데기방을 틀고 우화한다. 꽃하늘소 검정형, 수검은산꽃하늘소 등과 쉽게 혼동할 수 있으므로 종 동정시 유의해야 한다. 뭉툭한 딱지날개 형태와 더듬이 길이로 동정이 가능하다.

몸길이	8~15mm
성충활동시기	10월 초순~5월 하순
최종동면형태	유충
기주식물	괴불나무, 낙엽송, 물푸레나무, 소나무
한반도분포	경기 포천시, 가평군, 강원, 전남 장성군, 경북 문경시, 경남 산청군
아시아분포	러시아, 몽골, 북한, 일본,

꽃하늘소족 Lepturini |

북방산꽃하늘소

Anastrangalia renardi (Gebler, 1848)

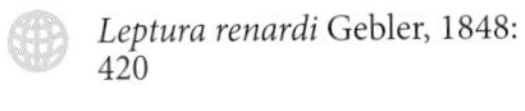

Leptura renardi Gebler, 1848: 420

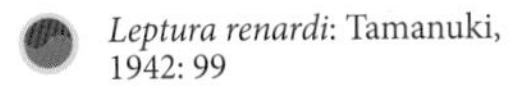

Leptura renardi: Tamanuki, 1942: 99

침엽수림과 혼합림에 서식하는 종으로 남한의 채집기록은 없으며 북한의 함경북도 덕립에서만 채집기록이 있다. 성충은 5월에 발생하여 6월까지 활동한다고 알려져 있다. 한낮에는 꽃에 모이며 암컷은 전나무 등 침엽수 얇은 가지의 수피 틈에 산란한다. 유충은 수피를 가해하다가 어느 정도 성장하면 목질부로 들어가 가해하며 목질부에 번데기방을 틀고 우화한다.

몸길이	7~12mm
성충활동시기	5월 중순~6월 하순
최종동면형태	유충
기주식물	전나무, 침엽수류
한반도분포	함북
아시아분포	러시아, 몽골, 중국, 카자흐스탄

희귀한 꽃하늘소들을 만날 수 있는 지리산

수검은산꽃하늘소 | 꽃하늘소족 Lepturini

Anastrangalia scotodes continentalis (Plavilstshikov, 1936)

1 강원 화천군 2013.6.2.
2 충북 제천시 2013.5.27.

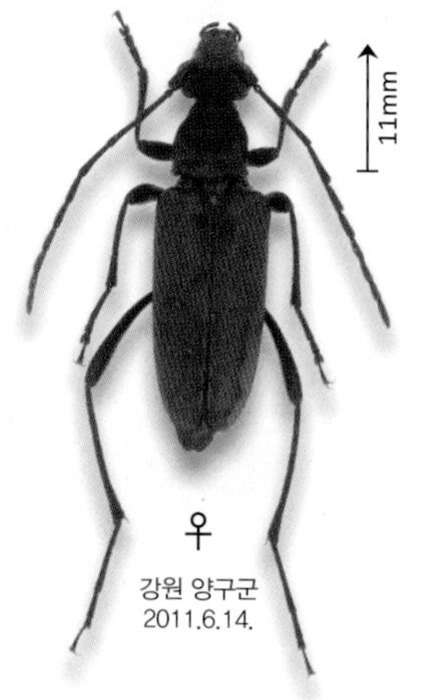

♂ 강원 양구군 2011.6.14.

♀ 강원 양구군 2011.6.14.

Leptura scotodes continentalis Plavilstshikov, 1936: 371

Leptura sanguinolenta Linnaeus, 1761: 196; Ganglbauer, 1887: 131

몸길이	7~14mm
성충활동시기	5월 초순~7월 초순
최종동면형태	유충
기주식물	전나무, 가문비나무, 소나무
한반도분포	전국
아시아분포	러시아, 북한, 중국

전국에 분포하며 개체수도 많다. 5~7월 초순까지 활동하며 다양한 꽃에서 쉽게 관찰할 수 있다. 보통 짝짓기도 꽃 위에서 이루어진다. 암컷은 전나무, 가문비나무 등 침엽수 고사목 줄기 수피 틈에 산란한다. 유충은 목질부를 가해하며 곰팡이에 감염된 뿌리 아래쪽을 가해하기도 한다. 성장을 마친 유충은 나뭇결을 따라 비스듬하게 번데기방을 틀고 우화한다. 암컷은 딱지날개가 붉고, 수컷은 몸 전체가 검은색이어서 수검은산꽃하늘소라는 이름이 붙었다. 종종 암컷의 딱지날개에 검은 반점이 있는 변이도 발견된다.

꽃하늘소족 Lepturini |

옆검은산꽃하늘소

Anastrangalia sequensi (Reitter, 1898)

경기 성남시 2012.5.13.

Leptura sequensi Reitter, 1898: 194

Leptura cincta Fabricius 1801: 356; Bates, 1888: 378

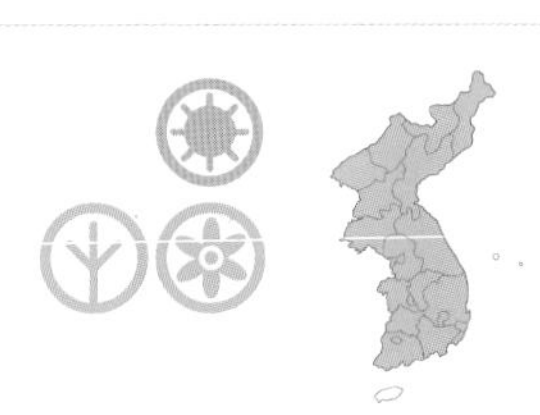

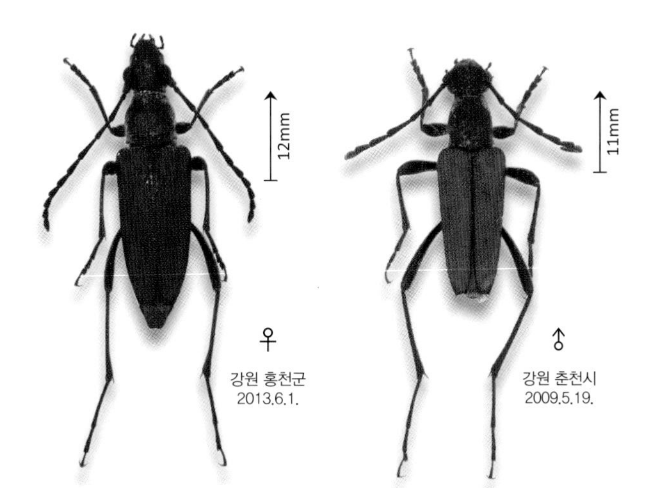

몸길이	8~13mm
성충활동시기	5월 초순~6월 하순
최종동면형태	유충
기주식물	가문비나무, 독일가문비나무
한반도분포	전국
아시아분포	러시아, 몽골, 북한, 일본, 중국, 카자흐스탄

전국에 분포하며 초봄에 흔하게 볼 수 있다. 5월 초순~6월 하순까지 활동하며 다양한 꽃에서 먹이활동과 짝짓기를 하며 종종 임도를 유유히 비행하는 모습도 관찰된다. 암컷은 각종 침엽수 고사목의 수피 틈에 산란한다. 유충은 나무속으로 파고들어가 목질부를 가해하며, 성장을 마치면 같은 자리에 번데기방을 틀고 우화한다. 측면에서 보면 딱지날개 테두리가 검은색이어서 옆검은산꽃하늘소라는 이름이 붙었다.

긴알락꽃하늘소

| 꽃하늘소족 Lepturini

Leptura annularis annularis Fabricius, 1801

강원 홍천군 2013.6.30.

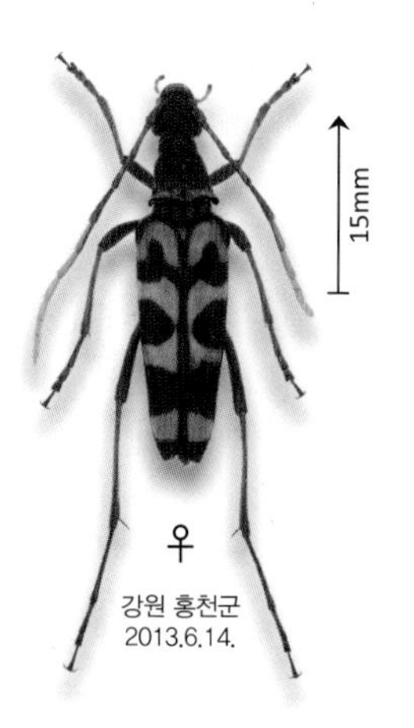

17mm

♂

강원 화천군 2008.7.2.

15mm

♀

강원 홍천군 2013.6.14.

Leptura annularis Fabricius, 1801: 363

Strangalia (Leptura) arcuata Panzer, 1793; Kolbe, 1886: 225

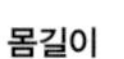

몸길이	12~23mm
성충활동시기	5월 초순~7월 중순
최종동면형태	유충
기주식물	각종 침엽수 및 활엽수
한반도분포	전국
아시아분포	러시아, 몽골, 중국, 카자흐스탄

전국에 서식하며 개체수도 굉장히 많다. 성충은 5월 초순에 발생하여 8월 중순까지 관찰 가능하다. 산란을 위해 활엽수 고사목에 붙어있는 모습이나 각종 꽃에 날아온 모습을 쉽게 관찰할 수 있다. 암컷은 각종 침엽수 및 활엽수, 전나무, 소나무, 버드나무, 참나무 등의 고사목 수피 틈에 산란한다. 유충은 부화 후 수피를 가해하다가 어느 정도 성장하면 나무속으로 파고들어가 목질부를 가해한다. 성장을 마친 유충은 목질부 유충터널 끝에 번데기방을 만들고 우화한다. 딱지날개의 노란 무늬가 소실되는 변이가 나타난다.

꽃하늘소족 Lepturini |
꽃하늘소
Leptura aethiops Poda von Neuhaus, 1761

경기 양평군 2013.5.12.

Leptura aethiops Poda von Neuhaus, 1761: 38

Leptura atra Fabricius, 1775:197; Kolbe, 1886: 225

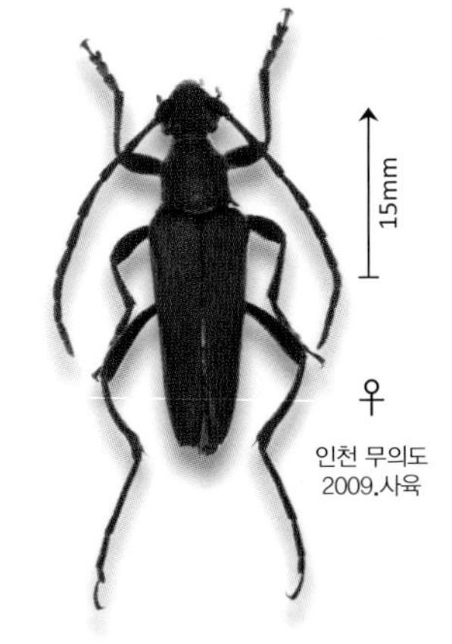

몸길이	12~17mm
성충활동시기	5월 하순~8월 초순
최종동면형태	유충
기주식물	소나무, 가문비나무, 삼나무, 밤나무
한반도분포	전국
아시아분포	러시아, 몽골, 일본, 중국, 카자흐스탄

전국에 서식하며 개체수도 많은 보통종이다. 성충은 5월 하순에 발생하여 8월 초순까지 관찰된다. 밤나무, 국수나무 등의 다양한 꽃에서 먹이활동을 한다. 암컷은 오래된 침엽수나 활엽수의 둥치에 산란한다. 완전히 썩은 활엽수에서 수십 마리의 성충이 우화한 적이 있다. 유충은 수피 바로 아랫부분을 가해하며 어느 정도 성장하면 목질부를 가해한다. 성장을 마친 유충은 유충터널 끝부분에 나뭇결과 사선으로 번데기방을 만들고 우화한다. 딱지날개의 색이 검은색인 개체와 갈색인 색변이가 나타난다.

넉줄꽃하늘소 | 꽃하늘소족 Lepturini

Leptura ochraceofasciata ochraceofasciata (Motschulsky, 1862)

 *Stenura ochraceofasciata* Motschulsky, 1862: 21

 *Strangalia ochraceofasciata* Motschulsky, 1862: 21; Cho, 1934: 44

활엽수림 또는 혼합림에 서식하는 종으로 남한의 기록은 아직 없으며 북한 함경북도 관모봉에서의 기록만 있는 희귀종이다. 성충은 6월에 출현하여 8월까지 활동하며 수국, 산형과 식물의 꽃 등에서 발견할 수 있다. 암컷은 단풍나무, 오리나무, 자작나무, 참나무 등 고사목 둥치에 산란한다. 유충은 목질부를 가해하며 성장이 끝나면 같은 자리에 번데기방을 틀고 우화한다.

몸길이	11~20mm
성충활동시기	6월 중순~8월 하순
최종동면형태	유충
기주식물	단풍나무, 오리나무, 자작나무, 각종 침엽수
한반도분포	함북
아시아분포	러시아, 북한, 일본, 중국

북방꽃하늘소 | 꽃하늘소족 Lepturini

Leptura quadrifasciata quadrifasciata Linnaeus, 1758

 *Leptura quadrifasciata* Linnaeus, 1758: 398

 *Strangalia (s. str.) quadrifasciata*, Linnaeus, 1758: 398; Plavilstshikov, 1936: 578

♀
러시아 (Russia)

고원 평야지대에 주로 서식하는 하늘소로 현재까지 국내의 명확한 지역표기 없이 채집기록만 남아 있다. 성충은 7월부터 출현하여 8월까지 활동하며 장미과, 산형과 등의 꽃에 날아온다. 암컷은 자작나무, 사시나무, 물푸레나무 등 활엽수 고사목의 수피나 갈라진 틈에 산란한다. 유충은 나무속으로 파고들어가 목질부를 가해하며 같은 자리에서 번데기방을 틀고 우화한다.

몸길이	11~20mm
성충활동시기	7월 초순~8월 초순
최종동면형태	밝혀지지 않음
기주식물	자작나무, 사시나무, 물푸레나무
한반도분포	명확한 위치 기록 없음
아시아분포	서시베리아, 러시아, 몽골, 중국, 카자흐스탄

꽃하늘소족 Lepturini |

열두점박이꽃하늘소

Leptura duodecimguttata Fabricius, 1801

경기 성남시 2012.5.13.

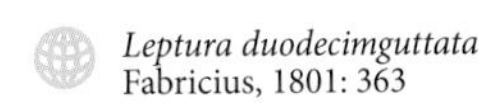

Leptura duodecimguttata Fabricius, 1801: 363

Strangalia duodecimguttate Fabricius, 1801: 363; Okamoto, 1927: 70

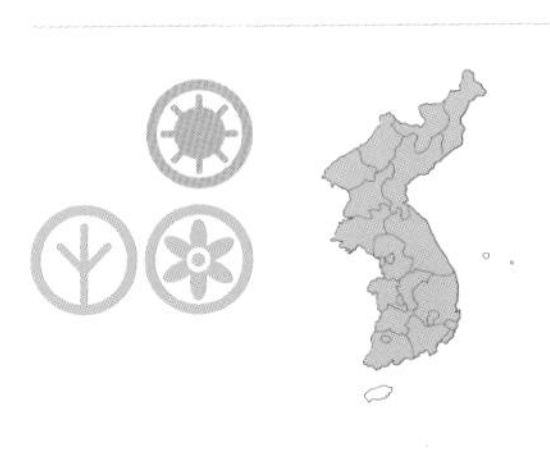

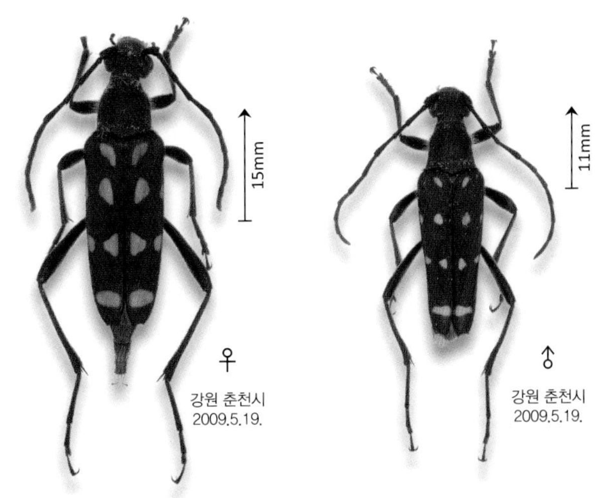

강원 춘천시 2009.5.19.

강원 춘천시 2009.5.19.

몸길이	11~15mm
성충활동시기	6월 초순~8월 중순
최종동면형태	유충
기주식물	각종 활엽수
한반도분포	전국
아시아분포	러시아, 몽골, 북한, 일본, 중국, 카자흐스탄

전국에 서식하며 개체수가 많다. 6월 초순~8월 중순까지 각종 꽃에 날아와 활동하는 성충을 쉽게 관찰할 수 있다. 암컷은 각종 활엽수 수피 틈에 산란한다. 유충은 부화 후 나무속으로 파고들어가 목질부를 가해하고 같은 자리에서 번데기방을 틀고 우화한다. 검은색 바탕에 흰 점이 12개 박혀 있어 열두점박이꽃하늘소라는 이름이 붙었다. 흰 점의 색변이가 다양해 흰 점이 뚜렷한 개체부터 몸 전체가 완전히 흑색인 변이도 나타난다.

노랑점꽃하늘소 | 꽃하늘소족 Lepturini

Pedostrangalia (*Neosphenalia*) *femoralis* (Motschulsky, 1861)

강원 화천군 2013.6.2.

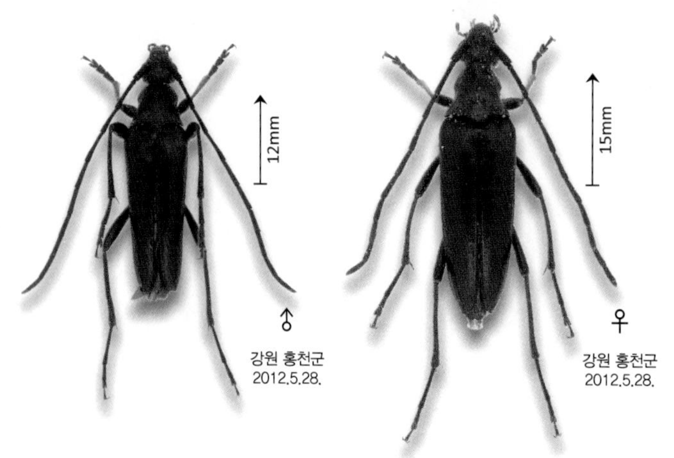

강원 홍천군 2012.5.28.

강원 홍천군 2012.5.28.

Stenura femoralis Motschulsky, 1861: 40

Strangalia (*Pedostrangalia*) *femoralis* Motschulsky, 1861: 40; Plavilstshikov, 1936: 587

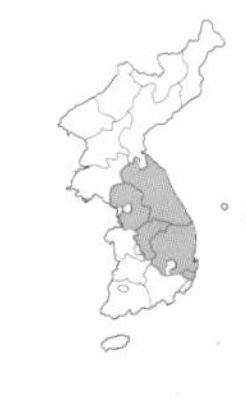

몸길이	11~16mm
성충활동시기	5월 중순~6월 하순
최종동면형태	유충
기주식물	각종 활엽수
한반도분포	울산, 경기, 강원, 충북, 경북
아시아분포	러시아, 북한, 일본, 중국

전국의 혼합림에 서식한다. 성충은 6월 초순에 발생하여 7월 하순까지 활동하며 한낮에 다래 꽃, 층층나무 꽃 등에 날아와 활동한다. 암컷은 각종 활엽수 고사목의 수피 틈에 산란한다. 유충은 목질부를 가해하며 같은 자리에서 번데기방을 틀고 우화한다. 해외의 노랑점꽃하늘소는 딱지날개 상단부분에 노란색 점무늬가 있는 개체가 많이 나타나지만 국내에서는 아직까지 이러한 개체를 관찰한 바 없다.

꽃하늘소족 Lepturini |

홍가슴꽃하늘소

적색목록 취약(VU) | *Macroleptura thoracica* (Creutzer, 1799)

Leptura thoracica Creutzer, 1799: 175

Leptura (Stenura) thoracica Creutzer, 1799: 175; Ganglbauer, 1887: 132

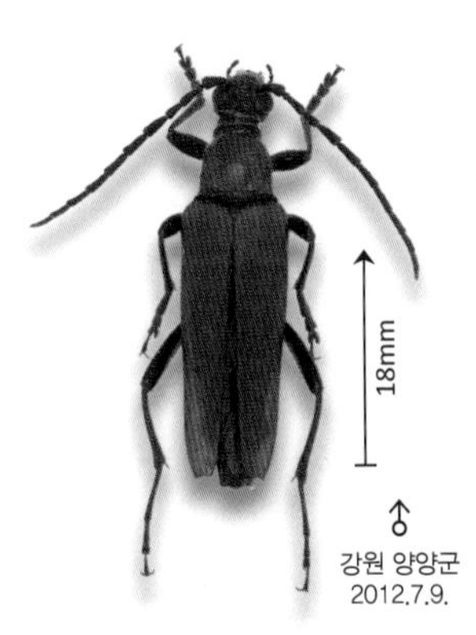

♂ 강원 양양군 2012.7.9.

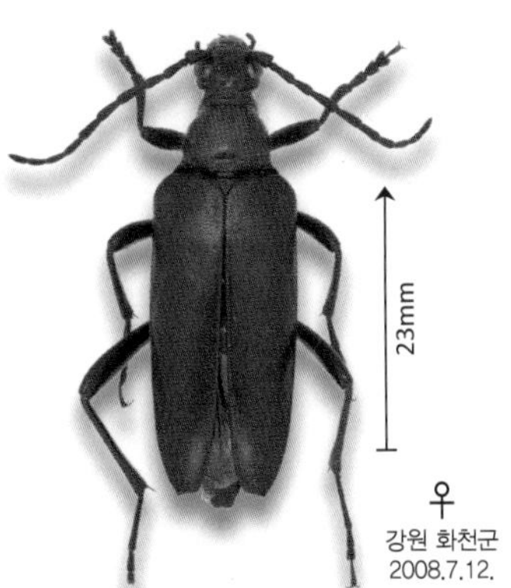

♀ 강원 화천군 2008.7.12.

몸길이	18~24mm
성충활동시기	6월 중순~8월 초순
최종동면형태	유충
기주식물	너도밤나무, 서어나무
한반도분포	경기 하남시, 강원 평창군, 홍천군, 화천군, 양양군, 울릉도
아시아분포	러시아, 몽골, 일본, 중국, 카자흐스탄

경기도 일부 지역과 강원도 북부지방의 산지, 울릉도 등지에 서식한다. 6~8월까지 활동하며 각종 꽃에 날아온다. 암컷은 수피가 온전한 굵은 활엽수 고사목의 수피에 산란한다. 7월 초순에 강원도 깊은 산중의 서서 죽은 커다란 서어나무 고사목에 날아드는 성충 여러 마리를 관찰하였다. 유충은 목질부를 가해하며 같은 자리에 번데기방을 틀고 우화한다. 몸 전체가 붉은색인 타입, 몸 전체가 검은색인 타입, 가슴판만 붉고 딱지날개는 검은 타입의 3가지 변이가 암수 구분이 없이 나타난다.

꽃하늘소족 Lepturini |

넉줄홍가슴꽃하늘소

Noona regalis (Bates, 1884)

Strangalia regalis Bates, 1884: 223

Leptura (Strangalia) maindroni v. coreana Pic, 1907: 20

국내에서는 명확한 지역표기 없이 채집기록만 남아 있는 종으로 해외에는 극동지방과 일본, 중국, 태평양의 섬지역에 분포한다. 성충은 7월 초순에 발생하여 8월 중순까지 활동한다고 알려져 있다. 한낮에 흰색 꽃에 모인다. 성충은 서서 죽은 너도밤나무, 침엽수류 고사목에 산란한다. 유충은 고사목의 목질부를 가해하며 같은 자리에서 번데기방을 틀고 우화한다.

몸길이	23~31mm
성충활동시기	7월 초순~8월 중순
최종동면형태	밝혀지지 않음
기주식물	너도밤나무, 각종 침엽수
한반도분포	명확한 위치 기록 없음
아시아분포	러시아, 북한, 일본

알통다리꽃하늘소 | 꽃하늘소족 Lepturini

Oedecnema gebleri Ganglbauer, 1889

경기 양평군 2013.5.12.

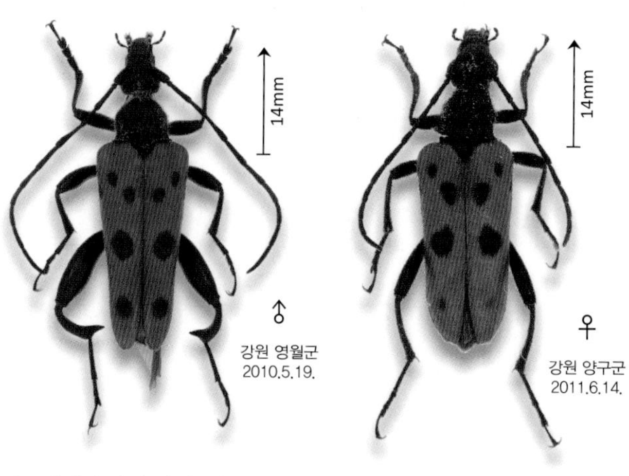

Oedecnema gebleri Ganglbauer, 1889: 470

Oedecnema dubia Fabricius, 1781:294; Okamoto, 1927: 69

몸길이	11~17mm
성충활동시기	5월 초순~7월 중순
최종동면형태	유충
기주식물	각종 침엽수 및 활엽수
한반도분포	전국
아시아분포	러시아, 몽골, 북한, 일본, 중국, 카자흐스탄

전국에서 흔하게 볼 수 있는 보통종이다. 성충은 5월 초순~7월 중순까지 꽃에서 쉽게 관찰할 수 있다. 수컷의 경우 뒷다리 첫 마디가 알통처럼 부풀어 있어 알통다리꽃하늘소라는 이름이 붙었다. 암컷은 활엽수, 침엽수 고사목 둥치에 산란한다. 유충은 나무속으로 파고들어 목질부 위쪽을 가해한다. 성장을 마친 유충은 일반적으로 뿌리 부근의 흙에 번데기방을 틀고 우화한다.

꽃하늘소족 Lepturini |

깔따구꽃하늘소

Strangalomorpha tenuis tenuis Solsky, 1873

강원 홍천군 2013.6.30.

Strangalomoropha tenuis Solsky, 1873: 254

Strangalomorpha tenuis: Plavilstshikov, 1936: 551

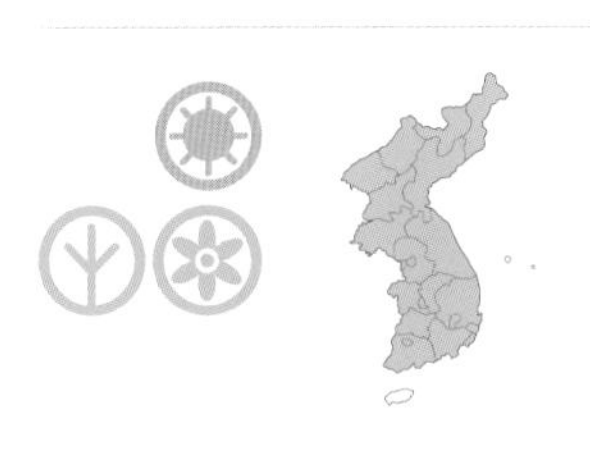

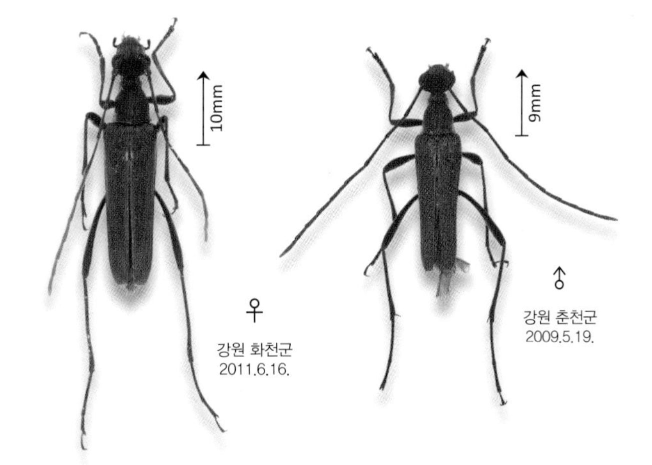

몸길이	6~14mm
성충활동시기	5월 중순~7월 초순
최종동면형태	유충
기주식물	버드나무, 귀룽나무, 느릅나무
한반도분포	전국
아시아분포	러시아, 일본, 중국

전국의 활엽수림에 서식하며 개체수도 많다. 성충은 5~8월까지 활동한다. 조팝나무, 신나무 등의 다양한 꽃에서 짝짓기나 먹이활동을 하는 모습을 쉽게 관찰할 수 있다. 암컷은 버드나무, 귀룽나무, 느릅나무 등의 수피 틈에 산란한다. 어린 유충은 수피 밑을 가해한다. 어느 정도 성장한 유충은 목질부로 파고들어 가해하며 같은 자리에서 번데기방을 틀고 우화한다. 몸 전체가 회색빛의 얇은 털로 뒤덮여 있어 벨벳 같은 느낌을 준다.

줄깔따구꽃하늘소 | 꽃하늘소족 Lepturini

Strangalia attenuata (Linnaeus, 1758)

중국 옌볜 (China) 2013.7.26.

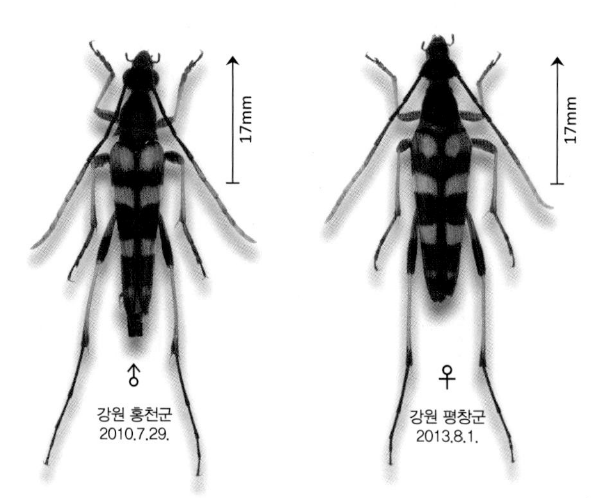

Leptura attenuata Linnaeus, 1758: 398

Strangalia attenuata Linnaeus, 1758: 398; Okamoto, 1927: 70

몸길이 17~20mm
성충활동시기 7월 중순~8월 중순
최종동면형태 유충
기주식물 소나무, 자작나무, 너도밤나무, 참나무류
한반도분포 강원, 전북 무주
아시아분포 러시아, 몽골, 북한, 일본, 중국, 카자흐스탄

전국의 고산지대에 분포하며 강원도에 특히 많다. 성충은 7월 중순~8월 중순까지 활동한다. 주로 한낮에 쉬땅나무, 어수리 등에서 먹이활동을 하거나 짝짓기를 한다. 암컷은 소나무, 자작나무, 참나무 등의 수피 틈에 산란한다. 유충은 부화 후 나무속으로 파고들어 목질부를 가해하며 성장을 마치면 같은 자리에서 우화한다. 긴알락꽃하늘소와 유사한 외형을 가지고 있지만 체형이 더 홀쭉하고 배마디가 노란색이다.

꽃하늘소족 Lepturini |

붉은산꽃하늘소

Stictoleptura (Aredolpona) dichroa (Blanchard, 1871)

경남 함양군 2013.7.17.

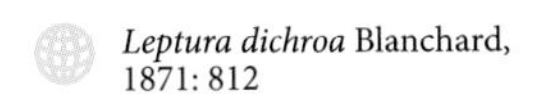

Leptura dichroa Blanchard, 1871: 812

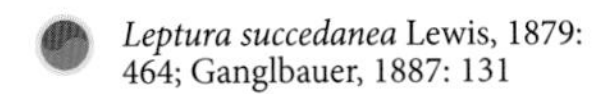

Leptura succedanea Lewis, 1879: 464; Ganglbauer, 1887: 131

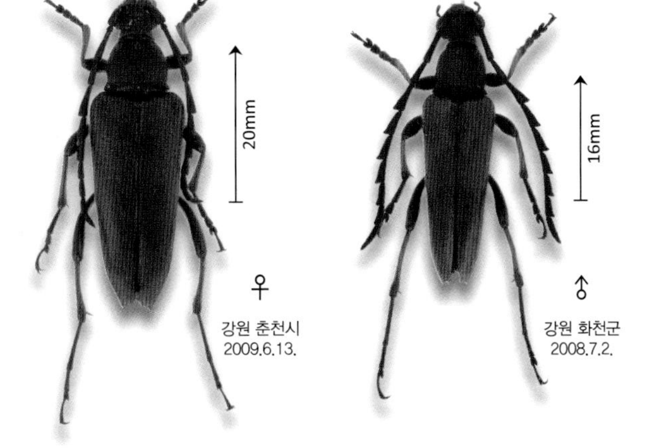

몸길이	12~22mm
성충활동시기	6월 하순~8월 중순
최종동면형태	유충
기주식물	각종 침엽수
한반도분포	전국
아시아분포	러시아, 북한, 중국

전국에 서식하며 개체수도 매우 많은 보통종이다. 성충은 6월 하순에 발생하여 9월 중순까지 관찰된다. 한낮에 개망초, 쉬땅나무, 어수리 등 다양한 꽃에 날아오며 오후 늦은 시간에는 산정상에서 유유히 날아다니는 개체들도 관찰된다. 암컷은 고사한 침엽수 수피 틈에 산란하며, 유충은 목질부를 가해한다. 성장을 마친 유충은 목질부 바깥쪽에 번데기방을 틀고 우화한다. 홍가슴꽃하늘소 적색형과 겉모습이 유사하지만 붉은산꽃하늘소는 다리의 허벅지마디가 검은색이다.

알락수염붉은산꽃하늘소 | 꽃하늘소족 Lepturini

Stictoleptura (*Variileptura*) *variicornis* (Dalman, 1817) | 적색목록 준위협(NT)

강원 홍천군 2010.7.31.

Leptura variicornis Dalman, 1817: 482

Leptura variicornis: Okamoto,1927: 71

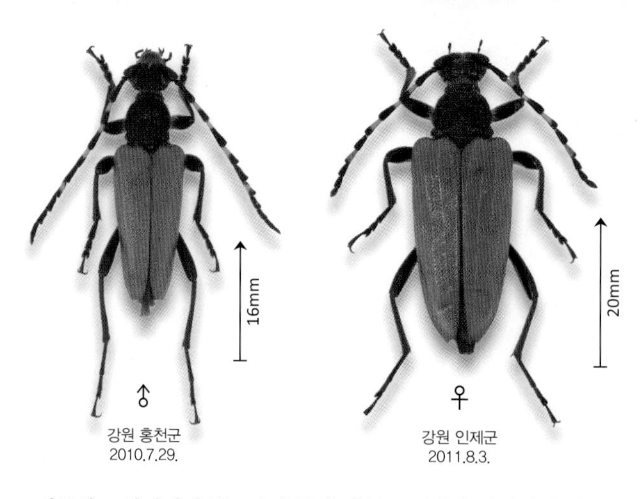

강원 홍천군 2010.7.29.

강원 인제군 2011.8.3.

전국의 고산지대에 분포하며 특히 강원도 동북부 산지에서 쉽게 관찰된다. 성충은 6월 중순에 발생하여 8월 하순까지 활동한다. 한낮에 어수리, 쉬땅나무 등의 꽃에 날아온다. 암컷은 전나무, 가문비나무, 버드나무, 자작나무 등의 수피 틈에 산란한다. 유충은 나무속으로 파고들어 목질부를 가해한다. 붉은산꽃하늘소와 비슷한 생김새를 가지고 있으나, 더듬이에 흰 무늬가 있고 딱지날개의 색이 연해 쉽게 구분할 수 있다.

몸길이	15~22mm
성충활동시기	7월 중순~8월 중순
최종동면형태	유충
기주식물	전나무, 가문비나무, 버드나무, 자작나무, 느릅나무
한반도분포	강원 홍천군, 화천군, 양구군, 인제군, 양양군
아시아분포	러시아, 몽골, 북한, 중국, 카자흐스탄

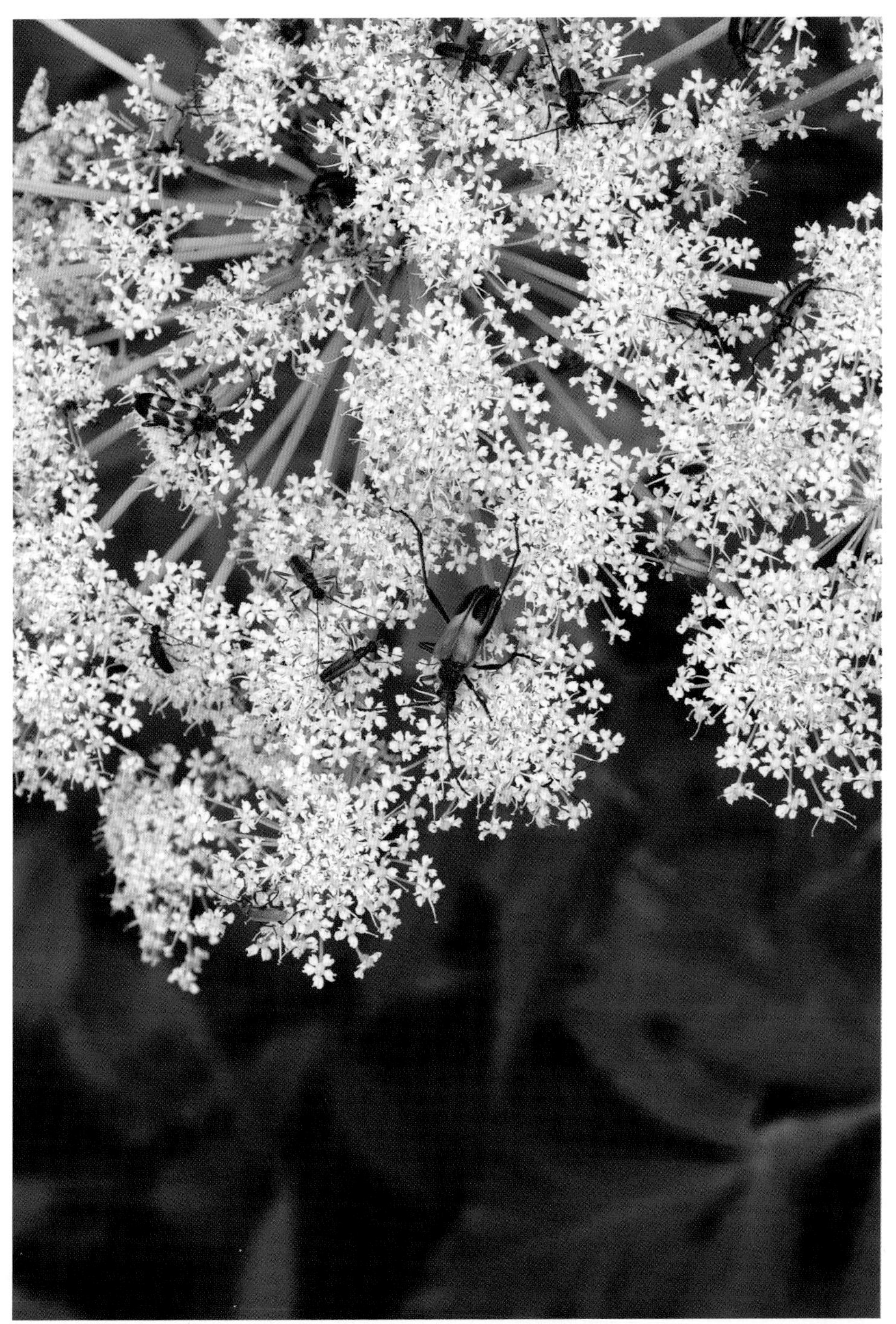

어수리 꽃에서 먹이활동을 하는 다양한 꽃하늘소들. 중국 옌볜 (China)

하늘소과 Cerambycidae

검정하늘소아과 Spondylidinae

검정넓적하늘소의 머리 정면과 측면

검정하늘소아과(Spondylidinae)는 전 세계적으로 5족 32속 157종이 알려져 있으며, 국내에는 2족 7속 10종이 분포한다.

어떤 학자들은 넓적하늘소아과(Aseminae)와 검정하늘소아과(Spondylidinae)를 독립된 서로 다른 두 개의 아과로 보기도 하고, 검정하늘소(Spondylidinae)라는 하나의 아과로 보기도 한다. 이 책에서는 2010년 출판된 「Catalogue of Palaeartic Coleoptera」라는 목록집의 분류체계를 따라 넓적하늘소아과와 검정하늘소아과를 하나의 아과로 다루었다.

일반적으로 야행성이며 밤에 불빛에서도 종종 관찰된다. 검정하늘소아과에 속하는 국내의 모든 종들이 침엽수 고사목을 가해한다.

검정하늘소아과의 기주식물 비율

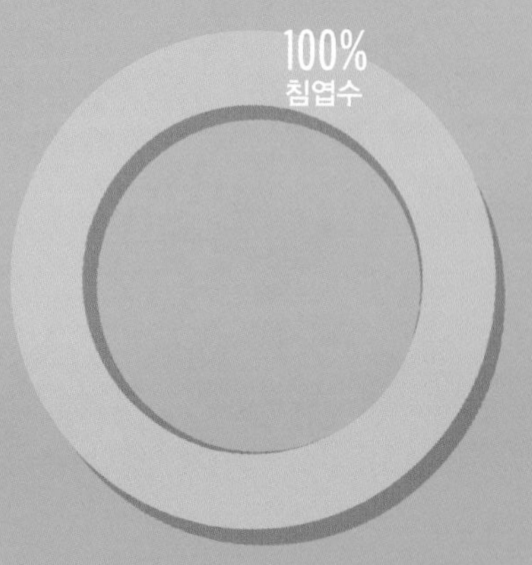

큰넓적하늘소, 강원 양양군 2012.7.24.

검정하늘소족
140쪽

넓적하늘소족
141쪽

무늬넓적하늘소족
147쪽

검정하늘소 | 검정하늘소족 Spondylidini

Spondylis buprestoides (Linnaeus, 1758)

경기 남양주시 2013.8.2.

19mm
♂
강원 철원군
2013.8.10.

20mm
♀
강원 철원군
2013.8.10.

전국의 잡목림에 분포하며 개체수도 많다. 성충은 7월 초순부터 발생하여 9월 초순까지 활동하며 7월 하순에 개체수가 가장 많다. 낮에는 침엽수의 수피 틈새에 숨어있다가 밤이 되면 침엽수 벌채목에서 활동한다. 불빛에도 잘 날아오기 때문에 교외지역의 가로등이나 주유소 불빛에서 아주 쉽게 발견할 수 있다. 암컷은 침엽수의 뿌리 부근에 산란한다. 유충은 수피 밑을 가해하다가 어느 정도 성장하면 목질부로 파고 들어가서 계속 가해한다. 종령 유충은 목질부에 번데기방을 틀고 우화한다. 몸 전체가 검은색이며 광택이 있고 더듬이가 굉장히 짧다. 턱이 매우 발달되어 있는 것이 큰 특징이며, 턱의 형태로 암수 구분이 가능하다.

Attelabus buprestoides Linnaeus, 1758: 388

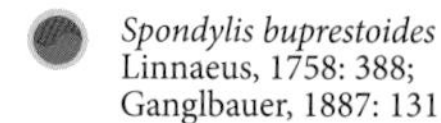

Spondylis buprestoides Linnaeus, 1758: 388; Ganglbauer, 1887: 131

몸길이	12~25mm
성충활동시기	7월 초순~9월 초순
최종동면형태	유충
기주식물	각종 침엽수
한반도분포	전국, 제주
아시아분포	대만, 러시아, 일본, 중국, 카자흐스탄, 홍콩

넓적하늘소족 Asemini |

큰넓적하늘소

Arhopalus rusticus rusticus (Linnaeus, 1758)

제주 서귀포시 2013.7.11.

Cerambyx rusticus Linnaeus, 1758: 395

Criocephalus rusticus: Ganglbauer, 1887: 131

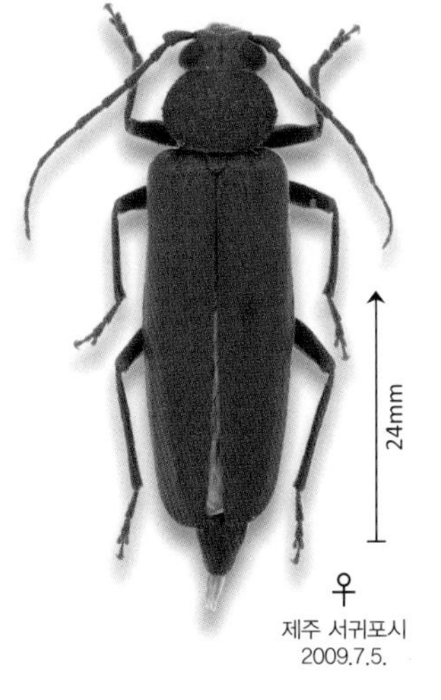

♀ 제주 서귀포시 2009.7.5.

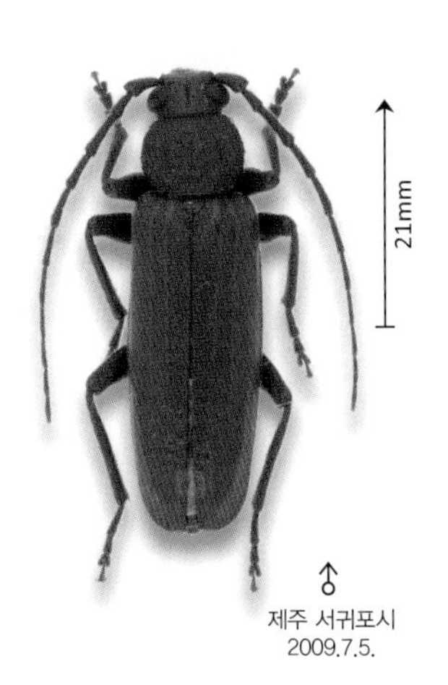

♂ 제주 서귀포시 2009.7.5.

몸길이	12~30mm
성충활동시기	6월 초순~8월 초순
최종동면형태	유충
기주식물	각종 침엽수
한반도분포	전국, 제주
아시아분포	러시아, 몽골, 북한, 일본, 중국, 카자흐스탄

전국에 분포하며 개체수도 많다. 성충은 6월 초순부터 발생하여 8월 초순까지 활동한다. 낮에는 침엽수 껍질 밑이나 쓰러진 나무 아랫면에 숨어 있다가 해 질 무렵 기어 나와 활동하는 황혼성 하늘소이다. 밤에 불빛에 날아오는 경우도 많다. 암컷은 침엽수 고사목의 뿌리나 둥치 부분에 산란한다. 유충은 뿌리 등을 가해하다가 어느 정도 성장하면 목질부로 파고들어간다. 성장을 마친 유충은 유충터널 끝부분에 번데기방을 만들고 우화한다.

넓적하늘소 | 넓적하늘소족 Asemini

Cephalallus unicolor (Gahan, 1906)

강원 양양군 2013.7.27.

19mm

♂
제주 서귀포시
2009.7.5.

21mm

♀
강원 양양군
2012.7.19.

 *Criocephalus unicolor* Gahan, 1906: 97

 *Megasemum projectus* Okamoto, 1927: 63

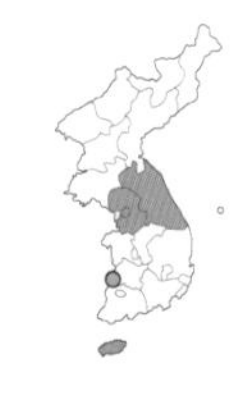

몸길이	16~28mm
성충활동시기	6월 하순~7월 하순
최종동면형태	유충
기주식물	각종 침엽수
한반도분포	서울, 경기, 강원, 전북 고창군, 제주
아시아분포	대만, 북한, 일본, 중국, 홍콩

경기도, 강원도, 전라북도, 제주도 등의 침엽수림에 국지적으로 분포한다. 성충은 6월 하순부터 발생하여 7월 하순까지 활동하며, 7월 초순에 가장 빈번하게 관찰된다. 성충은 야행성으로 주로 한밤중에 침엽수 고사목에서 활동하며 불빛에도 잘 날아온다. 유충은 침엽수의 뿌리 부근을 가해한다. 큰넓적하늘소와 겉모습이 유사하지만 넓적하늘소는 더듬이가 상대적으로 길고 가슴판 측면이 매끄럽게 반짝거린다.

넓적하늘소족 Asemini |

검은넓적하늘소

Megasemum quadricostulatum Kraatz, 1879

강원 양양군 2013.7.8.

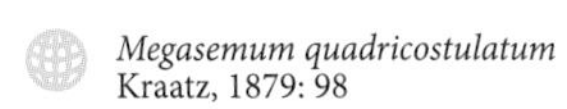

Megasemum quadricostulatum Kraatz, 1879: 98

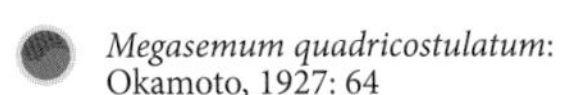

Megasemum quadricostulatum: Okamoto, 1927: 64

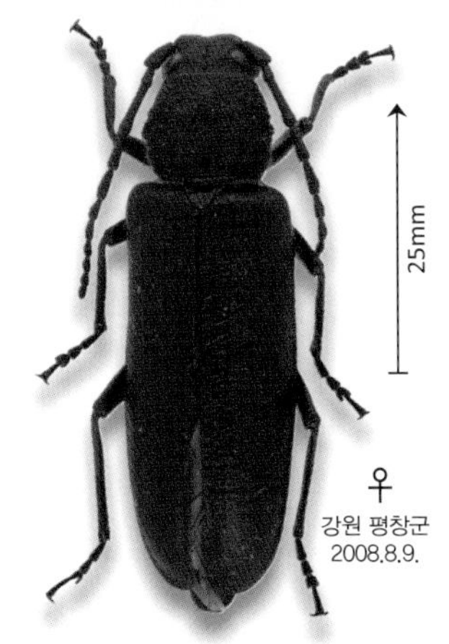

♀ 강원 평창군 2008.8.9.

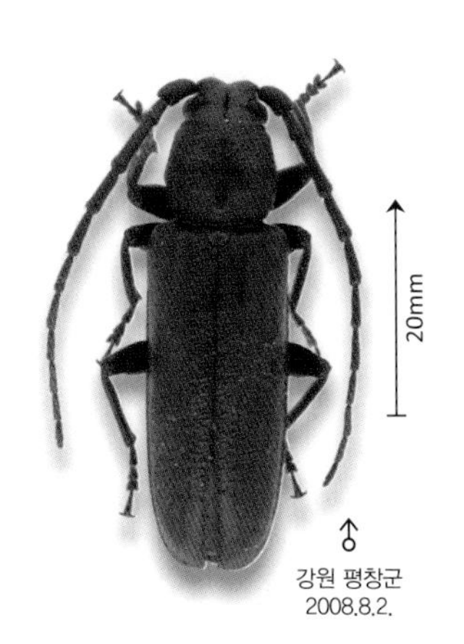

♂ 강원 평창군 2008.8.2.

몸길이	17~30mm
성충활동시기	7월 중순~8월 중순
최종동면형태	유충
기주식물	가문비나무, 잎갈나무, 전나무, 편백
한반도분포	강원
아시아분포	대만, 러시아, 북한, 일본, 중국

강원도 동북부지방의 침엽수류가 있는 울창한 산림에 서식한다. 성충은 7월 중순부터 발생하여 8월 하순까지 활동하며 7월 하순에 개체수가 가장 많다. 국내에 서식하는 넓적하늘소류 중 몸집이 가장 크다. 움푹 패인 가슴판이 특징이며 암컷은 짙은 검은색을, 수컷은 어두운 갈색빛을 띤다. 야행성으로 한밤중에 침엽수류 고사목에서 관찰할 수 있으며 불빛에도 잘 날아온다. 암컷은 전나무 등 침엽수 고사목의 뿌리나 둥치 부분에 산란한다. 어린 유충은 수피 아래를 가해하며 성장함에 따라 목질부로 파고들어 가해한다.

작은넓적하늘소 | 넓적하늘소족 Asemini

Asemum striatum (Linnaeus, 1758)

강원 홍천군 2013.6.6.

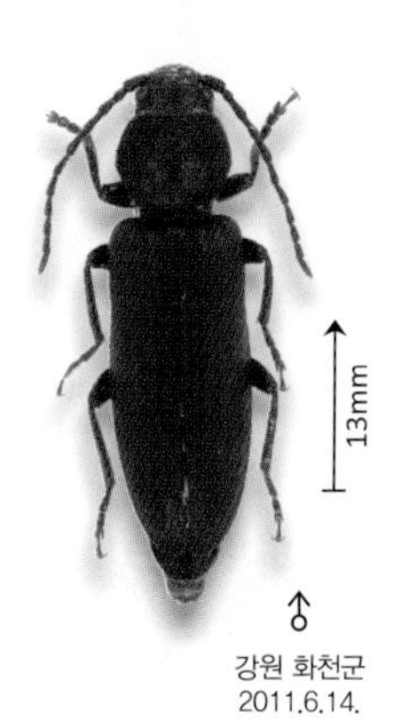

♂
강원 화천군
2011.6.14.

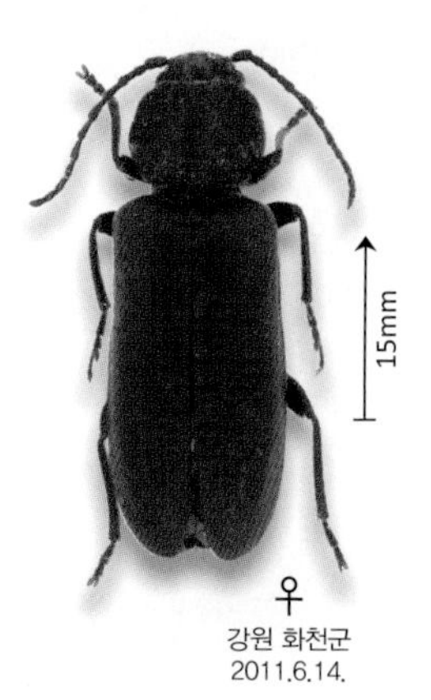

♀
강원 화천군
2011.6.14.

Cerambyx striatum Linnaeus, 1758: 396

Asemum amurense Kraatz, 1879: 97; Okamoto, 1927: 64

몸길이	8~15mm
성충활동시기	5월 초순~8월 초순
최종동면형태	유충
기주식물	각종 침엽수
한반도분포	전국
아시아분포	러시아, 몽골, 북한, 일본, 중국, 카자흐스탄, 키르기스스탄

전국의 잡목림에 널리 분포하고 개체수도 많다. 성충은 5월 초순부터 발생하여 8월 초순까지 활동하며, 6월 초순에 가장 많이 보인다. 낮에는 침엽수 수피 틈새나 쓰러진 나무 아랫면에 숨어있다. 야행성으로 밤에 주로 활동하고 보통 침엽수 고사목에서 짝을 찾아다니고 불빛에 날아오는 경우도 많다. 암컷은 각종 침엽수를 수피 틈에 산란한다. 유충은 수피 바로 아랫부분을 가해하다가 어느 정도 성장하면 목질부로 파고들어간다. 딱지날개는 어두운 암갈색부터 밝은 황갈색까지 다양한 색변이가 나타난다.

넓적하늘소족 Asemini |

꼬마작은넓적하늘소

Asemum punctulatum Blessig, 1872

Asemum punctulatum Blessig, 1872: 182

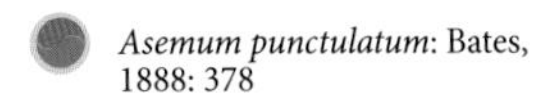

Asemum punctulatum: Bates, 1888: 378

몸길이	8~15mm
성충활동시기	5월 하순~7월 하순
최종동면형태	유충
기주식물	가문비나무, 나한백, 소나무, 일본개분비나무, 잎갈나무
한반도분포	경기 양주시, 강원 화천군, 양양군
아시아분포	러시아, 일본, 중국

경기도와 강원도의 북부지방에 국지적으로 서식한다. 성충은 5월 말부터 발생하여 7월 하순까지 발견된다. 야행성으로 한밤중에 침엽수 고사목에서 활동한다. 그러나 개체수가 적은 탓인지 불빛에는 모이는 일이 적다. 암컷은 병들거나 고사한 침엽수의 수피 틈에 산란한다. 어린 유충은 수피 아래를 가해하면서 어느 정도 성장하면 나무속으로 파고들어 목질부를 가해한다. 성장을 마치면 목질부에 번데기방을 틀고 우화한다. 작은넓적하늘소 소형과 유사하지만 꼬마작은넓적하늘소는 몸의 광택이 진하고, 가슴판의 생김새가 확연히 다르다.

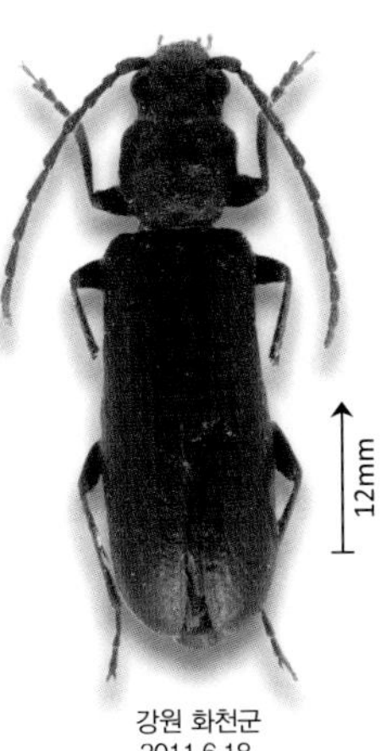

강원 화천군
2011.6.18.

넓적하늘소족 Asemini |

긴단송넓적하늘소

Tetropium gracilicorne Reitter, 1889

Tetropium gracilicorne Reitter, 1889: 287

Tetropium castaneum gracilicorne Reitter, 1889: 287; Cho, 1934: 79

몸길이	9~16mm
성충활동시기	5월 중순~8월 초순
최종동면형태	유충
기주식물	시베리아소나무, 잎갈나무, 잣나무, 전나무
한반도분포	함북, 함남
아시아분포	러시아, 몽골, 일본, 중국, 카자흐스탄

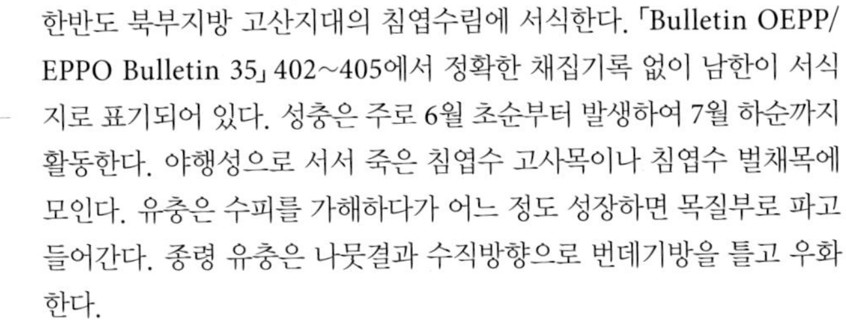

한반도 북부지방 고산지대의 침엽수림에 서식한다. 「Bulletin OEPP/EPPO Bulletin 35」 402~405에서 정확한 채집기록 없이 남한이 서식지로 표기되어 있다. 성충은 주로 6월 초순부터 발생하여 7월 하순까지 활동한다. 야행성으로 서서 죽은 침엽수 고사목이나 침엽수 벌채목에 모인다. 유충은 수피를 가해하다가 어느 정도 성장하면 목질부로 파고 들어간다. 종령 유충은 나뭇결과 수직방향으로 번데기방을 틀고 우화한다.

단송넓적하늘소 | 넓적하늘소족 Asemini

Tetropium castaneum (Linnaeus, 1758)

Cerambyx castaneum Linnaeus, 1758: 396

Tetropium castaneum Linnaeus, 1758: 396; Okamoto, 1927: 65

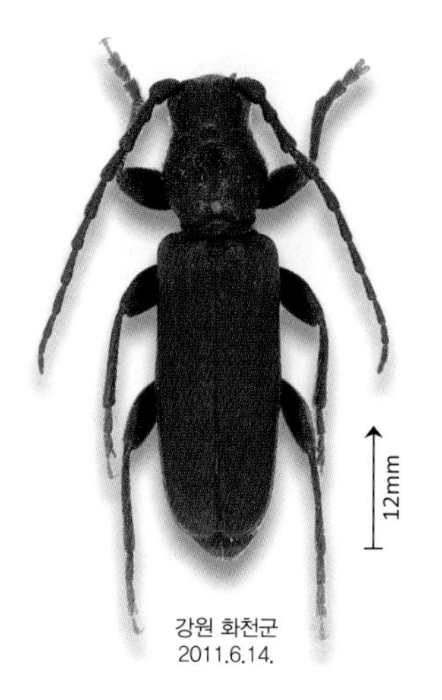

강원 화천군
2011.6.14.

강원도 고산지대의 침엽수림에 서식한다. 성충은 5월 하순부터 발생하여 7월 초순까지 활동한다. 개체수가 굉장히 적은 편이라서 관찰하기가 쉽지 않다. 야행성으로 낮에는 침엽수 껍질 아래에 숨어있다가 밤이 되면 나무 기둥을 오르내린다. 암컷은 침엽수 벌채목이나 자연재해로 쓰러진 침엽수 수피 틈에 산란한다. 유충은 수피 내부를 가해하다가 성장을 마치면 같은 자리에서 번데기방을 틀고 우화한다. 딱지날개가 검은색과 흑갈색 2가지 변이가 있으며, 다른 넓적하늘소류들에 비해 앞가슴판의 검은색 광택이 강하다.

몸길이	10~18mm
성충활동시기	5월 하순~7월 초순
최종동면형태	유충
기주식물	각종 침엽수
한반도분포	강원 홍천군, 화천군
아시아분포	러시아, 몽골, 일본, 중국, 카자흐스탄

애단송넓적하늘소 | 넓적하늘소족 Asemini

Tetropium morishimaorum Kusama & Takakuwa, 1984

Tetropium morishimaorum Kusama & Takakuwa, 1984: 149

Tetropium gracilicorne Reitter, 1889: 287; Uchida et Kojima,1944: 5

아직 휴전선 이남에서 채집된 적은 없으며, 북한에서도 함경북도 연암과 용암 등 일부 지역에서만 발견되었다. 성충은 7월 초순에 발생하여 9월까지 활동한다. 야행성으로 주로 한낮에는 침엽수 고사목 수피 틈에 숨어있다가 밤이 되면 활동을 시작한다. 단송넓적하늘소와 겉모습이 매우 유사하지만 애단송넓적하늘소는 가슴판의 점각이 더 조밀하고 딱지날개의 상단에 흰색 털이 있으며 앞다리 허벅지마디가 더 굵다. 딱지날개는 황갈색부터 검은색까지 색변이가 나타난다.

몸길이	7~13mm
성충활동시기	7월 초순~9월 초순
최종동면형태	유충
기주식물	낙엽송
한반도분포	함북 무산군
아시아분포	북한, 일본

무늬넓적하늘소족 Atimiini | # 무늬넓적하늘소 신칭

Atimia nadezhdae Tsherepanov, 1973

충북 단양군 2013.5.4.

Atimia nadezhdae Tsherepanov, 1973: 79-85

미기록

♂ 강원 영월군 2009.4.18.

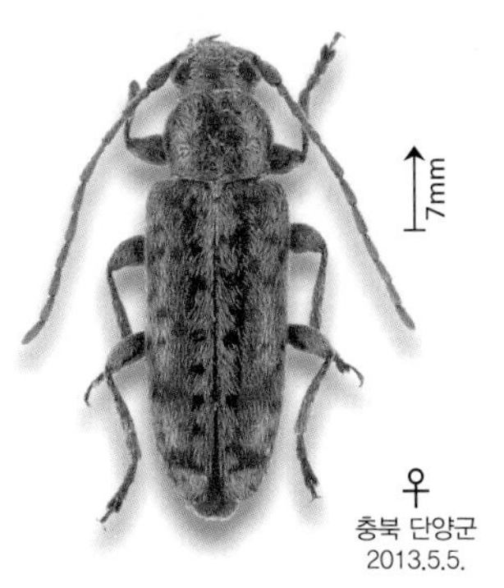

♀ 충북 단양군 2013.5.5.

몸길이	4~11mm
성충활동시기	9월 중순~5월 하순
최종동면형태	성충
기주식물	노간주나무, 측백나무, 낙엽송
한반도분포	강원 춘천시, 강릉시, 영월군

지금까지는 춘천, 영월, 강릉 등지에서만 채집되었다. 성충은 가을에 발생해 수피 아래에서 동면을 하고 이듬해 4월경부터 다시 활동을 시작한다. 유충은 수피 밑을 가해하며 종령 유충은 같은 자리에 번데기방을 틀고 우화한다. 주행성 하늘소로 온몸이 흰색털로 덮여있고 검은 점무늬가 있는 것이 특징이다. 초원지대의 노간주나무에서 활동하지만 크기가 작아 그 모습을 관찰하기는 어려운 편이다. 해외에서는 진달래 꽃에서 관찰했다는 사례가 있으나 아직까지 국내에서는 노간주나무에서만 관찰되었다.

하늘소과 Cerambycidae

벌하늘소아과 Necydalinae

큰벌하늘소의 머리 정면과 측면

벌하늘소아과(Necydalinae)는 전 세계적으로 1족 15속 130종이 분포하는 것으로 알려져 있으며, 국내에는 1족 1속 3종이 분포한다.

벌하늘소아과는 이전에 꽃하늘소아과(Lepturinae)나 하늘소아과(Cerambycinae)의 한 족(Tribe Necydaliini)으로 취급되었으나 현재는 독립된 아과로 본다.

벌하늘소아과에 속하는 모든 종은 딱지날개가 매우 짧아 딱정벌레보다는 나나니벌에 가까워 보인다. 형태가 비슷할 뿐 아니라 수컷이 침으로 찌르는 듯한 행동을 보이기도 한다. 일반적으로 꽃에 날아와 먹이활동을 하는 모습이나, 말라죽은 커다란 고사목에서 산란하는 모습이 주로 관찰된다. 주행성이긴 하나 드물게 불빛에 날아온다.

국내의 경우 모든 종이 유충기에 고사목을 가해하는데 그 중 1종이 침엽수를 기주식물로 하고, 나머지 2종이 활엽수를 기주로 한다.

벌하늘소아과의 기주식물 비율

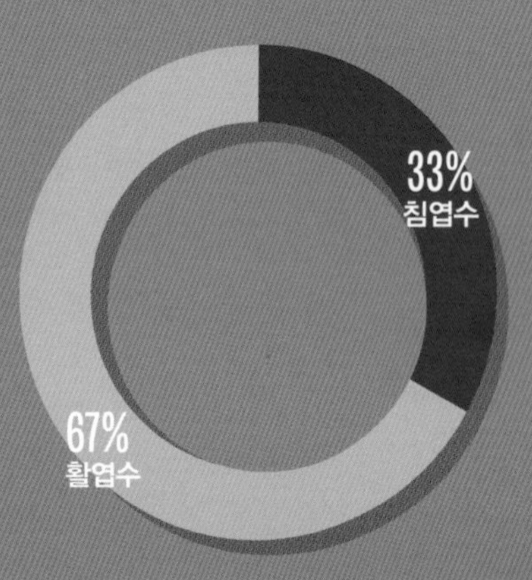

큰벌하늘소, 강원 홍천군 2013.6.14.

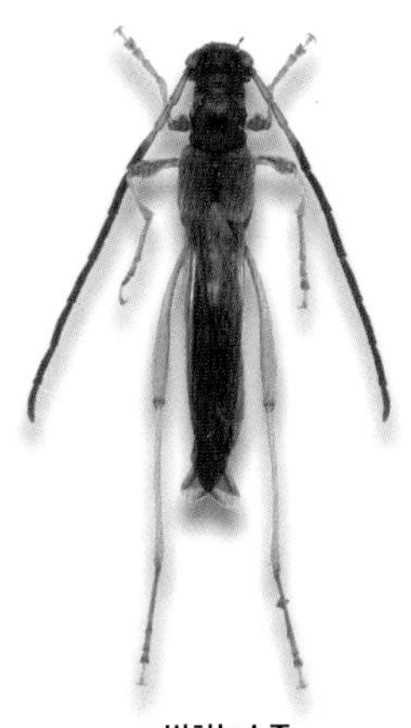
벌하늘소족
150쪽

큰벌하늘소 | 벌하늘소족 Necydalinae

Necydalis (Necydalisca) pennata Lewis, 1879

강원 홍천군 2013.6.30.

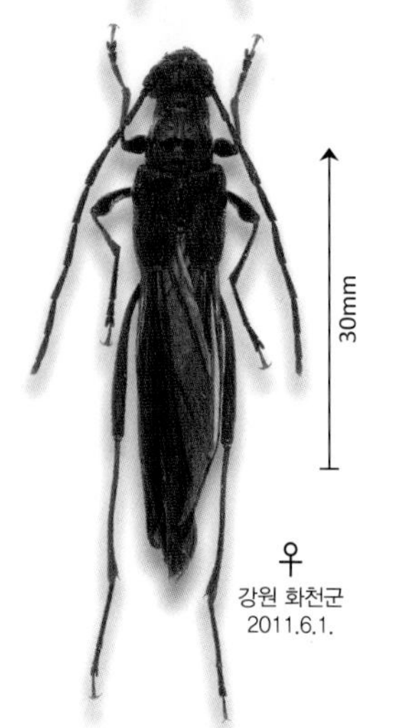

고산지대의 활엽수림에 서식한다. 5월 하순~7월 중순까지 활동한다. 성충은 피나무, 미역줄나무, 층층나무 등의 다양한 꽃에서 먹이활동을 한다. 짝짓기와 산란을 위해 암수 모두 서서 죽은 커다란 참나무 고사목에 날아오며 산길 등을 비행하는 개체도 종종 관찰된다. 암컷은 참나무, 물푸레나무 등 고사목의 수피 틈이나 갈라진 부분에 산란한다. 유충은 목질부를 가해하며 성장을 마치면 탈출공을 미리 뚫어놓은 상태로 번데기방을 만들고 우화한다. 암컷과 수컷 모두 검은색, 황색의 색변이가 일어난다.

 *Necydalis pennata* Lewis, 1879: 464

 *Necydalis (Necydalis) pennata* Lewis, 1879: 464; Kusama, 1972: 40

몸길이	15~34mm
성충활동시기	5월 하순~7월 중순
최종동면형태	유충
기주식물	참나무, 사스래나무, 물푸레나무, 오리나무, 고로쇠나무
한반도분포	강원, 경북 문경시, 제주
아시아분포	러시아, 북한, 일본, 중국

벌하늘소족 Necydalinae |
벌하늘소

Necydalis (Necydalis) major major Linnaeus, 1758

Necydalis major Linnaeus, 1758: 421

Necydalis major: Cho, 1934: 49

국내에서는 함경남도 갑산에서 채집되었다는 1934년도의 보고만 있을 뿐 그 후 공식적으로 관찰된 바 없다. 성충은 7월 초순~8월까지 활동하며 암컷은 일반적으로 서서 죽은 자작나무, 사스래나무, 오리나무 등의 수피 틈이나 나무의 갈라진 틈에 산란한다. 종종 쓰러진 나무에 산란하는 경우도 있다. 유충은 목질부를 가해하며 같은 자리에 번데기 방을 틀고 우화한다.

몸길이 21~32mm
성충활동시기 7월 초순~8월 초순
최종동면형태 유충
기주식물 자작나무, 사스래나무, 오리나무
한반도분포 함남
아시아분포 러시아, 몽골, 북한, 카자흐스탄

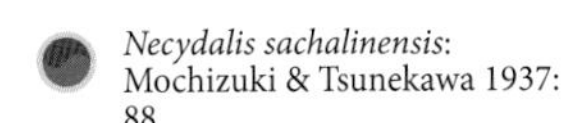

벌하늘소족 Necydalinae |
북방벌하늘소

Necydalis (Necydalisca) sachalinensis Matsumura & Tamanuki, 1927

Necydalis sachalinensis Matsumura & Tamanuki, 1927: 176

Necydalis sachalinensis: Mochizuki & Tsunekawa 1937: 88

국내에서는 1937년에 서울에서 채집되었다는 보고만 있을 뿐 그 이후 공식적으로 관찰된 바는 없다. 성충은 7월 초순에 발생하여 8월까지 활동한다고 알려져 있다. 다른 벌하늘소와 달리 주로 낙엽송과 가문비나무류의 고사목에 모이며 갈라진 틈에 산란을 한다. 큰벌하늘소 황색형과 유사하나 딱지날개 끝이 검은색을 띠고 벌어진 각도가 유난히 크다.

몸길이 15~17mm
성충활동시기 7월 초순~8월 중순
최종동면형태 유충
기주식물 가문비나무, 낙엽송
한반도분포 서울
아시아분포 러시아, 일본

하늘소아과 Cerambycinae

호랑하늘소 머리 정면과 측면

하늘소아과(Cerambycinae)는 목하늘소아과(Lamiinae)에 이어 두번째로 큰 다양성을 보이는 분류군이다. 전 세계적으로는 119족 1,750여 속 11,000여 종이 분포하는 것으로 알려져 있으며, 국내에는 16족 54속 114종이 분포한다.

하늘소아과 종 중에는 위에서 봤을 때 가슴판이 둥근 종들이 많아 'Round-necked Longhorn Beetles'이라고 불린다. 일반적으로 나무나 꽃에서 관찰되는 분류군이며, 초본식물에서는 거의 관찰되지 않는다.

국내에 기록된 하늘소아과 114종 중 4종이 살아있는 나무, 3종이 쇠약한 나무, 95종이 고사한 나무를 기주로 삼고 3종이 쇠약목과 고사목을 기주로 한다. 나머지 9종은 자세한 생태가 알려지지 않았다. 기주식물 종류로는 95종이 활엽수, 8종이 침엽수, 3종이 활엽수와 침엽수 모두를 기주로 한다. 8종은 기주식물이 알려져 있지 않다.

하늘소아과의 기주식물 비율

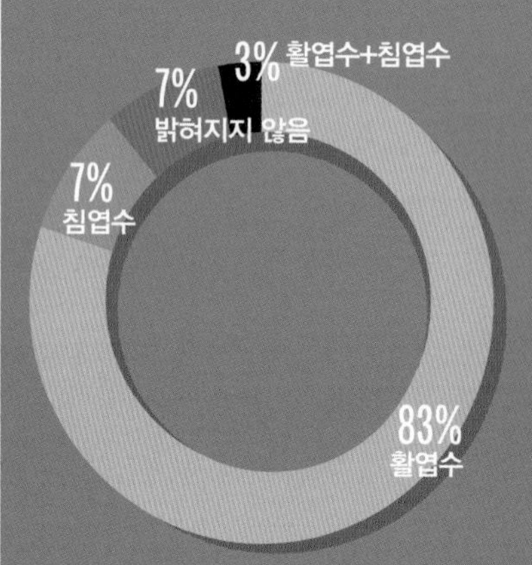

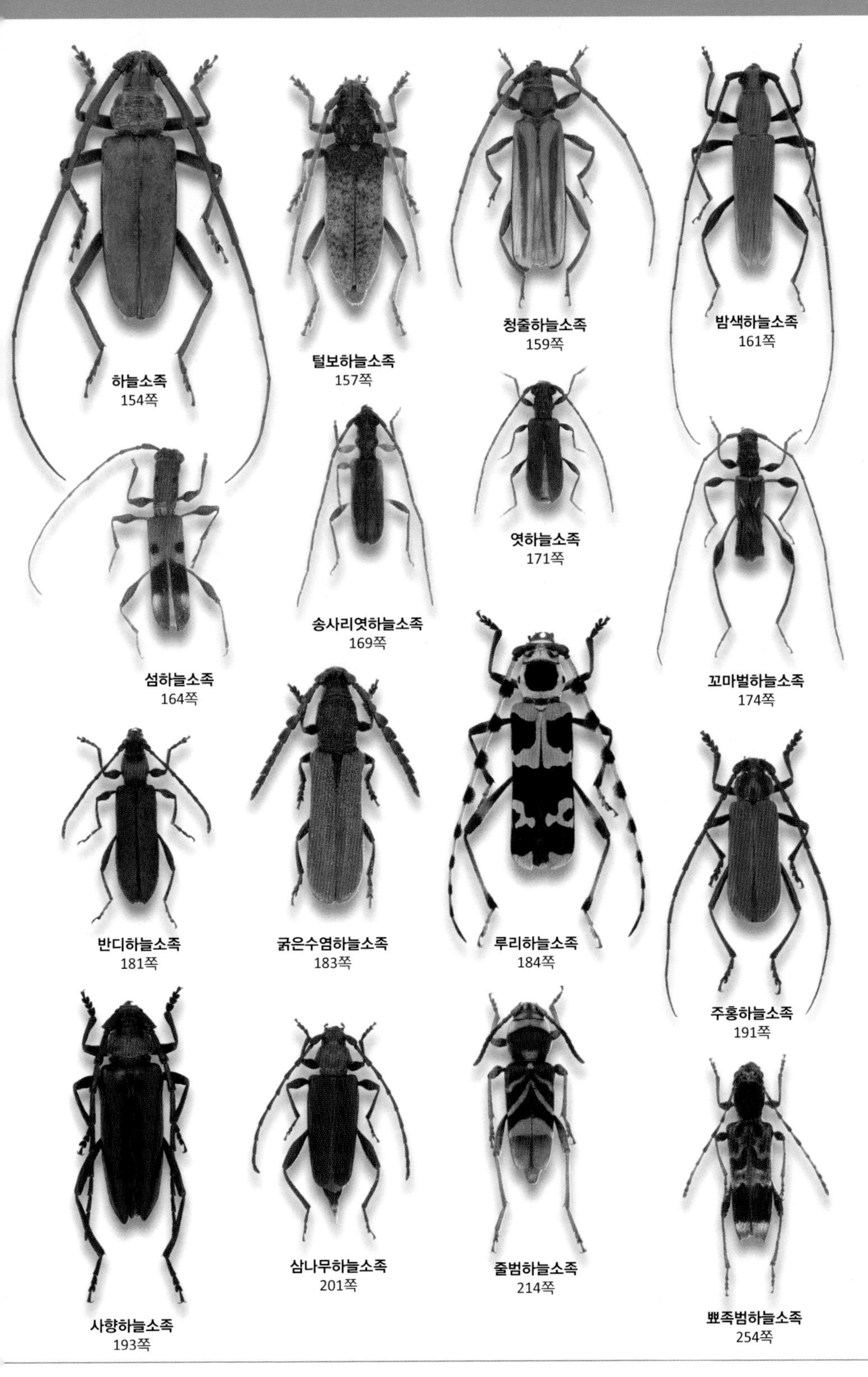
하늘소족
154쪽
털보하늘소족
157쪽
청줄하늘소족
159쪽
밤색하늘소족
161쪽
섬하늘소족
164쪽
송사리엿하늘소족
169쪽
엿하늘소족
171쪽
꼬마벌하늘소족
174쪽
반디하늘소족
181쪽
굵은수염하늘소족
183쪽
루리하늘소족
184쪽
주홍하늘소족
191쪽
사향하늘소족
193쪽
삼나무하늘소족
201쪽
줄범하늘소족
214쪽
뾰족범하늘소족
254쪽

하늘소 | 하늘소족 Cerambycini

Neocerambyx raddei Blessig, 1872

경기 평택시 2003.07.20.

47mm

♂
제주 서귀포시
2009.7.5.

49mm

♀
경기 가평군
2010.7.21.

국내에서 가장 큰 하늘소 중 하나로 전국의 활엽수림에 분포하며 개체수도 매우 많다. 성충은 6~8월까지 출현한다. 야행성으로 한여름 밤 수액에서 먹이활동을 하는 모습을 쉽게 관찰할 수 있으며 불빛에도 잘 날아온다. 암컷은 수령이 오래된 밤나무 등의 시들어 가는 부분에 산란한다. 유충은 수피 아래를 가해하다가 목질부로 파고들어가 가해하고 번데기 방을 틀고 우화한다. 하늘소는 개체수가 많고 유충이 밤나무 등의 살아있는 활엽수를 가해한다. 나무를 가해해 고사시키는 대표적인 임업해충이다. 커다란 몸집으로 장수하늘소로 오인되기도 한다.

Neocerambyx raddei Blessig, 1872: 170

Mallambyx raddei: Okamoto, 1927: 65

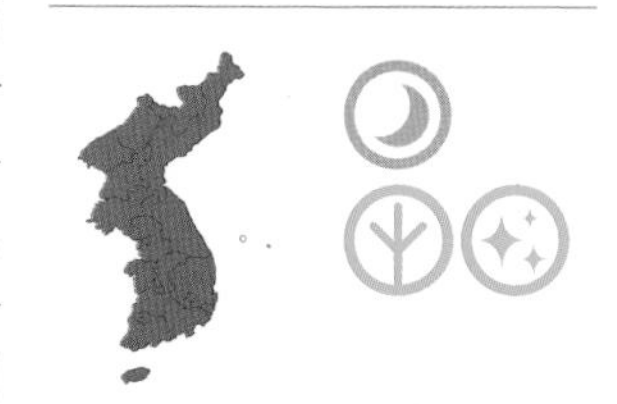

몸길이	34~58mm
성충활동시기	6월 초순~8월 중순
최종동면형태	유충
기주식물	밤나무, 졸참나무, 상수리나무, 구실잣밤나무,
한반도분포	전국, 제주
아시아분포	대만, 러시아, 북한, 일본, 중국

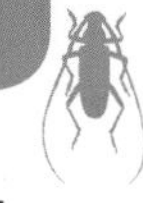

하늘소족 Cerambycini |

금빛얼룩하늘소

Aeolesthes (Pseudoeolesthes) chrysothrix chrysothrix (Bates, 1873)

경남 거제시 2009.12.

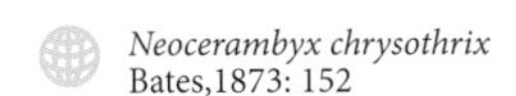

Neocerambyx chrysothrix Bates,1873: 152

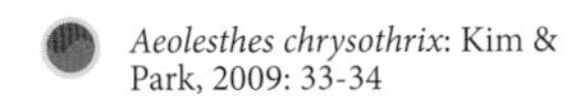

Aeolesthes chrysothrix: Kim & Park, 2009: 33-34

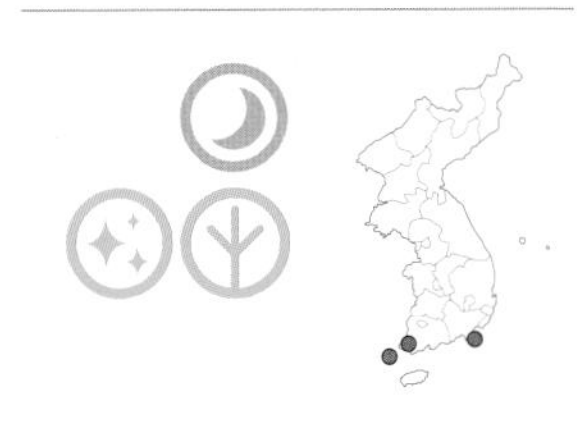

몸길이	29~40mm
성충활동시기	5월 중순~8월 중순
최종동면형태	성충
기주식물	굴참나무, 모밀잣밤나무, 밤나무, 자귀나무, 참나무
한반도분포	경남 거제시, 전남 해남군, 흑산도
아시아분포	대만, 일본, 중국

최근에 해남, 거제도 등 남부지방에서 관찰된 대형 하늘소이다. 성충은 5월 중순~8월까지 활동하며 성충 상태로 나무속에서 겨울을 난다. 밤에 수액에서 먹이활동을 하며 불빛에 날아오기도 한다. 암컷은 참나무, 구실잣밤나무 등 활엽수 고사목에 산란한다. 유충은 목질부를 가해하며 목질부에서 번데기방을 틀고 우화한다. 온몸을 덮고 있는 짧은 털로 인해 금색 벨벳으로 치장된 듯한 느낌을 준다.

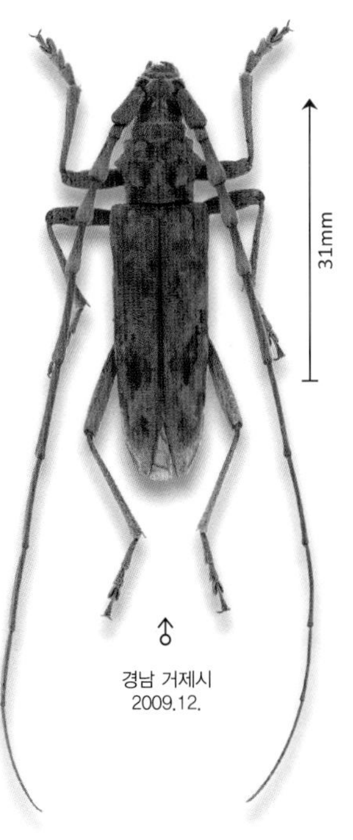

경남 거제시 2009.12.

작은하늘소 | 하늘소족 Cerambycini

Margites (Margites) fulvidus (Pascoe, 1858)

경기 파주시 2014.8.15.

18mm

♀

제주 서귀포시
2009.7.5.

16mm

♂

경기 양주시
2010.6.3.

Pachydissus fulvidus Pascoe, 1858: 236

Ceresium coreanum Saito, 1932: 440

전국에 분포한다. 성충은 5월 하순에 발생하여 8월 초순까지 활동한다. 주로 밤에 상수리나무 수액에서 먹이활동이나 짝짓기 하는 모습을 관찰할 수 있다. 암컷은 밤나무, 상수리나무, 느티나무, 굴피나무 등 활엽수 고사목이나 시들어 가는 나무에 산란한다. 유충은 수피 아래를 가해하다가 목질부로 들어가 종령까지 성장을 한 뒤 목질부에 번데기방을 틀고 성충이 된다.

몸길이	12~19mm
성충활동시기	5월 하순~8월 초순
최종동면형태	유충
기주식물	굴피나무, 느티나무, 메밀잣밤나무, 상수리나무, 자두나무
한반도분포	전국, 제주
아시아분포	대만, 북한, 일본, 중국

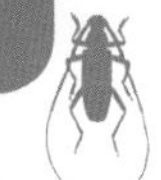

하늘소족 Cerambycini |

남방작은하늘소

Rhytidodera integra Kolbe, 1886

Rhytidodera integra Kolbe, 1886: 237

Rhytidodera integra Kolbe, 1886: 237

몸길이	20~28mm
성충활동시기	6월 하순~8월 중순
최종동면형태	밝혀지지 않음
기주식물	대만고무나무, 망고나무
한반도분포	서울
아시아분포	중국, 홍콩

남방작은하늘소의 초기록은 서울이다. 하지만 초기록 이후 다시 관찰되었다는 기록이나 소식을 접하지 못하였으며 아직 표본도 확인하지 못했다. 성충은 6월 하순에 출현하여 8월 중순까지 활동한다고 알려져 있다. 생김새는 전체적으로 어두운 갈색을 띠며 연한 회색, 노란색 무늬가 세로로 점선처럼 박혀 있다. 앞가슴판은 세로로 주름이 많다. 해외에서 보통종이며 그곳에서 알려진 기주식물은 국내에 자생하지 않는다. 『한국곤충분포도감』(Kim, 1978)에 실린 남방작은하늘소는 털보하늘소의 오동정이다.

중국 후베이성 (China)

털보하늘소족 Hesperophanini |

닮은털보하늘소

Trichoferus sp.

미기록

미기록

몸길이	10~15mm
성충활동시기	7월 중순~8월 하순
최종동면형태	유충
기주식물	상수리나무
한반도분포	서울, 인천, 경기 수원시, 강원 양양군, 충남 논산시

서울, 인천을 비롯한 중부지방 평지의 활엽수림에 분포한다. 성충은 7월 중순에 발생하여 8월 하순까지 활동한다. 야행성으로 한밤중에 상수리나무의 수액 주변을 돌아다니면서 먹이활동이나 짝짓기를 한다. 암컷은 상수리나무 고사목에 산란을 한다. 털보하늘소와 닮았지만 더듬이의 길이가 길고 딱지날개에 하얀색 미모가 많다. 과거 이 종은 *T. flavopubescens* (Kolbe, 1886)로 분류되었지만 *T. flavopubescens* (Kolbe, 1886)는 *T. campestris* (Faldermann, 1835)와 동종 처리되었다.

♀

인천
2010.7.31.

털보하늘소 | 털보하늘소족 Hesperophanini

Trichoferus campestris (Faldermann, 1835)

경기 양평시 2013.6.23.

13mm

♂

경기 고양시 2009.6.22.

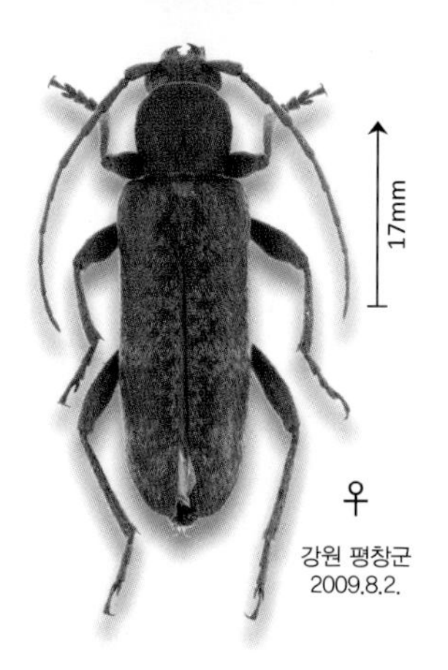

♀

강원 평창군 2009.8.2.

Callidium campestris Faldermann, 1835: 435

Hesperophanes rusticus Ganglbauer, 1887: 133

제주도를 포함한 한반도 전역에 분포한다. 성충은 6월 중순에 발생하여 8월 중순까지 활동한다. 야행성이며 활엽수와 침엽수를 가리지 않고 벌채목, 고사목에서 활동한다. 한밤중에 불빛에 이끌려온 성충들도 종종 관찰된다. 암컷은 활엽수, 침엽수를 가리지 않고 산란하며 굵은 고사목을 선호하는 편이다. 상수리나무 벌채목에서 1개체 우화하였다. 닮은털보하늘소와 유사하지만 더듬이가 상대적으로 짧고 털이 많지 않다. 과거 닮은털보하늘소의 학명인 *T. flavopubescens* (Kolbe, 1886)는 이 종과 동종으로 판명되었다.

몸길이	10~19mm
성충활동시기	6월 중순~8월 중순
최종동면형태	유충
기주식물	상수리나무, 잎갈나무, 자작나무, 편백
한반도분포	전국, 제주
아시아분포	러시아, 몽골, 북한, 일본, 중국, 카자흐스탄, 키르기스스탄

청줄하늘소족 Xystrocerini |

청줄하늘소

Xystrocera globosa (Olivier, 1795)

인천 2012.8.6.

 *Cerambyx globosa* Olivier, 1795: 27.

 *Xystrocera globosa*: Okamoto, 1927: 65

몸길이 15~38mm
성충활동시기 6월 중순~8월 하순
최종동면형태 유충
기주식물 자귀나무
한반도분포 전국, 제주
아시아분포 대만, 일본, 중국

전국의 활엽수림에 분포하며 도심지에서도 가끔 발견된다. 성충은 6월 중순에 출현하여 8월 하순까지 활동한다. 야행성으로 한밤중에 자귀나무에서 활동하며 불빛에도 날아온다. 낮에도 자귀나무 줄기에서 움직이지 않고 가만히 있는 모습을 종종 관찰할 수 있다. 암컷은 죽어가는 자귀나무에 산란하고 유충은 수피 아래를 갉아먹으며 나무를 점점 더 시들게 만든다. 딱지날개에 세로로 난 두 개의 청색 줄무늬 때문에 청줄하늘소라는 이름이 붙었다. 자귀나무 쇠약목을 고사시키는 해충이다.

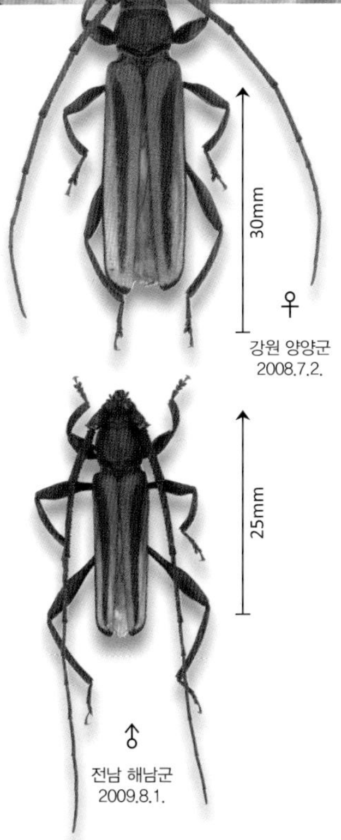

강원 양양군 2008.7.2.

전남 해남군 2009.8.1.

홀쭉하늘소 | 청줄하늘소족 Xystrocerini

Leptoxenus ibidiiformis Bates, 1877

경남 진주시 2010.11.24.사육

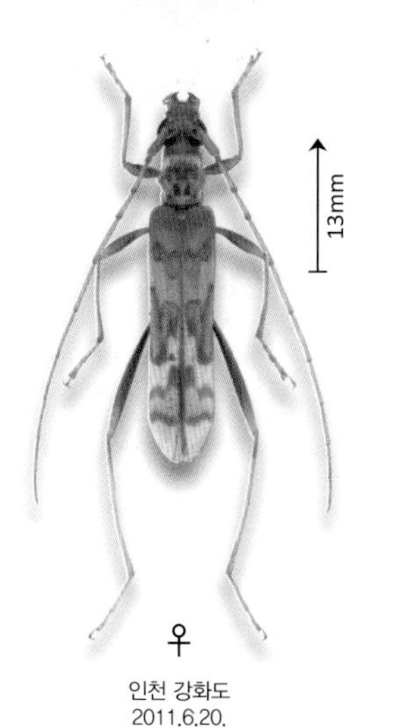

♀
인천 강화도
2011.6.20.

전국에 분포하며 개체수도 많다. 성충은 5월 초순에 발생하여 6월 하순까지 관찰된다. 꽃에 날아온다는 기록이 있지만 확인한 바 없다. 불빛에 잘 날아오며 겨울에 생강나무, 감태나무, 후박나무 등 다양한 녹나무과에서 성충으로 월동한다. 유충은 수피 아래를 갉아먹다가 성충이 되기 위해 나무 심부로 파고든다. 일반적인 하늘소과들이 톱밥으로 나갈 구멍을 막는 형태가 아닌 밀랍과 유사한 물질로 번데기방을 만든다. 과거 이승모의『한반도 천우과 갑충지』(1987) 본문에 홍줄하늘소라고 쓰였었지만 이후 오타교정지에 홀쭉하늘소로 재명명하였다.

Leptoxenus ibidiiformis Bates, 1877: 37

Leptoxenus ibidiiformis: Cho, 1961: 58

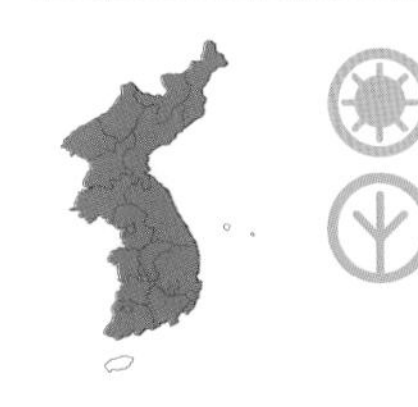

몸길이	11~15mm
성충활동시기	4월 하순~6월 중순
최종동면형태	성충
기주식물	감태나무, 생강나무, 육박나무, 후박나무
한반도분포	전국
아시아분포	대만, 일본, 중국

밤색하늘소족 Phoracanthini |
밤색하늘소
Allotraeus (*allotraeus*) *sphaerioninus* Bates, 1877

경기 남양주시 2013.1.사육

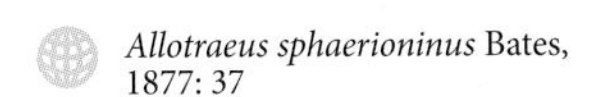

Allotraeus sphaerioninus Bates, 1877: 37

Allotraeus sphaerioninus: Doi, 1935: 4

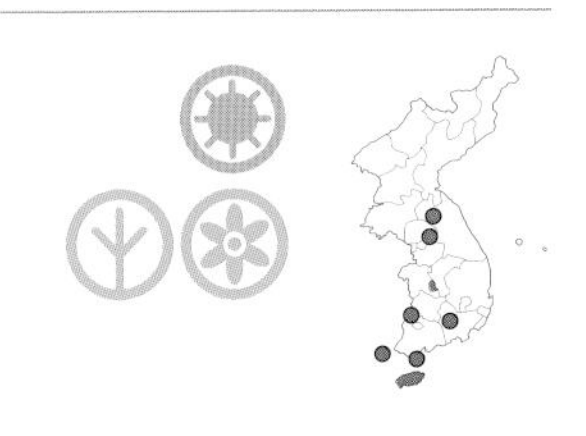

남해안과 도서지방을 포함해 전국에 분포한다. 성충은 6월 중순에 발생하여 8월 초순까지 활동한다. 낮에 활엽수 잎에서 쉬거나 꽃에서 먹이활동을 하는 성충의 모습이 드물게 관찰된다. 암컷은 생강나무, 감태나무 등 다양한 녹나무과 식물의 갈라진 수피 틈에 산란한다. 유충은 수피 바로 아랫부분을 가해하며 성장을 마치고 나면 목질부로 파고들어가 번데기방을 만들고 우화한다.

경기 남양주시 2013.1.사육

경기 남양주시 2013.1.사육

몸길이 11~17mm
성충활동시기 6월 중순~8월 초순
최종동면형태 번데기
기주식물 감태나무, 기름나무, 노각나무, 느티나무, 생강나무, 육박나무, 조록나무
한반도분포 대전, 경기 남양주시, 강원 화천군, 전남 장성군, 완도, 홍도, 경남 산청군, 제주
아시아분포 대만, 일본

알밤색하늘소 | 밤색하늘소족 Phoracanthini

Nysina rufescens (Pic, 1923)

전남 신안군 2010.3.사육

12mm

♂
전남 신안군
2010.1.사육

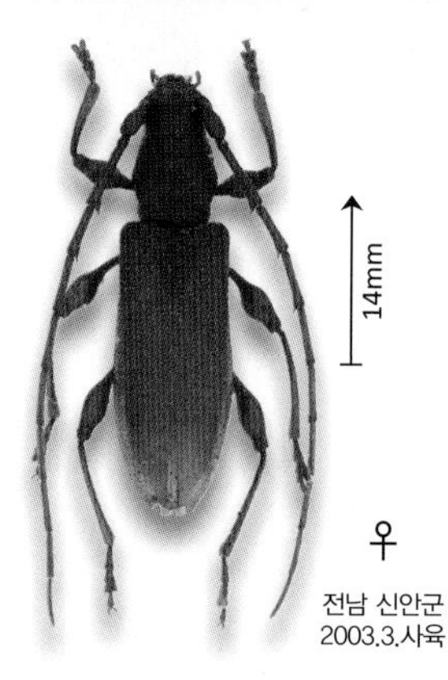

14mm

♀
전남 신안군
2003.3.사육

Pseudallotraeus rufescens Pic, 1923: 13

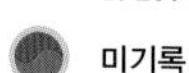
미기록

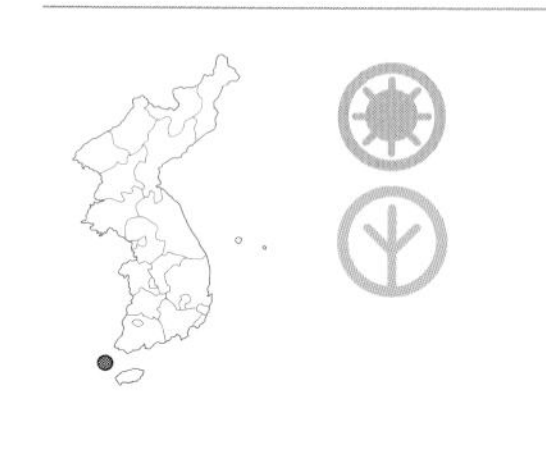

가거도에 분포하며 현재까지 그 외의 지역에서 관찰된 사례는 확인하지 못했다. 성충은 6월 초순에 발생하여 8월까지 활동한다. 주로 한낮에는 후박나무 고사목 근처에서 활동하며 밤에는 불빛에 이끌려 날아온다고 알려져 있다. 유충은 수피 아래에서 성장을 하다가 종령이 되면 목질부로 들어가 성충이 된다. 『한반도 하늘소과 갑충지』(Lee, 1987)에 실려있는 알밤색하늘소 표본은 무늬가슴섬하늘소이다.

몸길이	9~17mm
성충활동시기	6월 초순~8월 초순
최종동면형태	유충
기주식물	후박나무
한반도분포	전남 가거도
아시아분포	대만, 일본

섬하늘소족 Callidiopini |

혹다리하늘소

Stenodryas clavigera clavigera Bates, 1873

Stenodryas clavigera Bates, 1873: 154

Stenodryas clavigera: Mochizuki et Masui, 1939: 70, 78

국내에서는 1939년 소요산에서 Mochizuki에 의해 기록이 되었으나 이후 채집된 기록이 없으며 채집된 표본을 확인한 적도 없다. 성충은 5월에 발생하여 8월까지 활동하며 꽃에 날아온다. 체형은 밤색하늘소와 유사하나 더듬이가 1번 마디만 검은색이고 나머지 마디는 밝은 주황색이다. 다리도 더듬이의 색과 마찬가지로 밝은 주황색이지만 넓적다리마디만 검은색을 띤다.

몸길이	8~11mm
성충활동시기	5월 중순~8월 중순
최종동면형태	밝혀지지 않음
기주식물	너도밤나무, 느티나무, 밤나무, 서어나무
한반도분포	경기 동두천시
아시아분포	대만, 일본, 중국

섬하늘소족이 서식하는 상록활엽수림

두눈긴가슴섬하늘소 | 섬하늘소족 Callidiopini

Callidiopini sp.

경북 상주시
2011.6.9.

경기도 고양, 파주, 강원도 홍천, 대전, 경상북도 상주 등에서 국지적으로 매우 적은 수가 관찰되었다. 성충은 4월 하순~6월 중순까지 활동한다. 낮보다는 주로 밤중에 불빛에 날아온 사례가 많다. 현재까지 미동정 상태이며 베트남 등지에 분포하는 *Falsoibidion*속과 같은 속이거나 매우 근연속일 것으로 판단된다.

몸길이	7~11mm
성충활동시기	5월 초순~6월 하순
최종동면형태	밝혀지지 않음
기주식물	밝혀지지 않음
한반도분포	대전, 경기 고양시, 파주시, 강원 홍천군, 경북 상주시

검정가슴섬하늘소[신칭] | 섬하늘소족 Callidiopini

Ceresium sinicum sinicum A. White, 1855

Ceresium sinicum A. White, 1855: 245

미기록

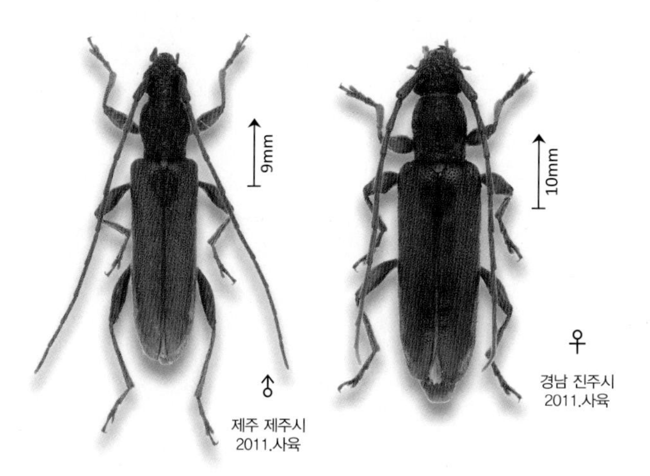

♂ 제주 제주시 2011.사육

♀ 경남 진주시 2011.사육

몸길이	9~14mm
성충활동시기	6월 초순~8월 초순
최종동면형태	유충
기주식물	느티나무, 예덕나무
한반도분포	경남 진주시, 제주

남부지방 내륙 일대에서 발견된다. 성충은 낮에는 다양한 활엽수류의 죽은 가지에서 활동하며 야간에는 불빛에 날아온다. 암컷은 고사한 활엽수류에 산란하며 녹나무과를 특히 선호한다. 유충은 수피 아래에서 목질부로 이동하며 나무를 가해한다. 울릉섬하늘소와 외형상 유사하지만 이 종은 가슴 폭이 조금 더 좁고 색상이 어둡고 짙다.

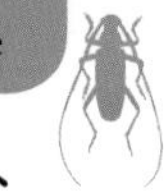

섬하늘소족 Callidiopini |

섬하늘소

Ceresium longicorne Pic, 1926

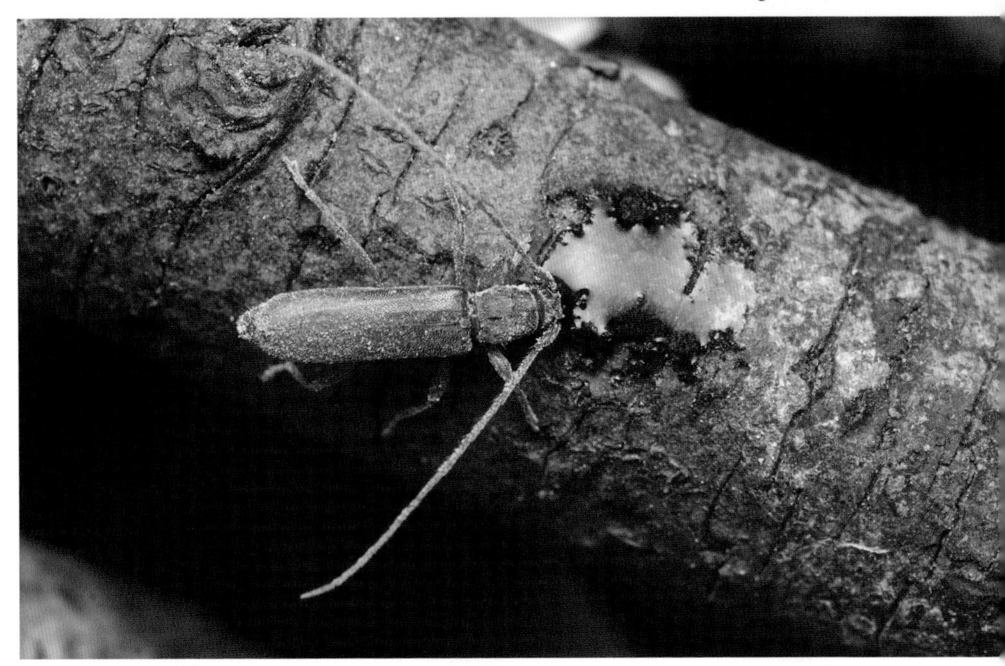

제주 서귀포시 2013.겨울.사육

Ceresium longicorne Pic, 1926: 24.

Ceresium longicorne: Lee, 1981: 45

12mm

♀

제주 서귀포시 2011.사육

12mm

♂

제주 서귀포시 2011.사육

몸길이	11~17mm
성충활동시기	5월 하순~7월 하순
최종동면형태	유충
기주식물	감나무, 구실잣밤나무, 오리나무, 예덕나무
한반도분포	경북 영천시, 제주
아시아분포	대만, 일본, 중국, 홍콩

남부지방의 일부 지역 및 제주도에 분포한다. 성충은 5월 하순에 발생하여 7월 하순까지 활동한다. 오후에 주로 노박덩굴, 팽나무 등의 고사목에서 활동하며 한밤중에 불빛에도 종종 날아온다. 유충은 고사목의 수피 바로 아래를 가해하며, 종령 유충은 수피 바로 아래에 번데기방을 틀고 우화한다. 제주도 여러 지역에서 잘라온 노박덩굴, 팽나무 고사목에서 수십 마리가 우화하였던 점으로 미루어보아 개체수는 적지 않은 것으로 보인다.

울릉섬하늘소 | 섬하늘소족 Calliodiopini

Ceresium holophaeum Bates, 1873

전남 해남군 2013.7.2.

9mm

♀

경남 진주시
2010.7.2.

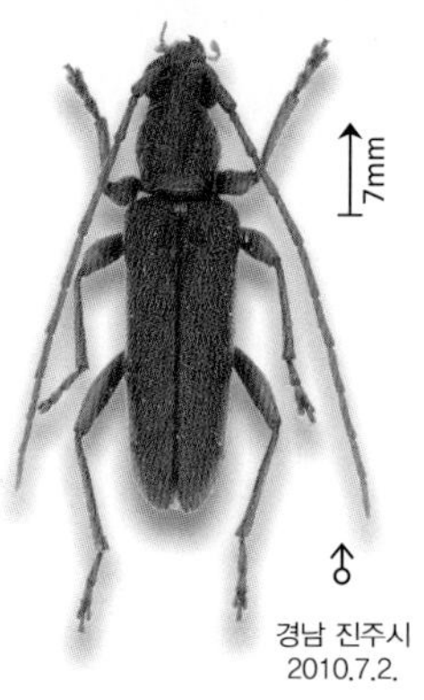

7mm

♂

경남 진주시
2010.7.2.

 *Ceresium holophaeum* Bates, 1873: 153

 *Ceresium flavipes*: Ueki et Sagata, 1935: 5

울릉도와 내륙의 남부지방 일대에 서식한다. 성충은 6~8월까지 활동한다. 낮에는 모밀잣밤나무 등 활엽수의 벌채목이나 죽은 가지에서 활동하며 한밤중에는 불빛에 날아오기도 한다. 해외에서는 백합류 꽃에서 먹이활동을 한다고 알려져 있다. 암컷은 다양한 활엽수 고사목에 산란을 한다. 유충은 수피 아래에서 목질부로 이동하며 나무를 가해한다. 울릉섬하늘소는 검정가슴섬하늘소와 닮았지만 가슴 폭이 좀 더 넓고 색상이 연하다.

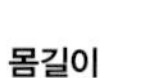

몸길이	7~13mm
성충활동시기	6월 초순~7월 하순
최종동면형태	유충
기주식물	감태나무, 빌레나무, 상수리나무, 육박나무, 후박나무
한반도분포	대구, 전남 해남군, 경남 진주시, 울릉도
아시아분포	대만, 일본

섬하늘소족 Calliodiopini |

무늬가슴섬하늘소 신칭

Ceresium flavipes Fabricius, 1792

제주 서귀포시 2013.7.10.

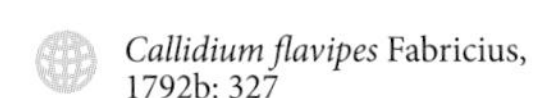

Callidium flavipes Fabricius, 1792b: 327

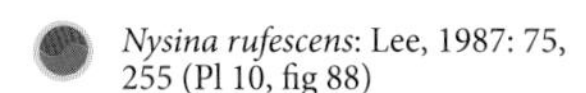

Nysina rufescens: Lee, 1987: 75, 255 (Pl 10, fig 88)

몸길이	12~15mm
성충활동시기	6월 초순~8월 초순
최종동면형태	유충
기주식물	노박덩굴
한반도분포	전남 여수시, 제주
아시아분포	일본, 대만

전라남도와 제주도 등 주로 남쪽에 분포한다. 성충은 6월 초순에 발생하여 8월 초순까지 활동한다. 한낮에는 노박덩굴 등의 고사목에서 활동하며 한밤중에 불빛에 날아오기도 한다. 해외에서는 꽃에도 날아온다고 알려져 있으나 국내에서는 확인하지 못하였다. 개체수가 적은 편이고 서식지도 국지적인 것으로 보인다. 다른 섬하늘소들과는 다르게 가슴판에 흰색 무늬가 있는 것이 큰 특징이다.

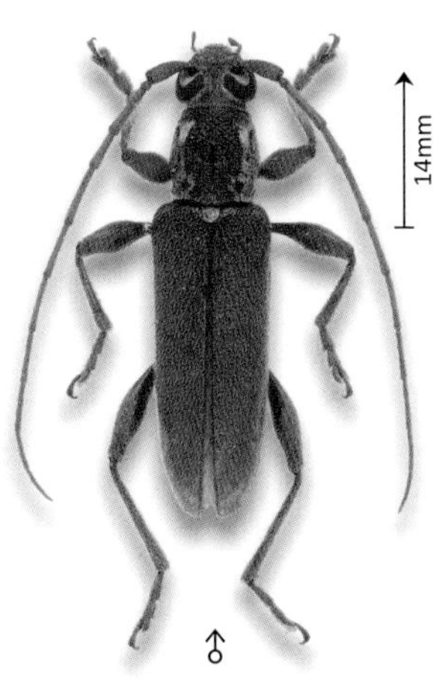

제주 서귀포시 2013.7.10.

네눈박이하늘소 | 섬하늘소족 Callidiopini

Stenygrium quadrinotatum Bates, 1873 | 적색목록 취약(VU)

전남 해남군 2013.7.2.

전남 해남군 2013.7.2.

제주도, 울릉도를 포함한 전국에 분포한다. 성충은 5월 중순에 발생하여 8월 중순까지 활동한다. 한낮에 꽃에서 먹이활동을 하거나 활엽수 나뭇잎 위에 앉아 있는 모습이 관찰된다. 한밤중에 불빛에 날아오기도 한다. 딱지날개에는 2쌍의 노란 무늬가 있는데 가끔씩 노란 무늬가 1쌍으로 붙어있는 변이도 나타난다. 네눈박이하늘소는 일본 기후현에서는 감소 추세로 멸종위기종 2급으로 분류되어 있다.

Stenygrium quadrinotatum Bates, 1873: 154

Stenygrium 4-notatum: Okamoto, 1924: 189

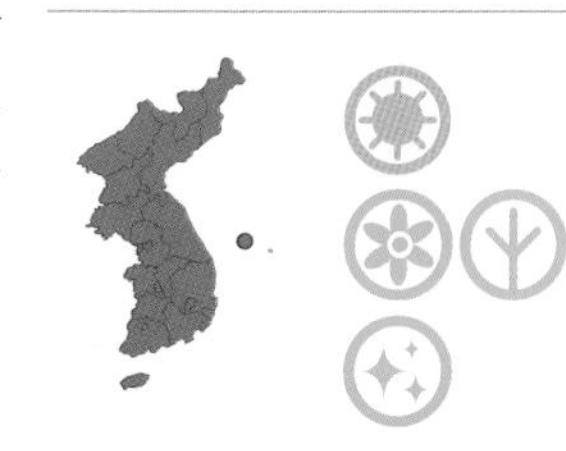

몸길이	8~14mm
성충활동시기	5월 중순~8월 중순
최종동면형태	밝혀지지 않음
기주식물	밤나무, 붉가시나무, 상수리나무, 졸참나무
한반도분포	전국, 울릉도, 제주
아시아분포	대만, 러시아, 북한, 일본, 중국

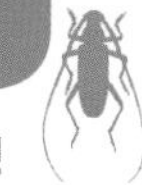

송사리엿하늘소족 Stenhomalini |

어깨무늬송사리엿하늘소 신칭

Stenhomalus (Stenhomalus) japonicus (Pic, 1904)

강원 양양군 2013.3.사육

Obrium japonicus Pic, 1904: 22

Obrium japonicum: Lee, 1982: 67

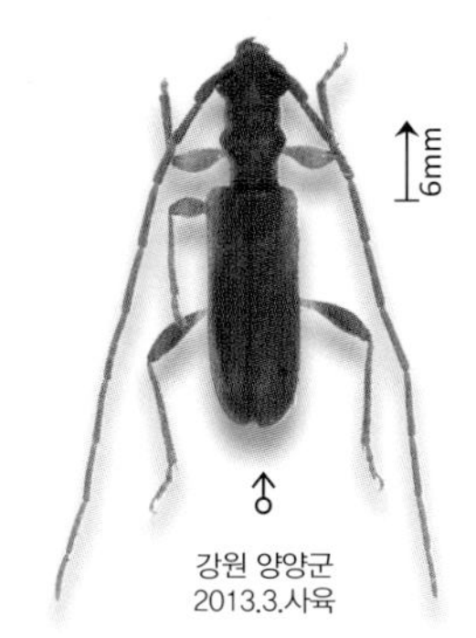

강원 양양군
2013.3.사육

강원 양양군
2013.3.사육

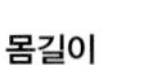

몸길이	5~7mm
성충활동시기	5월 초순~7월 초순
최종동면형태	성충
기주식물	생강나무
한반도분포	강원 화천군, 양양군
아시아분포	러시아, 일본

강원도 화천, 양양 등 강원도 북부지역에 서식한다. 성충은 5월 초순에 출현하여 6월 하순까지 활동한다고 알려져 있다. 아직까지 여름에 활동하는 성충을 관찰한 적은 없고 겨울에 생강나무 안에서 동면하는 성충만 관찰하였다. 유충은 생강나무 고사목의 수피 바로 아래 목질부를 가해하며, 어느 정도 성장하면 목질부로 파고들어 번데기방을 만들고 우화한 뒤 성충으로 겨울을 보낸다. 깨엿하늘소와 유사하지만 딱지날개의 상단부분에 옅은 황색 무늬가 있다. 『한반도 하늘소과 갑충지』(Lee, 1987)에 실린 *S.japonicum*(Plate.10.96)의 표본사진은 *O. obscuripenne*의 오동정이다.

노랑다리송사리엿하늘소 | 송사리엿하늘소족 Stenhomalini

Stenhomalus (*Stenhomalus*) *incongruus parallelus* Niisato, 1988

 *Stenhomalus paralleus* Niisato, 191

 *Stenhomalus muneaka*: Lee, 1987: 79

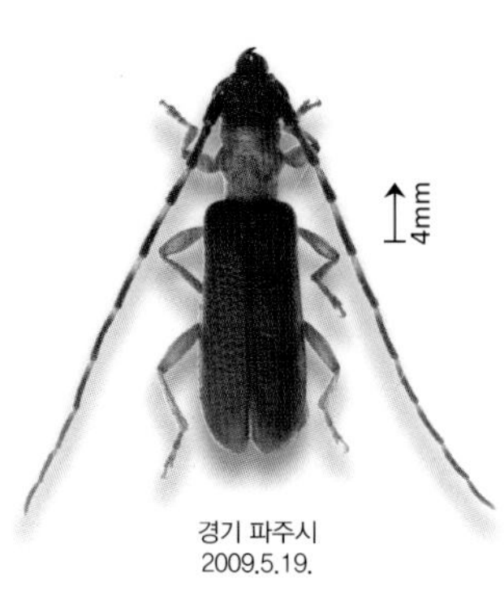

경기 파주시
2009.5.19.

전국의 활엽수림에 국지적으로 분포한다. 성충은 5월 중순~6월 하순까지 활동한다. 주로 한낮에 신나무 꽃이나 팽나무 고사목에 모이지만 크기가 작은 탓에 관찰하기 어렵다. 암컷은 팽나무 고사목에 산란을 한다. 딱지날개와 머리 부분은 어두운 남색을 띠며 가슴판은 밝은 주황색이다. 더듬이는 각 마디의 80%가 검은빛이며 20%는 주황빛이다. 기주식물이 전국에 분포하기 때문에 조사가 더 이루어진다면 여러 지역에서 추가적으로 발견될 것으로 보인다.

몸길이	5~8mm
성충활동시기	5월 중순~6월 하순
최종동면형태	밝혀지지 않음
기주식물	풍게나무, 팽나무
한반도분포	경기 파주시, 경북 영천시, 강원 양양군, 전북 군산시, 충북 충주시
아시아분포	일본

송사리엿하늘소 | 송사리엿하늘소족 Stenhomalini

Stenhomalus (*Stenhomalus*) *taiwanus taiwanus* Matsushita, 1933

 *Stenhomalus taiwanus* Matsushita, 1933: 307

 *Stenhomalus taiwanus*: Lee, 1979: 51

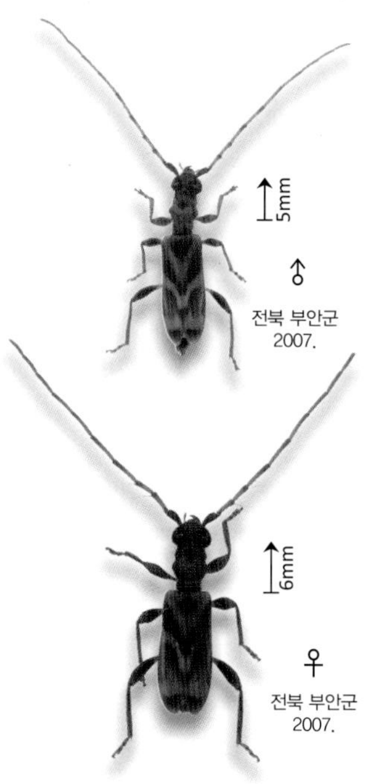

전북 부안군
2007.

전북 부안군
2007.

전국의 활엽수림에 분포한다. 성충은 4~6월까지 활동한다. 초봄에 신나무 꽃에서 먹이활동을 하거나 산초나무 고사목에서 발견할 수 있지만 크기가 작아 관찰하기 어렵다. 한밤중에 불빛에 날아오는 경우도 종종 있다. 암컷은 산초나무 고사목에 산란하며 유충은 수피 아래를 가해한다. 유충은 가을이 되면 목질부로 들어가 번데기 방을 만들고 우화한다. 성충은 번데기방에서 겨울을 보내고 이른 봄부터 다시 활동을 시작한다.

몸길이	5~7mm
성충활동시기	5월 중순~6월 하순
최종동면형태	성충
기주식물	산초나무, 머귀나무
한반도분포	경기, 강원, 전북 무주군, 전남 장성군
아시아분포	대만, 일본, 중국

송사리엿하늘소족 Stenhomalini |

꼬마송사리엿하늘소

Stenhomalus (*Stenhomalus*) *nagaoi* Hayashi, 1960

Stenhomalus nagaoi Hayashi, 1960: 11

Stenhomalus (*Stenhomalus*) *nagaoi*: Oh & Jang, 2015: 502

몸길이 3~5mm
성충활동시기 5월 하순~6월 하순
최종동면형태 유충
기주식물 마취목, 육박나무과
한반도분포 전남 완도군
아시아분포 일본

2015년에 기록된 종으로 남해 섬지역의 상록활엽수림에서 발견되었다. 성충은 주로 5월 하순~6월 하순까지 활동하는 것으로 알려졌으나 국내에서는 아직 확인된 바 없다. 해외에서는 기주식물이 마취목, 육박나무과라고 알려져 있으며 국내에서는 종명 미상의 고사목에서 소수의 개체가 발생한 것 외에는 알려진 것이 없다. 국내에 서식하는 송사리엿하늘소족에서 가장 작은 편에 속해 꼬마송사리엿하늘소라는 이름이 붙었다.

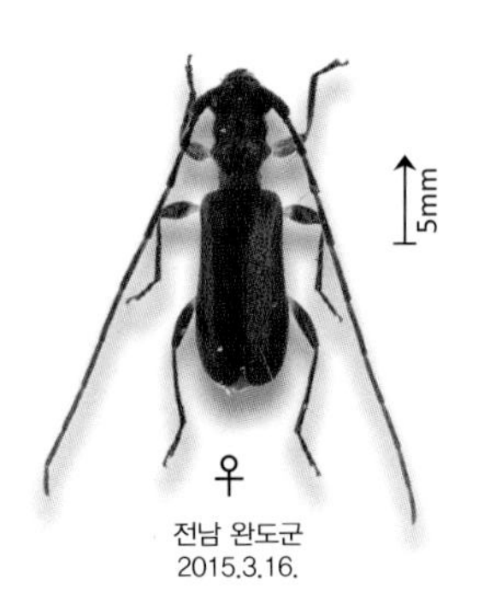

전남 완도군
2015.3.16.

엿하늘소족 Obriini |

깨엿하늘소

Obrium obscuripenne obscuripenne Pic, 1904

Obrium brevicorne Plavilstshikov, 1940: 138

Obrium brevicorne: Niisato & Tatsuya, 1991: 158

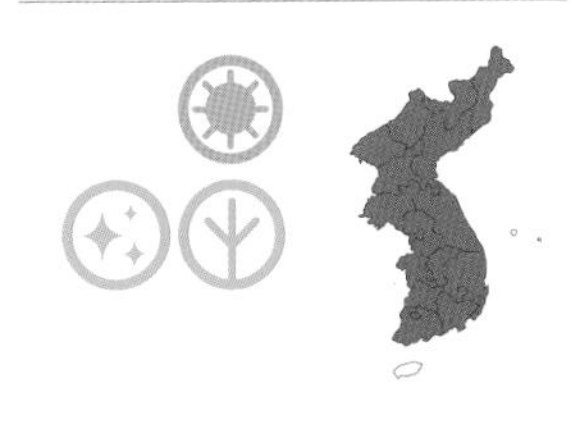

몸길이 5~7mm
성충활동시기 5월 중순~8월 초순
최종동면형태 유충
기주식물 밝혀지지 않음
한반도분포 전국
아시아분포 러시아, 일본, 중국

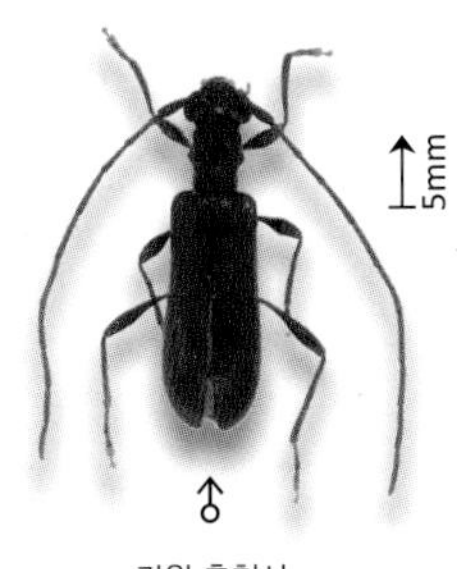

강원 춘천시
2009.5.19.

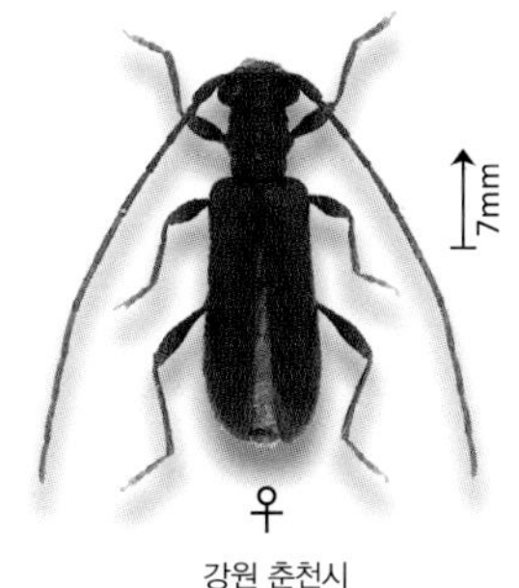

강원 춘천시
2011.12.사육

전국의 산림에 분포하는 소형하늘소다. 성충은 5월 중순에 출현하여 8월 초순까지 활동한다. 신나무, 조팝나무 등의 꽃에서 활동하는 모습을 쉽게 관찰할 수 있으며, 나뭇잎 뒷면에서 쉬는 모습도 종종 관찰된다. 암컷은 물푸레나무 등의 얇은 가지 수피에 산란한다. 유충은 수피 아래를 가해하다가 성장을 마치면 목질부에 번데기방을 만들고 우화한다. 과거 이 종의 학명은 *O. japonicum*으로 사용되어왔으나 *O. obscuripenne*가 올바른 학명이다.

검은다리엿하늘소[신칭] | 엿하늘소족 Obriini

Obrium coreanum Niisato & Oh, 2016

강원 춘천시 2013.6.11.

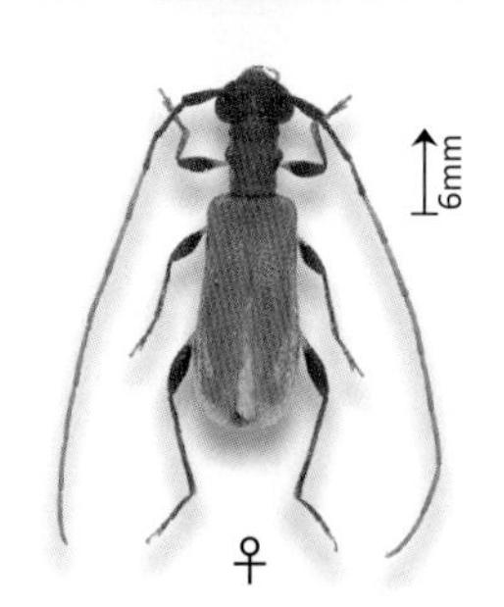

♂ 강원 춘천시 2013.6.11.

♀ 강원 춘천시 2013.6.11.

 *Obrium coreanum* Niisato & Oh, 2016: 33

 *Obrium coreanum* Niisato & Oh, 2016: 33

6월 초순~7월 초순까지 활동한다. 현재까지 밝혀진 분포범위는 강원도, 경기도 등 중북부 지방에만 국한된다. 주로 밤나무 꽃에서 먹이활동을 하는 모습이 관찰되며 야간에 불빛에도 종종 날아온다. 산란 방식과 유충의 형태 등 자세한 생태는 아직 밝혀지지 않았다. 본 종은 헝가리자연사박물관에 *Obrium kaszabi* Hayashi, 1983라는 학명의 완모식표본으로 소장되어 있었으나 논문이 출판되지 않아 국제동물명명규약에 따라 해당 학명이 무효가 되었고, 최근 Niisato & Oh(2016)에 의해 신종으로 보고되었다.

몸길이	5~8mm
성충활동시기	6월 초순~7월 초순
최종동면형태	밝혀지지 않음
기주식물	밝혀지지 않음
한반도분포	경기 양평군, 강원 춘천시, 양양군 금강군(북한)

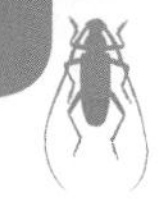

옛하늘소족 Obriini |

옛하늘소

Obrium brevicorne Plavilstshikov, 1940

경기 포천시 2008.5.30.

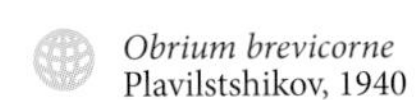

Obrium brevicorne Plavilstshikov, 1940

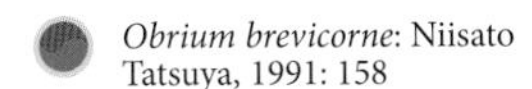

Obrium brevicorne: Niisato Tatsuya, 1991: 158

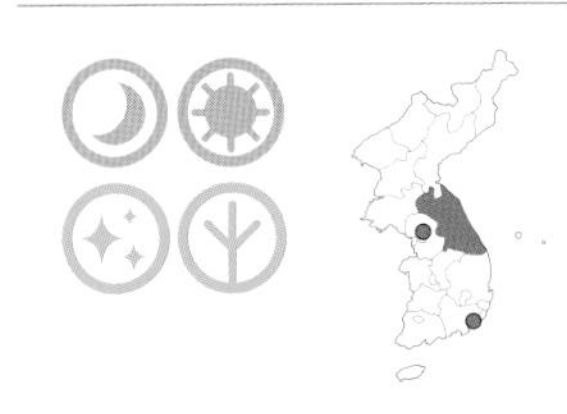

몸길이 5~9mm
성충활동시기 5월 말~8월 초순
최종동면형태 유충
기주식물 물푸레나무
한반도분포 경기 포천시, 강원, 경남 양산시
아시아분포 러시아, 일본

경기도, 강원도 등의 산간지역에서 주로 발견되는 종으로 5월 하순~8월 초순까지 활동한다. 활엽수 잎 뒷면에서 쉬는 모습을 관찰할 수 있으며 불빛에도 잘 날아오는 편이다. 암컷은 물푸레나무 등의 활엽수 꼭대기나 말라 죽은 가지에 산란한다. 유충은 수피 내부를 가해하며 성장을 마치면 목질부로 파고들어가 번데기방을 틀고 우화한다. 해외에서는 옛하늘소가 우화한 뒤 나무 밖으로 나오자마자 짝짓기를 하고, 주로 자신이 우화한 나무에 다시 산란한다고 알려져 있다.

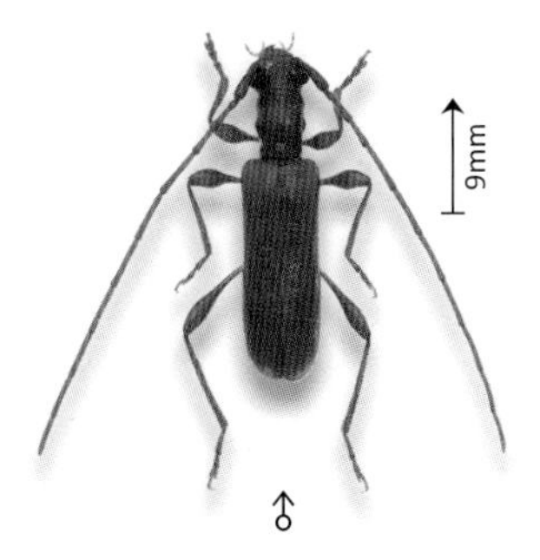

강원 양양군 2012.7.26.

꼬마벌하늘소 | 꼬마벌하늘소족 Molorchini

Molorchus (*Molorchus*) *minor minor* (Linnaeus, 1758)

중국 옌볜 (China) 2013.7.23.

12mm

♂

울산 남구
2013.5.24.

♀

강원 평창군
2000.5.11.

Necydalis minor Linnaeus, 1758: 421

Molorchus minor: Cho, 1936: 93

북부지방의 침엽수림에 서식하는 하늘소로 국내에서는 관찰하기 매우 힘든 종이다. 5월 초 강원도 계방산의 귀룽나무의 꽃에서 먹이활동을 하던 암컷이 채집된 적이 있다. 울산의 한 목재 야적지에서도 1개체가 추가로 발견되었으나, 원래 울산에 서식하던 것이 아니라 강원도 산간지역에서 잘라온 나무에서 우화한 것으로 추정된다. 암컷은 전나무 등의 벌채목 또는 시든 가지의 수피 틈에 산란하며 보통 지름 약 3~10cm 정도 되는 얇은 가지를 선호한다. 유충은 수피를 가해하다가 어느 정도 성장하면 목질부로 파고들어 번데기방을 틀고 우화한다.

몸길이	10~16mm
성충활동시기	5월 초순~8월 초순
최종동면형태	성충
기주식물	낙엽송, 붉은가문비나무, 전나무
한반도분포	강원 평창군, 함북, 평북
아시아분포	러시아, 몽골, 북한, 카자흐스탄

꼬마벌하늘소족 Molorchini |

봄꼬마벌하늘소

Glaphyra (Glaphyra) kobotokensis (K. Ohbayashi, 1963)

충북 제천시 2013.5.26.

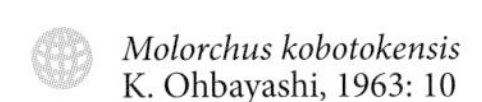
Molorchus kobotokensis K. Ohbayashi, 1963: 10

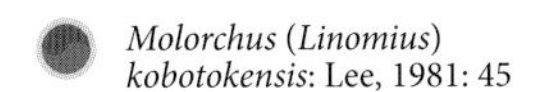
Molorchus (Linomius) kobotokensis: Lee, 1981: 45

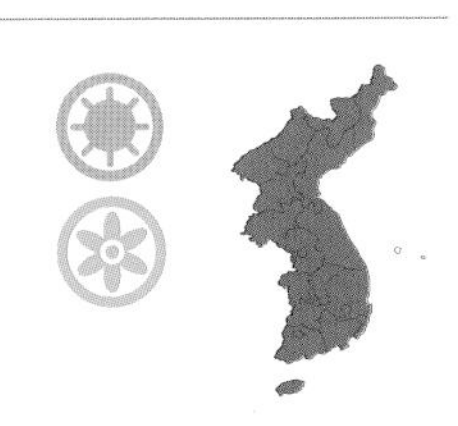

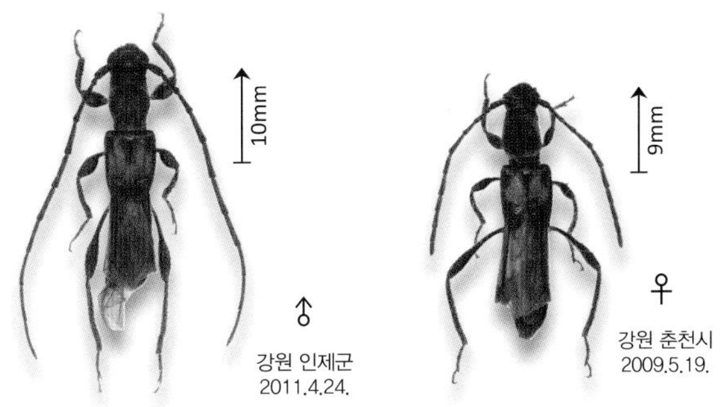

♂ 강원 인제군 2011.4.24.

♀ 강원 춘천시 2009.5.19.

몸길이	6~8mm
성충활동시기	5월 초순~6월 초순
최종동면형태	성충
기주식물	고추나무, 기름나무, 밤나무, 통조화
한반도분포	전국, 제주
아시아분포	러시아, 일본

전국의 침엽수림 혹은 혼합림에 분포하는 종으로 개체수가 많은 편이다. 성충은 5월 초순~6월 초순까지 활동하며 신나무, 조팝나무 등의 꽃에서 먹이활동을 하는 모습, 짝짓기 하는 모습 등을 비교적 쉽게 관찰할 수 있다. 암컷은 활엽수의 마른 가지 부분에 산란한다. 유충은 수피 아래를 가해하다가 성장을 마치면 목질부로 파고들어가 번데기방을 만들고 우화한다.

북방꼬마벌하늘소 신칭 | 꼬마벌하늘소족 Molorchini

Glaphyra (*Glaphyra*) *starki* (Shabliovsky, 1936)

충북 단양군 2013.5.27.

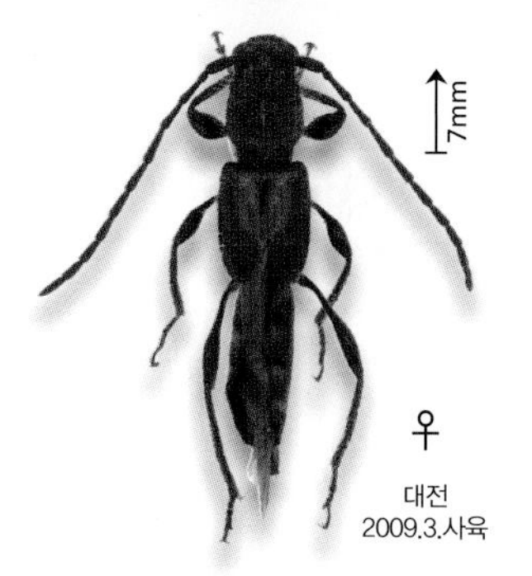

대전
2009.3.사육

중부 내륙지방의 산간지역에 분포하며 개체수는 보통이다. 5월 초순부터 발생하여 6월 초순까지 활동하며 흰색 꽃에 모여 먹이활동을 하는 모습을 관찰할 수 있다. 암컷은 상수리나무, 단풍나무 등의 가는 가지에 산란한다. 유충은 수피 바로 아랫부분을 가해하다가 성장을 마치면 목질부로 파고들어가 번데기방을 만들고 우화한다.

 *Molorchus starki* Shabliovsky, 1936: 184

 *Glaphyra* (*s. str.*) *ichikawai* Niisato, 1988: 89-94

몸길이	7~8mm
성충활동시기	5월 초순~6월 초순
최종동면형태	성충
기주식물	상수리나무
한반도분포	경기, 강원, 충청
아시아분포	러시아

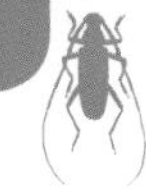

꼬마벌하늘소족 Molorchini |

풍게꼬마벌하늘소

Glaphyra (*Glaphyra*) *nitida nitida* (Obika, 1973)

충북 제천시 2013.5.5.

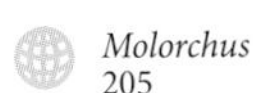

Molorchus nitida Obika, 1973: 205

Glaphyra (*s. str.*) *nitida nitida*: Niisato, 1991: 285-286

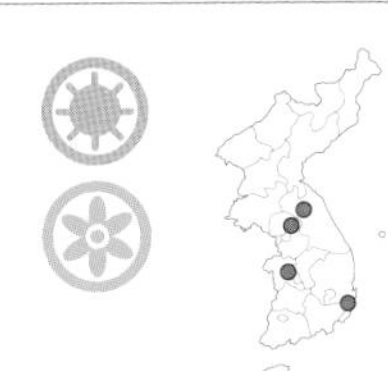

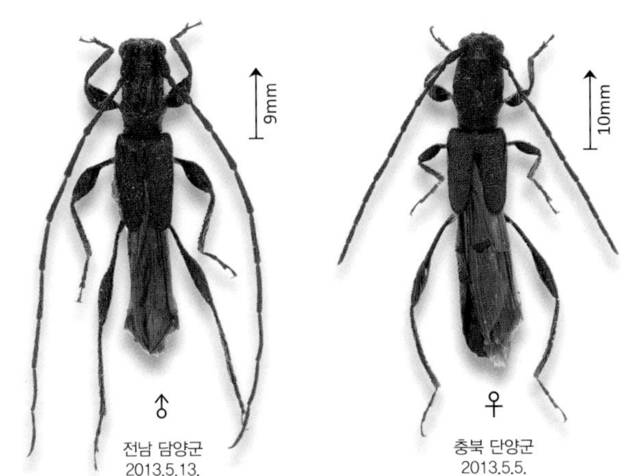

전남 담양군 2013.5.13.

충북 단양군 2013.5.5.

몸길이 9~11mm
성충활동시기 4월 하순~6월 초순
최종동면형태 성충
기주식물 풍게나무, 팽나무
한반도분포 울산 울주군, 경기 가평군, 강원 화천군, 충남 공주시
아시아분포 일본

전국에 국지적으로 분포하며 서식지에는 개체수가 많은 편이다. 성충은 5월 초순에 발생하여 6월 초순까지 관찰되며 주로 초봄에 신나무 꽃, 층층나무 꽃에서 관찰 가능하다. 암컷은 풍게나무, 팽나무의 고사된 가는 가지에 산란한다. 유충은 수피 아래를 가해하고 그 자리에서 번데기가 된다. 제한된 지역 내의 유충 밀집도가 높아 길이 30cm의 지름 2cm 가지에서 50여 마리가 우화한 사례가 있다.

닮은봄꼬마벌하늘소[신칭]

| 꼬마벌하늘소족 Molorchini

Glaphyra (*Glaphyra*) *ishiharai* (K. Ohbayashi, 1936)

Molorchus ishiharai
K. Ohabayashi, 1936: 12

Glaphyra (*Glaphyra*) *ishiharai*:
Smentana & Danilevsky, 2010: 189

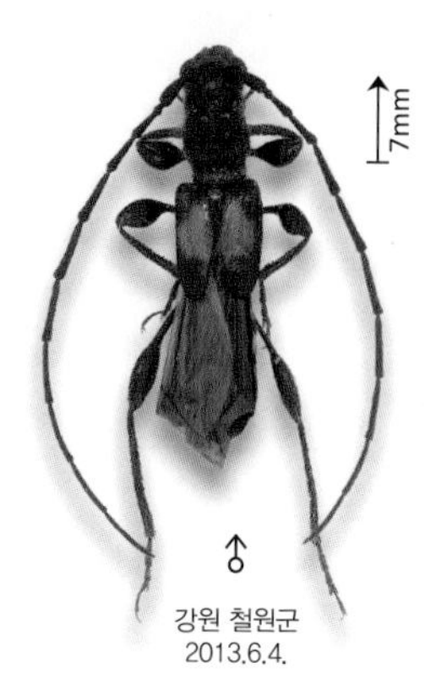

강원 철원군
2013.6.4.

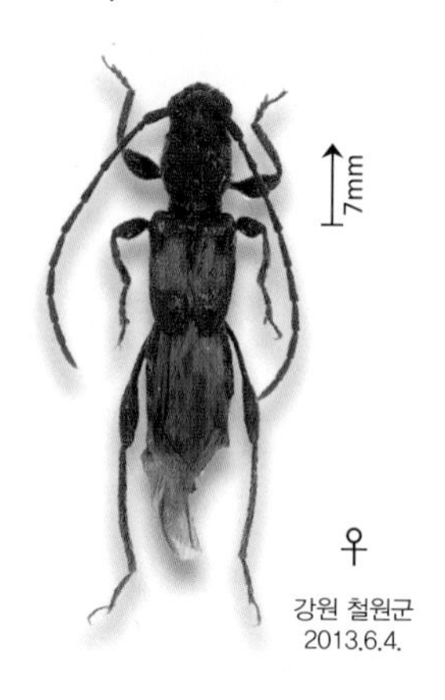

강원 철원군
2013.6.4.

몸길이	7~8mm
성충활동시기	5월 초순~6월 초순
최종동면형태	밝혀지지 않음
기주식물	가문비나무, 분비나무, 소나무, 전나무
한반도분포	강원 철원군, 전남 담양군
아시아분포	러시아, 일본

중부 이남지방의 혼합림에 분포한다. 성충은 봄에 출현하여 한낮에 단풍나무, 신나무, 조팝나무 등의 꽃에서 먹이활동 및 짝짓기를 한다. 암컷은 고사목 가지에 산란한다. 유충은 수피 아래를 가해하다가 성장을 마치면 목질부로 파고들어가 번데기방을 만들고 우화한다. 봄꼬마벌하늘소와 외형적으로 매우 닮았지만 닮은봄꼬마벌하늘소는 복부 아랫면에 털이 적다.

여러 종류의 꼬마벌하늘소들이 모이는 참조팝나무

꼬마벌하늘소족 Molorchini |

검정애벌하늘소 신칭

Epania (*Epania*) *septemtrionalis* Hayashi, 1950

전남 해남군 2013.7.2.

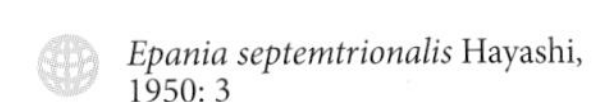

Epania septemtrionalis Hayashi, 1950: 3

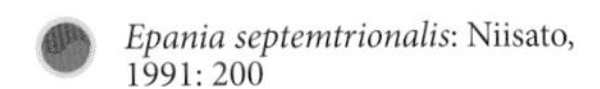

Epania septemtrionalis: Niisato, 1991: 200

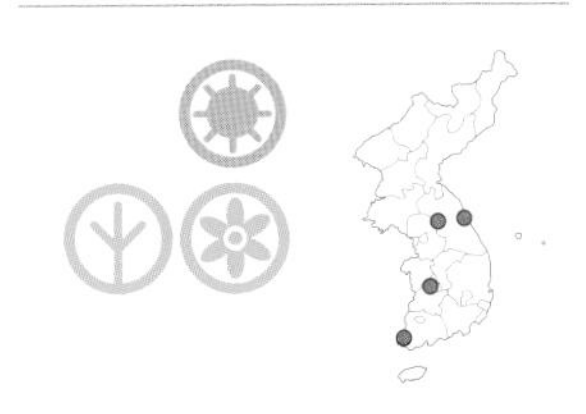

충청남도, 강원도 일부 지역에 서식한다. 성충은 6월 초순에 발생하여 7월 초순까지 활동한다. 주로 한낮에 밤나무, 조팝나무, 신나무의 꽃에 날아와 먹이활동과 짝짓기를 한다. 암컷은 활엽수의 고사한 가지에 산란하며, 주로 밤나무에서 관찰했다. 강원도 일대의 꽃을 스위핑하면 간간히 채집되며 층층나무에서 성충이 우화해 나온 사례가 있다.

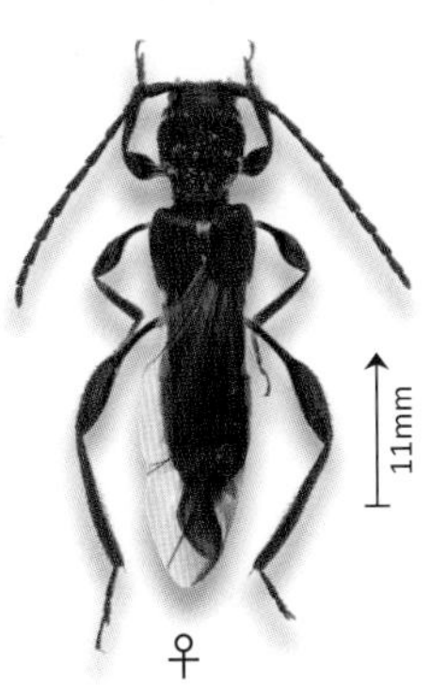

전남 해남군 2013.7.2.

몸길이 8~10mm
성충활동시기 6월 초순~7월 초순
최종동면형태 밝혀지지 않음
기주식물 층층나무, 곰의말채나무
한반도분포 강원 춘천시,양양군, 충남 계룡시, 전남 해남군
아시아분포 일본

용정하늘소 | 꼬마벌하늘소족 Molorchini

Leptepania japonica (Hayashi, 1949) | 적색목록 취약(VU)

경기 군포시 2010.1.사육

6mm

♂

경기 군포시
2010.1.사육

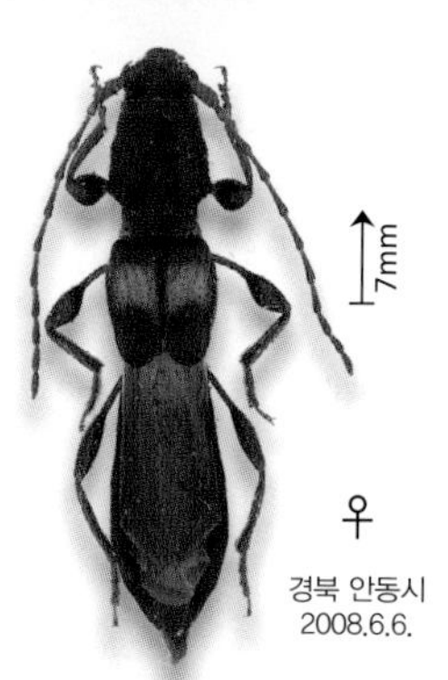

♀

경북 안동시
2008.6.6.

 *Molorchus japonica* Hayashi, 1949: 29

 *Leptepania japonica*: Lee, 1982: 31

전국의 산림에 국지적으로 분포한다. 성충은 5월 초에 발생하여 6월 중순까지 활동한다. 신나무, 대추나무, 밤나무 등의 가는 가지에 날아와 산란한다. 크기가 작은 탓에 야생에서 활동하는 개체를 관찰하기는 매우 어렵다. 경기도 안산 소재 야산의 오리나무에서 성충으로 월동하던 1개체를 확인한 바 있다.

몸길이 5~7mm
성충활동시기 5월 초순~6월 중순
최종동면형태 성충
기주식물 대추나무, 밤나무, 사방오리나무, 오리나무, 육박나무, 왕버들
한반도분포 울산 울주군, 경기 군포시, 충남 천안시, 전남 순천시
아시아분포 일본, 중국

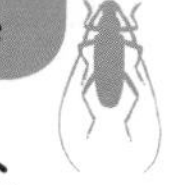

반디하늘소족 Cleomenini |

반디하늘소

Dere thoracica A. White, 1855

전남 해남군 2013.7.2.

Dere thoracica A. White, 1855: 249

Dere thoracica: Okamoto, 1924: 190

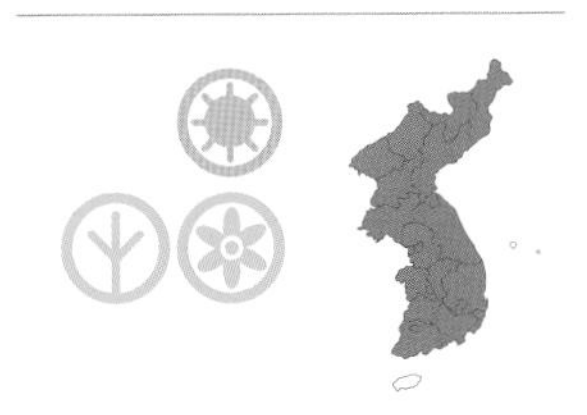

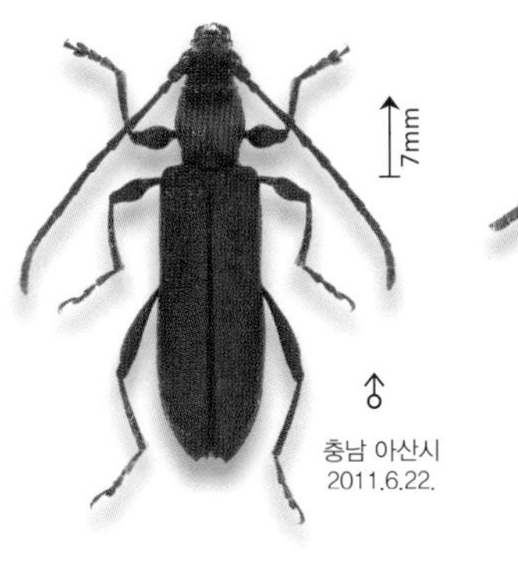

충남 아산시 2011.6.22.

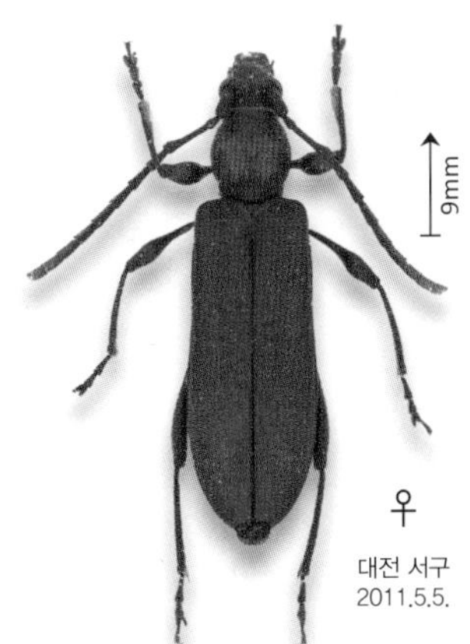

대전 서구 2011.5.5.

몸길이	7~10mm
성충활동시기	4월 하순~6월 하순
최종동면형태	성충
기주식물	뽕나무, 상수리나무, 자귀나무
한반도분포	전국
아시아분포	북한, 일본, 중국

전국의 야산에 분포한다. 성충은 4월 하순부터 발생하고 5월 중순경에 개체수가 가장 많다. 주로 신나무 꽃이나 조팝나무 꽃에 모여서 먹이활동이나 짝짓기를 한다. 개체수가 워낙 많아 한 무더기의 꽃에서 수십 마리가 함께 먹이활동을 하는 모습이 관찰되기도 한다. 암컷은 자귀나무 고사목에 산란한다. 유충은 수피 아래에서 성장하다가 성장을 마치면 목질부로 들어가 가을에 성충이 된다. 겨울에는 성충 상태로 자귀나무 속에서 봄을 기다린다.

무늬반디하늘소 | 반디하늘소족 Cleomenini

Cleomenes takiguchii K. Ohbayashi, 1936

Cleomenes takiguchii K. Ohbayashi, 1936: 14

Cleomenes takiguchii: Lee, 1987: *128*

1984년 접도에서 채집된 수컷 1개체가 한반도 채집기록의 전부다. 성충은 7월에 발생하여 8월까지 활동한다고 알려져 있다. 한낮에는 주로 후박나무 등의 꽃에서 먹이활동과 짝짓기를 한다. 암컷은 녹나무과, 조록나무과의 고사한 가지에 산란한다. 암수 모두 더듬이가 몸보다 길고 전체적으로 검은색 바탕에 4쌍의 노란색 무늬가 딱지날개에 있다.

몸길이	7~12mm
성충활동시기	6월 하순~7월 하순
최종동면형태	밝혀지지 않음
기주식물	느티나무, 세손이, 육박나무, 조록나무
한반도분포	전남 접도
아시아분포	일본

무늬반디하늘소 서식지로 예상되는 남해안의 상록수림

굵은수염하늘소족 Pyrestni |

굵은수염하늘소

Pyrestes haematicus Pascoe, 1857

1 경기 가평군 2013.8.1.
2 강원 화천군 2013.6.22.

Pyrestes haematicus Pascoe, 1857: 97

Leptoxenus coreanus Okamoto, 1927: 66

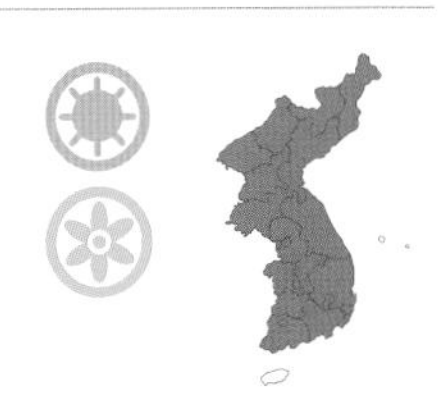

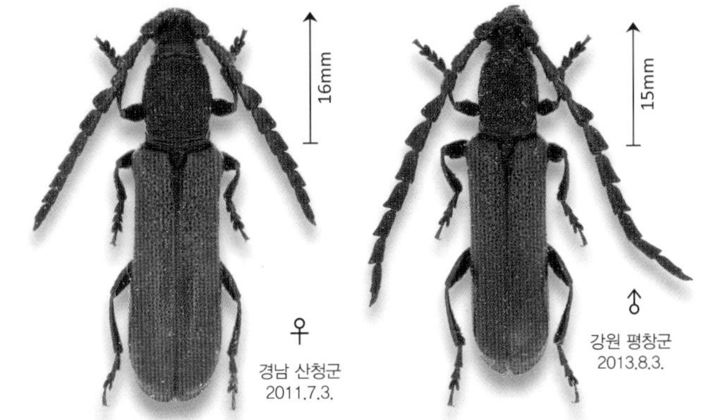

몸길이	15~18mm
성충활동시기	5월 하순~8월 초순
최종동면형태	유충
기주식물	감태나무, 생강나무
한반도분포	전국
아시아분포	대만, 중국, 홍콩

특이한 외형을 가진 하늘소로 전국에 분포하며, 5월 말에 발생하여 8월 초순까지 활동한다. 일반적으로 꽃에 날아온 성충을 찾아볼 수 있으며, 홍천에서 8월 초순에 수십 마리가 붉나무의 꽃에 날아온 것이 관찰된 바가 있다. 꽃 주위를 배회하듯이 나는 것이 특징이다. 암컷은 녹나무과 식물의 살아있는 얇은 가지에 산란하며 유충은 성장하면서 가지의 굵은 부분으로 점점 파고든다. 종령 유충은 가지 내부를 나선형으로 가해해 가지와 함께 땅바닥으로 떨어져 겨울을 나고 이듬해 우화한다.

루리하늘소 | 루리하늘소족 Rosaliini

Rosalia (*Rosalia*) *coelestis* Semenov, 1911 | 적색목록 취약(VU)

강원 양양군 2012.7.12.

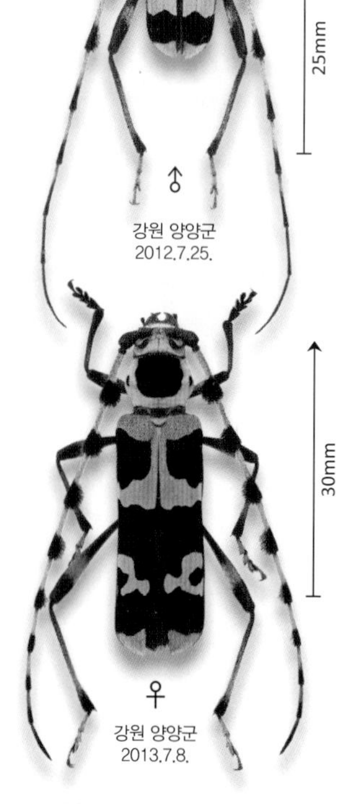

♂ 강원 양양군 2012.7.25.

♀ 강원 양양군 2013.7.8.

비현실적인 하늘색의 체색 때문에 일본말로 루리(유리るり칠보七寶의 하나인 청보석, 북한말로는 류리유리)하늘소라는 이름이 붙었다. 매우 드문 하늘소로 강원도 산간지역에서 소수가 발견되었다. 성충은 6월 초순~8월 중순까지 활동한다. 맑고 바람이 불지 않는 날 산겨릅나무, 들메나무, 가래나무 등 서서 죽은 커다란 활엽수의 가지 부분에 날아와 붙는다. 기상 조건에 매우 민감한 종으로 바람이 불거나 흐린 날에 나무에서 관찰된 경우는 없다. 암컷은 산겨릅나무 등의 갈라진 틈, 수피 틈, 다른 곤충의 탈출공 등에 산란한다. 유충은 목질부를 가해하며 종령 유충도 목질부에 번데기방을 틀고 우화한다.

Rosalia coelestis Semenov, 1911: 118

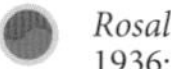

Rosalia batesi Harold, Cho, 1936: 93

몸길이	16~32mm
성충활동시기	6월 하순~8월 초순
최종동면형태	유충
기주식물	가래나무, 들메나무, 산겨릅나무
한반도분포	강원 평창군, 양양군, 평북
아시아분포	러시아, 북한, 중국

루리하늘소의 산란

루리하늘소의 측면 모습

루리하늘소가 서식하는 산간지역

먹주홍하늘소 | 주홍하늘소족 Purpuricenini

Anoplistes halodendri pirus (Arakawa, 1932)

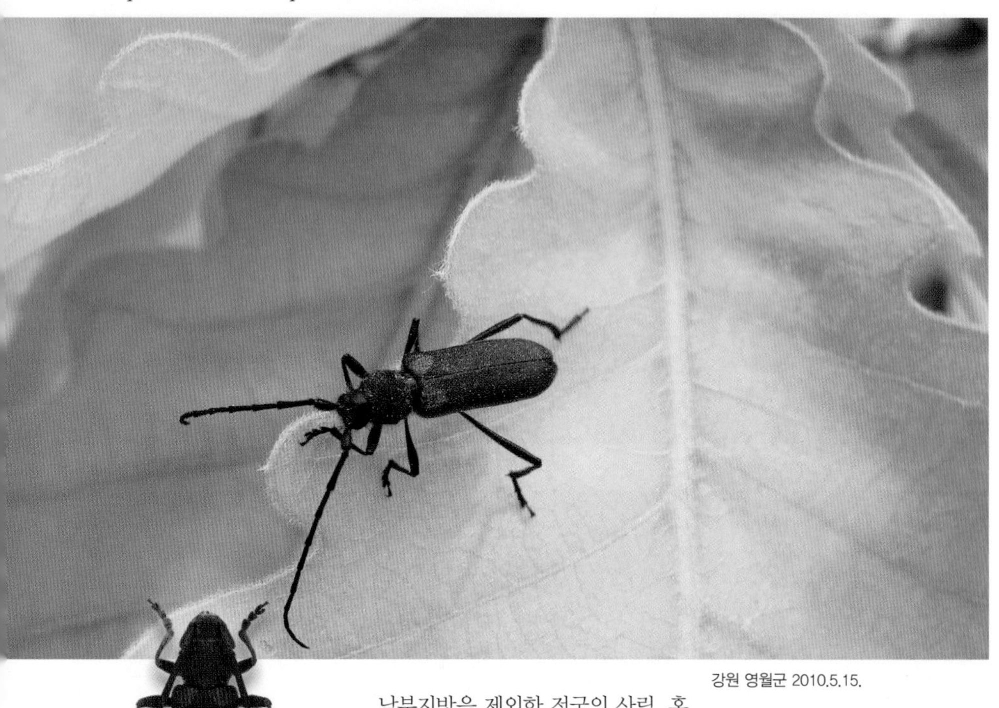

강원 영월군 2010.5.15.

17mm

♂

강원 영월군
2010.5.15.

18mm

♀

강원 영월군
2010.5.15.

남부지방을 제외한 전국의 산림, 혹은 산림스텝지형에 주로 분포하는 종이다. 성충은 5월 초순에 출현하여 6월 중순까지 활동한다. 주로 참나무의 새순과 잎을 갉아먹는 모습이 관찰되며 꽃이나 불빛에 모이는 일은 굉장히 드물다. 암컷은 참나무, 아까시나무 등치에 산란한다. 유충은 목질부 바깥쪽을 가해하며 작은 구멍을 통해 톱밥을 밖으로 배출한다. 생김새는 전체적으로 검은색인데 딱지날개 바깥쪽을 따라 붉은색 띠가 둘러져 있다.

 *Purpuricenus pirus* Arakawa, 1932: 18

 *Anoplistes halodendri*: Ganglbauer, 1887: *132*

몸길이	14~18mm
성충활동시기	5월 초순~6월 중순
최종동면형태	유충
기주식물	골담초, 대추나무, 버드나무, 보리수나무
한반도분포	경기, 강원, 충북, 경북
아시아분포	러시아, 대만, 북한, 중국

주홍하늘소족 Purpuricenini | # 무늬소주홍하늘소

Amarysius altajensis coreanus (Okamoto, 1924)

경기 파주시 2011.5.22.

Anoplistes ephippium var. *cereanum* Okamoto, 1924: 191

Anoplistes altajensis: Ganglbauer, 1887: 132

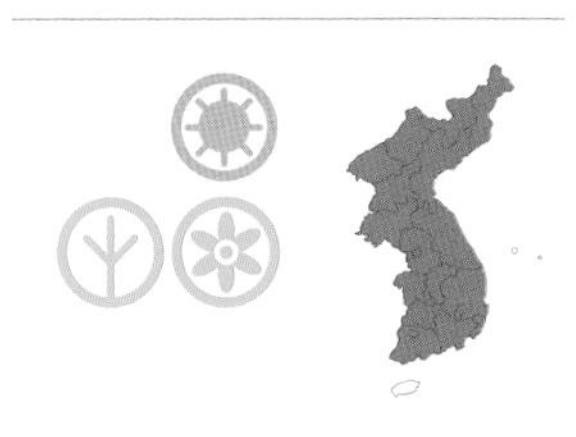

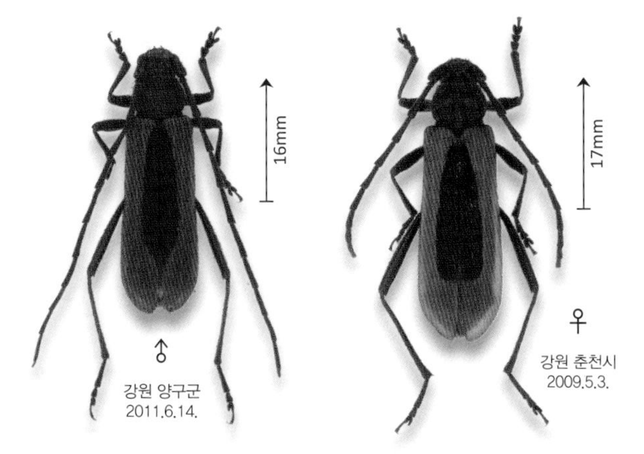

몸길이	14~19mm
성충활동시기	5월 초순~6월 중순
최종동면형태	유충
기주식물	단풍나무, 물푸레나무, 상수리나무, 신나무, 포도
한반도분포	전국
아시아분포	러시아, 몽골, 북한, 중국

전국의 활엽수림에 분포하는 종으로 성충은 5월 초순부터 발생하여 6월 중순까지 활동한다. 신나무 꽃에서 먹이활동을 하며, 날아다니는 모습도 자주 보인다. 암컷은 신나무, 산사나무, 참나무 등 활엽수 가지에 산란한다. 배마디 끝에 있는 기관을 이용해 나무껍질을 살짝 긁어내고 나뭇결 방향으로 산란관을 꽂아 산란한다. 산란한 후에는 나무껍질과 이물질을 섞어 알을 덮어놓는데 나무껍질과 구분하기가 매우 어렵다. 유충은 수피 아래를 가해하며 성장을 마치면 목질부로 파고들어 번데기 방을 틀고 우화한다.

소주홍하늘소 | 주홍하늘소족 Purpuricenini

Amarysius sanguinipennis (Blessig, 1872)

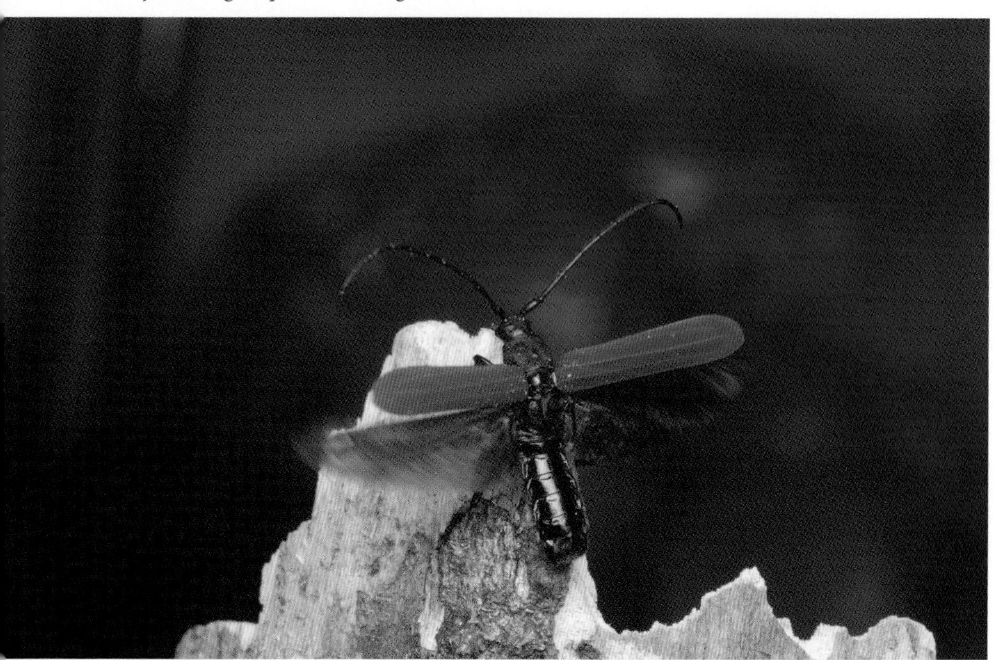

강원 화천군 2013.5.26.

15mm

♂

강원 홍천군
2002.5.22.

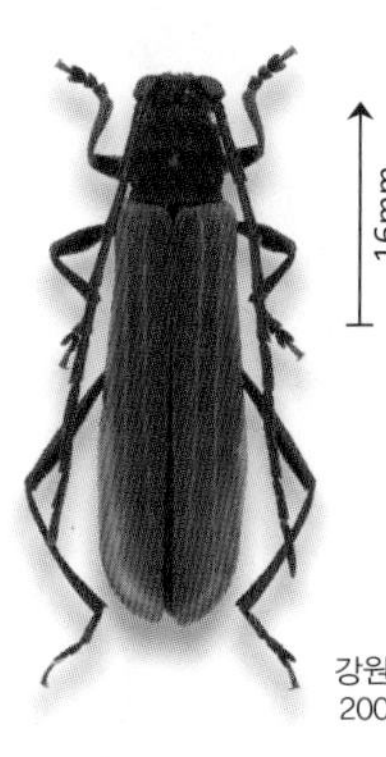

16mm

♀

강원 화천군
2005.6.11.

Amoplistes sanguinipennis Blessig, 1872: 175

Anoplistes sanguinipennis: Ganglbauer, 1887: 132

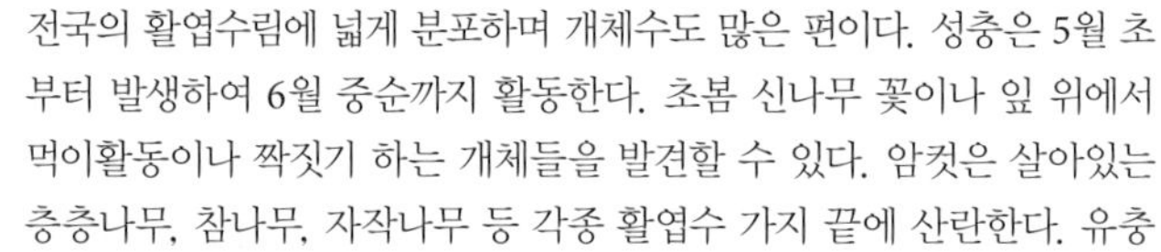

전국의 활엽수림에 넓게 분포하며 개체수도 많은 편이다. 성충은 5월 초부터 발생하여 6월 중순까지 활동한다. 초봄 신나무 꽃이나 잎 위에서 먹이활동이나 짝짓기 하는 개체들을 발견할 수 있다. 암컷은 살아있는 층층나무, 참나무, 자작나무 등 각종 활엽수 가지 끝에 산란한다. 유충은 목질부를 가해하며 같은 자리에서 성장을 마친 유충은 번데기방을 틀고 우화한다. 유충에 의해 가해 당한 나무는 점점 시들어 버린다.

몸길이	14~19mm
성충활동시기	5월 초순~6월 중순
최종동면형태	밝혀지지 않음
기주식물	층층나무, 참나무, 자작나무
한반도분포	전국
아시아분포	러시아, 몽골, 북한, 일본, 카자흐스탄

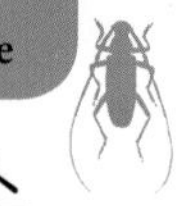

주홍하늘소족 Purpuricenini |

달주홍하늘소

Purpuricenus sideriger Fairmaire, 1888

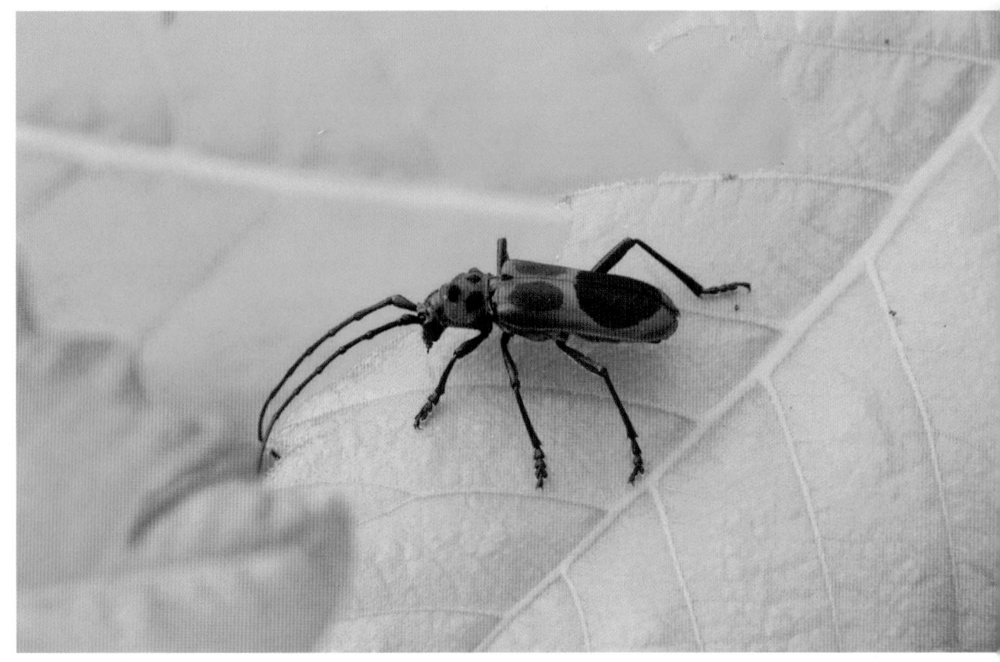

강원 철원군 2013.6.15.

Purpuricenus sideriger Fairmaire, 1888: 139

Purpuricenus ritsemai Villard ssp. *coreanus* Saito, 1932: 441

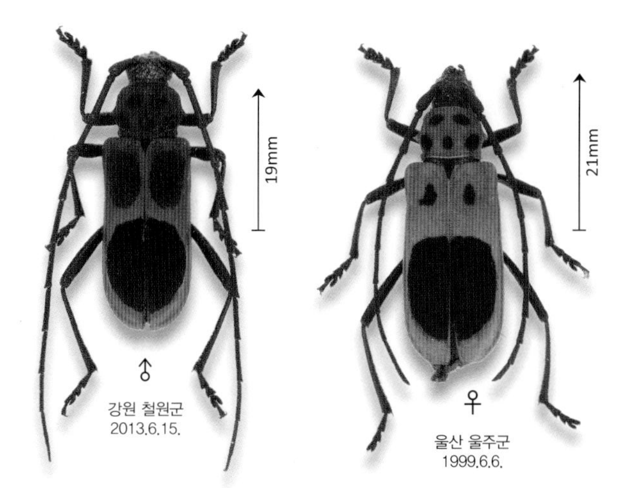

♂ 강원 철원군 2013.6.15.

♀ 울산 울주군 1999.6.6.

몸길이	17~23mm
성충활동시기	5월 중순~7월 중순
최종동면형태	밝혀지지 않음
기주식물	상수리나무
한반도분포	경기 파주시, 포천시, 강원 홍천군, 충북 충주시, 경북 경주시, 의성군
아시아분포	러시아, 중국

전국 각지에서 관찰되는 종이지만 어느 곳에서나 개체수는 적다. 성충은 5월 중순~7월 중순까지 관찰된다. 한낮에 참나무 잎 위에 앉아 있거나 땅에서 기어가는 개체들이 발견되는 것이 대부분이다. 모자주홍하늘소와 외형적으로 유사하지만 딱지날개 중하단에 검은색 원형 무늬가 있는 것이 특징이다. 과거에는 모자주홍하늘소의 변이형태라는 견해도 있었지만 최근에는 다른 종으로 분류하고 있다.

모자주홍하늘소 | 주홍하늘소족 Purpuricenini

Purpuricenus lituratus Ganglbauer, 1887

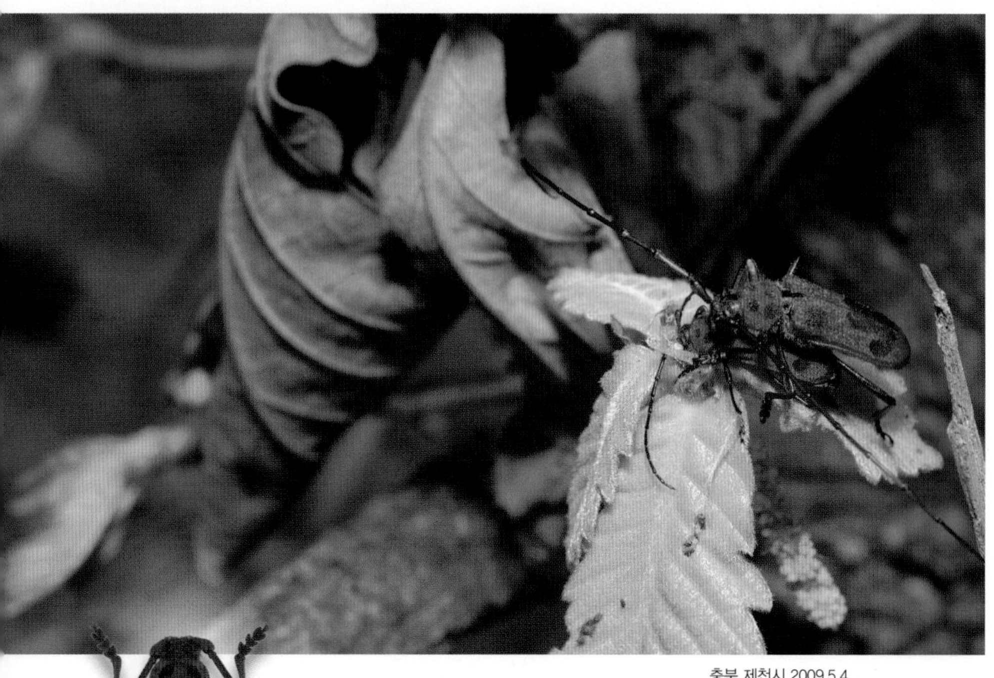

충북 제천시 2009.5.4.

21mm

♂
충북 단양군
2013.5.26.

20mm

♀
강원 영월군
2009.5.5.

전국의 활엽수림에 분포한다. 성충은 5월 초순부터 출현하여 7월 초순까지 활동한다. 주로 참나무 새순 부근에서 발견되고 꽃에도 가끔 날아온다. 암컷은 참나무 등의 고사목에 산란한다. 암컷은 배마디 끝에 있는 기관을 이용해 나무껍질을 살짝 긁어내고 나뭇결 방향으로 산란관을 꽂아 산란한다. 산란한 후에는 나무껍질과 이물질을 섞어 알을 덮어놓는데 나무껍질과 구분하기가 매우 어렵다. 유충은 수피 바로 아래를 가해해 가을에 성충이 되어 그 상태로 월동한다. 딱지날개의 중절모 모양 무늬 때문에 모자주홍하늘소라는 이름이 붙었다. 딱지날개 중상단부에 검은 점의 크기 변이가 있는데 이따금 점이 전혀 없는 개체들이 나타나기도 한다.

Purpuricenus lituratus Ganglbauer, 1887: 136

Purpuricenus lituratus Ganglbauer, 1887: 136

몸길이	17~23mm
성충활동시기	5월 초순~7월 초순
최종동면형태	성충
기주식물	참나무, 오리나무, 배나무
한반도분포	경기, 강원, 충청, 경상
아시아분포	러시아, 북한, 중국

주홍하늘소족 Purpuricenini |

주홍하늘소

Purpuricenus temminckii Guerin-Meneville, 1844

전남 구례군 2012.1.28.

Purpuricenus temminckii Guerin-Meneville, 1844: 224

Sternoplistes temminckii: Ganglbauer, 1887: 132

몸길이	13~18mm
성충활동시기	4월 하순~6월 초순
최종동면형태	유충, 번데기, 성충
기주식물	왕대, 죽순대
한반도분포	서울, 경기, 전남, 경남
아시아분포	대만, 일본, 중국

강원도를 제외한 전국의 대나무 숲에 국지적으로 분포한다. 성충은 4월 하순에 발생하여 6월 초순까지 활동한다. 꽃에 날아와 먹이활동을 하는 개체들이 드물게 관찰된다. 암컷은 대나무 고사목 마디 부분에 산란을 한다. 유충은 대나무 목질부를 가해하다가 성장을 마치면 목질부에서 번데기방을 틀고 성충이 된다. 성충으로 겨울을 나기 때문에 겨울철에 대나무 고사목을 쪼개 보면 월동하는 성충을 발견할 수 있다. 이전에는 대추나무주홍하늘소라는 이름으로 불렸으나 대추나무와는 무관한 종이다.

17mm

♂

경남 진주시 2010.2.26.

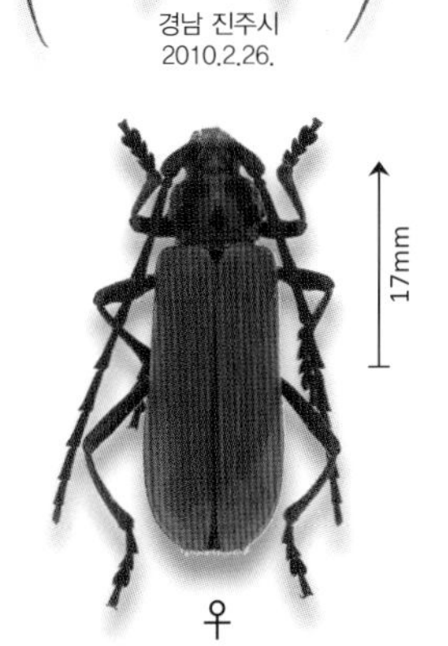

♀

경남 진주시 2012.1.28.

점박이주홍하늘소 | 주홍하늘소족 Purpuricenini

Purpuricenus spectabilis Motschulsky, 1858

경상남도 남해군에서 1개체가 채집된 기록이 유일한 희귀종이다. 성충은 5월 중순에 발생하여 7월 초순까지 활동하며 찔레꽃이나 밤꽃 등 주로 흰색의 꽃에 날아와 먹이활동을 하고 벌채목에도 모인다고 알려져 있다. 주홍하늘소와 외형적으로 매우 유사하지만 점박이주홍하늘소는 몸에 전체적으로 털이 많고 가슴판 테두리에 검은색 띠무늬가 있다.

Purpuricenus spectabilis Motschulsky, 1858: 36

Purpuricenus lituratus Ganglbauer var. *ritsemai* Villard, Machida et Aoyama, 1930: 43, f. 20

몸길이	12~20mm
성충활동시기	5월 중순~7월 초순
최종동면형태	밝혀지지 않음
기주식물	고로쇠나무, 기름나무, 세손이
한반도분포	경남 남해
아시아분포	대만, 일본, 중국

초록사향하늘소 | 사향하늘소족 Callichromatini

Aphrodisium (*Aphrodisium*) *faldermannii faldermannii* (Saunders, 1853)

채집지가 불분명한 기록만 남아 있다. 기록된 이후 현재까지 관찰되거나 채집된 사례가 없다. 성충은 6월 하순에 발생하여 8월 초순까지 활동하며 주로 한낮에 잣밤나무에서 활동한다고 알려져 있다. 해외에서는 초록사향하늘소에 의한 *Castanopsis fabri*(잣밤나무류)의 피해가 심각하다.

Callichroma faldermanii Saunders, 1853: 111

Aromia faldermannii: Kano, 1927: 285

몸길이	30~36mm
성충활동시기	6월 하순~8월 초순
최종동면형태	밝혀지지 않음
기주식물	밝혀지지 않음
한반도분포	명확한 채집기록 없음
아시아분포	러시아, 몽골

사향하늘소족 Callichromatini |

벚나무사향하늘소

Aromia bungii (Faldermann, 1835)

인천 2010.7.15.

Cerambys bungii Faldermann, 1835: 433

Callichroma bungii: Kolbe, 1886: 221

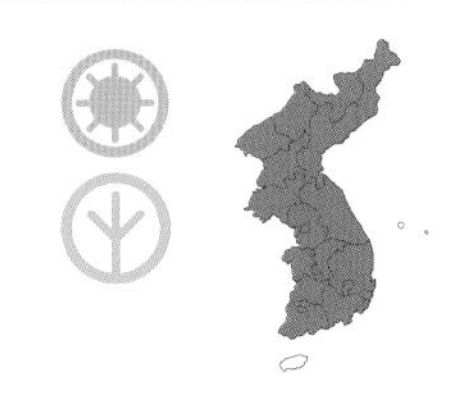

전국에 분포하며, 개체수가 많아 도심에서도 그 모습을 쉽게 확인할 수 있다. 성충은 7월 초순에 발생하여 8월 말까지 활동한다. 주행성으로 벚나무, 복사나무 등의 굵은 줄기에서 활동하며 옅은 사향 향기를 풍긴다. 암컷은 살아있는 벚나무에 산란하며, 유충은 살아있는 벚나무의 목질부를 가해한다. 대형 하늘소로 아름다운 외형을 가지고 있으나 복사나무나 벚나무를 가해하기 때문에 농가 및 가로수에 심각한 피해를 입히는 해충으로 취급된다.

몸길이	25~35mm
성충활동시기	7월 초순~8월 초순
최종동면형태	유충
기주식물	벚나무, 복사나무, 자두나무, 매실나무
한반도분포	전국
아시아분포	북한, 중국, 홍콩

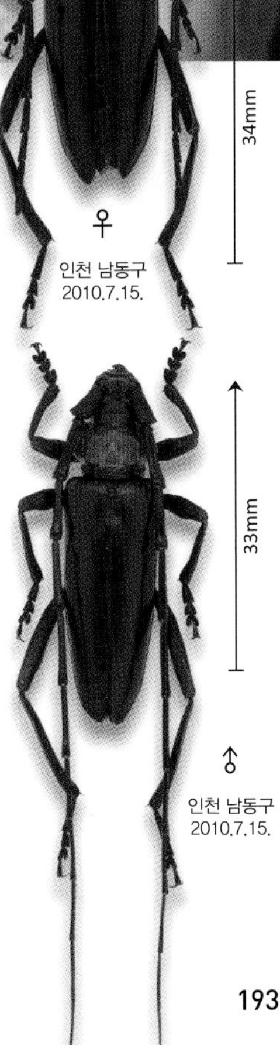

♀ 인천 남동구 2010.7.15.

♂ 인천 남동구 2010.7.15.

사향하늘소 | 사향하늘소족 Callichromatini

Aromia orientalis Plavilstshikov, 1933

중국 옌볜 (China) 2013.7.23.

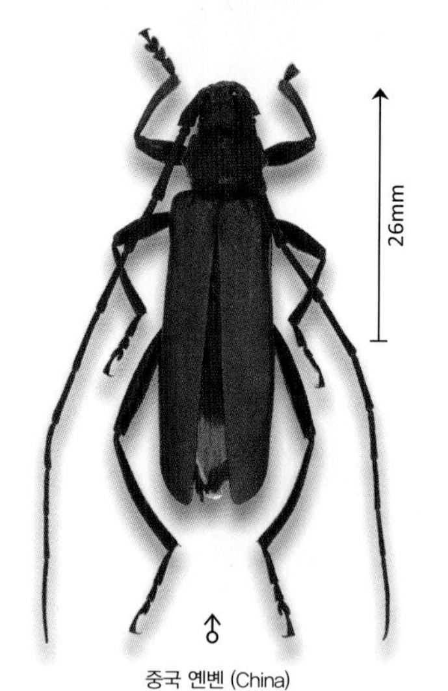

중국 옌볜 (China)

과거 미시령과 제주도에 채집기록이 있지만 표본을 확인할 수 없었다. 7월 중순에 발생하여 8월 중순까지 활동한다. 성충은 강가 주변의 버드나무 생목의 둥치 부분에 날아와 산란 및 짝짓기를 한다. 백두산 근처에서는 벌채목에서 활동하는 모습을 관찰했다. 암컷은 버드나무 둥치나 밑동의 수피 틈에 산란한다. 유충은 수피 바로 밑에서 시작해 점점 목질 내부로 파고들어가면서 가해한다. 유충이 가해한 자리에서는 수액이 흘러나오며 성장을 마친 유충은 머리를 아래쪽으로 향한 채 번데기가 된다. 홍가슴풀색하늘소와 외형적으로 유사하지만 다리와 배의 색이 다르다.

 *Aromia moschata orientalis* Plavilstshikov, 1933: 12

 *Aromia moschata* f. *ambrosiaca*: Matsumura, 1931: 251

몸길이	23~30mm
성충활동시기	7월 중순~8월 중순
최종동면형태	유충
기주식물	버드나무, 황철나무
한반도분포	제주, 함북
아시아분포	러시아, 몽골, 북한, 중국

사향하늘소족 Callichromatini |
참풀색하늘소

Chloridolum (Parachloridolum) japonicum (Harold, 1879)

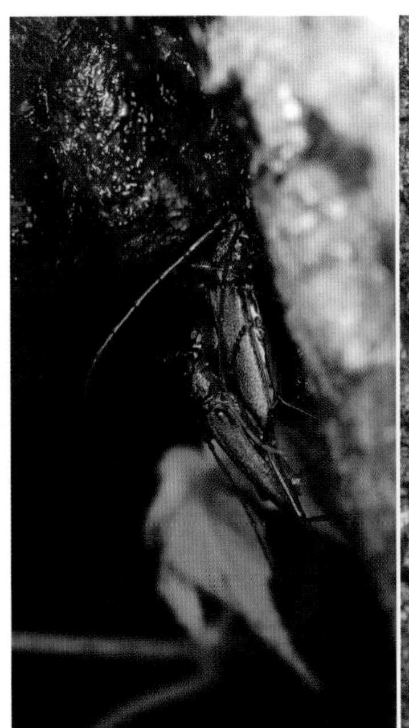

인천 2014.7.12.

Callichroma japonicum Harold, 1879: 335

Chloridolum sieversi var. *coreanum*: Okamoto, 1924: 190

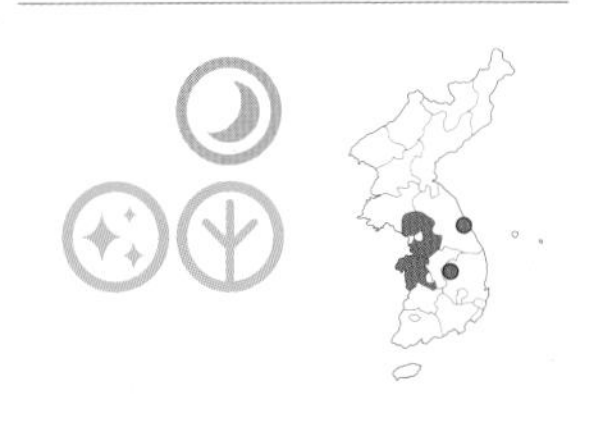

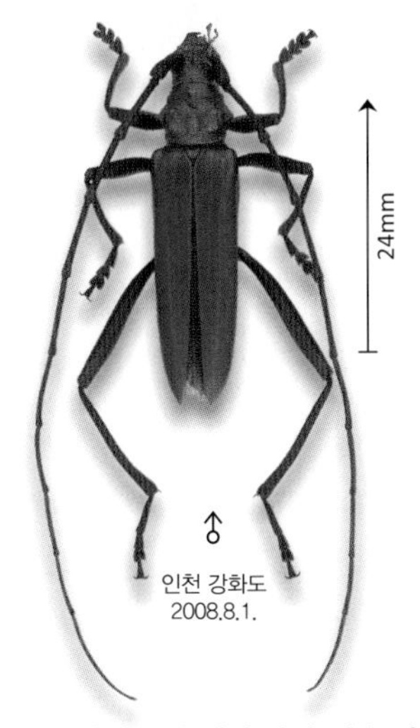

♂ 인천 강화도 2008.8.1.

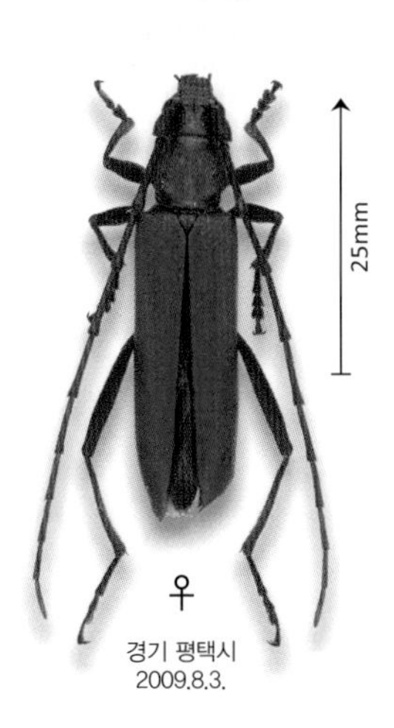

♀ 경기 평택시 2009.8.3.

몸길이	15~30mm
성충활동시기	6월 중순~8월 하순
최종동면형태	유충
기주식물	상수리나무, 참나무
한반도분포	경기, 강원 강릉시, 충남, 경북 상주시
아시아분포	북한, 일본, 중국

야산의 참나무 숲에서 부터 깊은 산골까지 전국에 분포한다. 개체 밀도는 깊은 산속보다는 도심지에서 멀지 않은 숲이나 야산에서 높다. 성충은 6월 중순에 발생하여 8월 말까지 활동한다. 야행성으로 밤에 참나무류 수액에서 먹이활동과 짝짓기를 하는 모습을 관찰할 수 있다. 성충은 살아있는 참나무나 시들어 가는 참나무에 산란하기 위해 날아온다. 최근 개발로 인해 서식지가 줄어들면서 수도권 인근의 개체수가 격감했다.

홍가슴풀색하늘소 | 사향하늘소족 Callichromatini

Chloridolum (*Chloridolum*) *sieversi* (Ganglbauer, 1887)

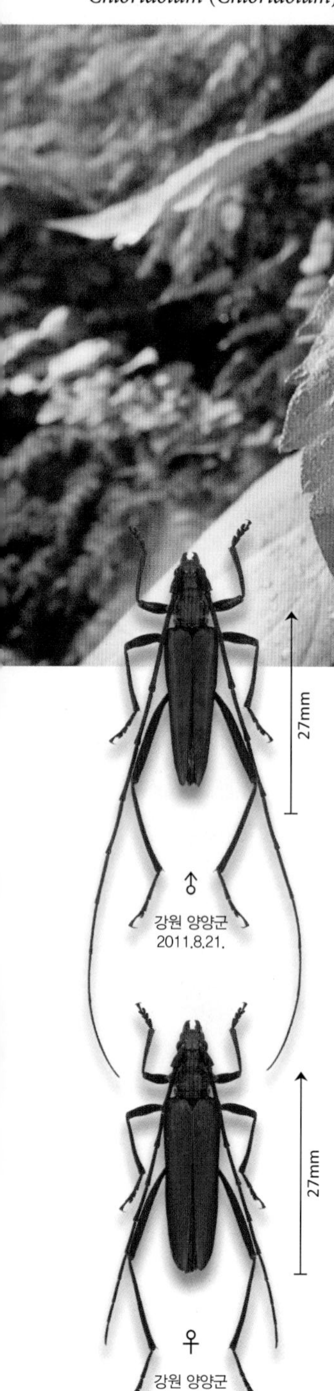

강원 양양군 2011.8.21.

남부지방을 제외한 전국의 활엽수림에 서식한다. 성충은 7월 초순에 발생하여 9월 중순까지 활동하며 드물게는 10월까지 활동하는 개체들도 관찰된다. 주로 시들어 가는 가래나무나 호두나무에서 활동한다. 두릅나무, 붉나무 등의 꽃에 날아와서 먹이활동을 하는 모습이나 한밤중에 불빛에 날아온 모습도 종종 관찰된다. 암컷은 호두나무, 가래나무의 굵은 줄기 수피 틈에 산란한다. 유충은 수피 바로 아래를 가해하며, 성장을 마치면 목질 내부로 파고들어가 번데기방을 만들고 우화한다.

Aromia sieversi Ganglbauer, 1887: 135

Aromia (*Chloridolum*) *sieversi* Ganglbauer, 1887: 135

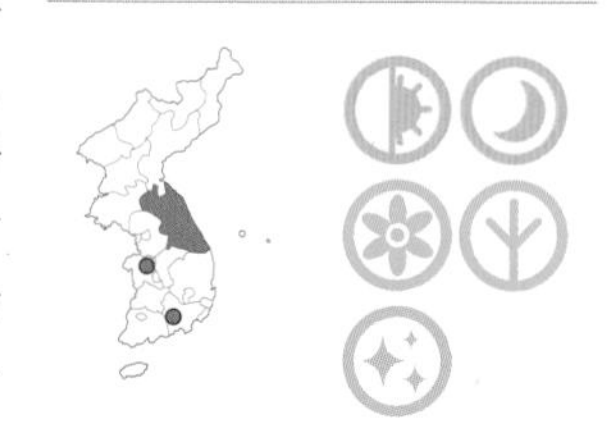

몸길이	24~32mm
성충활동시기	7월 초순~9월 중순
최종동면형태	유충
기주식물	가래나무, 호두나무
한반도분포	강원, 충남 천안시, 경남 산청군
아시아분포	러시아, 북한, 중국

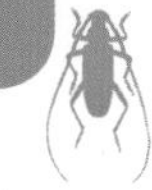

사향하늘소족 Callichromatini |

홍줄풀색하늘소

Chloridolum (*Leontium*) *lameeri* (Pic, 1900)

울산 2013.6.5.

Leontium lameeri Pic, 1900: 18

Chloridolum (*Leontium*) *lameeri*: Oh, 2013: 161

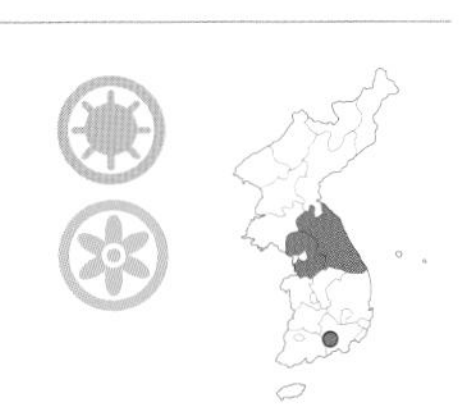

경기도 분당에서 처음 발견되었으며 그 후 강원도, 경기도, 경상남도 등 여러 지역에 서식하는 것이 확인되었다. 성충은 5월 중순에 발생하여 6월까지 활동하고 신나무, 국수나무 등의 꽃에 날아온다. 유충은 살아있는 상수리나무를 가해한다. 과거 깔따구풀색하늘소의 변이형인지 다른 종인지에 대한 논란이 있었던 종이다. 외형이 깔따구풀색하늘소와 매우 비슷하지만 홍줄풀색하늘소는 몸 가장자리로 붉은색 띠가 선명하다.

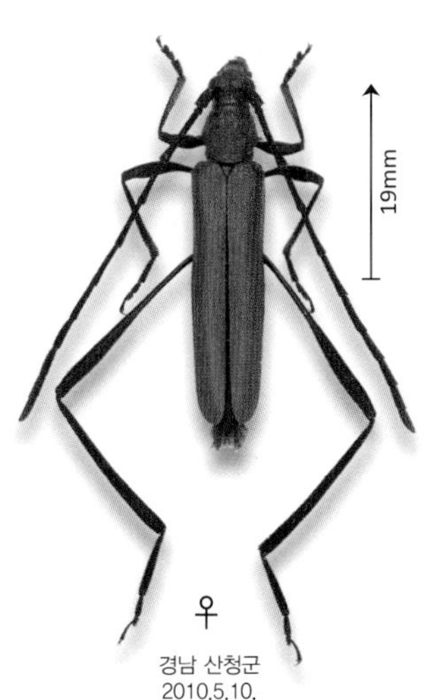

♀
경남 산청군
2010.5.10.

몸길이	15~26mm
성충활동시기	5월 중순~6월 중순
최종동면형태	밝혀지지 않음
기주식물	밤나무
한반도분포	울산, 경기, 강원, 경남 산청군
아시아분포	대만, 중국

깔따구풀색하늘소 | 사향하늘소족 Callichromatini

Chloridolum (*Leontium*) *viride* J. Thomson, 1864

 *Chloridolum viride* J. Thomson, 1864: 175

 *Leontium viride*: Hayashi et Eda, 1947: 33

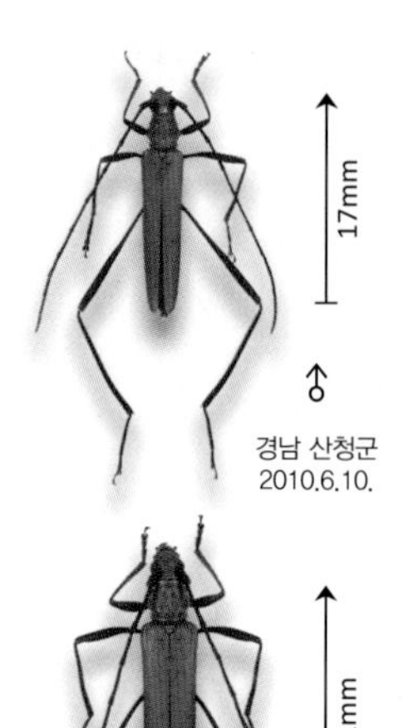

경상남도 일대의 잡목림에 분포한다. 성충은 5월 중순경~6월 중순까지 활동한다. 한낮에 국수나무, 밤나무 등 꽃 위에서 먹이활동 및 짝짓기를 하는 성충을 관찰할 수 있다. 활동성이 강해 비행하는 개체 등도 쉽게 관찰되며, 침엽수 벌채목에도 자주 날아온다. 암컷은 쇠약목의 가지나 꺾인 부분 등에 산란하며 산란 형태는 점액질과 함께 알을 수피 겉에 붙이는 방식이다. 유충은 수피 아래를 가해하며 성장을 마치면 목질부로 파고들어가 번데기방을 만들고 우화한다. 몸 색깔이 녹색부터 연한 붉은색까지 다양하다.

몸길이	15~26mm
성충활동시기	5월 중순~6월 중순
최종동면형태	유충
기주식물	밤나무, 상수리나무, 소나무, 전나무
한반도분포	경남
아시아분포	러시아, 북한, 일본, 중국

큰풀색하늘소 | 사향하늘소족 Callichromatini

Chloridolum (*Parachloridolum*) *thaliodes* Bates, 1884

 *Chloridolum thaliodes* Bates, 1884: 226

 *Chloridolum thaliodes*: Haku, 1936: 121

대구 인근에서 채집된 기록(Haku, 1936)만 남아 있고 표본은 확인하지 못하였으며 초기록 이후에는 어떠한 기록도 남아 있지 않다. 성충은 7월에 출현하여 9월까지 활동한다. 주행성으로 한낮에 흰색 꽃에서 먹이활동을 하며 시들어 가는 중국굴피나무 등에 날아와 산란한다고 알려져 있다.

몸길이	23~32mm
성충활동시기	7월 중순~9월 초
최종동면형태	밝혀지지 않음
기주식물	개굴피나무, 느릅나무, 황철나무
한반도분포	대구
아시아분포	일본, 중국

사향하늘소족 Callichromatini |

초록하늘소

Schwarzerium quadricolle (Bates, 1884)

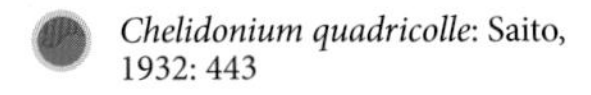

Chelidonium quadricolle Bates, 1884: 226

Chelidonium quadricolle: Saito, 1932: 443

몸길이	21~30mm
성충활동시기	6월 초순~7월 하순
최종동면형태	유충
기주식물	고로쇠나무, 밤나무, 세열단풍
한반도분포	서울, 대구 달성군, 경기 수원시, 시흥시, 경북 경주시, 문경시
아시아분포	대만, 일본, 중국

과거에 서울, 대구, 포천 등 몇 차례 채집 기록이 있었다. 최근 29년 만에 경기도 포천과 양평에서 발견되었다. 매우 국지적으로 서식하며 개체수도 매우 적다. 성충은 주로 오전에는 단풍나무 꼭대기에서 비행하며 오후에 단풍나무 잎 위에 앉는다. 일본의 경우 세열단풍 잎에 앉은 성충이 종종 관찰되며, 수국, 매화오리나무 꽃에 모이기도 한다. 유충은 살아있는 단풍나무의 목질부를 가해하고 목질부에서 번데기방을 만든다. 성충의 탈출공 모양은 타원형이 아닌 특이한 모양이다.

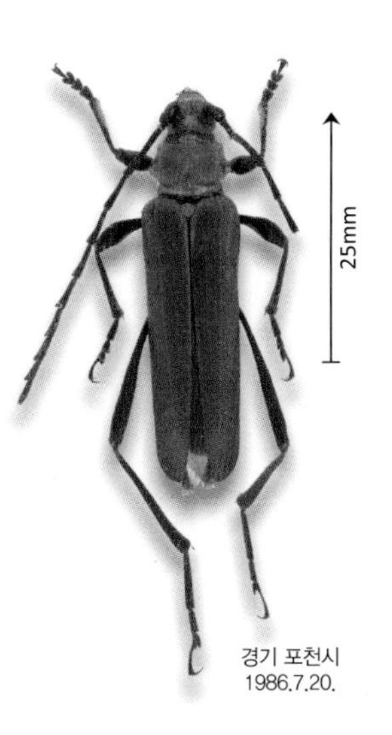

경기 포천시
1986.7.20.

사향하늘소족 Callichromatini |

큰초록하늘소

Schwarzerium provosti (Fairmaire, 1887)

Callichroma provosti Fairmaire, 1887: 328

Chelidonium provosti: Lee, 1981: 46

몸길이	25~32mm
성충활동시기	7월 초순~8월 중순
최종동면형태	유충
기주식물	느티나무, 비술나무
한반도분포	대구, 경기 시흥시, 양평군, 충북 청주시, 경북 포항시
아시아분포	중국

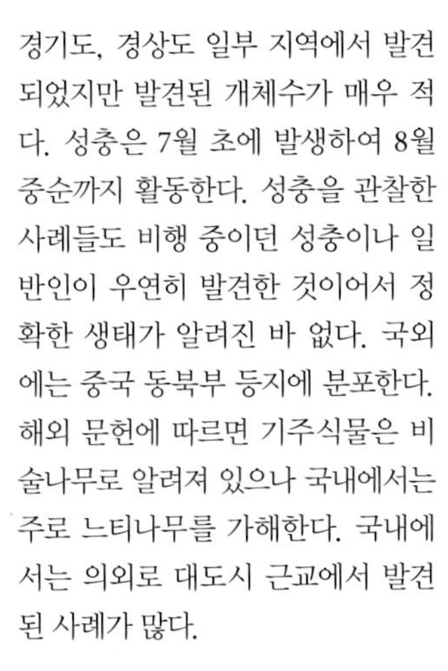

경기도, 경상도 일부 지역에서 발견되었지만 발견된 개체수가 매우 적다. 성충은 7월 초에 발생하여 8월 중순까지 활동한다. 성충을 관찰한 사례들도 비행 중이던 성충이나 일반인이 우연히 발견한 것이어서 정확한 생태가 알려진 바 없다. 국외에는 중국 동북부 등지에 분포한다. 해외 문헌에 따르면 기주식물은 비술나무로 알려져 있으나 국내에서는 주로 느티나무를 가해한다. 국내에서는 의외로 대도시 근교에서 발견된 사례가 많다.

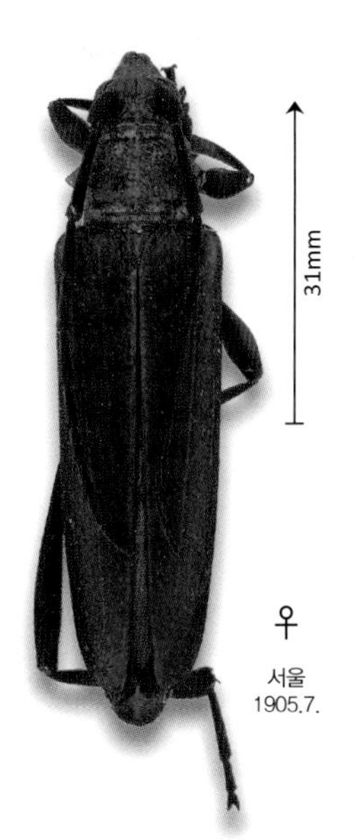

♀
서울
1905.7.

노랑띠하늘소 | 사향하늘소족 Callichromatini

Polyzonus (*Polyzonus*) *fasciatus* (Fabricius, 1781)

강원 영월군 2010.8.8.

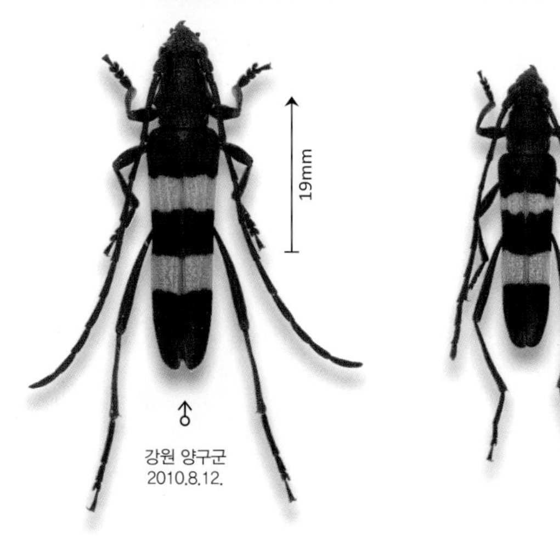

Saperda fasciatus Fabricius, 1781: 232

Polyzonus fasciatus: Kolbe, 1886: 222

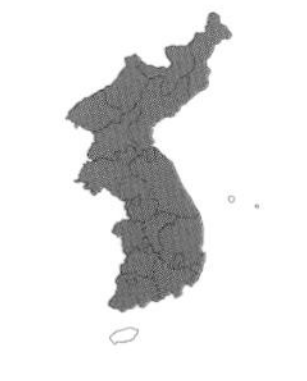

몸길이	15~21mm
성충활동시기	7월 중순~9월 초순
최종동면형태	유충
기주식물	찔레꽃, 용가시나무, 해당화
한반도분포	전국
아시아분포	러시아, 몽골, 북한, 중국, 홍콩

전국의 건조한 구릉지에 주로 분포한다. 성충은 7월 중순 이후에 발생하여 9월까지 활동한다. 여러 가지 꽃에서 먹이활동을 하는 모습을 어렵지 않게 관찰할 수 있다. 몸에서 옅은 사향 냄새가 난다. 암컷은 찔레꽃, 용가시나무, 해당화 등 장미과 식물에 노란 점액질과 함께 알을 붙이는 방식으로 산란한다. 유충은 가지 내부를 가해하는데 수피를 제외하고 수피 안쪽 부분을 모두 먹어 치우는 경우도 종종 있다.

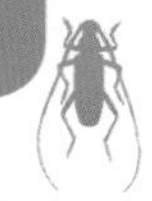

삼나무하늘소족 Callidiini |

검정삼나무하늘소

Rhopalopus (Prorrhopalopus) signaticollis (Solsky, 1873)

강원 양구군 2013.5.16.

Ropalopus signaticollis Solsky, 1873: 177

Ropalopus (Prorrhopalopus) signaticollis: Plavilstshikov, 1940: 246, 679

몸길이	10~14mm
성충활동시기	5월 하순~7월 초순
최종동면형태	유충
기주식물	신나무, 단풍나무, 상수리나무, 호두나무
한반도분포	강원 양구군, 금강군(북한)
아시아분포	러시아, 일본, 중국

강원 양구군 2013.5.16.

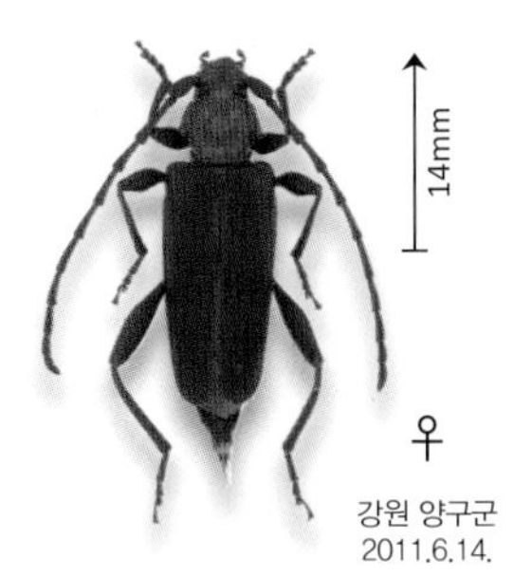

강원 양구군 2011.6.14.

북부 산림지대에 서식하는 종으로 과거 강원도 금강산에 채집기록이 있었다. 국내에서는 발견되지 않다가 최근 강원도 북부지방 활엽수림에서 여러 마리가 관찰되었다. 성충은 5월 중순부터 발생하며 7월 초순까지 활동한다. 암컷은 말라 죽은 신나무, 단풍나무, 상수리나무, 호두나무의 수피, 갈라진 틈 등에 산란한다. 유충은 수피 아래를 가해하다가 성장을 마치면 수피 내부로 파고들어 번데기방을 틀고 우화한다. 해외에서는 암수 모두 몸 전체가 검은색을 띠는 개체들이 주를 이루고 가슴판이 붉은 개체를 색상변이로 취급하지만, 국내에서 채집된 개체들은 모두 가슴판이 붉다.

향나무하늘소 | 삼나무하늘소족 Callidiini

Semanotus bifasciatus (Motschulsky, 1875)

전남 해남군 2009.3.28.

16mm

♂ 경기 부천시 2011.10.26.

12mm

♀ 전남 해남군 2009.3.12.

Hylotrupes bifasciatus Motschulsky, 1875: 148

Sympiezocera sp. Saito, 1931: 10, pl. 1, f. 2

전국에 분포하며 가장 빠른 시기에 성충이 관찰되는 종 중 하나이다. 성충은 3월 초에 발생하여 5월 중순까지 활동한다. 시들거나 쓰러진 향나무, 노간주나무에서 주로 활동한다. 암컷은 향나무, 노간주나무의 수피 틈에 산란한다. 유충은 수피 아래를 가해하며 성장을 마치면 목질부 아래 2cm 지점까지 파고들어가 번데기방을 만드는데 머리가 목질부 안쪽으로 향한 채로 용화하는 것이 특징이다. 조경용으로 심어놓은 향나무, 측백나무를 가해하여 고사시키는 주범이다.

몸길이	8~20mm
성충활동시기	3월 초순~5월 중순
최종동면형태	성충
기주식물	향나무, 노간주나무, 편백
한반도분포	경기, 전남 해남군, 경남 창녕군
아시아분포	러시아, 몽골, 북한, 중국

삼나무하늘소족 Callidiini |

주홍삼나무하늘소

Oupyrrhidium cinnabarinum (Blessig, 1872)

강원 양양군 2013.6.15.

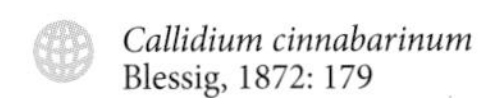

Callidium cinnabarinum
Blessig, 1872: 179

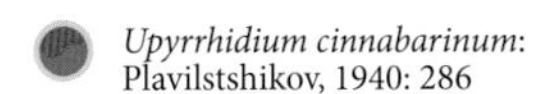

Upyrrhidium cinnabarinum:
Plavilstshikov, 1940: 286

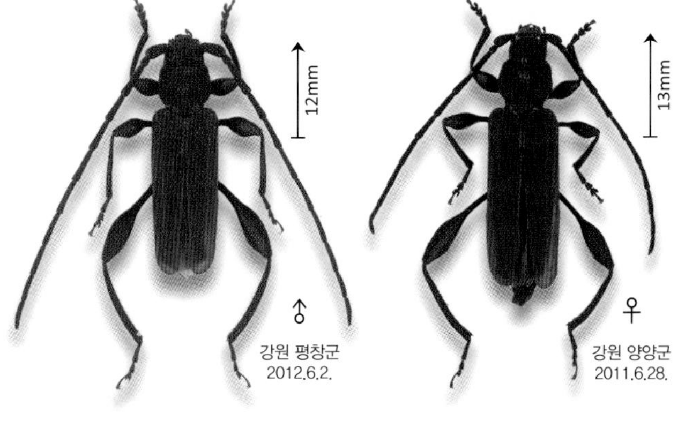

강원 평창군 2012.6.2.

강원 양양군 2011.6.28.

몸길이	7~17mm
성충활동시기	5월 중순~7월 초순
최종동면형태	유충
기주식물	느릅나무, 참나무
한반도분포	강원, 충북 영동군, 충남 청양군
아시아분포	러시아, 중국

전국의 활엽수림에 분포한다. 성충은 5월 중순에 발생하여 7월 초순까지 관찰된다. 맑은 날, 벌채목에서 관찰할 수 있는 대표적인 하늘소 중 하나이다. 벌채목 주위에서 활발히 날아다니거나 짝짓기 하는 개체들을 쉽게 만날 수 있다. 암컷은 느릅나무 벌채목이나 고사목에 산란한다. 유충은 수피 바로 아랫부분을 가해하다가 성장을 마치면 목질부로 들어가 번데기방을 만들고 우화한다. 다리와 더듬이를 제외한 몸 전체에 아름다운 주홍빛이 돌아 주홍삼나무하늘소라는 이름이 붙었다.

애청삼나무하늘소 | 삼나무하늘소족 Callidiini

Callidiellum rufipenne (Motschulsky, 1862)

충북 단양군 2013.5.27.

11mm

♂

대전 유성구
2007.5.5.

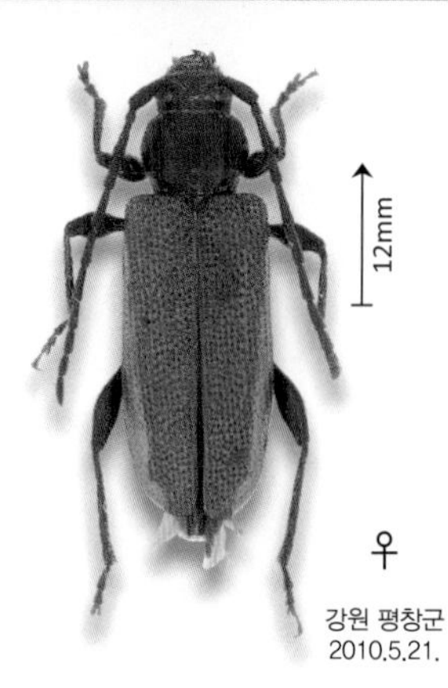

강원 평창군
2010.5.21.

Callidium refipenne Motschulsky, 1862: 19

Callidium rufipenne: Nakatomi, 1934: 655

몸길이	5~14mm
성충활동시기	4월 초순~7월 초순
최종동면형태	성충
기주식물	삼나무, 전나무, 측백나무, 편백, 향나무
한반도분포	전국, 제주
아시아분포	러시아, 대만, 일본, 중국

전국에 분포하며 개체수도 많다. 성충은 4월 초순부터 활동하며 7월까지 관찰된다. 개체수가 매우 많은 편이기 때문에 침엽수 고사목, 벌채목 등에서 쉽게 관찰할 수 있다. 침엽수로 만든 나무 간판에 날아온 성충 수십 마리가 관찰된 적도, 손바닥만 한 편백에서 수십 개의 탈출공을 확인한 적도 있다. 암컷은 여러 가지 침엽수의 수피 틈에 산란한다. 유충은 수피 바로 밑을 가해하며 성장을 마치면 목질부 안쪽으로 파고들어가 번데기방을 만든다. 성충이 되면 들어간 구멍을 통해 나무 밖으로 나온다. 조경용으로 심어놓은 향나무, 측백나무를 가해하여 고사시키는 주범이다.

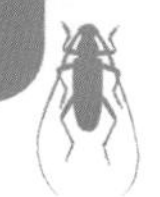

삼나무하늘소족 Callidiini |

삼나무하늘소

Callidium (*Callidium*) *violaceum* (Fabricius, 1775)

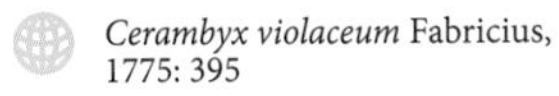

Cerambyx violaceum Fabricius, 1775: 395

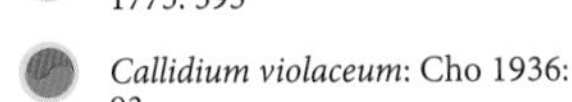

Callidium violaceum: Cho 1936: 93

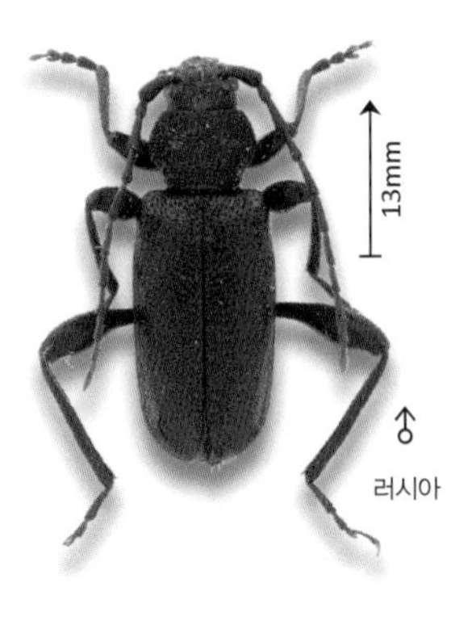

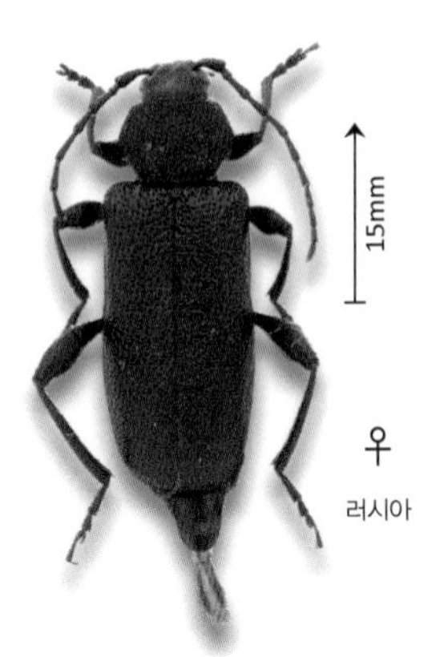

몸길이	8~16mm
성충활동시기	6월 하순~7월 하순
최종동면형태	유충
기주식물	삼나무, 소나무
한반도분포	함북, 평북
아시아분포	러시아, 몽골, 북한, 일본, 중국, 카자흐스탄

함경북도 경성, 평안북도 강계에서 채집된 기록이 있으며 휴전선 이남에서는 채집된 기록이 없다. 성충은 6월 말부터 발생하여 7월 말까지 활동한다. 주로 침엽수 고사목이나 벌채목의 나무둥치, 밑동 등에서 활동한다. 암컷은 침엽수 고사목의 수피 틈에 산란한다. 유충은 수피 아랫부분을 가해하고 성장을 마친 유충은 목질 내부로 1cm 정도 파고들어 번데기방을 만든 후 우화한다.

삼나무하늘소족(*Callidiini*)의 일반적인 식흔형태

청삼나무하늘소 | 삼나무하늘소족 Callidiini

Callidium (*Palaeocallidium*) *chlorizans* (Solsky, 1871)

Semanotus chlorizans Solsky, 1871: 384

Callidium (*Palaeocallidium*) *chlorizans*: Plavilstshikov, 1940: 294, 692

채집지가 명기되지 않은 상태로 한반도에 분포한다고 기록되었으나 (Plavilstshikov, 1940) 그 후로 생체나 표본이 확인된 바 없다. 성충은 6월 하순부터 발생하여 8월까지 활동한다. 성충은 보통 낙엽송 등 침엽수의 둥치 부분에서 발견되며, 암컷은 수피가 두꺼운 침엽수 밑동이나 줄기 부분에 산란한다. 유충은 수피 내부를 가해하며 번데기방도 수피 내부에 만들고 우화한다.

몸길이	11~17mm
성충활동시기	6월 하순~8월 초순
최종동면형태	유충
기주식물	낙엽송
한반도분포	명확한 채집기록 없음
아시아분포	러시아, 몽골

홍가슴삼나무하늘소 | 삼나무하늘소족 Callidiini

Pronocera sibirica (Gebler, 1848)

Callidium sibirica Gebler, 1848: 391

Pronocera brevicollis var. *daurica*: Cho, 1936: 93

강원도 동북부지방에 서식하지만 매우 드물다. 유일하게 설악산에서 채집된 암컷 1개체가 『한반도 천우과 갑충지』(Lee, 1987)에 보고되었다. 암컷은 전나무, 가문비나무, 소나무 등 각종 침엽수의 가지나 꼭대기 부분의 고사한 부분에 산란한다. 유충은 수피 바로 아래를 가해하며 성장을 마치면 목질부로 파고들어 번데기방을 만들고 우화한다. 『한반도 하늘소과 갑충지』(Lee, 1987)의 홍가슴삼나무하늘소 수컷 표본은 검정삼나무하늘소 암컷의 오동정이다.

몸길이	10~14mm
성충활동시기	5월 하순~7월 초순
최종동면형태	유충
기주식물	가문비나무, 단풍나무, 소나무, 전나무
한반도분포	강원 양양군
아시아분포	러시아, 몽골, 북한

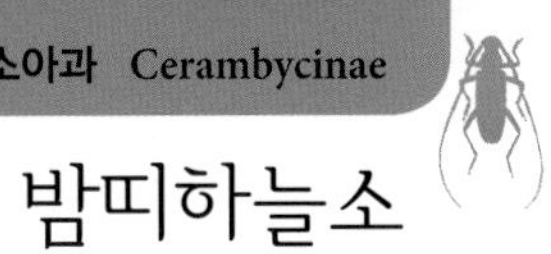

삼나무하늘소족 Callidiini |

밤띠하늘소

Phymatodes (Phymatodellus) infasciatus (Pic, 1935)

대전 유성구 2009.2.2.사육

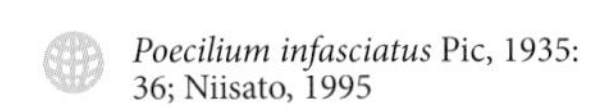

Poecilium infasciatus Pic, 1935: 36; Niisato, 1995

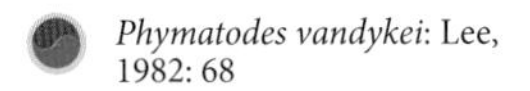

Phymatodes vandykei: Lee, 1982: 68

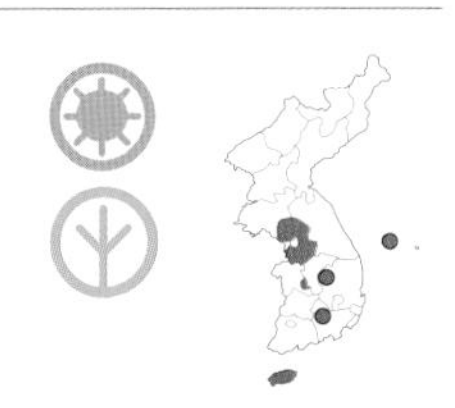

대전 유성구
2009.2.2.사육

경기 파주시
2010.4.10.사육

몸길이	4~5mm
성충활동시기	4월 초순~5월 하순
최종동면형태	유충
기주식물	머루, 포도
한반도분포	대전, 경기, 경북 문경시, 경남 산청군, 울릉도, 제주
아시아분포	러시아, 일본, 중국

전국에 분포하는 소형 하늘소이다. 성충은 주로 4~5월까지 활동한다. 크기가 작은 데다가 보통 머루 등의 고사목 수피 틈에 숨어있어 관찰이 쉽지 않다. 암컷은 지름 1cm 미만의 얇은 머루 덩굴 수피 틈새 부분에 산란한다. 유충은 수피 아래와 목질부를 가리지 않고 가해하며 같은 자리에서 번데기방을 틀고 우화한다. 크기가 작아 육안으로 확인하기 힘들지만 딱지날개 상단에 밤색이 돌아 밤띠하늘소라는 이름이 붙었다.

갈색민띠하늘소 | 삼나무하늘소족 Callidiini

Phymatodes (*Phymatodellus*) *jiangi* Wang and Zheng, 2003

강원 춘천시 2004.4.17.

 *Phymatodes jiangi* Wang and Zheng, 2003. Wang 2003: 207. Type locality: Jilin (China)

 *Phymathodes* (*Phymatodellus*) *jiangi*: Lim et al., 2013: 34-39

국내에서는 매우 최근에 기록된(Lim et al., 2013) (2013) 종으로 강원도와 경기도 등지에서 간간히 발견된다. 성충은 4월 하순~5월 말까지 고사된 포도 가지 등에서 관찰할 수 있다. 대부분의 시간을 포도껍질 틈새에서 보내며 간간히 짝짓기를 하거나 줄기를 오르내리는 모습도 보인다. 꽃이나 야간 불빛에 날아온 개체가 관찰된 적은 없다.

몸길이	5~8mm
성충활동시기	4월 하순~5월 하순
최종동면형태	번데기
기주식물	포도
한반도분포	경기 연천군, 가평군, 강원 춘천시
아시아분포	중국

삼나무하늘소족 Callidiini |

청날개민띠하늘소

Phymatodes (*Phymatodellus*) *zemlinae* Plavilstshikov and Anufriev, 1964

대전 2013.겨울.사육

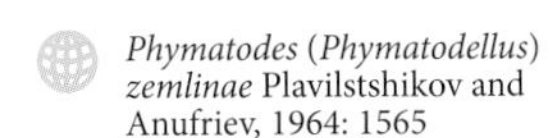

Phymatodes (*Phymatodellus*) *zemlinae* Plavilstshikov and Anufriev, 1964: 1565

Phymatodes (*Phymatodellus*) *zemlinae*: Lim et al., 2013: 34–39

몸길이	6~9mm
성충활동시기	4월 하순~5월 하순
최종동면형태	번데기
기주식물	포도
한반도분포	대전, 경기 가평군, 강원 춘천시

국내에서는 비교적 최근 기록된 종으로 강원도와 경기도, 충청남도 등지에서 간간히 발견된다. 성충은 4~5월까지 주로 포도 덩굴 고사목이나 시들어 가는 가지에서 관찰할 수 있다. 포도 덩굴 껍질 틈에서 활동하며 꽃이나 밤에 불빛에서 관찰된 적은 없다. 암컷은 포도, 머루 등의 1cm 정도 되는 얇은 줄기 껍질 아래에 산란한다. 유충은 얇은 줄기의 목질부를 가해하며 성장을 마치면 같은 자리에 번데기방을 만들고 우화한다. 겨울철 머루 덩굴의 얇은 줄기를 쪼개 보면 줄기 속에 일정한 간격으로 정렬해있는 번데기들의 모습을 볼 수 있다.

대전 2013.사육

큰민띠하늘소 | 삼나무하늘소족 Callidiini

Phymatodes testaceus (Linnaeus, 1758)

경북 경주시 2013.5.29.

14mm

♂ 경북 경주시 2013.6.1.

14mm

♀ 경북 경주시 2013.6.1.

Cerambyx testaceus Linnaeus, 1758: 396

Phymatodes (*Phymatodes*) *testaceus*: Oh, 2013: 161

몸길이	9~17mm
성충활동시기	5월 초순~6월 초순
최종동면형태	유충
기주식물	참나무, 매화오리나무
한반도분포	울산, 경기 광주시, 포천시, 가평군
아시아분포	러시아, 일본, 카자흐스탄

국내 띠하늘소류 중에서 크기가 가장 크며 최근에 발견되었다. 남동부 지방에서 국지적으로 많은 개체가 발견되었고 최근에는 경기도 등지에서도 발견되었다. 일본부터 러시아까지 분포하는 것으로 보아 전국에 분포할 것으로 보인다. 성충은 색변이가 있는데 특히 수컷에게서 다양하게 나타난다. 성충은 5~7월까지 활동한다. 참나무 고사목이나 벌채목 무더기에서 활동하는 성충을 관찰할 수 있다. 암컷은 참나무 고사목 수피 틈에 산란한다. 유충은 수피 아래를 가해하며, 성장을 마친 유충은 두꺼운 수피 내부 혹은 수피 바로 아래 목질부에 번데기방을 틀고 우화한다.

삼나무하늘소족 Callidiini |

띠하늘소

Phymatodes (Paraphymatodes) mediofasciatus Pic, 1933

강원 화천군 2013.5.26.

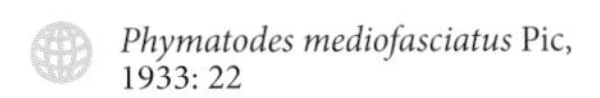

Phymatodes mediofasciatus Pic, 1933: 22

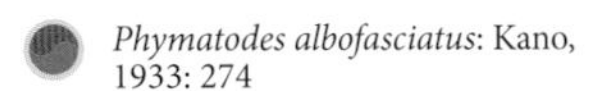

Phymatodes albofasciatus: Kano, 1933: 274

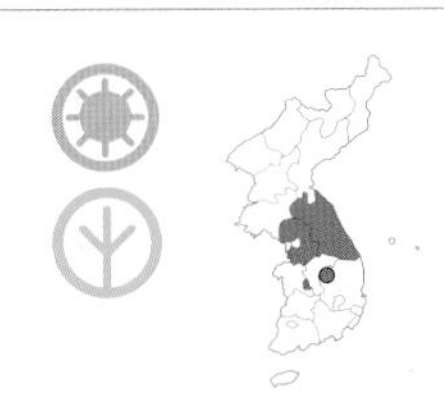

한반도의 중북부지방에 주로 분포한다. 성충은 5월 초순에 발생하여 6월 중순까지 활동한다. 꽃에 모이는 일은 적고 주로 머루, 포도, 다래 등의 고사목에서 활동한다. 암컷은 죽은 지 얼마 되지 않은 머루 덩굴 등에 산란한다. 유충은 수피 아래를 가해하다가 성장함에 따라 목질부로 파고들어간다. 종령 유충은 목질 내부에서 미리 타원형으로 탈출공을 뚫어놓고 톱밥으로 막은 뒤 번데기방을 틀고 우화한다.

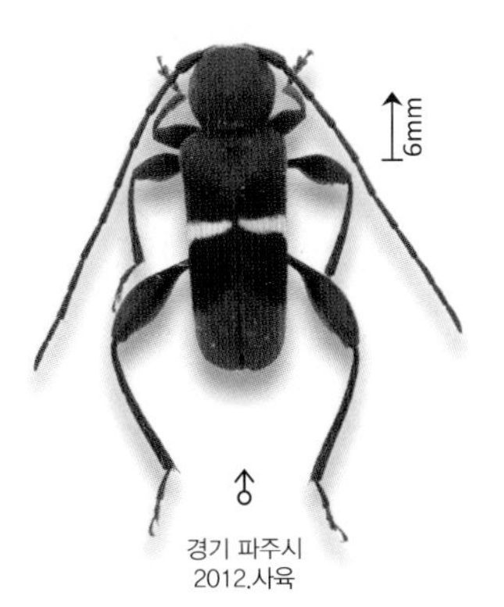

경기 파주시
2012.사육

몸길이	4~6mm
성충활동시기	4월 초순~6월 초순
최종동면형태	유충
기주식물	머루, 포도, 다래, 등
한반도분포	대전, 경기, 강원, 경북 문경시
아시아분포	일본

홍띠하늘소 | 삼나무하늘소족 Callidiini

Phymatodes (poecilium) maaki maaki (Kraatz, 1879)

강원 홍천군 2010.5.25.

♂ 8mm
강원 평창군 2009.5.30.

♀ 10mm
강원 평창군 2009.5.30.

Callidium maaki Kraatz, 1879: 106

Phymatodes (Poecilium) maaki: Plavilstshikov, 1940: 329

전국의 산지와 포도밭에 분포하며 개체수도 많다. 성충은 5월 초순에 발생하여 7월까지 활동한다. 주행성이며 대부분의 시간을 머루, 포도, 다래 등의 고사목에서 보낸다. 먹이활동을 하는 모습은 아직 관찰하지 못하였다. 암컷은 고사한 포도, 머루 덩굴에 산란한다. 유충은 수피를 가해하다가 성장함에 따라 목질부로 이동한다. 종령 유충은 목질부에 번데기방을 틀고 우화한다. 전용으로 겨울을 나고 날이 따듯해지기 시작하면 번데기가 된다.

몸길이	6~10mm
성충활동시기	5월 중순~7월 초순
최종동면형태	번데기
기주식물	머루, 포도, 다래, 등
한반도분포	전국
아시아분포	러시아, 대만, 중국

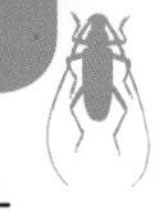

삼나무하늘소족 Callidiini |

두줄민띠하늘소

Phymatodes (*Phymatodellus*) *murzini* Danilevsky, 1993

경기 양평군 2013.2.11.사육

Phymatodes (*Phymatodellus*) *murzini* Danilevsky, 1993: 113

Phymatodes (*Phymatodellus*) *murzini* Danilevksy, 1993: 113

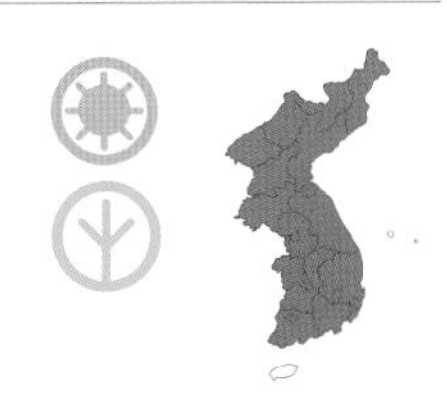

♂ 경기 양평군 2013.2.11.사육

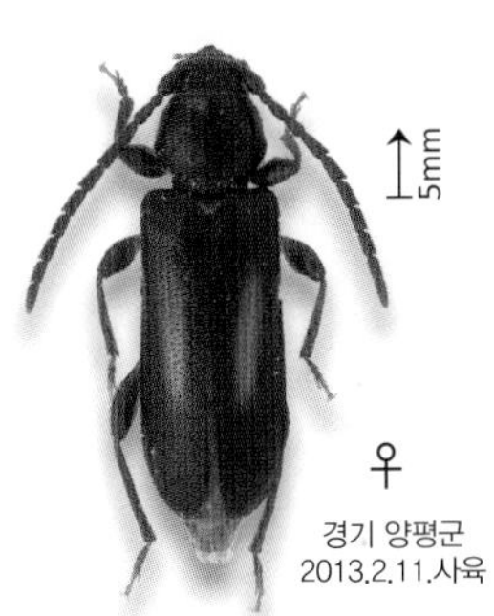

♀ 경기 양평군 2013.2.11.사육

몸길이	5~7mm
성충활동시기	4월 중순~6월 중순
최종동면형태	번데기
기주식물	머루, 포도
한반도분포	전국
아시아분포	북한

강원도, 경기도 충청남도 등 넓은 지역에 분포하며 개체수도 많은 편이다. 포도나 머루 덩굴이 있는 곳이면 깊은 산속부터 도심 근처까지 장소를 막론하고 쉽게 찾아볼 수 있다. 성충은 4월부터 발생하며 6월까지 활동하는데 머루 껍질 밑에 숨어있는 경우가 많고 크기가 작아 야생에서 관찰하기는 쉽지 않다. 유충은 머루 줄기의 목질부를 가해하며, 겨울에 고사한 머루나 가지치기한 포도 가지 속에서 번데기를 쉽게 찾을 수 있다. 다른 띠하늘소들과 비교해 볼 때 딱지날개에 노란색 무늬가 세로로 있는 것이 특징적이다.

호랑하늘소 | 줄범하늘소족 Clytini

Xylotrechus (*Xyloclytus*) *chinensis* (Chevrolat, 1852)

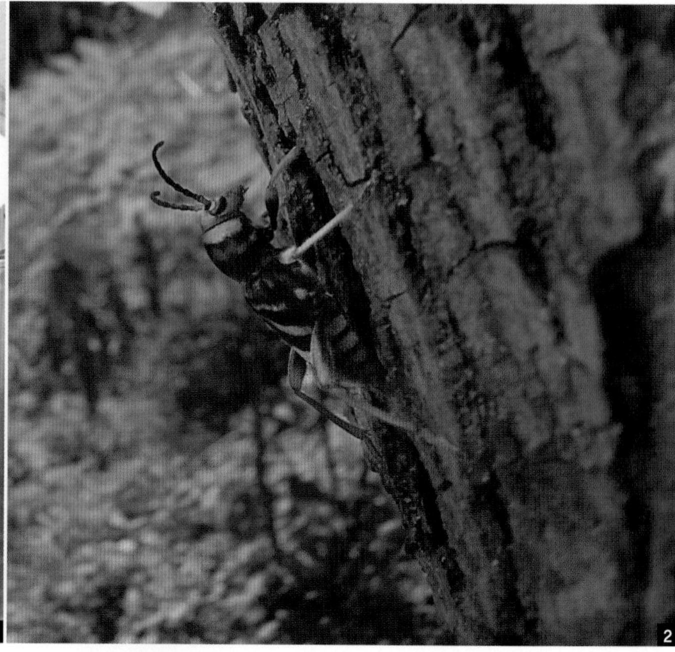

1 경기 남양주시 2013.8.1.
2 강원 횡성군 2009.8.3.

21mm

♂ 강원 양양군 2013.7.19.

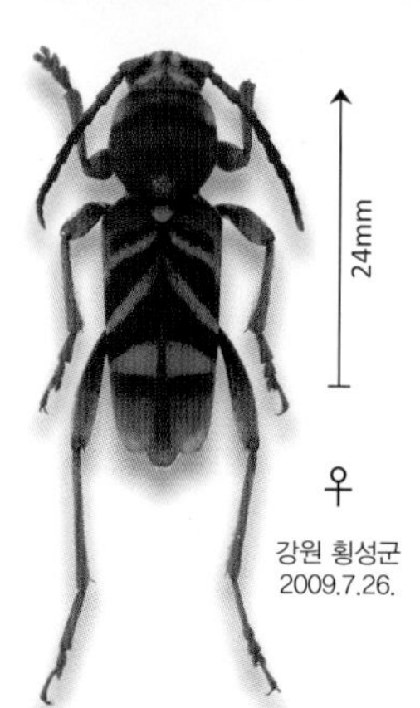

♀ 강원 횡성군 2009.7.26.

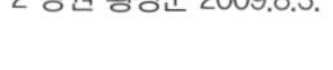

Clytus chinensis Chevrolat, 1852: 416

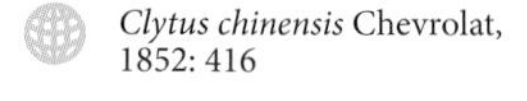

Xylotrechus chinensis: Okamoto, 1927: 74

말벌과 가장 유사하게 의태한 범하늘소로 제주도를 제외한 전국에 분포한다. 성충은 7월 중순부터 발생해 8월 하순까지 출현한다. 주로 시들어가는 뽕나무 줄기 부분에서 활동하며, 살아있는 뽕나무의 상처난 부분에 날아오기도 한다. 벌채목에서도 가끔씩 모습을 볼 수 있으나 일반적인 생태는 아닌 것으로 보인다. 암컷은 뽕나무의 상처난 부분이나 수피 틈새에 산란한다. 유충은 수피 아래를 가해하며 종령 유충은 목질부에 번데기방을 틀고 우화한다. 뽕나무 쇠약목을 고사시키는 해충이다.

몸길이	15~26mm
성충활동시기	7월 중순~8월 중순
최종동면형태	유충
기주식물	산뽕나무, 뽕나무
한반도분포	경기, 강원, 충청, 경상
아시아분포	북한, 일본, 중국

줄범하늘소족 Clytini |

세줄호랑하늘소

Xylotrechus (*Xylotrechus*) *cuneipennis* (Kraatz, 1879)

강원 홍천군 2013.6.29.

 *Clytus cuneipennis* Kraatz, 1879: 110

 *Xylotrechus pallipennis*: Cho, 1934: 45

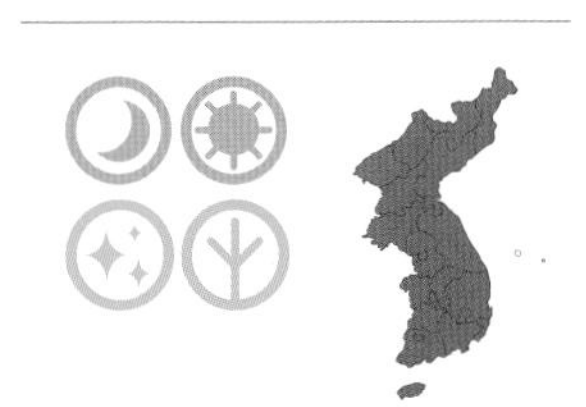

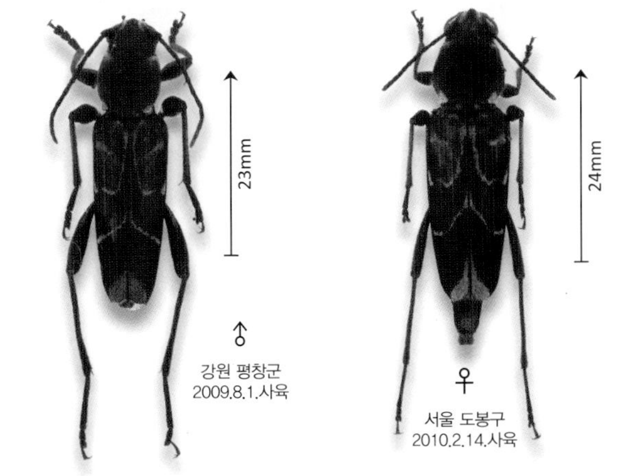

몸길이	10~24mm
성충활동시기	6월 초순~8월 중순
최종동면형태	유충
기주식물	굴참나무, 신갈나무
한반도분포	전국, 제주
아시아분포	러시아, 북한, 일본, 중국

전국의 활엽수림에서 서식하는 종으로 개체수가 많아 쉽게 눈에 띈다. 6~7월까지 활동하며 각종 벌채목, 고사목 등에서 어렵지 않게 관찰할 수 있다. 불빛에 이끌려 날아온 개체들도 종종 관찰된다. 암컷은 굴참나무, 신갈나무, 물푸레나무 등 각종 활엽수 고사목의 수피 틈에 산란한다. 유충은 수피 아래를 가해하다가 성장을 마치면 목질부 위쪽에 번데기방을 틀고 우화한다.

갈색호랑하늘소 | 줄범하늘소족 Clytini

Xylotrechus (Xylotrechus) hircus Gebler, 1825

강원 화천군 2013.6.15.

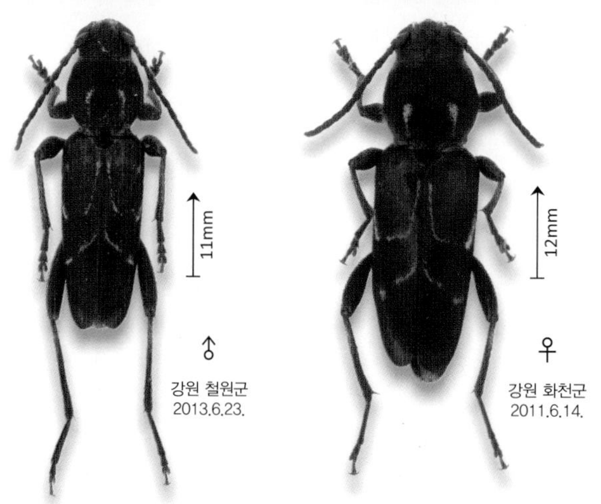

Clytus hircus Gebler, 1825: 54

Xylotrechus hircus: Plavilstshikov, 1940: 355, *711*

몸길이	8~15mm
성충활동시기	6월 초순~7월 중순
최종동면형태	유충
기주식물	물박달나무, 사스래나무, 사시나무
한반도분포	경기 연천군, 강원 철원군, 화천군, 양구군
아시아분포	러시아, 몽골, 일본, 중국, 카자흐스탄

강원도, 경기도 북부지방에서 관찰된다. 성충은 6월 초에 발생하여 7월 중순까지 활동한다. 주로 사시나무나 사스래나무 고사목 등에서 관찰되는데 위협을 느끼면 껍질 밑으로 재빨리 숨어 관찰이 어렵다. 암컷은 사시나무의 껍질이나 수피 틈에 산란한다. 유충은 수피를 가해하다가 어느 정도 성장하면 목질부로 파고들어 가해한다. 성장을 마친 유충은 목질부에 번데기방을 만들고 우화한다. 세줄호랑하늘소와 비슷하지만 가슴 판에 동그란 흰색 무늬나 딱지날개 무늬 등으로 구별할 수 있다.

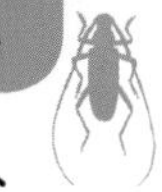

줄범하늘소족 Clytini | 노란줄호랑하늘소

Xylotrechus (Xylotrechus) yanoi Gressitt, 1934

경기 남양주시 2012.7.29.

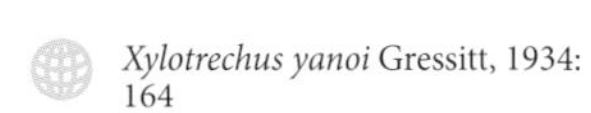

Xylotrechus yanoi Gressitt, 1934: 164

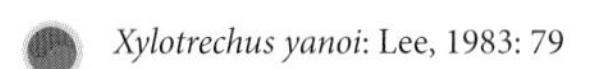

Xylotrechus yanoi: Lee, 1983: 79

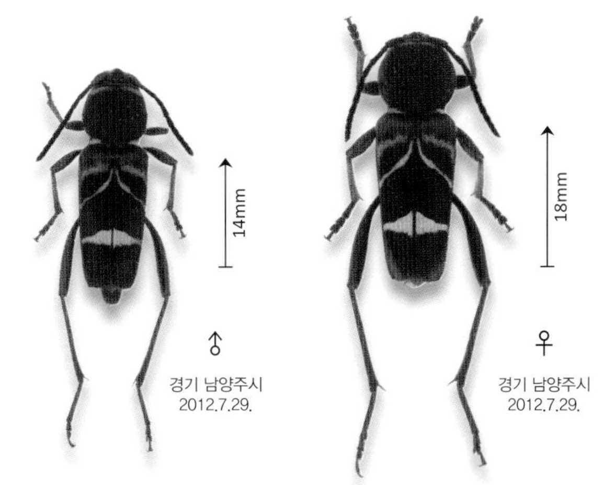

몸길이 14~20mm
성충활동시기 7월 초순~8월 중순
최종동면형태 유충
기주식물 풍게나무, 팽나무
한반도분포 경기 남양주시, 가평군, 강원 춘천시, 삼척시, 전북 부안군, 전남 장성군
아시아분포 일본, 중국

중부지방의 활엽수림에 드물게 관찰되는 종으로 최남단 기록은 전남 장성의 백양사이다. 성충은 7월 초순에 출현하여 8월 중순까지 활동한다. 주로 팽나무 고사목이나 벌채목에서 활동하는데 한낮에 나무를 오르내리며 짝짓기와 산란을 한다. 채광이 강한 곳보다는 적절히 그늘과 빛이 조화롭게 드는 곳을 선호한다. 살아있는 뽕나무의 죽어가는 부분에 날아온 암컷을 확인하였으나 산란을 위한 것인지는 확인하지 못했다. 이름에 걸맞게 딱지날개 중하단부에 굵은 노란색 가로줄무늬가 있다.

닮은북자호랑하늘소 신칭 | 줄범하늘소족 Clytini

Xylotrechus (*Xylotrechus*) *ibex* (Gebler, 1825)

서울 2010.6.10.

14mm

♂ 서울 서대문구 2010.6.12.

16mm

♀ 서울 서대문구 2010.6.12.

Clytus ibex Gebler, 1825: 53

Xylotrechus ibex: Plavilschikov, 1940: 367

몸길이	9~16mm
성충활동시기	5월 하순~6월 하순
최종동면형태	유충
기주식물	오리나무
한반도분포	서울, 경기, 강원 철원군
아시아분포	러시아, 몽골, 북한, 중국, 카자흐스탄

서울과 경기도 일부 지역, 그리고 강원도 철원에서 발견되었다. 성충은 5~6월까지 활동한다. 산오리나무, 물오리나무, 오리나무의 서서 죽은 고사목이나 살아있는 나무의 죽어가는 부분에서 관찰할 수 있다. 쓰러져 있는 나무에서는 발견치 못하였다. 암컷은 오리나무, 물박달나무 고사목의 수피 틈에 산란한다. 유충은 수피 내부를 가해하며 성장을 마치면 같은 자리에 번데기방을 만들고 우화한다. 북자호랑하늘소와 유사하지만 앞가슴등판 점열의 모양이 다르다. 북자호랑하늘소는 쌀알 모양인 반면, 닮은북자호랑하늘소는 가로로 긴 모양이다.

줄범하늘소족 Clytini |

북자호랑하늘소

Xylotrechus (*Xylotrechus*) *clarinus* Bates, 1884

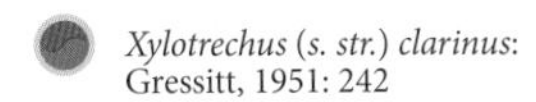

Xylotrechus calrinus Bates, 1884: 231

Xylotrechus (*s. str.*) *clarinus*: Gressitt, 1951: 242

국내 채집기록은 있으나 표본은 확인하지 못하였다. 암컷은 자작나무과 고사목이나 벌채목 등의 굵은 부분 수피 틈에 산란한다. 유충은 수피 내부를 가해하며, 같은 자리에서 번데기방을 틀고 우화한다. 닮은북자호랑하늘소와 근연종이지만 생김새와 기주식물에서 차이가 난다. 닮은북자호랑하늘소는 오리나무류에서만 발견되는 반면, 북자호랑하늘소는 오리나무, 자작나무 등에서 발견된다. 딱지날개의 무늬가 북녘 북(北) 자를 닮아 북자호랑하늘소라는 이름이 붙었다. 『한반도 하늘소과 갑충지』(Lee, 1987)에 수록된 북자호랑하늘소는 닮은북자호랑하늘소의 오동정이다.

몸길이	9~16mm
성충활동시기	5월 하순~7월 초순
최종동면형태	유충
기주식물	물오리나무, 사스래나무, 오리나무, 자작나무
한반도분포	명확한 채집기록 없음
아시아분포	러시아, 북한, 중국, 일본

줄범하늘소족 Ciytini |

닮은애호랑하늘소

Xylotrechus (*Xylotrechus*) *incurvatus incurvatus* (Chevrolat, 1863)

Amauresthes incurvatus Chevrolat, 1863: 331

Xylotrechus incurvatus: Lee, 1987: 108

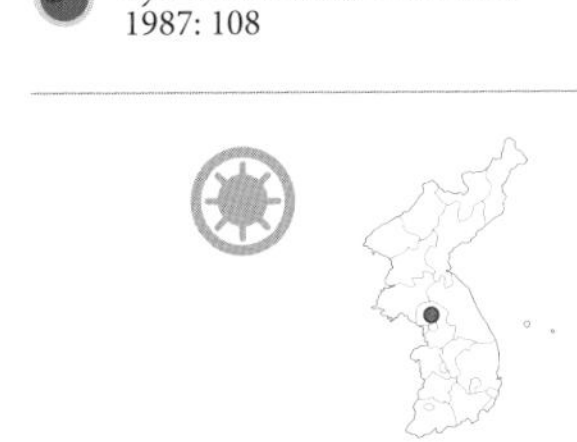

1939년 소요산 기록 후로 공식적인 기록은 알려진 바 없다. 성충이 8월 중순에 발생하여 10월 초순까지 활동한다고 알려져 있을 뿐 그 외의 생태적인 정보는 확인된 사항이 없다. 생김새는 애호랑하늘소와 유사하나 검은 무늬가 매우 가늘고 색상이 더 밝은 노란빛을 띤다. 국외에는 중국 동남부와 대만에 분포한다.

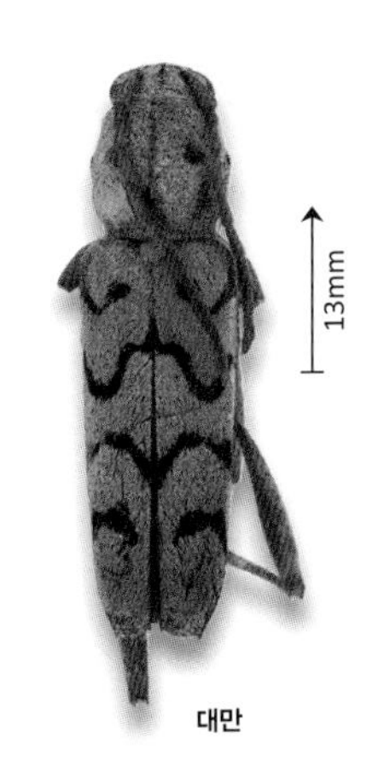

대만

몸길이	10~13mm
성충활동시기	8월 중순~10월 초순
최종동면형태	밝혀지지 않음
기주식물	밝혀지지 않음
한반도분포	경기 동두천시
아시아분포	대만, 중국, 홍콩

애호랑하늘소 | 줄범하늘소족 Clytini

Xylotrechus (*Xylotrechus*) *polyzonus* (Fairmaire, 1888)

강원 평창군 2013.8.3.

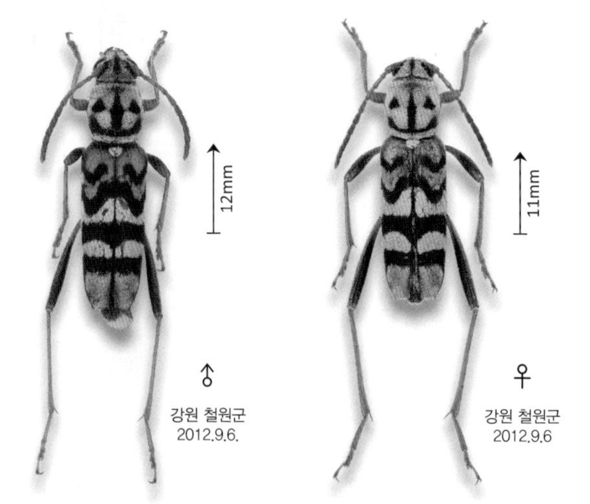

♂ 강원 철원군 2012.9.6.

♀ 강원 철원군 2012.9.6

Clytus polyzonus Fairmaire, 1888: 143

Xylotrechus polyzonus: Matsushita et Tamanuki, 1935: 4

몸길이	12~15mm
성충활동시기	7월 하순~9월 중순
최종동면형태	밝혀지지 않음
기주식물	밝혀지지 않음
한반도분포	경기 양주시, 강원 철원군, 홍천군, 평창군, 충북 제천시, 전남 광양시
아시아분포	러시아, 북한, 중국

강원도, 경기도, 충청도, 전라남도의 일부 지역에 분포하나 어느 곳에서나 관찰하기는 쉽지 않은 종이다. 성충은 7월 하순에 발생하여 9월 중순까지 활동한다. 오후에 두릅나무, 붉나무 등의 흰색 꽃에서 활동한다. 종종 그늘진 곳에서 날아가는 모습이 관찰되기도 한다. 날아가는 모습은 벌과 매우 유사하다. 애호랑하늘소의 기주식물 등 자세한 생태는 아직 밝혀지지 않았다.

줄범하늘소족 Clytini |

넉점애호랑하늘소

Xylotrechus (*Xylotrechus*) *pavlovskii* Plavilstschikov, 1954

울산 울주군 2012.7.28.

Xylotrechus pavlovskii Plavilstshikov, 1954: 471

Xylotrechus pavlovskii: Han & Lyu, 2010: 69

13mm

♂

강원 양양군
2012.7.29

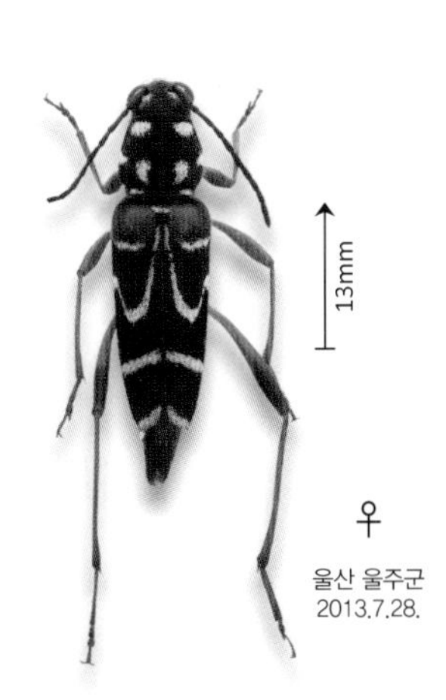

♀

울산 울주군
2013.7.28.

몸길이	8~15mm
성충활동시기	5월 하순~8월 하순
최종동면형태	유충
기주식물	신갈나무
한반도분포	서울, 울산, 경기 파주시, 포천시, 강원 양양군
아시아분포	러시아, 북한

2000년대 초반 광릉에서 최초로 발견되어 기록된 종으로 현재는 경기도, 강원도, 경상남도 등 전국 각 지역에서 발견된다. 성충은 5월 하순에 발생하여 8월 하순까지 활동한다. 보통 참나무 고사목이나 벌채목에서 활동하는 개체들이 간간히 발견되며 꽃이나 등화에서는 잘 모이지 않는 편이다. 암컷은 죽은 지 얼마 되지 않은 참나무에 산란을 하는데 주로 신갈나무를 선호한다. 가슴판에 노란색 점이 4개가 있는 것이 특징이다

별가슴호랑하늘소 | 줄범하늘소족 Clytini

Xylotrechus (Xylotrechus) grayii grayii A. White, 1853

강원 홍천군 2013.6.6.

10mm

♂

강원 홍천군
2012.5.28.

13mm

♀

강원 홍천군
2012.5.28.

Xylotrechus grayii
A. White, 1855: 261

Xylotrechus grayii: Mochizuki et Masui, 1939: 70

몸길이	9~17mm
성충활동시기	5월 중순~7월 중순
최종동면형태	유충
기주식물	느릅나무, 물푸레나무, 비쭈기나무, 오동나무, 오리나무
한반도분포	대구, 경기, 강원, 충청
아시아분포	대만, 일본, 중국

전국의 활엽수림에 넓게 분포한다. 성충은 5월 초순부터 발생하여 7월 중순까지 관찰된다. 주로 한낮에 양지바른 곳에 있는 활엽수 벌채목에서 활동한다. 개체수가 많은 편이라서 맑은 날에 벌채목에서 수십 마리가 짝짓기를 하고 있는 모습을 관찰한 적도 있다. 암컷은 참나무, 느릅나무 등의 활엽수 고사목에 산란을 한다. 가슴판에 흰색 점이 별처럼 박혀 있다고 하여 별가슴호랑하늘소란 이름이 붙었다.

줄범하늘소족 Clytini |

제주호랑하늘소

Xylotrechus (Xylotrechus) atronotatus subscalaris Pic, 1917

제주 서귀포시 2012.4.19.사육

Xylotrechus atronotatus Pic, 1917: 11

Xylotrechus atronotatus v. *subscalaris* Pic, 1917: 11

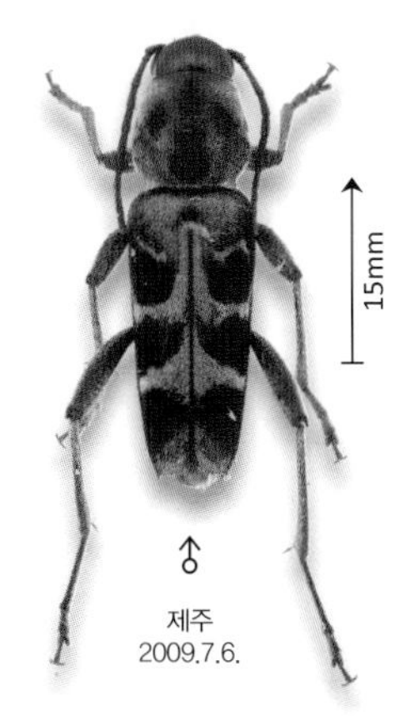

♂ 제주 2009.7.6.

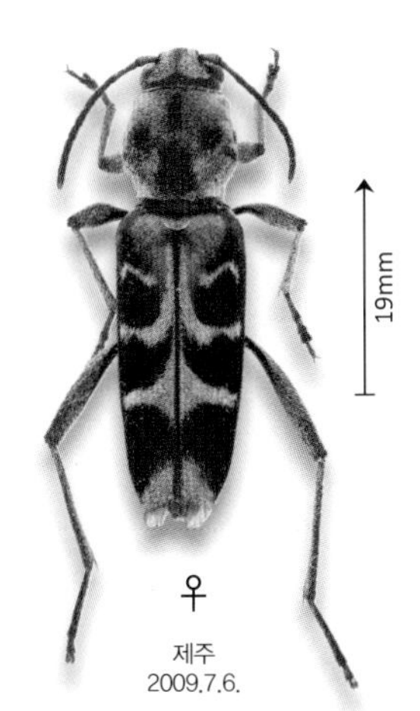

♀ 제주 2009.7.6.

몸길이 11~20mm
성충활동시기 6월 중순~8월 중순
최종동면형태 유충
기주식물 예덕나무, 팽나무, 노박덩굴
한반도분포 제주

제주도에만 분포하는 특산종으로 제주 전 지역에 분포하며 개체수가 많은 편이다. 성충은 6월 초순부터 출현하여 8월 중순까지 활동한다. 꽃에서 관찰한 적은 없으며 주로 활엽수의 고사목이나 죽어가는 부분에서 활동한다. 암컷은 예덕나무, 팽나무, 노박덩굴의 고사목의 갈라진 틈에 산란한다. 유충은 수종의 목질부를 가해한다. 제주도의 따뜻한 날씨 때문인지 7월경에 노박덩굴 고사목 안에서 성충 상태로 들어있는 개체를 관찰한 적도 있다.

홍가슴호랑하늘소 | 줄범하늘소족 Clytini

Xylotrechus (Xylotrechus) rufilius rufilius Bates, 1884

전남 해남군 2013.7.2.

♀
세종
2009.사육

전국에 폭넓게 분포하는 종으로 개체수도 매우 많다. 성충은 5월 초순~8월까지 활동한다. 맑은 날 오후에 활엽수 고사목, 벌채목 등에서 활동하는 개체들을 쉽게 관찰할 수 있다. 암컷은 각종 활엽수 고사목의 수피 틈에 산란한다. 유충은 수피 아래를 가해하다가 성장을 마치면 코르크층에서 번데기방을 틀고 우화한다. 외형적으로 포도호랑하늘소와 유사하지만 딱지날개의 무늬, 전체적인 체형 등으로 구별할 수 있다.

Xylotrechus rufilius Bates, 1884: 233

Xylotrechus rufilius: Cho, 1936: 93

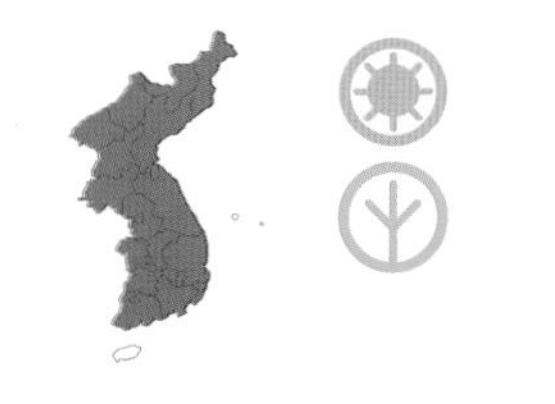

몸길이	9~13mm
성충활동시기	5월 중순~8월 중순
최종동면형태	유충
기주식물	각종 활엽수
한반도분포	전국
아시아분포	대만, 러시아, 북한, 일본, 중국

줄범하늘소족 Clytini |

포도호랑하늘소

Xylotrechus (Xylotrechus) pyrrhoderus pyrrhoderus Bates, 1873

제주 서귀포시 2012.겨울.

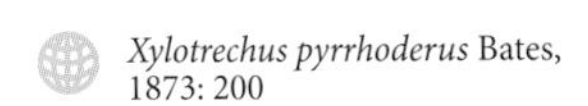

Xylotrechus pyrrhoderus Bates, 1873: 200

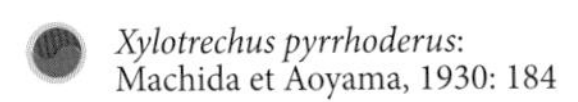

Xylotrechus pyrrhoderus: Machida et Aoyama, 1930: 184

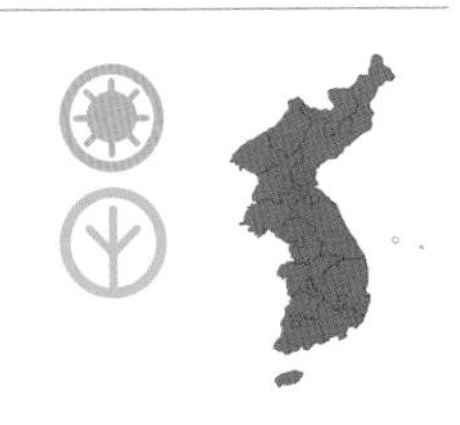

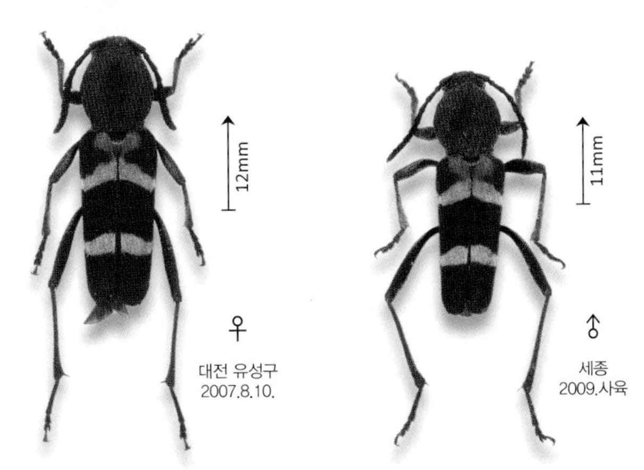

몸길이	9~14mm
성충활동시기	6월 초순~8월 중순
최종동면형태	유충
기주식물	포도, 머루, 노박덩굴
한반도분포	전국, 제주
아시아분포	북한, 일본, 중국

제주도를 포함한 전국에 분포하며 산림보다는 포도 과수원에서 더 쉽게 관찰된다. 성충은 6월 중순부터 발생하여 9월 하순까지 관찰된다. 암컷은 주로 포도 덩굴의 눈 부위에 많이 산란하나 눈과 잎자루 사이에도 낳는다. 포도 과수원의 해충이기도 하다. 유충은 수피에서 섭식하는 특징이 있어서 과수원에서는 겨울에 껍질을 벗겨 유충을 추위에 노출시키는 방법으로 방제하기도 한다. 외형적으로 홍가슴호랑하늘소와 유사하지만 딱지날개의 무늬, 전체적인 체형 등으로 구별할 수 있다.

검정가슴호랑하늘소 | 줄범하늘소족 Clytini

Xylotrechus (*Xyloclytus*) *altaicus* (Gebler, 1835)

 *Clytus altaicus* Gebler, 1836: 342

 *Xylotrechus altaicus*: Lee, 1987: 162

북부지방 고산지대에서 발견되는 종으로 함경남도 혜산진에서의 채집 기록과 온전하지 못한 표본이 남아 있을 뿐 아직까지 남한에서 발견된 적은 없다. 성충은 7~8월까지 낙엽송 둥치 등에서 활동한다. 암컷은 살아있는 낙엽송 둥치의 수피 틈에 산란하는데 햇볕이 잘 드는 남쪽 방향의 부분을 선호한다. 유충은 수피 내부를 가해하며 성장함에 따라 코르크층, 목질부를 차례로 가해한다. 성장을 마친 유충은 목질부 바깥쪽에 표면과 직각으로 번데기방을 틀고 우화한다.

몸길이	12~24mm
성충활동시기	7월 초순~8월 중순
최종동면형태	밝혀지지 않음
기주식물	밝혀지지 않음
한반도분포	함남
아시아분포	러시아, 몽골, 카자흐스탄

북방호랑하늘소 | 줄범하늘소족 Ciytini

Xylotrechus (*Rusticoclytus*) *adsperus* (Gebler, 1830)

 *Clytus adspersus* Gebler, 1830: 181

 *Xylotrechus adspersus*: Matsushita, 1938: 94

함경남도 풍류리(Matsushita, 1938)에서 채집된 기록만 있을 뿐 남한에서 발견된 사례가 없다. 성충은 6~8월까지 강가의 버드나무 둥치나 가지 등에서 활동한다. 암컷은 버드나무의 수피 틈 또는 구멍난 부분에 산란한다. 유충은 수피 아래를 가해하다가 어느 정도 성장하면 목질부로 파고들어가 계속 성장한다. 성장을 마친 유충은 목질부에서 번데기방을 틀고 우화한다.

몸길이	11~17mm
성충활동시기	6월 중순~7월 중순
최종동면형태	유충
기주식물	새양버들
한반도분포	함남
아시아분포	러시아, 북한

줄범하늘소족 Clytini |

닮은줄호랑하늘소

Xylotrechus (Rusticoclytus) salicis (Takakuwa & Oda, 1978)

경기 고양시 2013.6.16.

Xylotrechus salicis Takakuwa & Oda, 1978: 49

Xylotrechus rusticus: Lee, 1979: 57

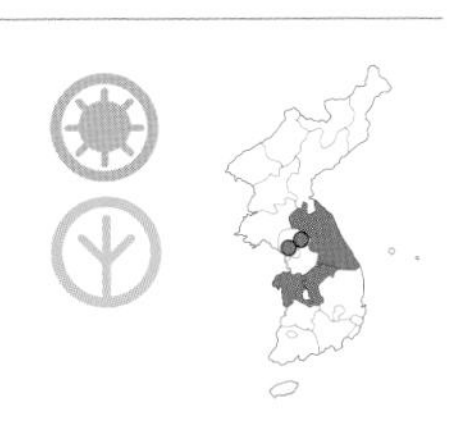

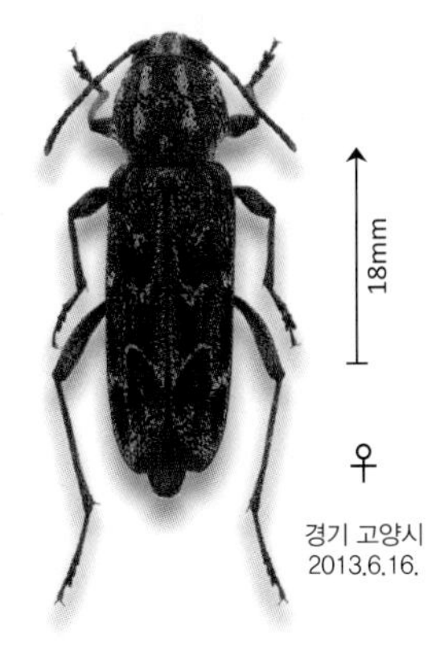

몸길이	9~20mm
성충활동시기	5월 하순~7월 초순
최종동면형태	유충
기주식물	미루나무, 플라타너스
한반도분포	경기 가평군, 고양시, 강원, 충청
아시아분포	러시아, 몽골, 북한, 카자흐스탄

강원도, 경기도, 충청도의 활엽수림에 서식한다. 성충은 5월 하순에 발생하여 7월 초순까지 활동한다. 주로 한낮에 미루나무, 플라타너스 등의 벌채목이나 고사목에서 활동한다. 나무 위아래를 오르내리며 짝을 찾고 짝짓기 하는 모습이 주로 관찰되며, 꽃에는 잘 모이지 않는다. 암컷은 시들어 가는 미루나무, 플라타너스에 산란한다. 유충은 수피 아래에서 성장을 하다가 종령이 되면 목질부로 들어가 번데기방을 틀고 성충이 된다. 유충이 쇠약해진 미루나무를 가해해서 고사하게 만드는 해충이다.

줄호랑하늘소 | 줄범하늘소족 Clytini

Xylotrechus (*Rusticoclytus*) *rusticus* (Linnaeus, 1758)

 *Leptura rusticus* Linnaeus, 1758: 398

 *Clytus* (*Xylotrechus*) *rusticus*: Ganglbauer, 1887: 132

경기도에 국지적으로 채집기록이 남아있지만 표본은 확인하지 못하였다. 해외에서는 5~7월경 벌채목이나 고사목 등에서 발견되는 하늘소이다. 암컷은 밀나무, 사시나무, 자작나무 등의 고사목 둥치나 굵은 줄기 부분의 수피 틈 혹은 표면에 산란한다. 유충은 수피 아래를 가해하다가 어느 정도 성장하면 목질부로 파고들어가 가해한다. 성장이 끝난 유충은 목질부에서 번데기방을 틀고 우화한다.

몸길이	13~17mm
성충활동시기	5월 하순~7월 초순
최종동면형태	유충
기주식물	버드나무
한반도분포	경기 가평군
아시아분포	러시아, 일본

무늬박이작은호랑하늘소 | 줄범하늘소족 Ciytini

Perissus kimi Niisato & Koh, 2003

 *Perissus kimi* Niisato & Koh, 2003: 292

 *Perissus kimi* Niisato & Koh, 2003: 292

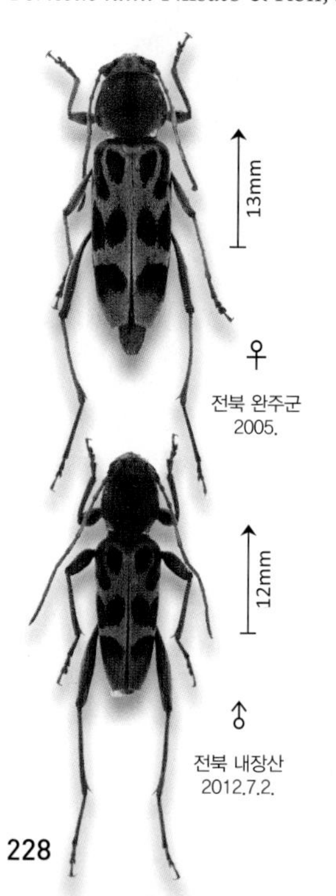

♀ 전북 완주군 2005.

♂ 전북 내장산 2012.7.2.

전라도, 경기도, 강원도 등 여러 지역에서 채집되었으나 전라북도에서 가장 많은 개체수가 확인되었다. 국내 분포의 최남단 기록은 가거도이다. 성충은 6월 초순에 발생하여 7월 중순까지 활동한다. 주로 기주식물인 팽나무의 고사목에서 활동하며 꽃, 불빛 등에 날아오는 일은 드물다. 암컷은 팽나무 고사목에 산란한다. 유충은 목질부를 가해한다. 성장을 마친 유충은 표피 바로 아랫부분까지 탈출공을 미리 파 놓고 번데기방을 틀고 우화한다.

몸길이	11~15mm
성충활동시기	6월 초순~7월 중순
최종동면형태	유충
기주식물	팽나무
한반도분포	전북 전주시, 완주군, 부안군, 전남 장성군

줄범하늘소족 Clytini |

작은호랑하늘소

Perissus fairmairei Gressitt,1940

인천 2009.겨울.사육

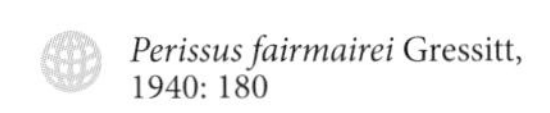

Perissus fairmairei Gressitt, 1940: 180

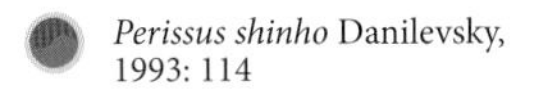

Perissus shinho Danilevsky, 1993: 114

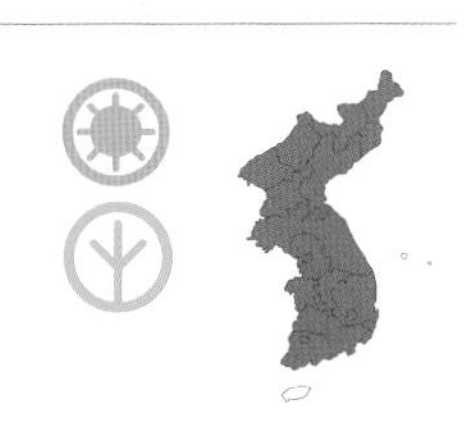

9mm
♀
강원 삼척시
2007.5.29.

8mm
♂
세종 금남면
2013.6.4.

몸길이	7~11mm
성충활동시기	5월 중순~6월 하순
최종동면형태	유충
기주식물	굴참나무, 느티나무, 상수리나무, 호두나무
한반도분포	전국
아시아분포	중국

전국의 활엽수림에 분포하며 개체수도 굉장히 많다. 성충은 5월 중순부터 발생하며 5월 하순에 개체수가 가장 많고 8월 초순까지 활동한다. 꽃에서는 잘 보이지 않으며, 쓰러진 나무나 벌채목에서 주로 활동한다. 개체수가 굉장히 많은 탓에 날씨가 맑은 날에는 한 장소에서 수백 마리가 관찰되기도 한다. 암컷은 참나무 벌채목에 산란하며 종령 유충은 목질부를 가해한다. 국내의 호랑하늘소류 중에서 크기가 가장 작아 작은호랑하늘소라는 이름이 붙었다.

홍호랑하늘소 | 줄범하늘소족 Clytini

Brachyclytus singularis Kraatz, 1879

대전 유성구 2013.2.11.사육

♀ 대전 유성구 2008.11.21.사육

♂ 대전 유성구 2008.11.21.사육

Brachyclytus singularis Kraatz, 1879: 107

Brachyclytus singularis: Mochizuki et Masui, 1939: 70, 77

몸길이	8~13mm
성충활동시기	4월 하순~6월 초순
최종동면형태	성충
기주식물	포도, 머루, 개머루, 다래
한반도분포	전국
아시아분포	러시아, 일본, 중국

전국에 폭넓게 분포한다. 성충은 4월 하순~6월 초순까지 포도나 머루 덩굴 등에서 활동한다. 꽃에 날아온 성충을 관찰한 적은 없다. 암컷은 포도나 머루의 껍질 아래쪽에 산란한다. 유충은 수피 아래를 가해하며 성장을 마치면 같은 자리에서 번데기방을 틀고 우화한다. 홍호랑하늘소가 가해하는 가지에서는 띠하늘소속(*Phymatodes* sp.) 하늘소들이 함께 관찰되는 경우가 많다. 가지치기한 포도 덩굴 등에서 성충 상태로 겨울을 나기 때문에 겨울철에 교외지역의 포도밭에서 쉽게 관찰할 수 있다.

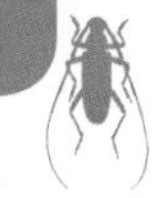

줄범하늘소족 Clytini |

넓은홍호랑하늘소

Cyrtoclytus monticallisus Komiya, 1980

경기 남양주시 2013.2.17.사육

Cyrtoclytus monticallisus Komiya, 1980: 33

Cyrtoclytus monticallisus: Kang, 2002: 2

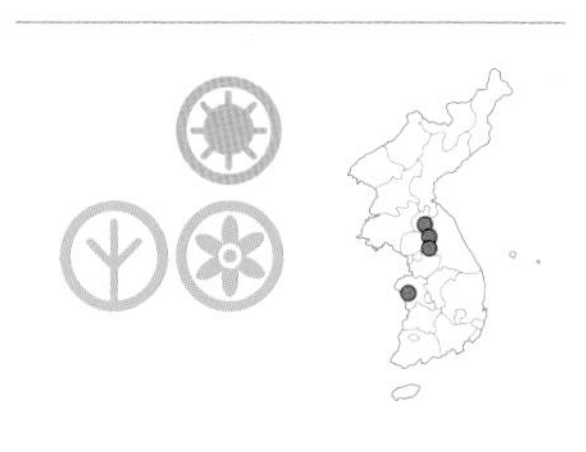

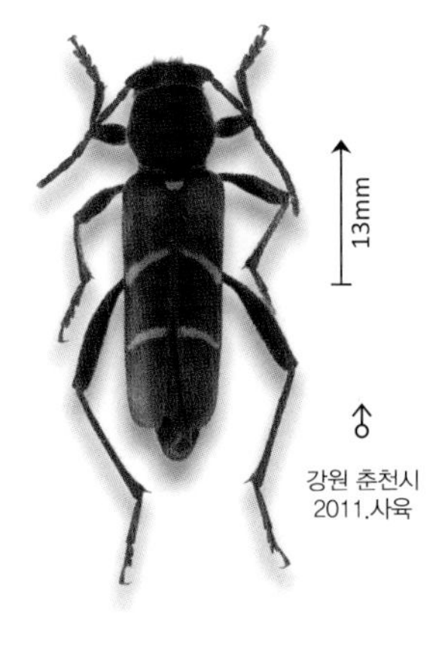

강원 춘천시 2011.사육

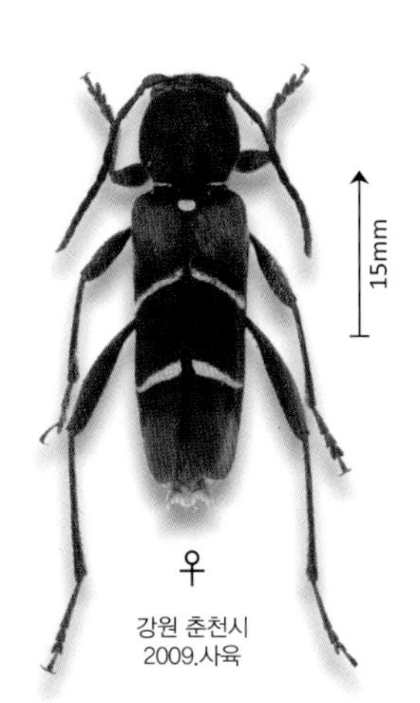

강원 춘천시 2009.사육

몸길이	10~16mm
성충활동시기	4월 하순~6월 초순
최종동면형태	성충
기주식물	풍게나무
한반도분포	경기 남양주시, 가평군, 강원 춘천시, 전북 부안군
아시아분포	일본

강원도, 경기도, 전라북도의 활엽수림에 서식한다. 성충은 5월 초순에 발생하여 6월 초순까지 활동한다. 주로 산란과 짝짓기를 위해 나무에서 활동하며, 노린재나무 꽃에 날아온 성충을 관찰한 사례도 있다. 암컷은 팽나무, 풍게나무의 고사목에 산란한다. 유충은 고사목을 먹으며 성장해 나무속에서 성충으로 겨울을 보낸다. 홍호랑하늘소와 유사하나 크기가 크고 가슴판에 붉은색의 둥근 무늬가 있는 것이 특징이다.

벌호랑하늘소 | 줄범하늘소족 Clytini

Cyrtoclytus capra (Germar, 1824)

강원 양양군 2013.겨울.

13mm

♂

인천 무의도
2009.사육

14mm

♀

강원 춘천시
2009.5.19.

Callidium capra Germar, 1824: 518

Clytus capra: Bates, 1888: 379

몸길이	8~19mm
성충활동시기	5월 초순~6월 중순
최종동면형태	유충
기주식물	버드나무, 상수리나무, 호두나무
한반도분포	전국
아시아분포	러시아, 몽골, 북한, 중국, 카자흐스탄

전국의 활엽수림에 넓게 분포하며 개체수도 매우 많다. 성충은 5~8월까지 각종 활엽수 고사목이나 꽃에서 관찰할 수 있다. 암컷은 참나무, 물푸레나무 등 활엽수 고사목의 수피 틈에 산란한다. 유충은 수피 아랫부분을 가해하며, 어느 정도 성장하면 목질부로 파고들어간다. 성장을 마친 유충은 목질부에 번데기방을 틀고 우화한다. 얇은 솜털이 온몸을 뒤덮고 있는 것이 특징이다. 딱지날개에는 3개의 노란 가로줄무늬가 있는데 가끔 2번째 무늬가 없는 변이도 나타난다.

줄범하늘소족 Clytini |

넓은촉각줄범하늘소

Clytus planiantennatus Lim & Han, 2012

강원 홍천군 2013.6.14.

Clytus planiantennatus Lim & Han, 2012: 193

Clytus planiantennatus: Lim & Han, 2012: 193

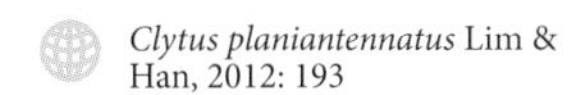

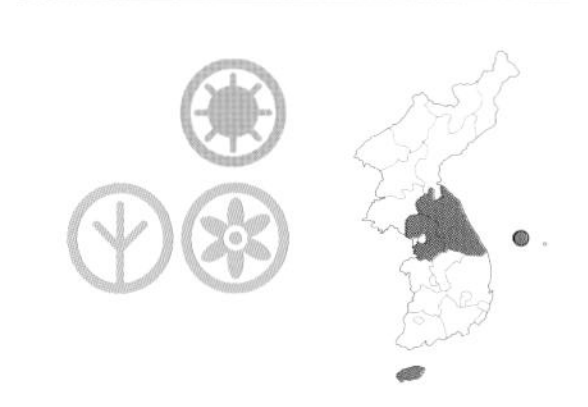

몸길이	7~11mm
성충활동시기	5월 중순~6월 하순
최종동면형태	번데기
기주식물	감태나무, 생강나무
한반도분포	경기, 강원, 울릉도, 제주

비교적 최근에 기록된 종으로(Han, 2010) 전국의 내륙지방과 울릉도, 제주도까지 분포한다. 성충은 5월 중순에 출현하여 6월 하순까지 활동한다. 주로 녹나무과의 고사목 위에서 활동하거나 흰색 꽃에 날아온다. 암컷은 고사된 지 얼마 안 된 나무에 산란하며 유충은 수피 아래를 파먹다가 목질부로 들어가서 종령까지 성장한 뒤 성충이 된다. 더듬이가 다른 종에 비해 넓어서 넓은촉각줄범하늘소라는 이름이 붙었다. 『한반도 하늘소과 갑충지』(Lee, 1987)의 흰줄범하늘소는 넓은촉각줄범하늘소의 오동정이다.

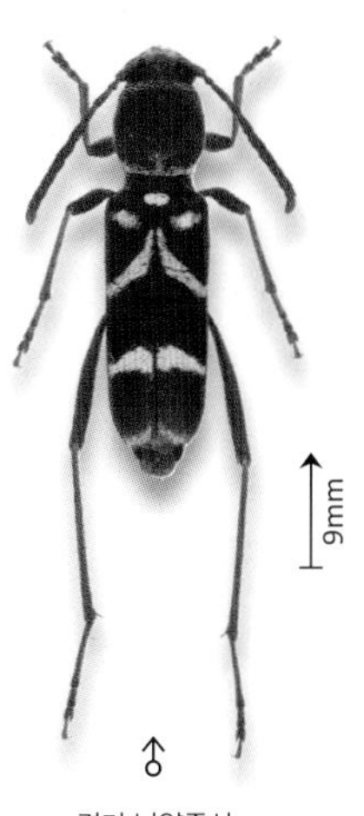

♂

경기 남양주시
2012.사육

산흰줄범하늘소 | 줄범하늘소족 Clytini

Clytus raddensis Pic, 1904

강원 양양군 2013.7.6.

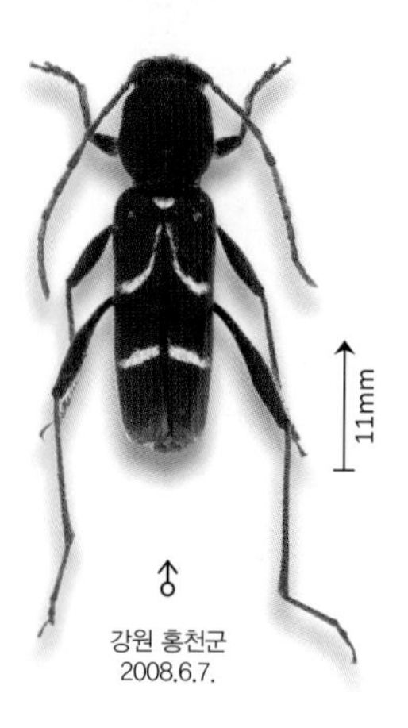

♂
강원 홍천군
2008.6.7.

전국 내륙지방의 활엽수림에 분포하며 5월 중순부터 발생하여 7월 초순까지 관찰된다. 주로 참나무 등의 고사목에서 발견되며 꽃에서 관찰되는 경우도 종종 있다. 암컷은 참나무 고사목 가지의 수피 틈에 산란한다. 유충은 수피 아래를 가해하다가 어느 정도 성장하면 목질부로 파고 들어간다. 번데기방은 목질부 위쪽에 만들며 용화 이전에 미리 수피 아래까지 탈출공을 뚫어놓는다. 흰줄범하늘소와 외형적으로 유사하지만 산흰줄범하늘소는 가슴판 외각선의 2/3 지점이 평행하고 날개봉합선과 날개 끝 선이 둔각을 이룬다.

 *Clytus raddensis* Pic, 1904: 18

 *Clytus raddensis*: Plavilstshikov, 1940: 413, 729

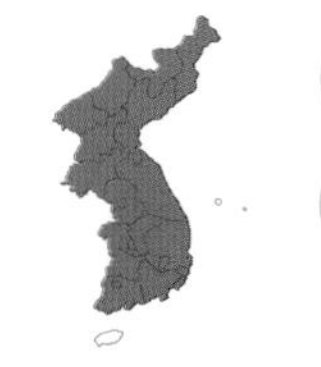

몸길이	7~13mm
성충활동시기	5월 중순~7월 초순
최종동면형태	유충
기주식물	느티나무, 신갈나무, 팽나무
한반도분포	전국
아시아분포	러시아, 북한, 일본, 중국

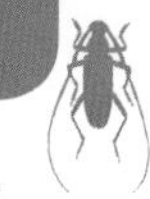

줄범하늘소족 Clytini |

줄범하늘소

Clytus arietoides Reitter, 1900

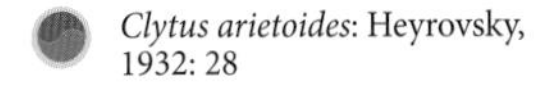

Clytus arietoides Reitter, 1900: 281

Clytus arietoides: Heyrovsky, 1932: 28

몸길이	7~15mm
성충활동시기	6월 중순~8월 중순
최종동면형태	유충
기주식물	눈잣나무
한반도분포	함북
아시아분포	러시아, 몽골, 북한, 일본, 중국, 카자흐스탄

한반도 북부지방에서 관찰되는 종으로, 고산지대의 침엽수림에서 서식한다. 성충은 6~8월까지 맑은 날 꽃에 날아오는 경우도 있으며, 주로 침엽수 둥치 부근에서 활동한다. 암컷은 낙엽송, 전나무, 가문비나무 등의 서서 죽은 고사목 둥치나 잔가지 수피 틈에 산란한다. 유충은 수피 내부를 가해하다가 어느 정도 성장하면 목질부로 파고들어 가해한다. 성장을 마친 유충은 다시 수피 내부로 나와서 번데기방을 틀고 우화한다.

러시아 (Russia)

줄범하늘소족 Ciytini |

흰줄범하늘소

Clytus melaenus Bates, 1884

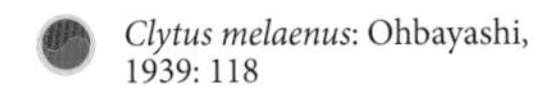

Clytus melaenus Bates, 1884: 220

Clytus melaenus: Ohbayashi, 1939: 118

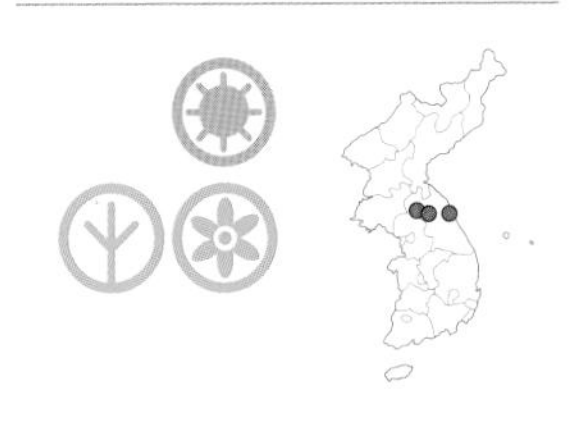

몸길이	8~12mm
성충활동시기	5월 중순~7월 초순
최종동면형태	유충
기주식물	가시나무, 밤나무, 서어나무, 졸참나무, 팽나무
한반도분포	강원 철원군, 화천군, 양양군
아시아분포	러시아, 일본, 중국

중북부지방의 활엽수림에 분포한다. 성충은 5월 중순부터 발생하여 7월 초순까지 관찰된다. 암컷은 2~4mm 정도 되는 얇은 가지에 산란한다. 유충은 수피 아래를 가해하다가 어느 정도 성장하면 목질부로 파고들어가 가해한다. 성장을 마친 유충은 목질부 바깥쪽에 번데기방을 짓고 우화한다. 산흰줄범하늘소와 외형적으로 유사하나 흰줄범하늘소는 가슴판 외각선의 2/3 지점이 둥글고 날개봉합선과 날개 끝선이 직각을 이룬다. 최근 논문에서 삭제되었지만 2009년 강원도 해산령에서 채집된 표본을 확인하였다.

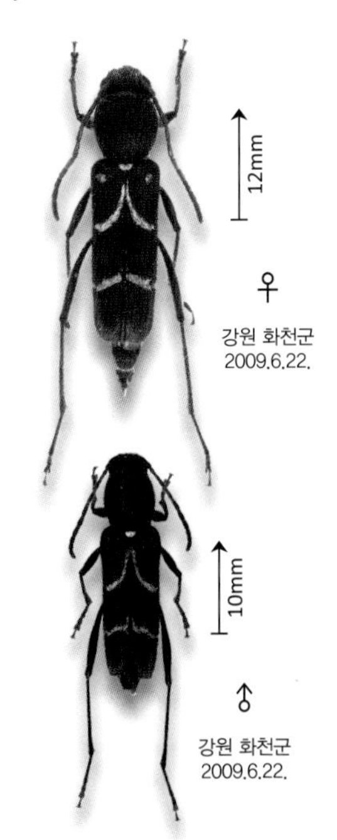

강원 화천군 2009.6.22. (♀)

강원 화천군 2009.6.22. (♂)

두줄범하늘소 | 줄범하늘소족 Clytini

Clytus nigritulus Kraatz, 1879

강원 평창군 2013.6.9.

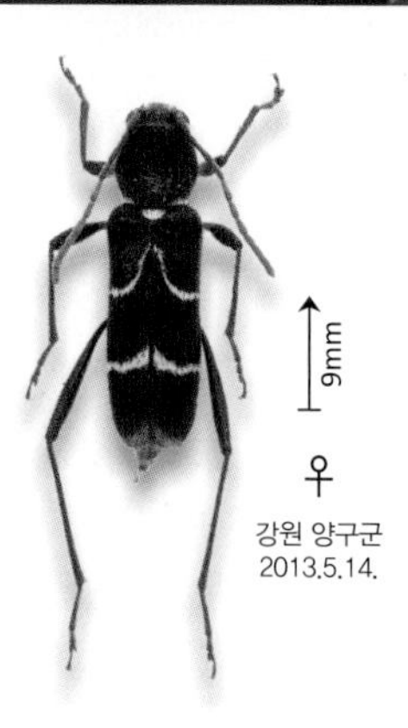

6mm

♂
강원 양구군
2013.5.14.

9mm

♀
강원 양구군
2013.5.14.

Clytus nigritulus Kraatz, 1879: 109

Clytus fulvohirsutus: Heyrovsky, 1974: 34

경기도와 강원도의 울창한 활엽수림에 분포한다. 성충은 5월 초순부터 발생하여 6월 중순까지 관찰된다. 주로 초봄에 흰 꽃에 모이며 신갈나무, 사시나무 등 활엽수 고사목과 벌채목에도 날아온다. 한밤중에 불빛에 날아오는 경우도 종종 있다. 기존의 *C. nigritulus*는 검정줄범하늘소라는 국명을 가지고 있었으나 *C. fulvohirsutus*와 *C. nigritulus*가 동종이명으로 취급되어 학명은 먼저 기록된 *C. nigritulus*를 따라간다. 하지만 일반적으로 *C. nigritulus*가 두줄범하늘소라는 이름으로 불려왔으며, 그 이름이 종의 특징을 더 잘 나타내기 때문에 국명을 두줄범하늘소로 했다.

몸길이	5~10mm
성충활동시기	5월 초순~6월 중순
최종동면형태	유충
기주식물	밝혀지지 않음
한반도분포	경기, 강원, 경북 영주시
아시아분포	러시아, 북한, 중국

줄범하늘소족 Clytini |

소범하늘소

Plagionotus christophi (Kraatz, 1879)

강원 홍천군 2013.6.6.

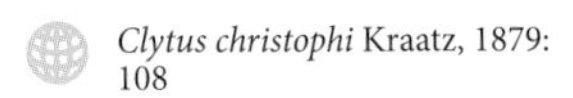

Clytus christophi Kraatz, 1879: 108

Plagionotus sp. Matsuo, 1937: 22 pl, 1. f. 8

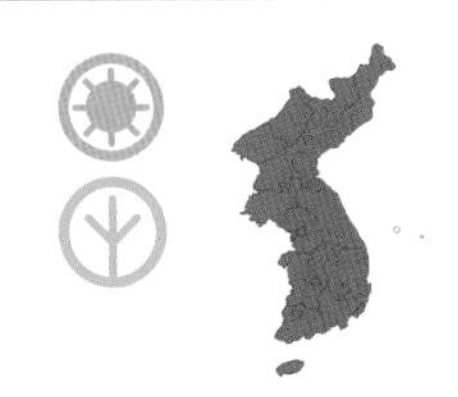

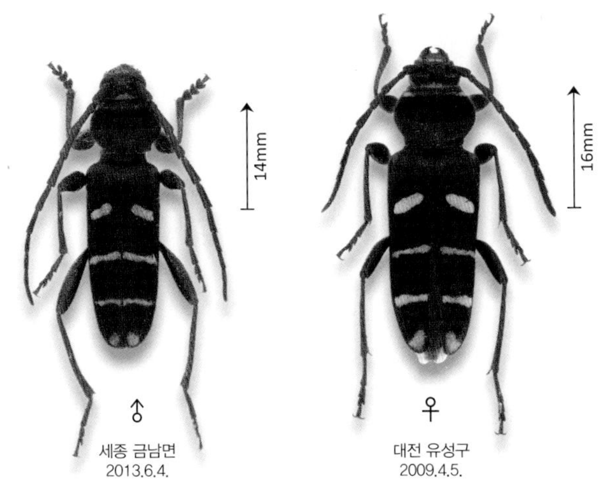

세종 금남면 2013.6.4.

대전 유성구 2009.4.5.

몸길이 11~16mm
성충활동시기 4월 하순~6월 중순
최종동면형태 유충
기주식물 밤나무, 상수리나무, 졸참나무
한반도분포 전국, 제주
아시아분포 러시아, 북한, 일본, 중국

전국에 분포하는 종으로 개체수도 매우 많다. 성충은 4월 하순~6월 중순까지 활엽수림이나 벌채지 등에서 쉽게 관찰할 수 있으며 불빛에 날아온 개체를 관찰한 적은 없다. 암컷은 주로 참나무 고사목 밑동 부분이나 참나무 벌채목의 수피 틈에 산란한다. 유충은 수피 아래를 가해하며 성장을 마치면 목질부로 파고들어가 번데기방을 틀고 우화한다. 번데기방은 나무 표면과 직각을 이루며 번데기의 머리는 나무 바깥쪽을 향하고 있는 것이 특징이다.

작은소범하늘소 | 줄범하늘소족 Clytini

Plagionotus pulcher (Blessig, 1872)

강원 철원군 2013.6.29.

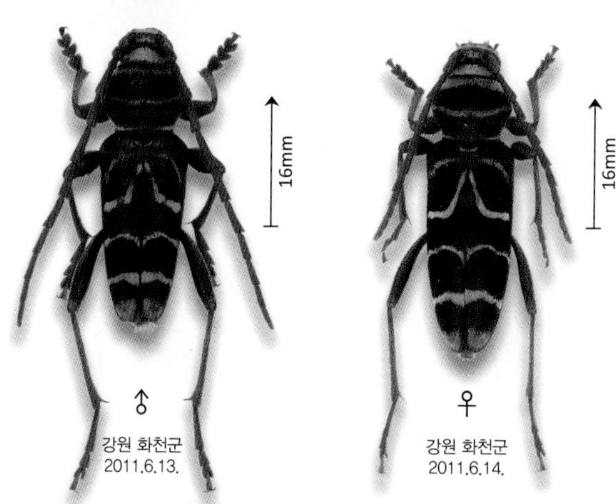

강원 화천군 2011.6.13.

강원 화천군 2011.6.14.

Clytus pulcher Blessig, 1872: 184

Plagionotus pulcher: Okamoto, 1927: 74

몸길이	10~18mm
성충활동시기	5월 중순~7월 초순
최종동면형태	유충
기주식물	굴참나무, 느릅나무, 상수리나무, 신갈나무, 졸참나무
한반도분포	경기 수원시, 강원
아시아분포	러시아, 북한, 일본, 중국

강원도, 경기도에 분포하며 성충은 5월 중순부터 발생하여 7월 초순까지 관찰된다. 주로 한낮에 참나무류 벌채목이나 고사목의 해가 잘 비치는 부분에 많이 모여들며, 모여든 자리에서 짝짓기와 산란이 이루어진다. 흐린 날에는 활동성이 많이 떨어져 나무 틈에서 가만히 쉬고 있는 경우가 많다. 암컷은 참나무 등의 활엽수 고사목 수피 틈에 산란한다. 유충은 수피 아래를 가해하며, 성장을 마친 유충은 수피 내부에 번데기방을 만들고 우화한다.

줄범하늘소족 Clytini |

짧은날개범하늘소

Epiclytus ussuricus (Pic, 1933)

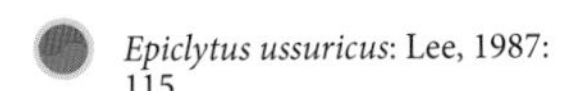

Clytus ussuricus Pic, 1933: 10

Epiclytus ussuricus: Lee, 1987: 115

몸길이	6~9mm
성충활동시기	5월 중순~6월 중순
최종동면형태	유충
기주식물	참나무
한반도분포	경기 포천시, 가평군, 강원 춘천시, 평창군, 화천군
아시아분포	러시아

서울 근교, 경기도, 강원도 등 중부 이북에 분포하며 저지대부터 산 정상 부근까지 관찰되나 개체수는 매우 적은 편이다. 성충은 5월 중순부터 발생하여 6월 중순까지 활동한다. 주로 단풍나무류 꽃에서 발견되며 암컷은 참나무의 얇은 가지에 산란한다. 유충은 수피 아래를 가해하다가 어느 정도 성장하면 목질부로 파고들어가 가해한다. 성장을 마친 유충은 목질부에 번데기방을 틀고 수피 아래까지 탈출공을 미리 뚫어 놓은 뒤 우화한다.

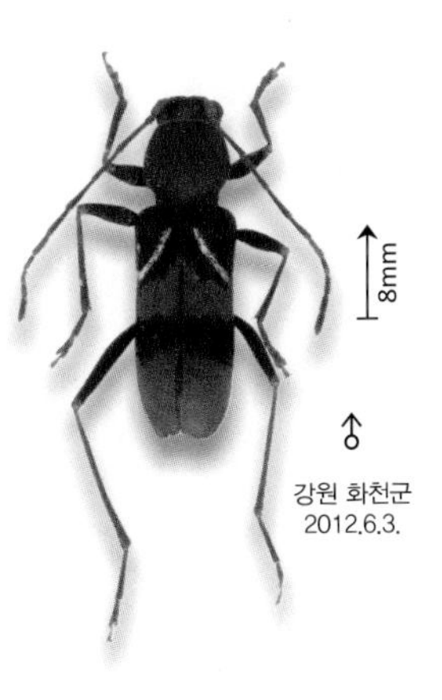

♂

강원 화천군 2012.6.3.

다양한 범하늘소들을 관찰할 수 있는 야산 근처의 벌채지, 강원 홍천군

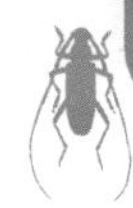

긴촉각범하늘소 | 줄범하늘소족 Clytini

Teratoclytus plavilstshikovi Zaitzev, 1937

경기 파주시 2010.4.19.사육

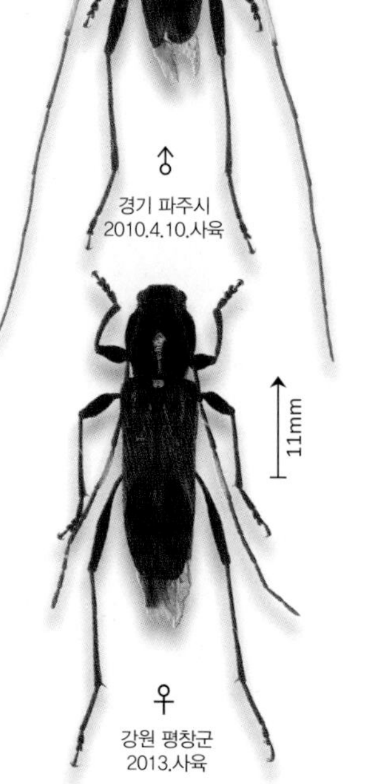

과거에는 울릉도에만 기록이 있었으나 최근에는 경기도, 강원도 등지에서도 꾸준히 관찰되고 있다. 성충은 5월 초순부터 발생하여 6월 중순까지 주로 고사한 머루 줄기나 흰 꽃에서 활동한다. 암컷은 포도, 머루 등 덩굴의 수피 틈에 산란한다. 유충은 수피 바로 아래부터 목질부까지 폭넓게 가해한다. 국내에 서식하는 범하늘소류 중 더듬이가 가장 길며 더듬이의 6번째 마디가 흰색을 띤다. 위협을 느끼면 더듬이를 나나니벌처럼 떠는 모습을 볼 수 있다.

Teratoclytus plavilstshikovi Zaitzev, 1937: 213

Teratoclytus plavilstshikovi: Lee, 1982: 68

몸길이	7~14mm
성충활동시기	5월 초순~6월 중순
최종동면형태	번데기
기주식물	개머루, 머루, 포도
한반도분포	경기 파주시, 강원 홍천군, 평창군, 울릉도
아시아분포	러시아, 일본, 중국

줄범하늘소족 Clytini |

가시범하늘소

Chlorophorus japonicus (Chevrolat, 1863)

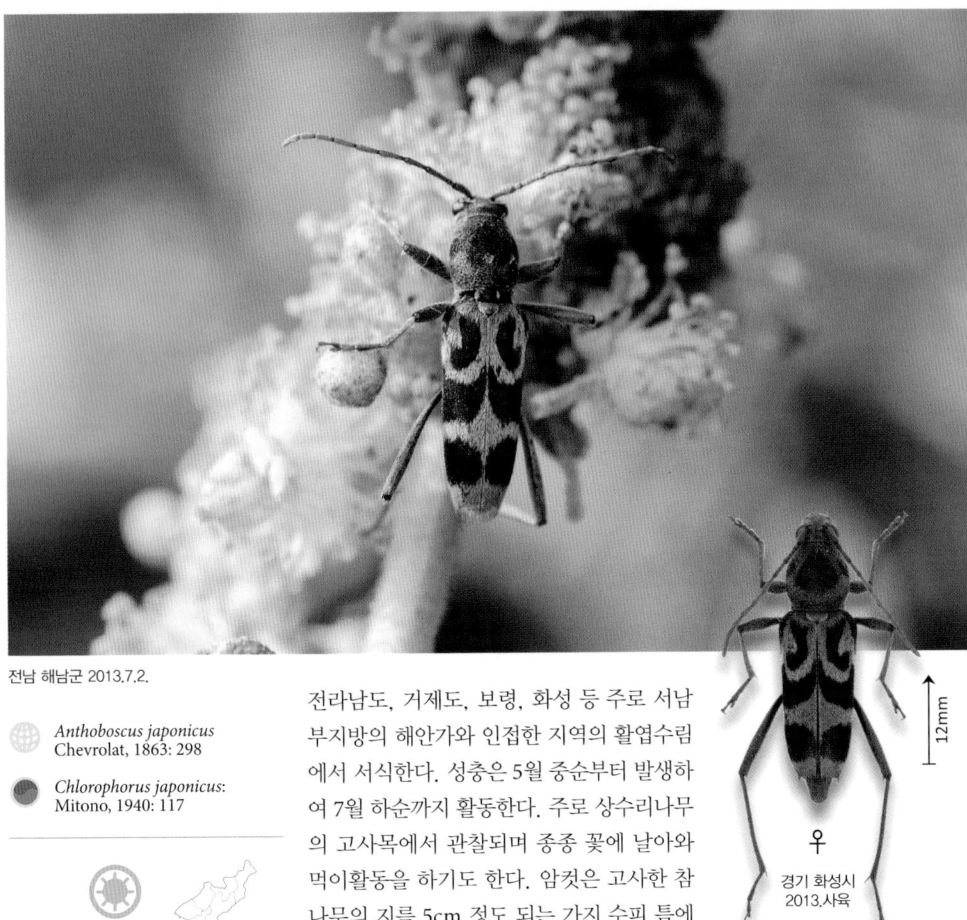

전남 해남군 2013.7.2.

Anthoboscus japonicus Chevrolat, 1863: 298

Chlorophorus japonicus: Mitono, 1940: 117

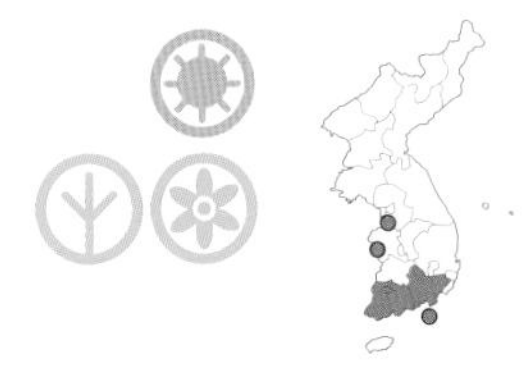

전라남도, 거제도, 보령, 화성 등 주로 서남부지방의 해안가와 인접한 지역의 활엽수림에서 서식한다. 성충은 5월 중순부터 발생하여 7월 하순까지 활동한다. 주로 상수리나무의 고사목에서 관찰되며 종종 꽃에 날아와 먹이활동을 하기도 한다. 암컷은 고사한 참나무의 지름 5cm 정도 되는 가지 수피 틈에 산란하는데 이름 모를 덩굴식물 고사목에서 우화한 사례도 있다. 유충은 수피 아래를 가해하다가 어느 정도 성장하면 목질부로 파고들어 가해한다. 딱지날개 끝이 가시모양으로 돌출되어 있어 가시범하늘소라는 국명이 붙었다.

몸길이	9~13mm
성충활동시기	5월 중순~6월 하순
최종동면형태	유충
기주식물	상수리나무, 왕대
한반도분포	경기 화성시, 전남, 경남, 거제도, 충남 보령시
아시아분포	러시아, 일본, 중국

12mm

♀

경기 화성시 2013.사육

12mm

♂

경기 화성시 2013.사육

네줄범하늘소 | 줄범하늘소족 Clytini

Chlorophorus quinquefasciatus (Laporte & Gory, 1836)

경남 거제시 2011.8.15.

16mm

♂

경남 거제시
2008.8.11.

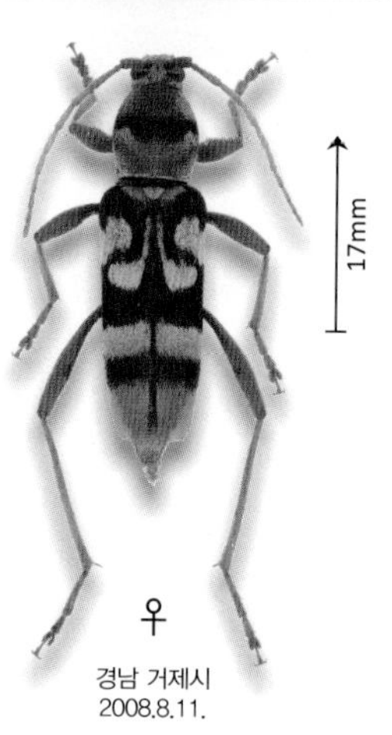

♀

경남 거제시
2008.8.11.

Clytus quinquefasciatus Laporte & Gory, 1836: 101

Chlorophorus quinquefasciatus: Cho, 1934: 43

몸길이	13~18mm
성충활동시기	6월 초순~8월 중순
최종동면형태	유충
기주식물	팽나무
한반도분포	전남 광양시, 경남 거제도, 지심도, 제주
아시아분포	대만, 일본

남해안의 섬지역과 제주도 같은 난대 활엽수림에 서식하며 내륙의 경우 광양 백운산에서 관찰된 적이 있다. 성충은 6월 초순에 발생하여 8월까지 활동한다. 주로 한낮에 산초나무 등의 꽃에 날아와 짝짓기와 먹이활동을 한다. 활엽수류 고사목에서도 어렵지 않게 관찰되는데 암컷이 팽나무의 고사된 부분의 틈새에 산란하는 모습을 관찰한 바 있다.

줄범하늘소족 Clytini |

범하늘소

Chlorophorus diadema diadema (Motschulsky, 1854)

중국 옌벤 (China) 2013.7.22.

Clytus diadema Motschulsky, 1854: 48

Clytus plebejus Fabricius var. *latofasciatus*: Kolbe, 1886: 220-221

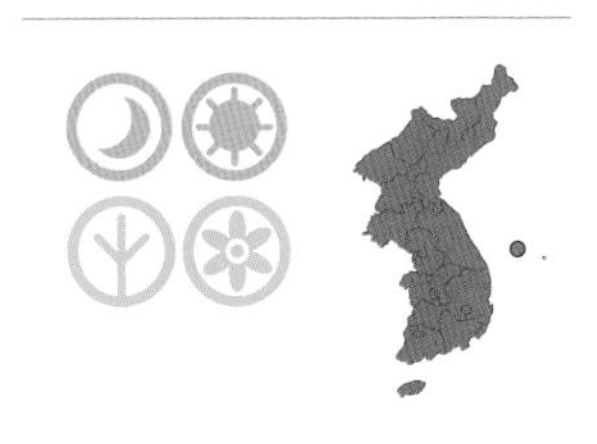

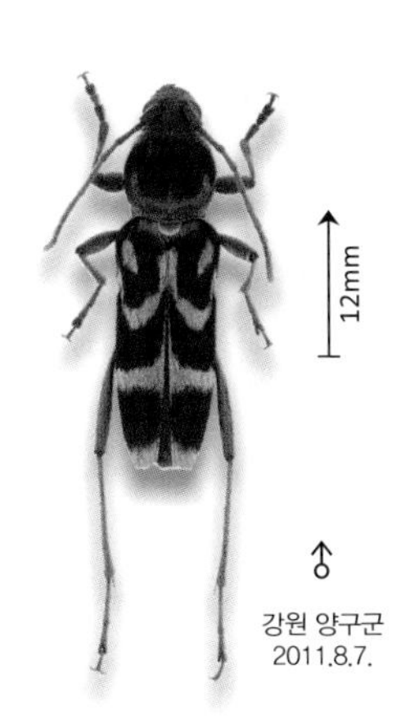

강원 양구군
2011.8.7.

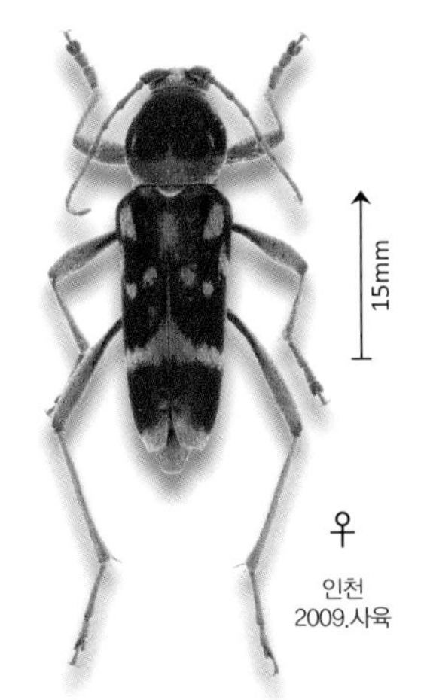

인천
2009.사육

몸길이	8~16mm
성충활동시기	5월 중순~8월 초순
최종동면형태	유충
기주식물	참나무, 아까시나무, 밤나무
한반도분포	전국, 울릉도, 제주
아시아분포	대만, 러시아, 몽골, 북한, 중국

강원도에서 제주도까지 전국에 분포하는 종이다. 성충은 5월 중순부터 발생하여 8월 초순까지 활동한다. 한낮에 흰색 꽃과 고사목, 장작더미 등에 잘 모이며, 한밤중에 불빛에 이끌려 날아온 개체들도 종종 발견된다. 암컷은 아까시나무, 참나무 등 다양한 활엽수 고사목 수피 틈에 산란한다. 유충은 초기에는 수피 아래를 가해하다가 성장하면서 점점 목질부로 파고들어간다. 성장을 마친 유충은 목질부에 번데기방을 틀고 우화한다. 범하늘소와 외형적으로 유사한 종에는 우리범하늘소, 가시범하늘소가 있다.

우리범하늘소 | 줄범하늘소족 Clytini

Chlorophorus motschulskyi Ganglbauer, 1887 | 적색목록 준위협(NT)

경기 성남시 2009.5.28.

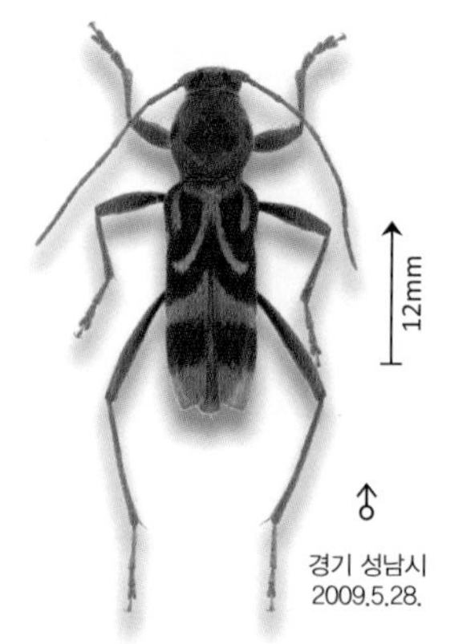

경기 성남시
2009.5.28.

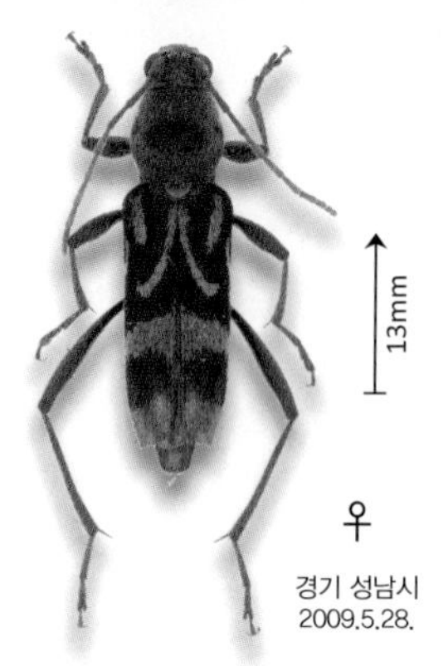

경기 성남시
2009.5.28.

Clytus latofasciatus Motschulsky, 1860: 41

Clytus (*Clytanthus*) *motschulskyi* Ganglbauer, 1887: 135

강원도에서 제주도까지 전국에 분포하는 종이다. 성충은 5월 중순부터 발생하여 8월 초순까지 활동한다. 초봄에는 신나무, 조팝나무, 귀룽나무 등 다양한 꽃에 잘 모이며 6월 후로는 고사목, 장작더미 등에서 주로 관찰된다. 암컷은 고사한 참나무 수피 틈에 산란한다. 유충은 목질부로 들어가 성장을 하며 같은 자리에서 번데기방을 만들고 우화한다. 유충은 용화하기 전에 수피 바로 밑까지 탈출공을 미리 뚫어놓는다. 우리범하늘소와 유사한 종으로는 범하늘소, 가시범하늘소가 있다.

몸길이	8~16mm
성충활동시기	5월 중순~8월 초순
최종동면형태	유충
기주식물	각종 활엽수
한반도분포	전국, 제주
아시아분포	러시아, 몽골, 북한, 중국

줄범하늘소족 Clytini |

육점박이범하늘소

Chlorophorus simillimus (Kraatz, 1879)

인천 2009.4.4.사육

Clytus simillimus Kraatz, 1879: 91

Chlorophorus sexmaculatus: Okamoto, 1927: 75

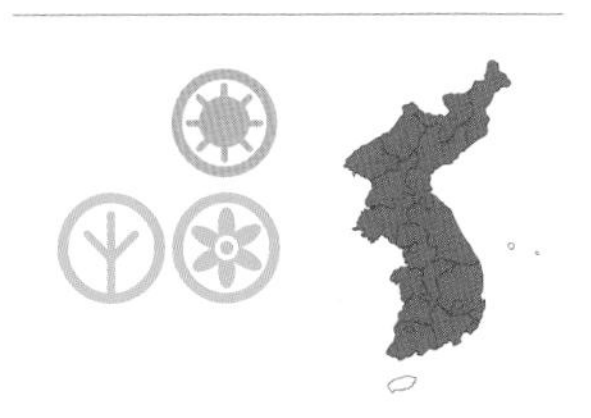

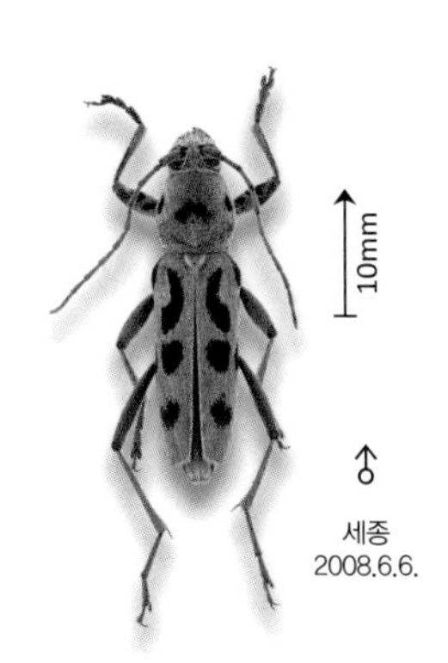

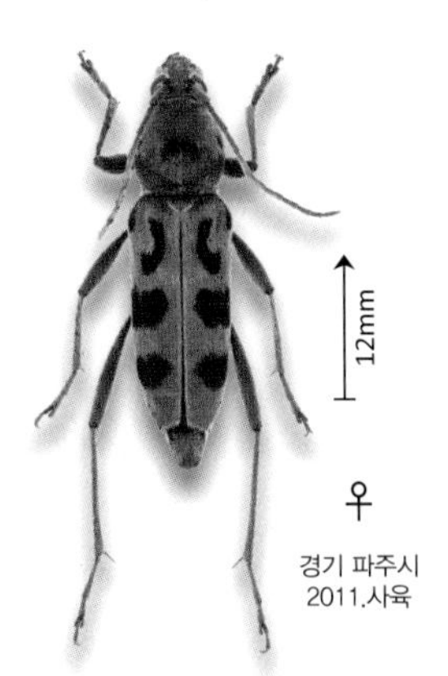

몸길이	7~13mm
성충활동시기	5월 초순~7월 초순
최종동면형태	유충
기주식물	각종 활엽수
한반도분포	전국
아시아분포	러시아, 몽골, 북한, 일본, 중국

전국에 분포하며 개체수가 매우 많은 종이다. 성충은 5월 초순부터 발생하여 7월 초순까지 활동한다. 주로 한낮에 활엽수 고사목에서 활동하며 잘 날아다니기 때문에 채광이 좋은 공터에서 비행하는 개체들을 쉽게 볼 수 있다. 개망초 등 꽃에서 먹이활동을 하는 모습도 어렵지 않게 관찰할 수 있다. 암컷은 고사된 활엽수 수피 틈이나 이끼 낀 부분에 산란한다. 유충은 목질부를 가해하며 같은 자리에 번데기방을 틀고 우화한다. 일반적으로 딱지날개의 검은색 점이 6개이지만 가운데 2개가 소실되는 변이도 나타난다.

홀쭉범하늘소 | 줄범하늘소족 Clytini

Chlorophorus muscosus (Bates, 1873)

제주 제주시 2009.7.17.

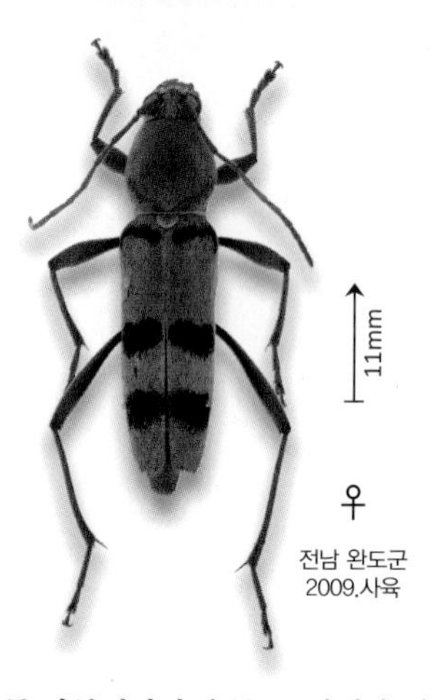

 *Clytanthus muscosus* Bates, 1873: 198

 *Chlorophorus muscosus*: Cho, 1941: 38

몸길이	9~15mm
성충활동시기	6월 초순~7월 하순
최종동면형태	유충
기주식물	각종 활엽수
한반도분포	부산, 인천 덕적도, 전남 해안가, 경남 해안가, 울릉도, 제주
아시아분포	일본

제주도를 포함한 부산, 여수, 해남 등 남부지방과 울릉도, 서해안 섬지역에 서식한다. 성충은 6월 초순에 발생하여 7월 하순까지 활동한다. 다양한 활엽수 고사목에서 활동하며 칡, 예덕나무, 노박덩굴 등에서 관찰했다. 유충은 고사목의 목질부를 먹으며 성장한다. 육점박이범하늘소와 외형적으로 유사하지만 홀쭉범하늘소는 가슴판의 검은 무늬가 희미하고 딱지날개 어깨의 반문이 적다. 딱지날개의 무늬변이가 다양한 편으로 무늬가 전혀 없는 개체도 가끔 발견된다.

줄범하늘소족 Clytini |

회색줄범하늘소

Chlorophorus tohokensis Hayashi, 1968

강원 홍천군 2013.3.18.사육

Chlorophorus tohokensis Hayashi, 1968: 23

Chlorophorus tohokensis: Lee, 1987: 121

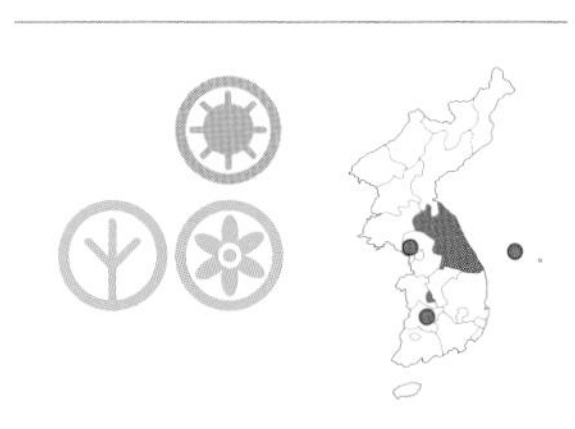

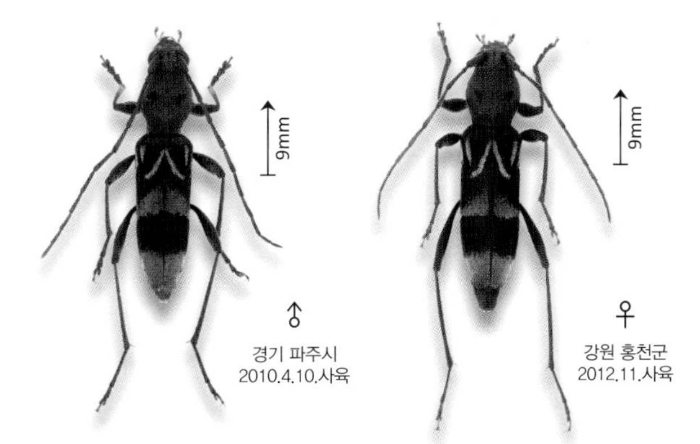

몸길이	7~12mm
성충활동시기	5월 중순~6월 중순
최종동면형태	유충
기주식물	개머루, 머루
한반도분포	대전, 경기 파주시, 강원, 전북 진안군, 울릉도
아시아분포	러시아, 일본

울릉도를 포함한 전국의 잡목림에 서식한다. 성충은 5월 중순부터 발생하여 6월 중순까지 활동한다. 주로 고사한 머루 덩굴에서 활동하며 밤나무 등의 꽃에서 먹이활동을 하기 위해 날아오기도 한다. 유충은 머루의 목질부를 일직선으로 가해하며 성장하고 유충 상태로 겨울을 보낸다. 외형적으로 우리범하늘소와 혼동하기 쉽지만 회색줄범하늘소는 더듬이 길이와 몸길이, 그리고 가슴판에 점이 2개 있는 것으로 구분할 수 있다.

대범하늘소 | 줄범하늘소족 Clytini

Chlorophorus annularis (Fabricius, 1787)

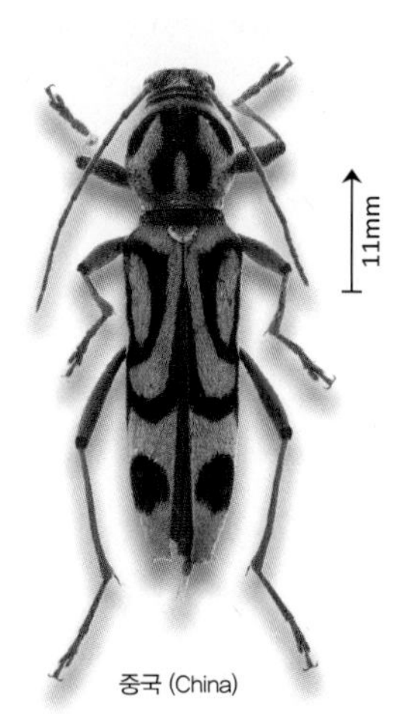

중국 (China)

현재까지 남부지방 일부와 전라북도 군산의 채집기록이 있지만 개체수가 매우 적어 찾기 어렵다. 성충은 6월 초순에 발생하여 9월 하순까지 활동한다. 한낮에 주로 죽어가는 대나무에 모이며 가끔씩 꽃에도 날아온다고 알려져 있다. 유충은 주홍하늘소와 같이 대나무의 목질부를 가해한다. 체색은 대부분 노란색을 띠지만 이따금 무늬에 회색빛이 도는 개체들이 나타난다. 2010년 경남 비진도 대나무 밭에서 탈출공과 대범하늘소로 추정되는 유충 2개체를 채집하였으나 사육에는 실패하였다.

 *Callidium annularis* Fabricius, 1787: 156

 *Chlorophorus annularis*: Morita, 1936: 858

몸길이	9~15mm
성충활동시기	7월 중순~8월 중순
최종동면형태	유충
기주식물	대나무류, 느티나무, 사탕수수, 옥수수
한반도분포	전북 군산, 경남 거제도
아시아분포	대만, 중국, 홍콩

노랑범하늘소 | 줄범하늘소족 Clytini

Grammographus notabilis notabilis (Pascoe, 1862)

명확한 채집기록 없이 국내에 분포한다고 기재되었다. 해외에서 성충은 5월 중순에 발생하여 6월 말까지 활동하며 주로 한낮에 참나무류 고사목에 모이고 이따금 꽃에도 날아온다고 알려져 있다. 전체적으로 노란 바탕에 가슴판에 검은 무늬가 1쌍있고 딱지날개에는 흘러내리는 듯한 모양의 검은색 무늬가 6쌍이 있다. 일본에서는 비교적 저지대에 서식하며 개체수가 많은 보통종으로 알려져 있다. 국내에 실제로 분포하는지에 대한 연구가 필요하다.

 *Clytus notabilis* Pascoe, 1862: 360

 *Chlorophorus notabilis*: Keihin Kontyu Dokokai, 1959: 412

몸길이	13~21mm
성충활동시기	5월 초순~6월 하순
최종동면형태	밝혀지지 않음
기주식물	각종 활엽수
한반도분포	명확한 채집기록 없음
아시아분포	대만, 일본, 중국

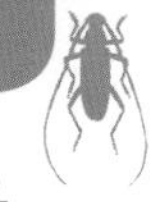

줄범하늘소족 Clytini |

가시수염범하늘소

Demonax savioi (Pic, 1924)

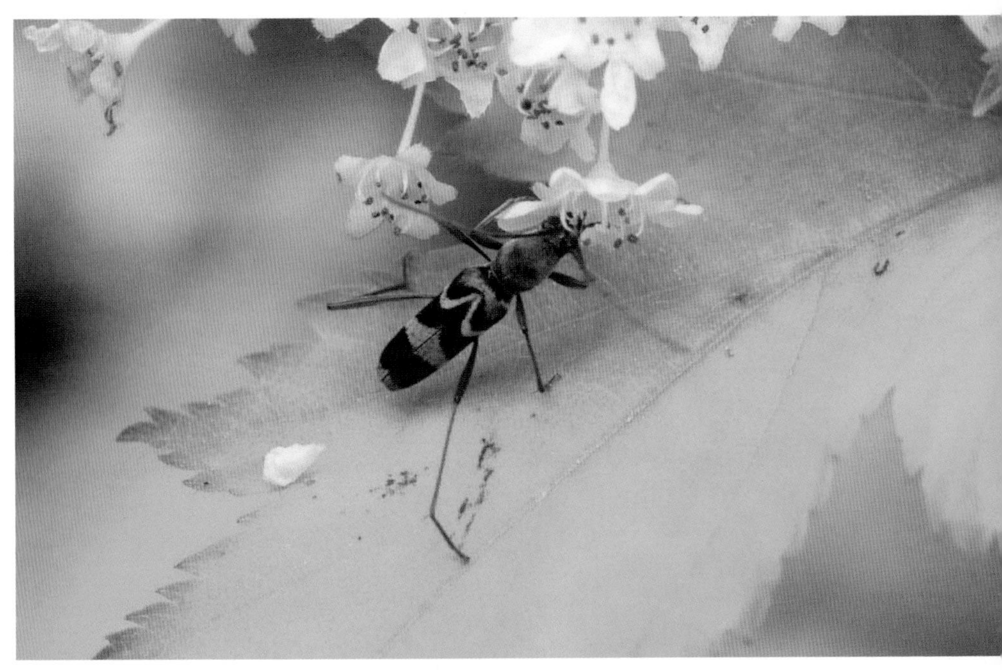

강원 화천군 2013.6.15.

Clytanthus savioi Pic, 1924: 16

Demonax transilis: Lee, 1981: 49

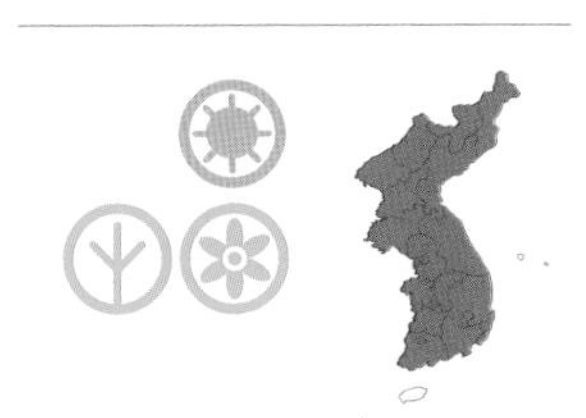

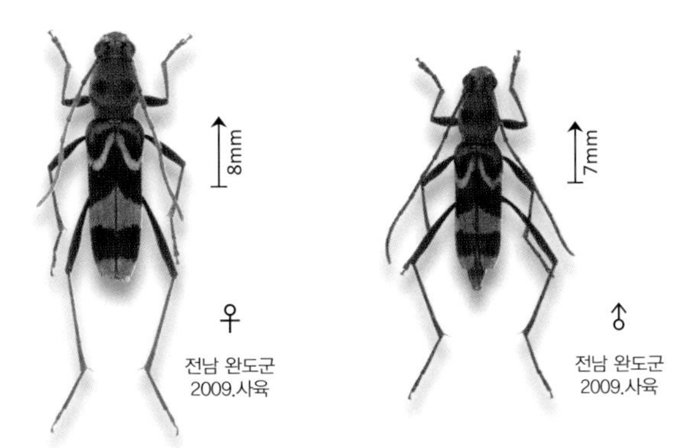

몸길이	7~12mm
성충활동시기	5월 초순~6월 중순
최종동면형태	유충
기주식물	각종 활엽수
한반도분포	전국
아시아분포	러시아, 북한, 중국

전국에 분포하며 개체수도 많다. 성충은 5월 초순부터 발생하여 6월 중순까지 활동한다. 주로 한낮에 흰색 꽃에 주로 모이고 암컷은 활엽수의 얇은 가지에 산란을 한다. 유충은 목질부를 가해하며 겨울을 유충 상태로 보내고 초봄에 우화한다. 가시수염범하늘소는 『한반도 하늘소과 갑충지』(Lee, 1987)에서 *D. transillis*로 기록되었지만 *D. transillis*는 일본에만 분포하는 종이고, 국내를 포함한 대륙에 서식하는 종은 *D. savioi*이다.

긴다리범하늘소 | 줄범하늘소족 Clytini

Rhaphuma gracilipes (Faldermann, 1835)

경기 가평군 2010.12.6.사육

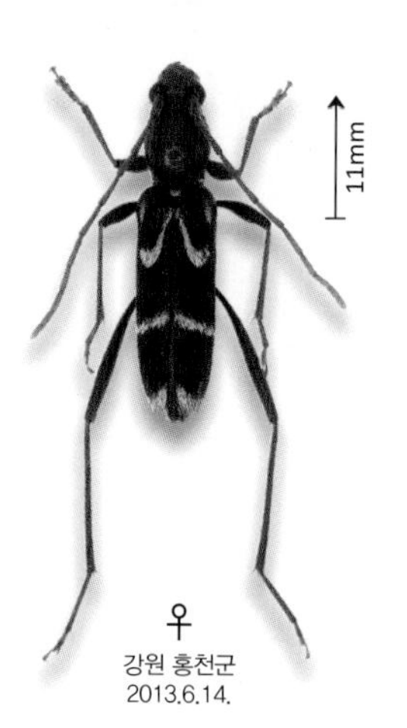

♀
강원 홍천군
2013.6.14.

전국의 활엽수림에 분포하는 종으로 개체수가 매우 많다. 성충은 5월 초부터 발생하며 7월 초순까지 관찰된다. 주로 한낮에 신나무 등 흰 꽃에서 짝짓기나 먹이활동을 하는 개체들을 찾아볼 수 있다. 침엽수, 활엽수를 가리지 않아 벌채목에서도 쉽게 발견할 수 있다. 암컷은 다양한 나무의 수피 틈에 산란한다. 유충은 수피 아래를 가해하다가 어느 정도 성장하면 목질부로 파고들어가 계속 가해한다. 성장을 마친 유충은 목질부에 번데기방을 틀고 우화한다. 개체 밀도가 워낙 높아 겨울에 주워 온 40cm 정도 길이의 활엽수 나무토막에서 200여 마리가 우화한 사례도 있다.

Clytus gracilipes Faldermann, 1835: 436

Chlorophorus gracilipes: Okamoto, 1927: 75

몸길이	6~11mm
성충활동시기	5월 초순~7월 초순
최종동면형태	유충
기주식물	각종 활엽수
한반도분포	전국
아시아분포	러시아, 몽골, 북한, 카자흐스탄

줄범하늘소족 Clytini |

꼬마긴다리범하늘소

Rhaphuma diminuta diminuta (Bates, 1873)

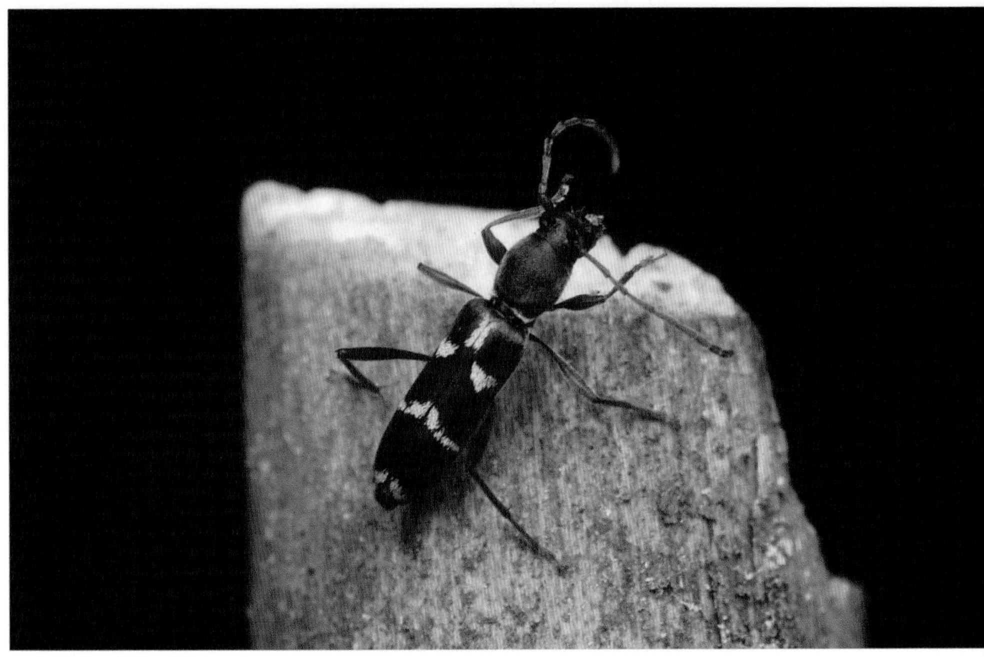

경기 남양주시 2013.5.12.

Clytanthus diminuta Bates, 1879: 199

Rhaphuma diminuta: Lee, 1981: 46

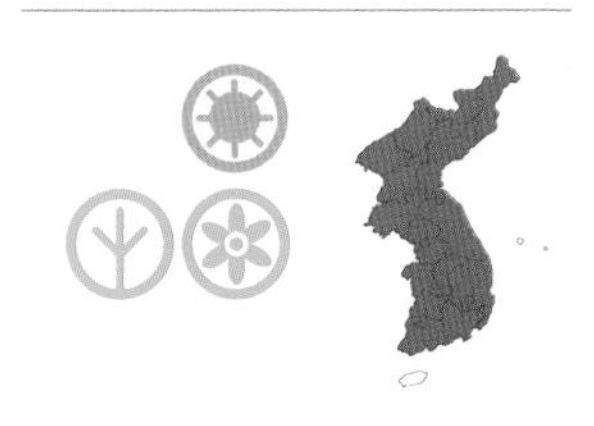

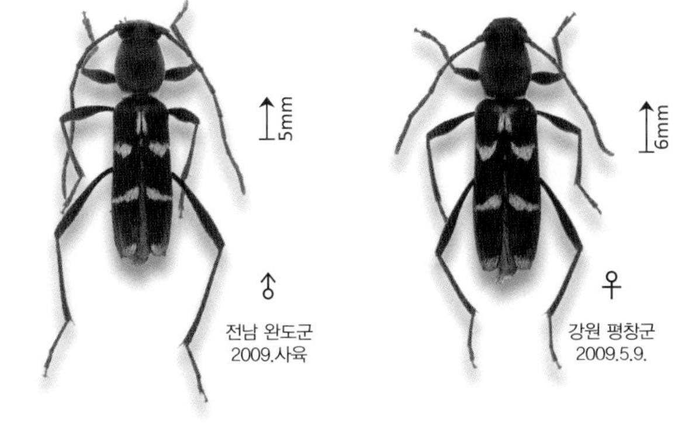

몸길이 4~8mm
성충활동시기 4월 하순~5월 하순
최종동면형태 성충
기주식물 각종 활엽수
한반도분포 전국
아시아분포 러시아, 일본

전국의 활엽수림에 분포하며 개체수도 많다. 성충은 4월 하순에 출현하여 5월 하순까지 관찰된다. 주로 조팝나무, 신나무 등 흰색 꽃에서 짝짓기나 먹이활동을 하는 개체들을 찾아볼 수 있다. 한밤중에 불빛에 날아오는 경우도 종종 있다. 암컷은 각종 활엽수 고사목에 산란하며, 덩굴이나 침엽수에서 성충이 우화한 사례도 있다. 국내 범하늘소류 중에서 크기가 가장 작아 꼬마긴다리범하늘소라는 이름이 붙었다.

측범하늘소 | 줄범하늘소족 Clytini

Rhabdoclytus acutivittis acutivittis (Kraatz, 1879)

1 강원 화천군 2013.5.25.
2 경기 파주시 2013.5.23.

15mm

♂
강원 홍천군
2013.6.1.

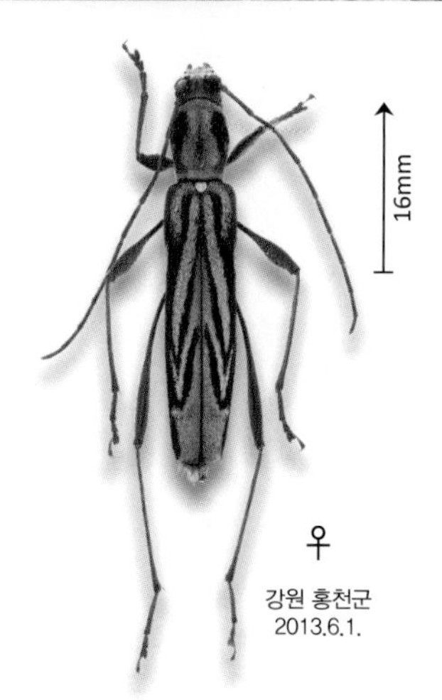

♀
강원 홍천군
2013.6.1.

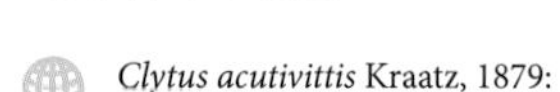
Clytus acutivittis Kraatz, 1879: 111

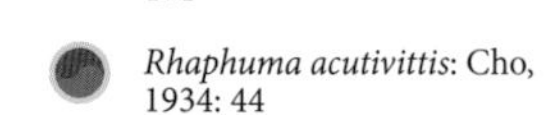
Rhaphuma acutivittis: Cho, 1934: 44

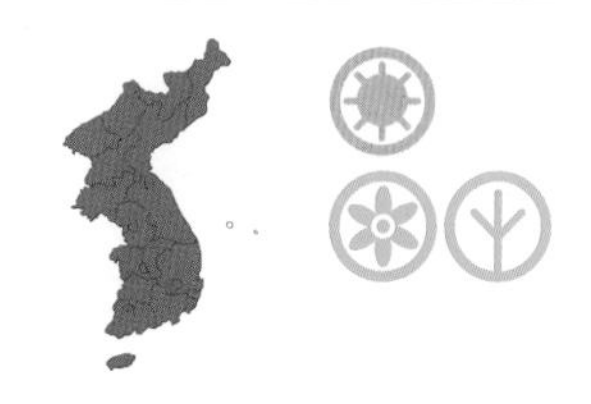

몸길이	12~18mm
성충활동시기	5월 초순~6월 중순
최종동면형태	유충
기주식물	각종 활엽수
한반도분포	전국, 제주
아시아분포	러시아, 북한, 중국

전국의 산림에 분포하며 개체수도 많다. 성충은 5월 중순부터 발생하여 7월 초순까지 관찰된다. 주로 한낮에 고추나무 등의 흰색 꽃에서 먹이활동이나 짝짓기를 하는 개체들을 발견할 수 있다. 활엽수 고사목이나 벌채목 등에서도 찾아볼 수 있다. 암컷은 활엽수 고사목 수피 틈에 산란을 하며 종류는 특별히 가리지 않는 편이다. 유충은 고사목의 목질부를 가해하며 같은 자리에 번데기방을 틀고 우화한다. 성충의 무늬는 짙은 노란색에서 회색빛까지 변이가 나타난다.

줄범하늘소족 Clytini |

서울가시수염범하늘소

Demonax seoulensis Mitono & Cho, 1942

강원 철원군 2013.6.23.

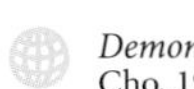

Demonax seoulensis Mitono & Cho, 1942: 3

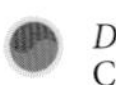

Demonax seoulensis Mitono & Cho, 1942: 3

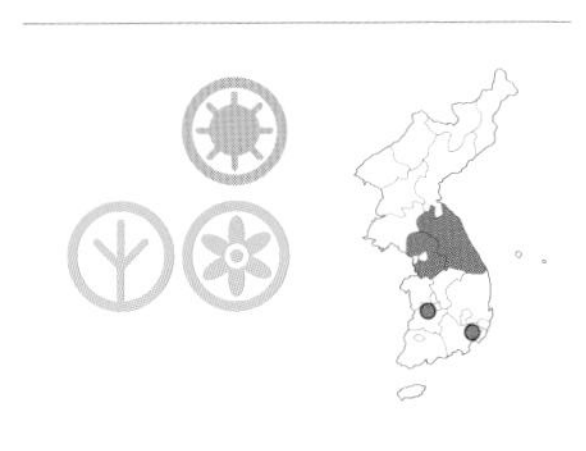

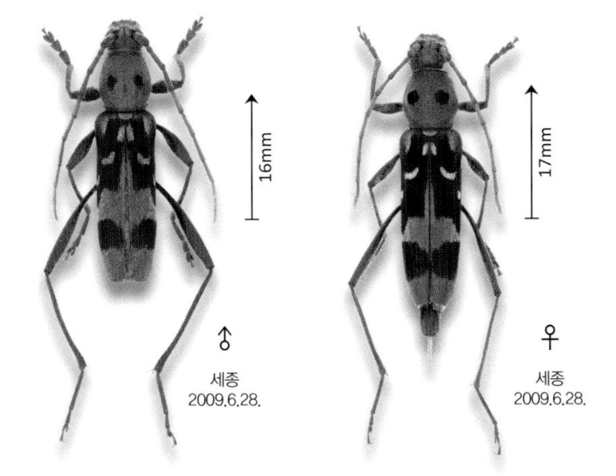

♂ 세종 2009.6.28.

♀ 세종 2009.6.28.

몸길이 12~18mm
성충활동시기 5월 중순~7월 초순
최종동면형태 유충
기주식물 참나무, 상수리나무
한반도분포 경기, 강원, 충남 아산시, 경남 김해시

과거에는 중부지방에서만 발견되었지만 최근에는 남부지방에서도 간간히 발견된다. 성충은 5월 중순부터 발생하여 7월 초순까지 관찰된다. 주로 한낮에 고사목이나 벌채목에서 활동하나 이따금 밤나무 꽃에서 화분을 먹는 개체들도 있다. 암컷은 마른 참나무의 갈라진 틈에 산란한다. 유충은 목질부를 가해한다. 한반도 특산종으로 휴전선 이남에서만 발견되었고 한반도 북부 및 해외에서는 발견된 사례가 없다.

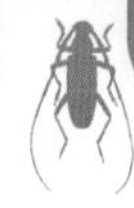

흰테범하늘소 | 뾰족범하늘소족 Anaglyptini

Anaglyptus (Aglaophis) colobotheoides (Bates, 1884)

강원 평창군 2011.5.30.

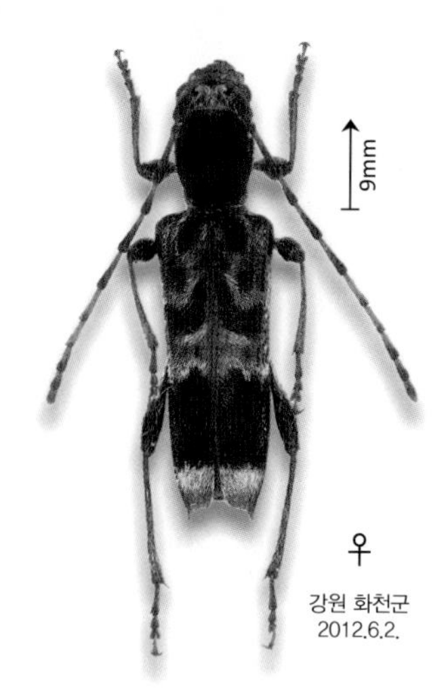

강원 화천군
2012.6.2.

강원도와 지리산, 울릉도 등지에 서식하는 하늘소이다. 성충은 5월 초순부터 발생하기 시작하여 7월 초순까지 활동한다. 주로 5월 초·중순에 먹이활동을 위해 흰색 꽃에 모이는 경우가 많다. 5월 초에 귀룽나무 꽃에 날아온 성충 여러 마리를 관찰하였다. 그늘진 부분에 있는 활엽수 고사목에서 활동하는 모습도 종종 관찰된다. 정확한 기주식물은 아직 확인하지는 못했지만 해외에서는 아까시나무, 개물푸레나무, 살구나무 등이 기주식물로 알려져 있다.

 *Aglaophis colobotheoides* Bates, 1884: 235

 *Aglaophis colobotheoides*: Saito, 1932: 442

몸길이	7~14mm
성충활동시기	5월 초순~7월 초순
최종동면형태	성충
기주식물	개물푸레나무, 살구나무
한반도분포	강원, 경남 산청군, 울릉도
아시아분포	러시아, 일본, 중국

뾰족범하늘소족 Anaglyptini |

뾰족범하늘소

Anaglyptus (Anaglyptus) niponensis Bates, 1884

Anaglyptus niponensis Bates, 1884: 234

Anaglyptus niponensis: Koo, 1963: 27

몸길이	7~10mm
성충활동시기	5월 초순~6월 하순
최종동면형태	밝혀지지 않음
기주식물	가시나무, 구실잣밤나무, 느티나무, 전나무
한반도분포	경기 가평군
아시아분포	일본

과거 『한국동물학회지』에 명지산 채집기록(Koo, 1963)이 남아 있지만 표본을 확인할 수는 없었다. 그 후로 관찰되었다는 소식은 들은 바 없다. 성충은 5월에 발생하여 6월까지 한낮에 꽃에 날아오거나 활엽수 고사목에 모인다고 알려져 있다. 생김새는 흰테범하늘소와 닮았으나 딱지날개에 전체적으로 흰색 털이 적고 딱지날개 상단에 적갈색 무늬가 뚜렷하다. 해외에는 일본에만 분포한다.

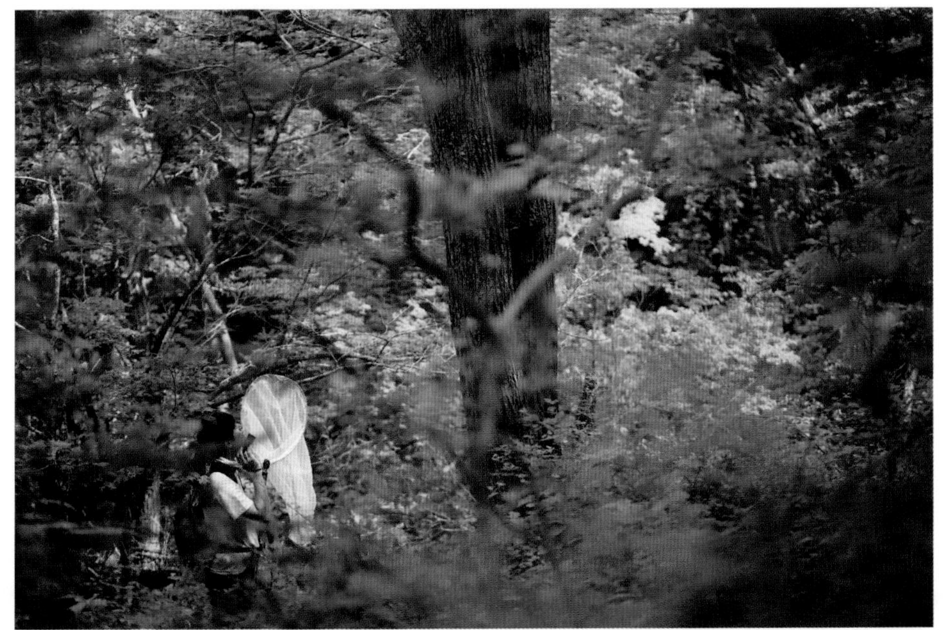

참나무 고사목에 날아온 하늘소 육안 조사, 강원 화천군

하늘소과 Cerambycidae

목하늘소아과 Lamiinae

흰깨다시하늘소의 머리 정면과 측면

목하늘소아과(Lamiinae)는 국내와 세계를 막론하고 가장 많은 종수를 보이는 분류군이다. 전 세계적으로는 85족 3,000여 속 20,000여 종이 분포하는 것으로 알려져 있으며, 국내에는 20족 72속 151종이 분포한다. 하늘소과 중 유일하게 머리가 수직으로 떨어지는 형태를 가지고 있는 아과로, 해외에서는 'Flat-faced Longhorn Beetles'라고도 불린다. 종수가 다양한 만큼 생태도 다양하다.

국내에 기록된 목하늘소아과 151종 중 27종이 살아있는 나무, 2종이 쇠약한 나무, 92종이 고사한 나무를 기주로 삼는다. 살아있는 나무와 쇠약한 나무를 모두 가해하는 종이 5종, 쇠약한 나무와 고사한 나무를 가해하는 종도 5종이다. 나머지 20종은 자세한 생태가 알려져 있지 않다.

기주식물 종류로는 106종이 활엽수, 11종이 침엽수, 12종이 초본을 기주로 한다. 활엽수와 침엽수를 모두 기주로 하는 종은 4종이며 나머지 18종은 기주식물이 알려져 있지 않다.

목하늘소아과의 기주식물 비율

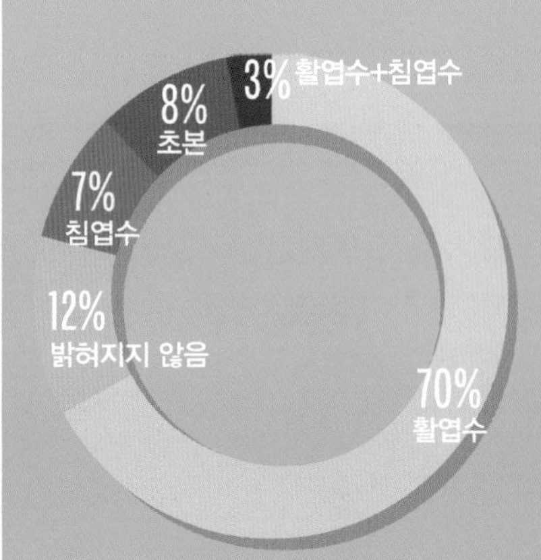

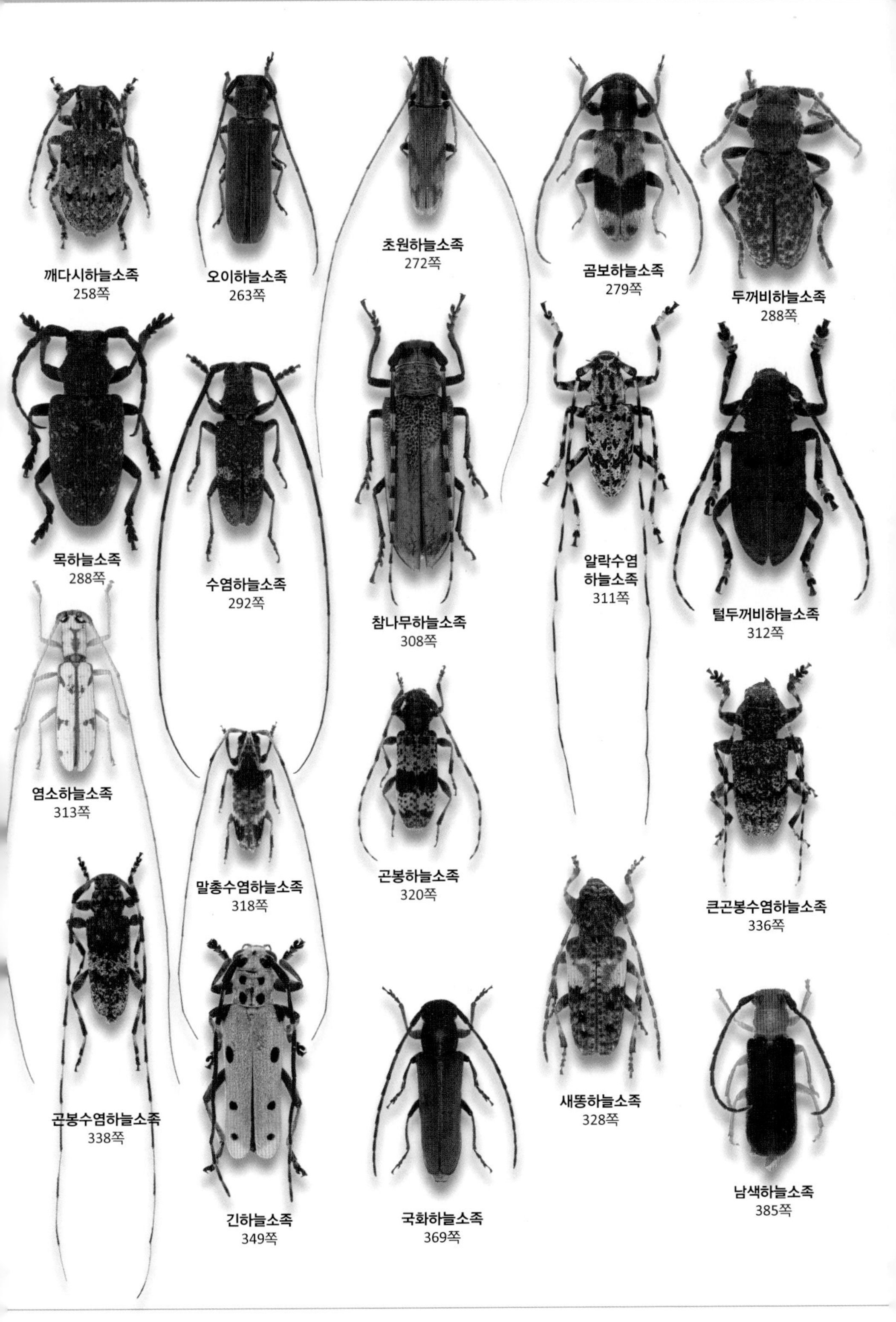
깨다시하늘소족
258쪽
오이하늘소족
263쪽
초원하늘소족
272쪽
곰보하늘소족
279쪽
두꺼비하늘소족
288쪽
목하늘소족
288쪽
수염하늘소족
292쪽
참나무하늘소족
308쪽
알락수염
하늘소족
311쪽
털두꺼비하늘소족
312쪽
염소하늘소족
313쪽
말총수염하늘소족
318쪽
곤봉하늘소족
320쪽
큰곤봉수염하늘소족
336쪽
곤봉수염하늘소족
338쪽
새똥하늘소족
328쪽
긴하늘소족
349쪽
국화하늘소족
369쪽
남색하늘소족
385쪽

깨다시하늘소 | 깨다시하늘소족 Mesosini

Mesosa (*Mesosa*) *myops* (Dalman, 1817)

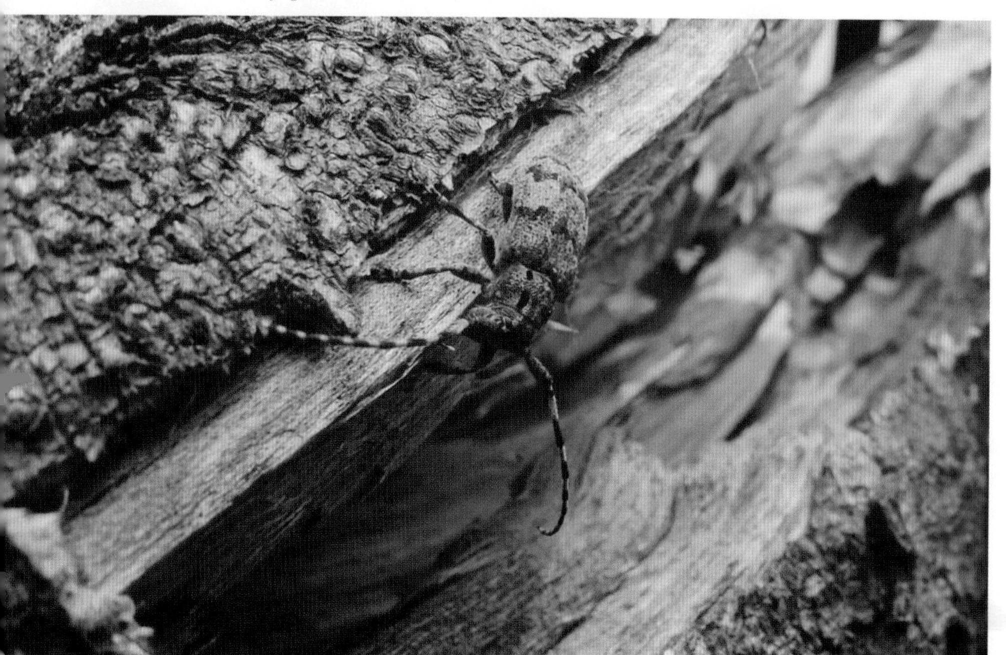

경기 양평군 2013.5.12.

11mm

♂ 강원 춘천시 2009.5.3.

15mm

♀ 강원 홍천군 2009.5.3.

Mesosa myops Dalman, 1817: 168

Mesosa myops: Bates, 1888: 379

몸길이	10~17mm
성충활동시기	5월 중순~8월 중순
최종동면형태	유충
기주식물	참나무, 물푸레나무, 칡
한반도분포	전국, 제주
아시아분포	대만, 러시아, 몽골, 북한, 중국, 카자흐스탄

전국에 분포하며 개체수도 많다. 성충은 5월 중순에 발생하여 8월 중순까지 꾸준히 관찰된다. 주로 낮에 숲 속의 빛이 잘 드는 곳에 있는 고사목이나 벌채목에서 활동하는 성충을 쉽게 만날 수 있다. 밤에 불빛에 날아오는 경우도 많다. 암컷은 참나무, 물푸레나무 등 각종 활엽수 고사목 표면에 상처를 내고 그 자리에 산란을 한다. 유충은 수피 내부를 가해하며 성장을 마치면 수피 아래쪽에 번데기방을 틀고 우화한다.

깨다시하늘소족 Mesosini |

남방깨다시하늘소

Mesosa (*Perimesosa*) *hyunchaei* J. Yamasako & M. Hasegawa, 2009

대전 2010.4.7.사육

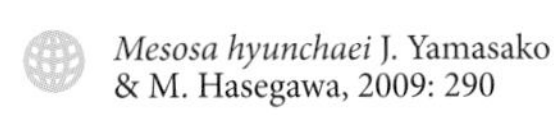

Mesosa hyunchaei J. Yamasako & M. Hasegawa, 2009: 290

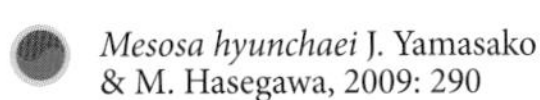

Mesosa hyunchaei J. Yamasako & M. Hasegawa, 2009: 290

13mm

♂

대전
2009.사육

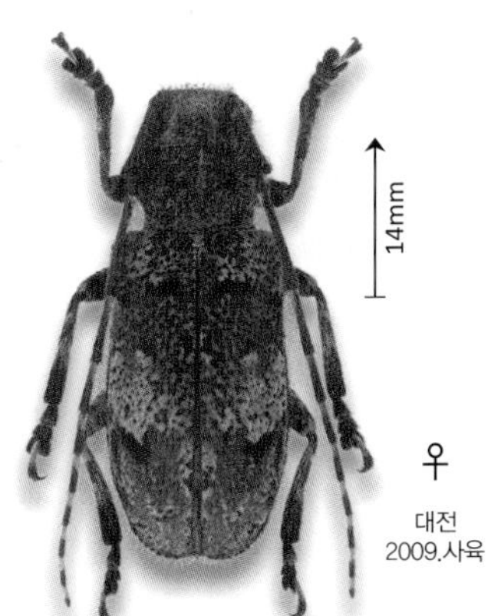

♀

대전
2009.사육

몸길이	11~19mm
성충활동시기	6월 하순~8월 초순
최종동면형태	유충
기주식물	상수리나무
한반도분포	대전, 충북 충주시, 전남 여수시, 경북 예천군
아시아분포	북한

충청도, 경상북도, 전라남도 등지에서 국지적으로 관찰되었다. 성충은 5월 하순에 발생하여 7월 하순까지 활동한다. 주로 고사목에서 활동하며 밤에 불빛에 이끌려 날아오기도 한다. 암컷은 상수리나무의 고사한 가지에 산란한다. 유충은 수피 아래에서 어느 정도 성장하다가 목질부로 들어가 종령이 된 후 그 자리에 번데기방을 틀고 성충이 된다. 2009년 신종으로 발표되었다.

섬깨다시하늘소 | 깨다시하늘소족 Mesosini

Mesosa (Dissosira) perplexa Pascoe, 1858

전남 신안군 2010.4.23.사육

11mm

♂

전남 신안군
2010.사육

17mm

♀

전남 신안군
2009.사육

Mesosa perplexa Pascoe, 1858: 243

Mesosa perplexa: Kang, 2002: 14

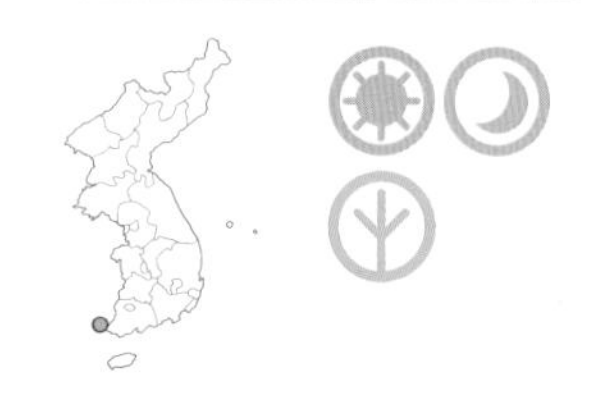

몸길이	10~19mm
성충활동시기	5월 하순~7월 중순
최종동면형태	유충
기주식물	뽕나무, 아까시나무, 전나무, 자귀나무, 후박나무
한반도분포	전남 가거도
아시아분포	대만, 일본, 중국

전라남도 가거도에서만 서식이 확인된 종이다. 성충은 5월 하순에 발생하여 7월 중순까지 활동한다. 주로 한낮에 고사목에서 활동하는 개체들이 발견되며 밤에는 불빛에도 날아오기도 한다. 암컷은 고사한 활엽수에 산란한다. 서식지가 국지적이긴 하지만 서식지 내에서는 개체수가 많은 편이다.

깨다시하늘소족 Mesosini | # 흰깨다시하늘소

Mesosa (*Perimesosa*) *hirsuta continentalis* Hayashi, 1964

강원 홍천군 2013.6.5.

Mesosa (*Perimesosa*) *hirsuta continentalis* Hayashi, 1964: 76

Mesosa (*Perimesosa*) *hirsuta continentalis* Hayashi, 1964: 76

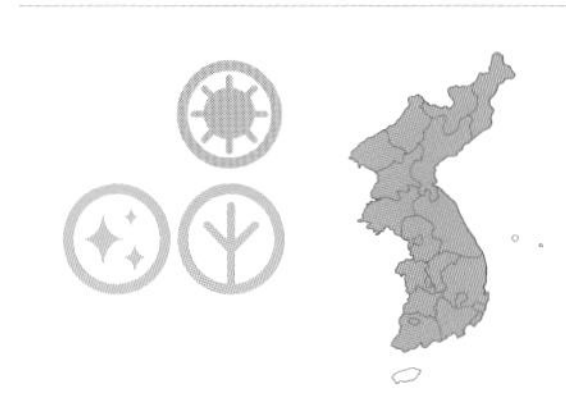

강원 양양군 2013.7.9.

전남 해남군 2009.8.1.사육

몸길이	10~18mm
성충활동시기	5월 중순~8월 중순
최종동면형태	유충
기주식물	각종 침엽수 및 활엽수
한반도분포	전국
아시아분포	러시아, 북한, 중국

전국에 분포하며 개체수도 많다. 성충은 5월 중순부터 발생하여 8월 중순까지 꾸준히 관찰된다. 한낮에는 다양한 고사목에서 관찰되고 한밤중에 불빛에 날아오는 경우도 굉장히 많다. 암컷은 침엽수, 활엽수를 가리지 않고 다양한 나무의 고사목에 산란한다. 유충은 수피 아래쪽을 가해하며 성장을 마치면 목질부 바깥쪽에 번데기방을 만들고 우화한다. 번데기는 위험을 느끼면 배를 번데기방 벽에 부딪쳐 '딱딱' 소리를 낸다. 오래 산 개체들은 흰색 털이 많이 빠져서 다른 종으로 오해를 사기도 한다.

긴깨다시하늘소 | 깨다시하늘소족 Mesosini

Mesosa (*Aplocnemia*) *longipennis* Bates, 1873

♂
울릉도
1971.8.9.

과거에는 서울, 개성, 경상북도 가야산에서만 채집한 기록이 있지만 최근에는 울릉도에서만 지속적으로 관찰되고 있다. 성충은 5월 중순에 발생하여 8월 중순까지 활동한다. 주로 한낮에 활엽수 고사목에 붙어 있으며 밤에는 불빛에도 잘 날아온다. 암컷은 활엽수 고사목에 산란을 한다. 국내에 서식하는 깨다시하늘소속 중에서 가장 크다.

 *Mesosa longipennis* Bates, 1873: 313

 *Mesosa longipennis*: Saito, 1932: 445

몸길이	12~22mm
성충활동시기	5월 중순~8월 중순
최종동면형태	밝혀지지 않음
기주식물	각종 활엽수, 소나무
한반도분포	서울, 경기 개성시, 경남 합천군, 울릉도
아시아분포	대만, 일본, 중국

소머리하늘소 | 소머리하늘소족 Homonoeini

Bumetopia (*Bumetopia*) *oscitans* Pascoe, 1858

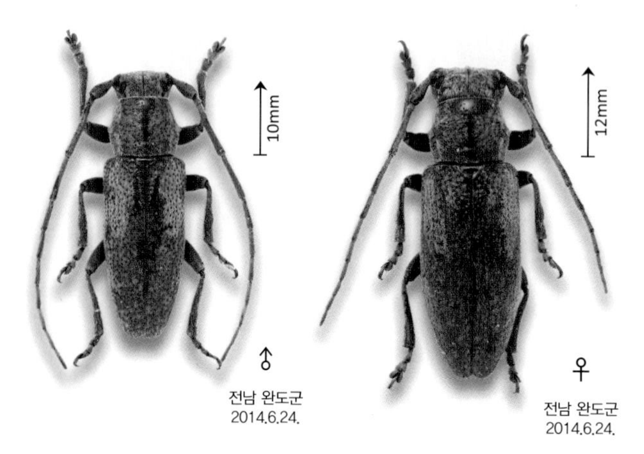

♂
전남 완도군
2014.6.24.

♀
전남 완도군
2014.6.24.

 *Bumetopia oscitans* Pascoe, 1858: 252

 *Bumetopia oscitans*: Lee, 1980: 53

몸길이	9~15mm
성충활동시기	5월 초순~7월 초순
최종동면형태	성충
기주식물	갈대, 해장죽
한반도분포	제주, 남해 도서지역
아시아분포	대만, 일본, 중국, 홍콩

제주도에서 1개체가 채집된 후 관찰되지 않다가 최근 남해안의 한 섬에서 여러 개체가 발견되었다. 해안가 근처의 해장죽, 갈대 등이 어우러진 곳에서 서식하는 모습이 관찰된다. 성충은 5월 초순에 발생하여 7월 초순까지 활동한다. 유충은 해장죽의 내부를 가해하며 이는 짝지하늘소 유충의 섭식 형태와 거의 유사하다.

오이하늘소족 Apomecynini |

흰줄측돌기하늘소 신칭

Asaperda rufipes Bates, 1873

제주 서귀포시 2013.겨울.사육

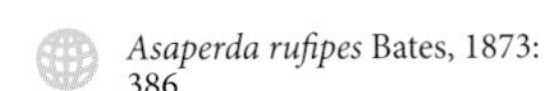

Asaperda rufipes Bates, 1873: 386

Asaperda rufipes: Tsherepanov, 1996: 117

몸길이	6~8mm
성충활동시기	5월 중순~7월 하순
최종동면형태	유충
기주식물	노박덩굴
한반도분포	경기 남양주시, 경북 영천시, 전남 여수시, 제주
아시아분포	러시아, 대만, 북한, 일본

경기도, 경상북도, 전라도, 제주도 등지의 활엽수림에 분포한다. 성충은 5월 중순에 출현하여 7월 하순까지 활동한다. 낮에 고사목 가지나 잎에 여러 마리가 모여있는 모습이 관찰되기도 한다. 유충은 수피 바로 아래 목질부를 가해하며 작은 구멍을 통해 톱밥을 밖으로 배출한다. 제주도에서 가져온 노박덩굴 고사목에서 1개체가 우화하였다. 측돌기하늘소와 유사하게 생겼지만 흰줄측돌기하늘소는 체색이 더 연하고 날개봉합선에 흰색 세로줄무늬가 있다.

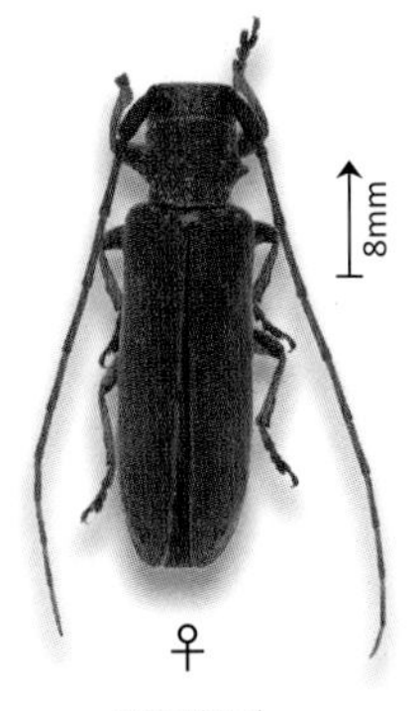

제주 제주시
2011.사육

측돌기하늘소 | 오이하늘소족 Apomecynini

Asaperda stenostola Kraatz, 1879

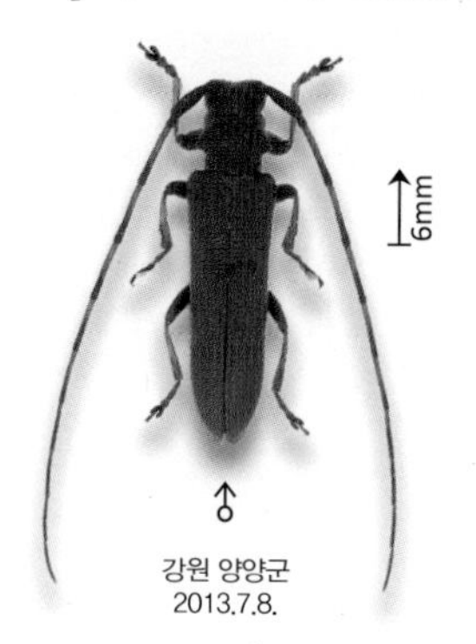

강원 양양군
2013.7.8.

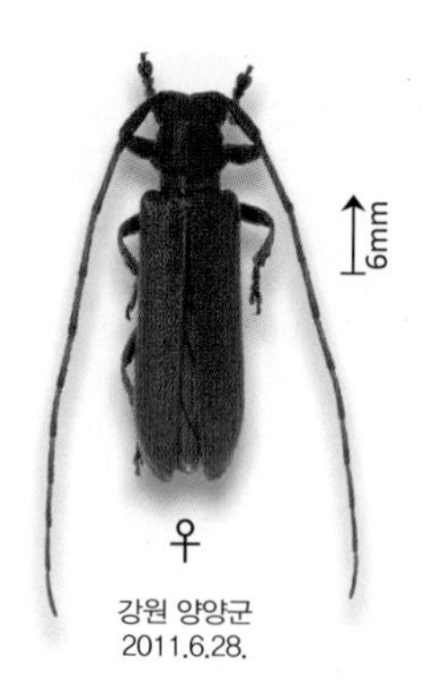

강원 양양군
2011.6.28.

 *Asaperda stenostola* Kraatz, 1879: 227

 *Asaperda stenostola*: Lee, 1987: 138

강원도와 경기도의 활엽수림에 분포한다. 성충은 5월 말부터 발생하여 8월 초순까지 관찰된다. 낮에 뽕나무의 고사한 부분에서 관찰된 사례가 있는데 뽕나무에 산란을 하는지는 확인하지 못했다. 밤에는 불빛에 날아온다. 암컷은 살아있는 다릅나무 가지의 끝부분에 산란한다. 유충은 목질부 중앙을 가해하며, 작은 구멍을 통해 톱밥을 밖으로 배출한다. 종령 유충은 목질부 중앙에 번데기방을 틀고 우화한다.

몸길이	6~8mm
성충활동시기	5월 하순~8월 초순
최종동면형태	유충
기주식물	다릅나무
한반도분포	강원, 경기
아시아분포	러시아, 몽골, 카자흐스탄

참소나무하늘소 | 오이하늘소족 Apomecynini

Sybra (*Sybra*) *flavomaculata* Breuning, 1939

 *Sybra flavomaculata* Breuning, 1939: 263

 *Sybra flavomaculata*: Choi, 1969: 129

1961년 전라남도 횡간도에서 관찰된 후로 추가 관찰 기록이나 채집소식을 접한 바 없다. 성충은 5월에 출현하여 9월까지 활동한다고 알려져 있다. 주로 낮에는 전나무, 소나무 등의 꼭대기에서 활동하며 보호색을 띠기 때문에 발견하기 매우 어렵다고 한다. 이 때문에 해외에서도 밤에 불빛에 날아오거나 겨울에 고사목을 잘라와 우화시킨 개체들을 채집한 경우가 대부분이다.

몸길이	7~10mm
성충활동시기	5월 하순~9월 초순
최종동면형태	밝혀지지 않음
기주식물	소나무, 전나무, 풍년화
한반도분포	전남 횡간도
아시아분포	일본, 중국

오이하늘소족 Apomecynini |

뾰족날개하늘소

Atimura koreana Danilevsky, 1996

강원 양양군 2013.7.5.

Atimura koreana Danilevsky, 1996: 22

Atimura koreana Danilevsky, 1996: 22

몸길이	6~11mm
성충활동시기	5월 중순~8월 초순
최종동면형태	밝혀지지 않음
기주식물	칡
한반도분포	강원 양양군, 경남 함양군, 전북 전주시, 충북 제천시

전국 각지에 국지적으로 분포하지만 크기가 작고 어두운 보호색을 띠는 탓에 관찰하기 쉽지 않다. 성충은 5월 중순에 출현하여 8월 초순까지 활동한다. 낮에는 주로 얇은 가지에 딱 붙어서 가만히 쉬고 있거나 칡의 새순을 먹는다. 꽃이나 불빛에는 잘 날아오지 않는다. 암컷은 고사한 칡 덩굴에 산란한다. 『한반도 하늘소과 갑충지』(Lee, 1987)에는 *A. japonica*로 기록되어 있지만 최근 연구에 의하면 한반도에 서식하는 종은 *A. koreana*라고 한다(Danielvsky, 1996).

강원 양양군 2013.7.5.

강원 양양군 2011.6.28.

나도오이하늘소 | 오이하늘소족 Apomecynini

Apomecyna (Apomecyna) naevia naevia Bates, 1973

제주 제주시 2009.7.7.

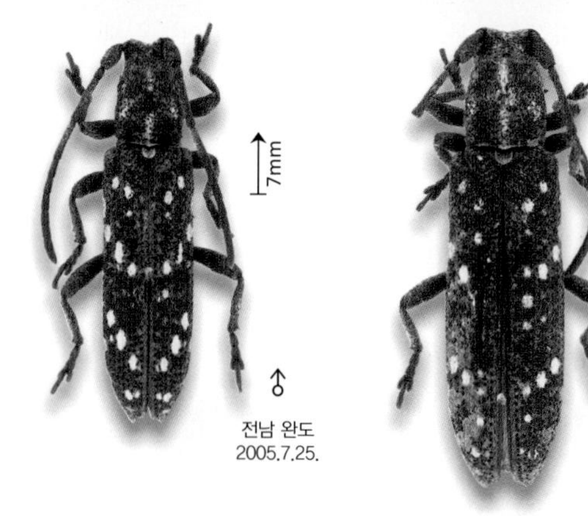

Apomecyna naevia Bates, 1973: 317

Apomecyna naevia: Son, 2005: 16

몸길이 6~12mm
성충활동시기 6월 중순~8월 중순
최종동면형태 유충
기주식물 하늘타리
한반도분포 전남, 제주

주로 남해안 일부 지역과 제주도에서 발견되며 최근에 경기도에서도 발견되었다. 성충은 한낮에 하늘타리 덩굴에 붙어 줄기를 갉아먹거나 짝짓기를 하는데 크기가 매우 작아 관찰하기 쉽지 않다. 밤에 불빛에 날아오는 경우는 거의 없다. 유충은 살아있는 하늘타리를 가해하므로 유충이 들어있는 부분은 점점 시들어 간다. 오이하늘소와 유사하지만 체폭이 좁고 체장이 길다. 날개 끝이 오이하늘소에 비해 뾰족하게 돌출되어 있다.

오이하늘소족 Apomecynini |

긴오이하늘소 신칭

Apomecyna longicollis coreana Breuning, 1967: 188

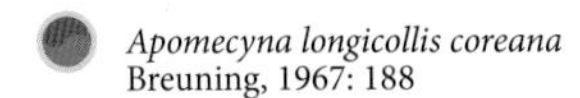

Apomecyna longicollis coreana Breuning, 1967: 188

Apomecyna (Apomecyna) longicollis coreana Breuning, 1967

정확한 지명 표기 없이 국내에 분포한다고 기록되었다. 기록된 후 다시 관찰된 사례가 없었으면 표본 또한 확인하지 못하였다. 해외에서는 낮에 살아있는 식물을 가해하는 것으로 알려져 있다. 본 기록은 나도오이하늘소의 오동정일 가능성이 있다.

몸길이	6~12mm
성충활동시기	밝혀지지 않음
최종동면형태	밝혀지지 않음
기주식물	밝혀지지 않음
한반도분포	명확한 채집기록 없음

오이하늘소족 Apomecynini |

오이하늘소

Lamia histrio Fabricius, 1792: 288

Apomecyna maculaticollis: Matsushita, 1938: 103

Apomecyna (Apomecyna) histrio histrio (Fabricius, 1792)

정확한 지명 표기 없이 국내에 분포한다고 기록되었다. 기록된 후 다시 관찰된 사례가 없었으면 표본 또한 확인하지 못하였다. 해외에서는 낮에 살아있는 새박에서 활동하는 것이 관찰되며 식물 조직을 가해하는 것으로 알려져 있다. 나도오이하늘소와 닮았지만 체폭이 넓고 체장이 짧다. 날개 끝이 나도오이하늘소에 비해 뭉툭하며 흰색 점이 크고 원형에 가깝다.

몸길이	7~12mm
성충활동시기	5월 하순~8월 초순
최종동면형태	밝혀지지 않음
기주식물	새박
한반도분포	명확한 채집기록 없음
아시아분포	대만, 몽골, 일본, 중국

흰가슴하늘소 | 오이하늘소족 Apomecynini

Xylariopsis mimica Bates, 1884

강원 화천군 2013.6.15.

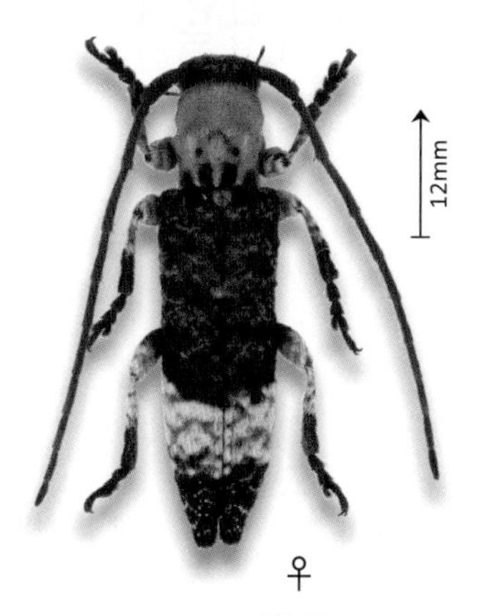

♀
강원 화천군
2013.6.15

전국의 활엽수림에 분포한다. 성충은 5월 초순부터 발생하여 8월 초순까지 활동한다. 한낮에 노박덩굴 가지에 가만히 붙어있는 모습이나 짝을 찾아다니는 모습이 관찰되는데 보호색을 띠는 탓에 유심히 보지 않으면 찾기 매우 어렵다. 암컷은 고사한 노박덩굴 가지에 산란한다. 유충은 수피 아랫부분을 가해하다가 성장하면서 목질부로 점점 파고들어간다. 가슴판이 흰색을 띠어서 흰가슴하늘소라는 이름이 붙었지만 가슴판이 옅은 황토색을 띠는 개체들도 종종 눈에 띈다.

 *Xylariopsis mimica* Bates, 1884: 247

 *Xylariopsis mimica*: Cho, 1941: 38

몸길이	10~14mm
성충활동시기	5월 초순~8월 초순
최종동면형태	유충
기주식물	노박덩굴, 등, 하늘타리
한반도분포	전국
아시아분포	러시아, 일본, 중국

오이하늘소족 Apomecynini |

좁쌀하늘소

Microlera ptinoides Bates, 1873

강원 평창군 2013.6.9.

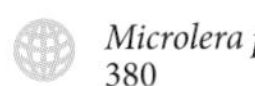

Microlera ptinoides Bates, 1873: 380

Microlera ptinoides: Lee, 1981: 46

몸길이	3~4mm
성충활동시기	5월 중순~7월 초순
최종동면형태	밝혀지지 않음
기주식물	남오미자, 느티나무, 뽕나무, 산뽕나무, 왕벚나무, 층층나무, 탱자나무
한반도분포	경기, 강원, 전북 진안군, 전남 여수시
아시아분포	대만, 러시아, 일본

강원도와 전라도 일부 지역에서 국지적으로 관찰되었다. 성충은 5월 중순부터 출현하여 7월 초순까지 활동한다. 꽃에서 관찰한 바는 없으며 주로 마른 잔가지 더미에서 오르내리는 모습이 관찰된다. 짝짓기와 산란도 마른 가지 등에서 이루어진다. 크기가 매우 작아서 맨눈으로는 찾아내기 어렵고 보통 비팅이나 스위핑으로 채집된다. 국내 하늘소 중 크기가 가장 작은 종이며, 날개가 퇴화되어 날지 못한다.

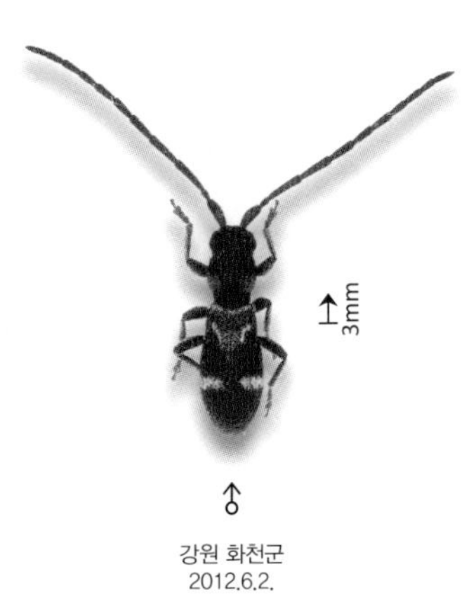

강원 화천군 2012.6.2.

우리하늘소 | 오이하늘소족 Apomecynini

Ropica coreana Breuning, 1980

인천 2013.겨울.

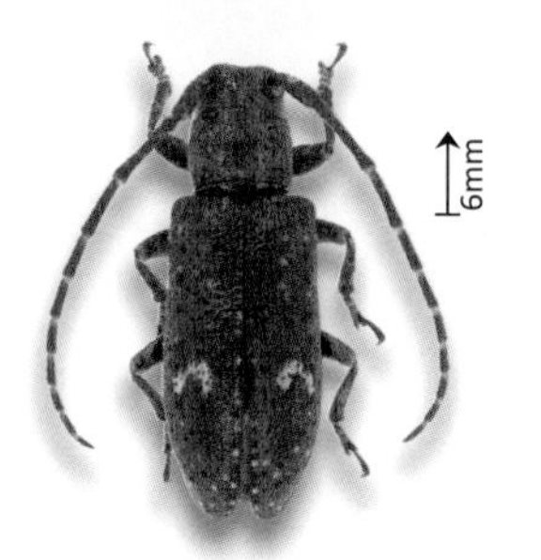

♀
제주 제주시
2009.7.8.

전국에 분포하며 개체수도 많다. 성충은 5월 중순부터 발생하여 7월 중순까지 활동한다. 낮에는 주로 등, 칡 등의 시든 부분이나 고사목에서 짝짓기나 산란을 하고 밤에는 불빛에 날아온다. 개체수가 많아 예덕나무에서 수피를 갉아먹는 수십 마리의 성충을 관찰한 적도 있다. 각종 활엽수를 기주식물로 삼는데 칡, 예덕나무 등에 주로 산란한다. 유충은 수피 바로 밑을 가해하다가 어느 정도 성장하면 목질부로 파고들어가 번데기방을 만들고 우화한다.

Ropica coreana Breuning, 1980: 50

Ropica coreana Breuning, 1980: 50

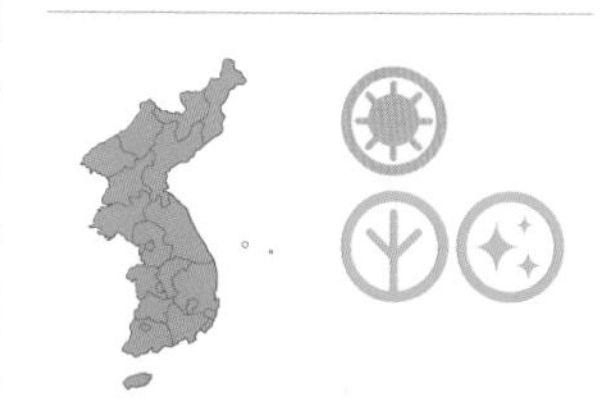

몸길이	6~8mm
성충활동시기	5월 중순~7월 초순
최종동면형태	유충
기주식물	예덕나무, 칡
한반도분포	전국, 제주

오이하늘소족 Apomecynini |

맵시하늘소

Sybra (Sybrodiboma) subfaciata subfaciata Bates, 1884

제주 제주시 2013.7.13.

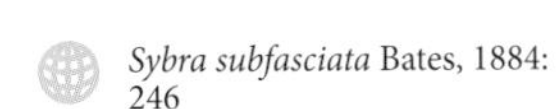

Sybra subfasciata Bates, 1884: 246

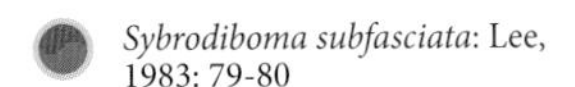

Sybrodiboma subfasciata: Lee, 1983: 79-80

몸길이	7~10mm
성충활동시기	6월 초순~8월 초순
최종동면형태	유충
기주식물	각종 활엽수
한반도분포	강원 홍천군, 경북 문경시, 경남 거제도, 제주
아시아분포	일본

제주도를 포함한 남부지방에 주로 서식하고 드물게 중북부지방에서 발견되기도 한다. 성충은 6월 초순부터 발생하여 8월 초순까지 관찰된다. 주간에는 활엽수의 고사한 부분에서 활동하며 밤에는 불빛에 날아오기도 한다. 암컷은 예덕나무 등 활엽수의 고사한 부분에 산란한다. 유충은 목질부를 가해하며 유충으로 겨울을 난 뒤 초봄에 성충이 된다. 해외에는 다양한 기주가 알려져 있으나 국내에서는 주로 예덕나무에서 관찰된다.

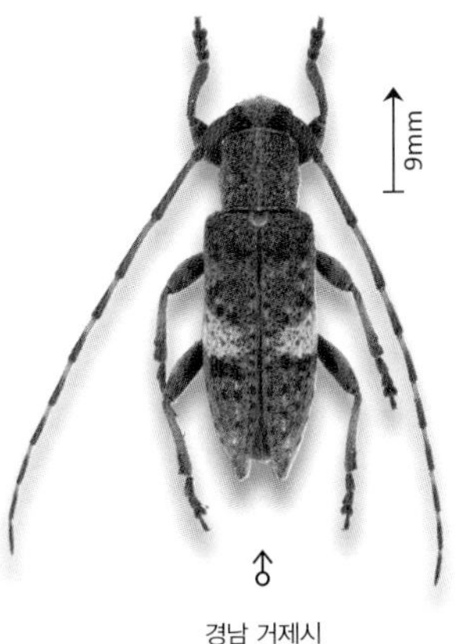

경남 거제시
2011.사육

수염초원하늘소 신칭 | 초원하늘소족 Agapanthiini

Cleptometopus sp.

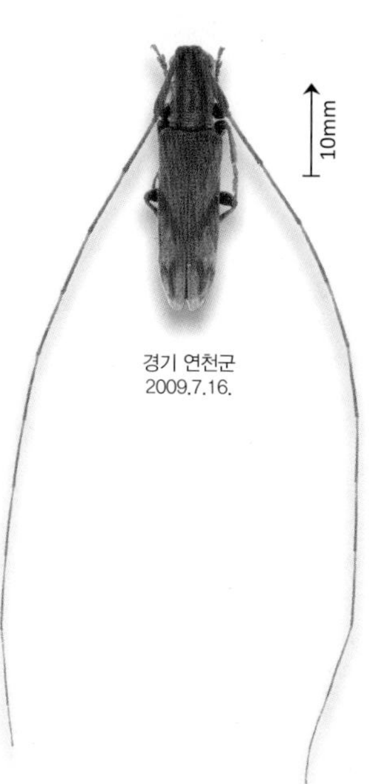

경기 연천군
2009.7.16.

미동정

미동정

제주도와 경기도 일부 지역에서 발견된 미동정종이다. 자세한 생태나 기주식물은 밝혀지지 않았다. 주로 7월경에 활동하며 한낮에 초본류에서 활동하는 모습이나 불빛에 날아온 모습이 관찰되었다.

몸길이	9~13mm
성충활동시기	7월 초순~7월 하순
최종동면형태	밝혀지지 않음
기주식물	밝혀지지 않음
한반도분포	경기 연천군, 제주

초원하늘소족이 선호하는 서식지 전경

초원하늘소족 Agapanthini | 남색초원하늘소

Agapanthia (Epoptes) amurensis Kraatz, 1879

경기 남양주시 2013.5.12.

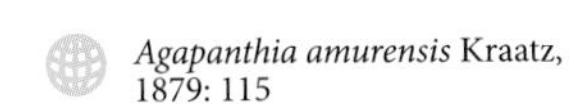
Agapanthia amurensis Kraatz, 1879: 115

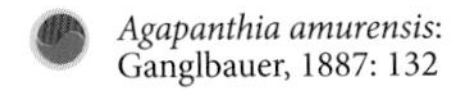
Agapanthia amurensis: Ganglbauer, 1887: 132

몸길이	8~13mm
성충활동시기	5월 중순~6월 중순
최종동면형태	유충
기주식물	개망초, 쑥
한반도분포	전국, 제주
아시아분포	러시아, 몽골, 중국

전국의 초지에 분포하며 개체수도 많다. 성충은 5월 중순~6월 중순까지 활동한다. 개망초, 엉겅퀴 등에서 활동하는 모습을 쉽게 관찰할 수 있다. 암컷은 개망초 등의 줄기에 턱으로 구멍을 내어 산란한다. 유충은 줄기를 가해하며 겨울이 되면 기주식물의 아래쪽으로 파고들어 월동한다. 유충은 2년째 되는 가을에 기주식물 줄기의 안쪽에서 바깥으로 상처를 내는데, 겨울이 되면 바람이나 눈 등에 의해 상처 부분을 기준으로 윗부분은 부러지고 아래 15cm 정도만 남게 된다. 유충은 이른 봄경에 아랫부분만 남은 줄기에서 번데기방을 틀고 우화한다.

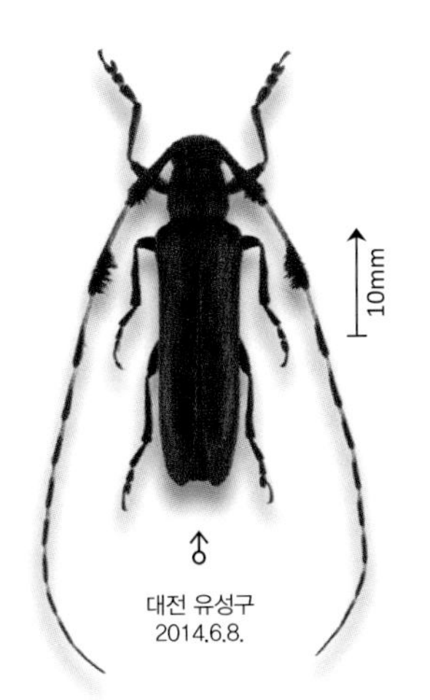

♂
대전 유성구
2014.6.8.

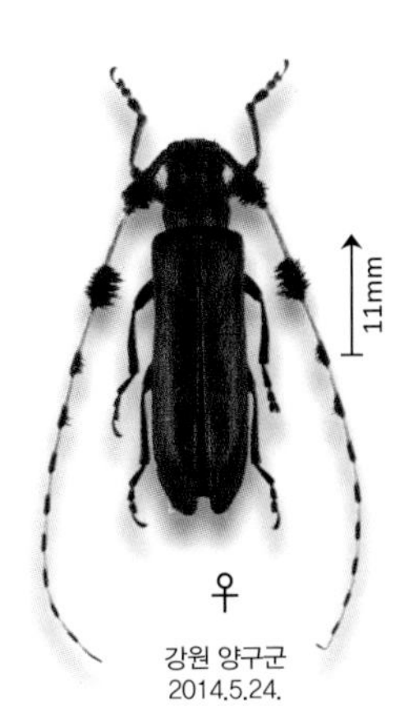

♀
강원 양구군
2014.5.24.

닮은남색초원하늘소 | 초원하늘소족 Agapanthiini

Agapanthia (Epoptes) pilicornis pilicornis (Fabricius, 1787)

강원 철원군 2013.6.29.

14mm

♂

강원 철원군
2013.6.15.

16mm

♀

강원 철원군
2013.6.15.

강원도, 경기도, 충청북도 산지에 매우 국지적으로 분포하며 현재까지 관찰된 개체수가 매우 적은 희귀종이다. 성충은 5월 하순부터 발생하여 6월 하순까지 활동한다. 성충은 주로 살아있는 식물의 줄기를 갉아먹으며, 암컷은 살아있는 원추리와 국화과 등 초본식물의 줄기에 산란한다. 유충은 겨울이 되면 기주식물의 아래쪽으로 파고들어 월동한다. 남색초원하늘소와 닮았지만 더듬이 마디가 붉은색을 낸다.

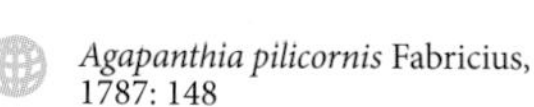

Agapanthia pilicornis Fabricius, 1787: 148

Agapanthia pilicornis: Kolbe, 1886: 225

몸길이	11~17mm
성충활동시기	5월 중순~6월 중순
최종동면형태	유충
기주식물	원추리
한반도분포	경기 파주시, 강원 철원군, 충북 보은군
아시아분포	러시아, 북한, 중국

초원하늘소족 Agapanthini |

우리남색초원하늘소 신칭

Agapanthia sp.

미동정

미동정

몸길이	9~17mm
성충활동시기	5월 초순~6월 초순
최종동면형태	밝혀지지 않음
기주식물	밝혀지지 않음
한반도분포	강원 홍천군, 화천군, 경북 영천시

주로 강원도와 경상북도 북부지방에서 발견되며 개체수는 적은 편이다. 성충은 5월 중순부터 발생하여 6월 중순까지 활동한다. 주로 맑은 날 국화과 식물이나 엉겅퀴 등에서 줄기를 가해하거나 비행하는 모습이 관찰된다. 남색초원하늘소의 변이라는 견해도 있으나 특정 지역에서 지속적으로 관찰되는 점과 몸의 비율, 더듬이의 털뭉치에서 큰 차이가 있어서 별종으로 분리하였다. 동유럽에 분포하는 *A. subnigra*와 많이 닮았지만 지역적으로 큰 차이가 있어 차후 정확한 동정이 요구된다.

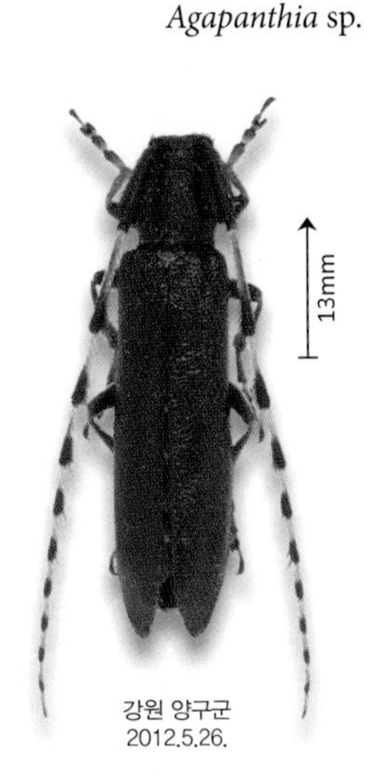

강원 양구군
2012.5.26.

초원하늘소족 Agapanthini |

북방초원하늘소

Agapanthia (*Epoptes*) *alternans alternans* Fischer won Waldheim, 1842

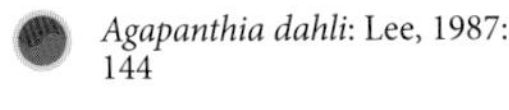

Agapanthia alternans Fischer von Waldheim, 1842: 26

Agapanthia dahli: Lee, 1987: 144

몸길이	11~16mm
성충활동시기	5월 하순~6월 하순
최종동면형태	유충
기주식물	엉겅퀴, 어수리
한반도분포	강원 평창군
아시아분포	러시아, 몽골, 북한, 중국, 카자흐스탄

북한의 경우 청진에서 채집기록이 있으며 휴전선 이남에서의 기록은 강원도 오대산에서 1개체가 채집된 것이 전부인 희귀종이다. 주로 고산 초원지대에 서식한다. 성충은 맑은 날, 엉겅퀴, 어수리 등에서 활동하며 산란도 이들 식물에 한다. 유충은 심부를 파먹으며 성장하다 겨울이 오면 뿌리 쪽으로 내려가 월동한다. 초원하늘소와 유사하지만 북방초원하늘소는 더듬이에 붉은색이 돌고 체폭이 더 넓다.

초원하늘소 | 초원하늘소족 Agapanthiini

Agapanthia (Epoptes) daurica daurica Ganglbauer, 1884

강원 평창군 2013.6.9.

16mm

♀
강원 평창군
2013.6.8.

13mm

♂
강원 평창군
2009.5.30.

Agapanthia daurica Ganglbauer, 1884: 544

Agapanthia daurica: Okamoto, 1927: 83

몸길이	9~19mm
성충활동시기	6월 중순~7월 초순
최종동면형태	유충
기주식물	국화, 산형, 산잎방망이, 우엉
한반도분포	강원 평창군, 양구군, 인제군, 경북 영주시
아시아분포	러시아, 몽골, 북한, 일본, 중국

강원도, 경상북도의 고산 초원지대에 분포한다. 성충은 5월 중순 후에 발생하며 7월 초순까지 관찰된다. 주로 산의 정상부나 헬기장 등 햇볕이 잘 드는 초원지대에서 활동한다. 빛에 민감하여 해가 구름에 가리면 모습을 감추었다가 해가 뜨면 곧바로 잎 위에 올라 일광욕과 짝짓기를 한다.

초원하늘소족 Agapanthini |

원통하늘소

Pseudocalamobius japonicus (Bates, 1873)

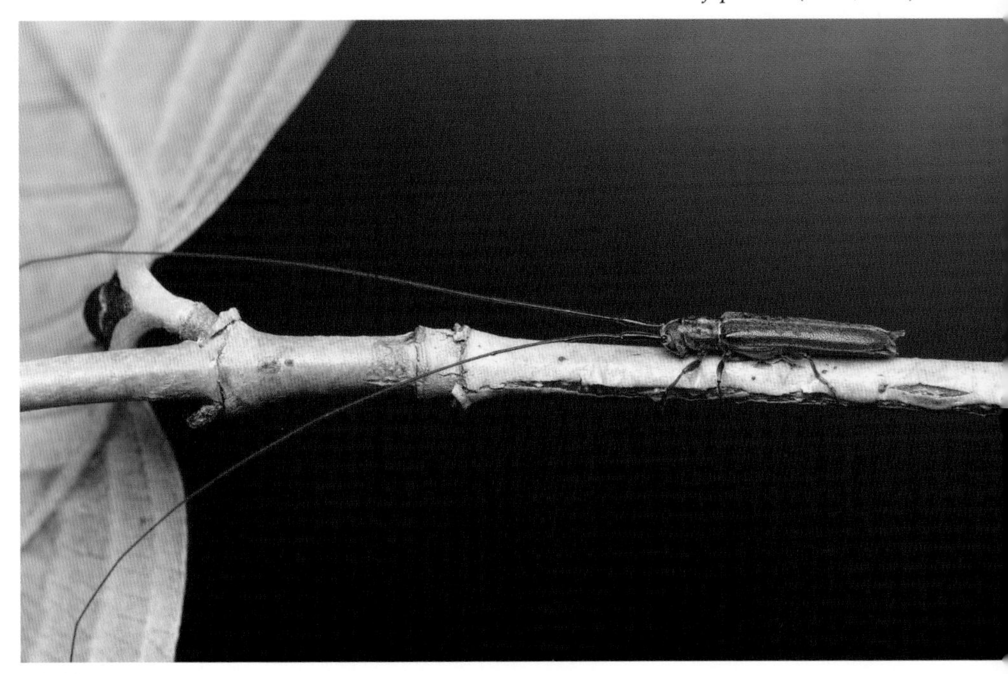

강원 양양군 2012.7.26.

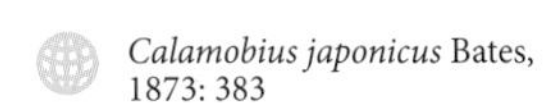

Calamobius japonicus Bates, 1873: 383

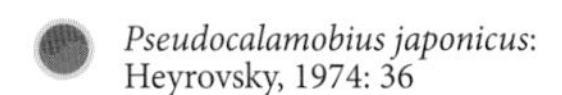

Pseudocalamobius japonicus: Heyrovsky, 1974: 36

몸길이	7~12mm
성충활동시기	5월 초순~6월 중순
최종동면형태	번데기
기주식물	노박덩굴, 멍석딸기
한반도분포	전국, 제주
아시아분포	대만, 러시아, 일본, 중국

전국의 산지에 폭넓게 분포한다. 성충은 5월 중순경에 출현하여 6월 하순까지 활동한다. 주로 뽕나무 등의 얇은 가지에서 관찰된다. 덩굴이 우거져 있는 곳을 비팅하면 성충을 보다 쉽게 채집할 수 있다. 맑은 날 산길에서 날아다니는 성충을 볼 수 있는데 나는 모습은 마치 각다귀와 비슷하다. 암컷은 덩굴식물의 얇은 가지에 깔때기 모양의 구멍을 뚫고 그 안에 산란한다. 몸이 얇고 더듬이가 굉장히 긴 것이 특징이다.

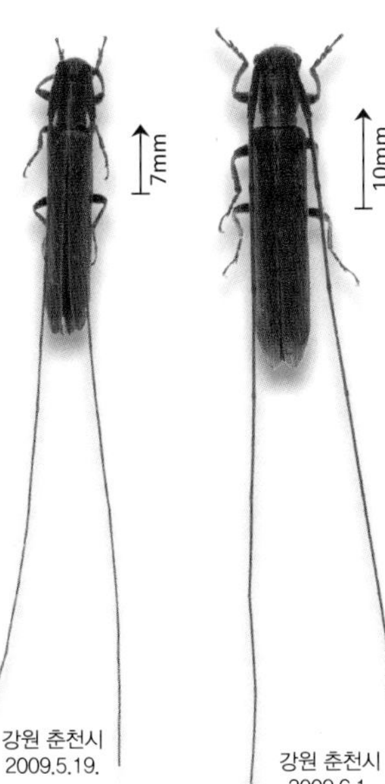

강원 춘천시 2009.5.19.

강원 춘천시 2009.6.1.

작은초원하늘소 | 초원하늘소족 Agapanthiini

Coreocalamobius parantennatus Hasegawa, Han et Oh, 2014

충북 단양군 2013.5.4.

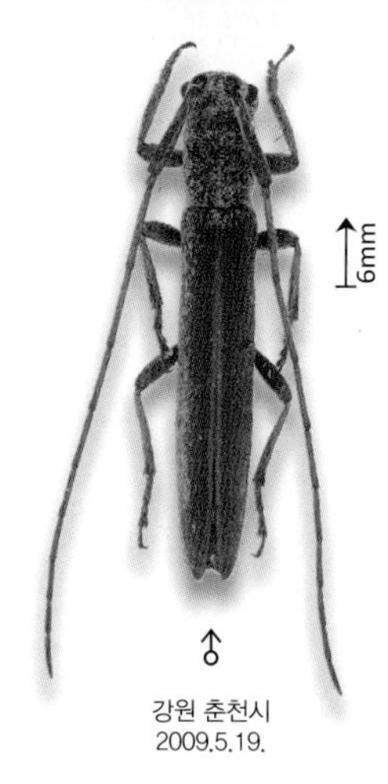

♂
강원 춘천시
2009.5.19.

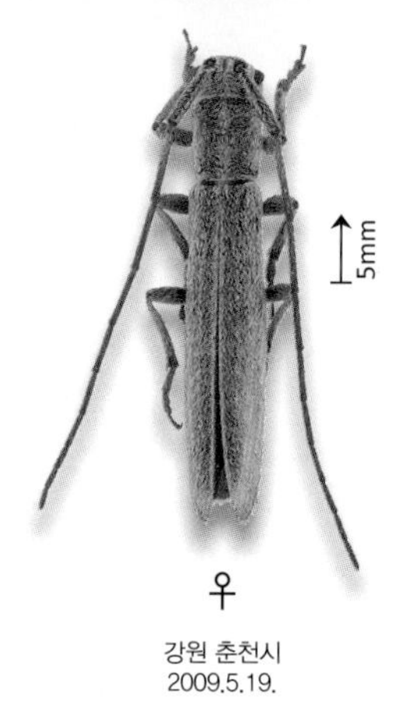

♀
강원 춘천시
2009.5.19.

Coreocalamobius parantennatus Hasegawa, Han et Oh, 2014: 50

Coreocalamobius parantennatus Hasegawa, Han et Oh, 2014: 50

몸길이	5~10mm
성충활동시기	3월 하순~5월 중순
최종동면형태	밝혀지지 않음
기주식물	달뿌리풀
한반도분포	전국

전국의 초원지대나 물가 주변에 달뿌리풀이 있는 곳에 서식한다. 성충은 4월 하순부터 출현하여 5월 하순까지 관찰된다. 주로 낮에 달뿌리풀에 붙어서 활동한다. 크기가 매우 작고 기주가 확실치 않아 과거에는 관찰하기 매우 어려운 종이었다. 그러나 기주식물이 달뿌리풀로 밝혀지며 전국에서 어렵지 않게 관찰할 수 있게 되었다. 『한반도 하늘소과 갑충지』(Lee, 1987)에서 이 종이 *Theophilea cylindricollis*라고 기록되어 있으나 이는 오동정이고 최근 연구에 의해 학명이 재정립되었다.

곰보하늘소족 Pteropliini |

꼬마하늘소

Egesina (Niijimaia) bifasciana bifasciana (Matsushita, 1933)

강원 양양군 2013.6.26.

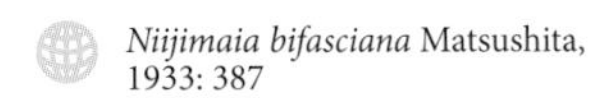

Niijimaia bifasciana Matsushita, 1933: 387

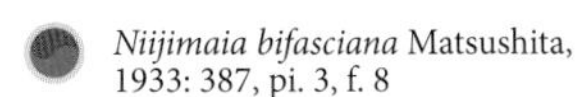

Niijimaia bifasciana Matsushita, 1933: 387, pi. 3, f. 8

전국에 분포하며 개체수도 많다. 5월 중순부터 발생하여 6월 하순까지 활동한다. 개체수가 적은 편은 아니지만 크기가 매우 작아서 야외에서 활동하는 개체들을 관찰하기는 쉽지 않다. 성충은 다양한 활엽수에 서식하나 주로 뽕나무 고사목에서 자주 보인다. 암컷은 뽕나무 고사목이나 살아있는 뽕나무의 죽어가는 부분에 산란한다. 유충은 수피 아래를 가해하다가 겨울이 오면 목질부로 들어가 번데기방을 만든다.

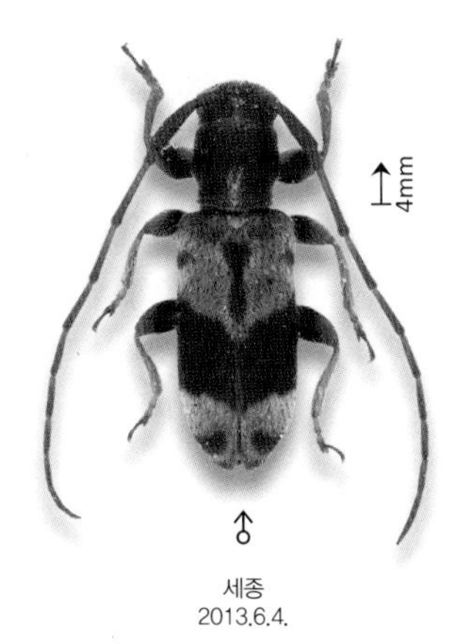

세종
2013.6.4.

몸길이	3.5~5mm
성충활동시기	5월 중순~6월 하순
최종동면형태	유충
기주식물	밤나무, 뽕나무, 사과나무, 팽나무
한반도분포	전국, 제주
아시아분포	러시아, 일본

흰점곰보하늘소 | 곰보하늘소족 Pteropliini

Pterolophia (Pterolophia) granulata (Motschulsky, 1866)

강원 홍천군 2013.6.14.

강원 춘천시
2010.6.22.

강원 평창군
2009.5.9.

 *Pogonocherus granulata* Motschulsky, 1866: 174

 *Pterolophia rigida*: Okamoto, 1927: 82

몸길이	7~10mm
성충활동시기	5월 중순~8월 초순
최종동면형태	유충
기주식물	낙엽송, 밤나무, 뽕나무, 삼나무, 오리나무, 전나무
한반도분포	전국
아시아분포	대만, 북한, 일본

전국에 분포하며 저지대부터 고산지대까지 폭넓게 서식하고 개체수도 많다. 성충은 5월 중순~8월 초순까지 각종 고사목, 벌채목의 얇은 가지에서 주로 활동한다. 한낮에는 고사목에서 짝짓기나 산란, 혹은 수피를 물어뜯는 모습을 관찰할 수 있다. 암컷은 보통은 활엽수 고사목에 산란하지만 침엽수에 산란하는 경우도 종종 있다. 2014년 2월 땅속에서 월동하고 있는 개체를 확인한 사례가 있다.

곰보하늘소족 Pteropliini |

대륙곰보하늘소

Pterolophia (Pterolophia) maacki (Blessig, 1873)

인천 2009.겨울.사육

Eurycotyle maacki Blessig, 1873: 211

Eurycotyle maacki: Mitono, 1943: 146

제주 제주시
2009.6.26.

제주 제주시
2009.6.29.

몸길이	5~8mm
성충활동시기	5월 중순~7월 초순
최종동면형태	유충
기주식물	호두나무, 탱자나무, 산초나무, 예덕나무, 팽나무, 산뽕나무
한반도분포	전국, 제주
아시아분포	러시아, 북한, 중국

전국의 활엽수림에 분포하며 개체수가 비교적 많아 쉽게 관찰되는 편이다. 성충은 5월 중순부터 발생하여 7월 초순까지 활동한다. 낮에는 다양한 활엽수 고사목에 붙어있는 모습이 관찰된다. 암컷은 산초나무, 예덕나무 등의 활엽수 고사목 얇은 가지에 산란한다. 유충은 수피 아래를 가해하며 성장하면서 목질부로 파고들어 가해한다. 성장을 마친 유충은 목질부에 번데기방을 틀고 우화한다.

우리곰보하늘소 | 곰보하늘소족 Pteropliini

Pterolophia (*Pterolophia*) *angusta multinotata* (Pic, 1931)

인천 2013.겨울.사육

세종 2008.6.20.

세종 2008.6.20.

 *Pterolophia multinotata* Pic, 1931: 1

 *Pterolophia multinotata* Pic, 1931: 1

전국의 활엽수림에 분포한다. 성충은 5월 중순에 발생하여 7월 하순까지 활동한다. 주로 활엽수의 고사한 부분에 붙어있으며, 밤에는 불빛에 날아오기도 한다. 암컷은 각종 활엽수의 수피 틈에 산란한다. 유충은 수피 내부를 먹다가 성장하면서 목질부로 파고든다. 성장을 마친 유충은 목질부에 번데기방을 만든다. 우리하늘소와 매우 닮아 혼동하기 쉽지만 우리곰보하늘소는 가운데 다리의 경절에 홈이 파여 있으며 딱지날개 1/3 지점에 한 쌍의 작은 돌기가 솟아 있다.

몸길이	6~9mm
성충활동시기	5월 중순~7월 하순
최종동면형태	유충
기주식물	예덕나무, 자귀나무, 팽나무, 호두나무
한반도분포	전국
아시아분포	대만, 일본, 중국

곰보하늘소족 Pteropliini |

큰곰보하늘소

Pterolophia (Hylobrotus) annulata (Chevrolat, 1845)

인천 2009.겨울.사육

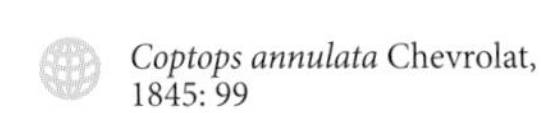

Coptops annulata Chevrolat, 1845: 99

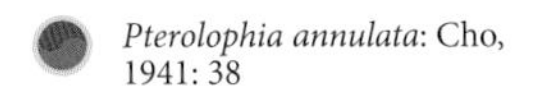

Pterolophia annulata: Cho, 1941: 38

몸길이	9~14mm
성충활동시기	5월 하순~7월 초순
최종동면형태	유충
기주식물	닥나무, 뽕나무, 자귀나무, 졸참나무, 칡, 팽나무, 후박나무
한반도분포	전국, 제주
아시아분포	대만, 중국, 일본

전국에 있는 낮은 야산부터 울창한 활엽수림까지 넓게 분포한다. 성충은 5월 하순에 발생하여 7월 초순까지 활동한다. 대부분의 시간을 고사목 위에서 보내며 불빛에 이끌려 날아오기도 한다. 암컷은 뽕나무, 예덕나무, 칡, 노박덩굴 등의 고사목에 산란한다. 유충은 수피 바로 밑의 목질부를 가해하며 같은 자리에서 번데기방을 짓고 우화한다. 반면 칡을 가해하는 유충은 목질부를 가해하며 같은 자리에서 우화한다.

흰띠곰보하늘소 | 곰보하늘소족 Pteropliini

Pterolophia (*Pterolophia*) *castaneivora* K. Ohbayashi & Hayashi, 1962

제주 제주시 2013.7.13.

제주 제주시 2013.7.12.

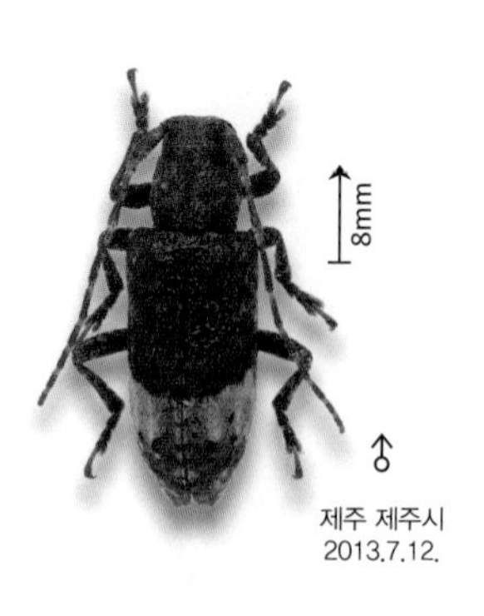

제주 제주시 2013.7.12.

 *Pterolophia castaneivora* K. Ohbayashi & Hayashi, 1962: 33

 *Ptetolophia zonata*: Lee, 1987: 148

소요산이나 평안북도에서 채집기록은 남아있지만 현재는 내륙에서 관찰되지 않고 제주도에서만 관찰된다. 성충은 6월 초순에 발생하여 7월 하순까지 활동한다. 주로 한낮에 시들어 있는 활엽수류의 가지나 덩굴식물의 고사된 부분에서 껍질을 갉아먹거나 가만히 붙어있는 모습을 볼 수 있다. 암컷은 뽕나무, 예덕나무 등의 고사목에 산란한다. 유충은 수피 아랫부분을 가해하며 성장을 마치면 수피 바로 아래에 번데기방을 틀고 우화한다.

몸길이	7~11mm
성충활동시기	6월 하순~8월 초순
최종동면형태	밝혀지지 않음
기주식물	느티나무, 밤나무, 뽕나무, 예덕나무, 전나무
한반도분포	제주
아시아분포	일본

곰보하늘소족 Pteropliini |

곰보하늘소

Pterolophia (*Pterolophia*) *caudata caudata* (Bates, 1873)

Praonetha caudata Bates, 1873: 315

Pterolophia (*Pterolophia*) *caudata* S. M. Lee, 1982: 68

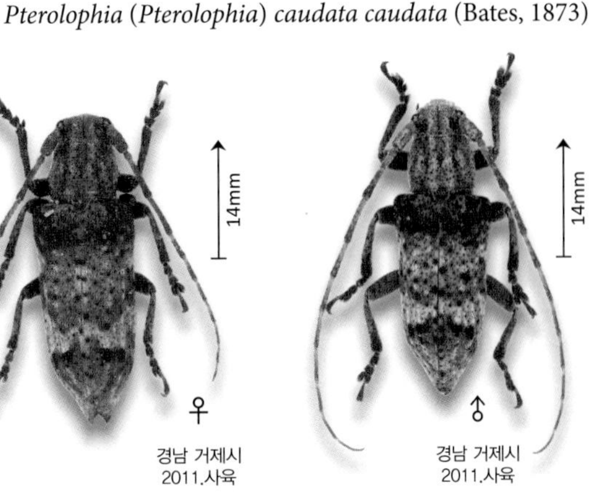

몸길이	12~16mm
성충활동시기	6월 중순~8월 초순
최종동면형태	유충
기주식물	가래나무, 등, 뽕나무, 자귀나무, 칡
한반도분포	전북 부안군, 경남 거제도, 울릉도
아시아분포	대만, 일본

남부지방 해안지역과 서부 해안지역, 울릉도의 활엽수림에 국지적으로 서식한다. 성충은 6월 중순에 발생하여 8월 초순까지 활동한다. 한낮에 기주식물의 고사된 부분에 가만히 붙어있으며 밤에는 불빛에 날아오기도 한다. 암컷은 등, 칡, 뽕나무 등의 활엽수 고사목에 산란한다. 국내에 서식하는 곰보하늘소 중 크기가 가장 크다.

곰보하늘소족 Pteropliini |

흰곰보하늘소

Pterolophia (*Ale*) *jugosa jugosa* (Bates, 1873)

Praonetha jugosa Bates, 1873: 315

Pterolophia jugosa: Mochizuki et Tsunekawa, 1937: 88

금강산에서 관찰된 기록은 남아 있으나 표본은 확인하지 못하였고 그 후 다시 관찰되었다는 소식을 접하지 못했다. 해외에서는 5월 하순에 발생하여 7월 하순까지 활동하며 다양한 활엽수 고사목에 모인다고 알려져 있다. 국명은 흰곰보하늘소이지만 몸 전체가 희지 않고, 딱지날개의 상단부에 굵은 흰색 가로줄무늬가 있어서 흰곰보하늘소라는 이름이 붙었다.

몸길이	6~10mm
성충활동시기	5월 하순 ~ 7월 하순
최종동면형태	밝혀지지 않음
기주식물	개굴피나무, 너도밤나무, 느티나무, 뽕나무
한반도분포	강원 금강군(북한)
아시아분포	대만, 러시아, 일본, 중국

지리곰보하늘소 신칭 | 곰보하늘소족 Pteropliini

Pterolophia (*Pseudale*) *jiriensis* Danilevsky, 1996

경북 영양군 2014.6.25

 *Pterolophia jiriensis* Danilevsky, 1996: 21

 *Pterolophia jiriensis* Danilevsky, 1996: 21

6mm

경남 창원시
1996.6.23.

경남 산청군
2011.8.16.

지리산, 거제도, 완도 등 남부지방의 활엽수림에 분포한다. 성충은 6월 중순에 발생하여 8월 중순까지 활동한다. 한낮에는 고사목에 가만히 붙어있거나 바닥을 기어 다니는 개체들이 발견된다. 지리곰보하늘소가 속하는 아속의 다른 종들은 속날개가 퇴화됐다고 알려져 있다.

몸길이	6~9mm
성충활동시기	6월 중순~8월 중순
최종동면형태	유충
기주식물	소사나무
한반도분포	전남 광양시, 경남 산청군, 거제도, 경북 영양군

곰보하늘소족 Pteropliini |

짝지하늘소

Niphona (*Niphona*) *furcata* (Bates, 1873)

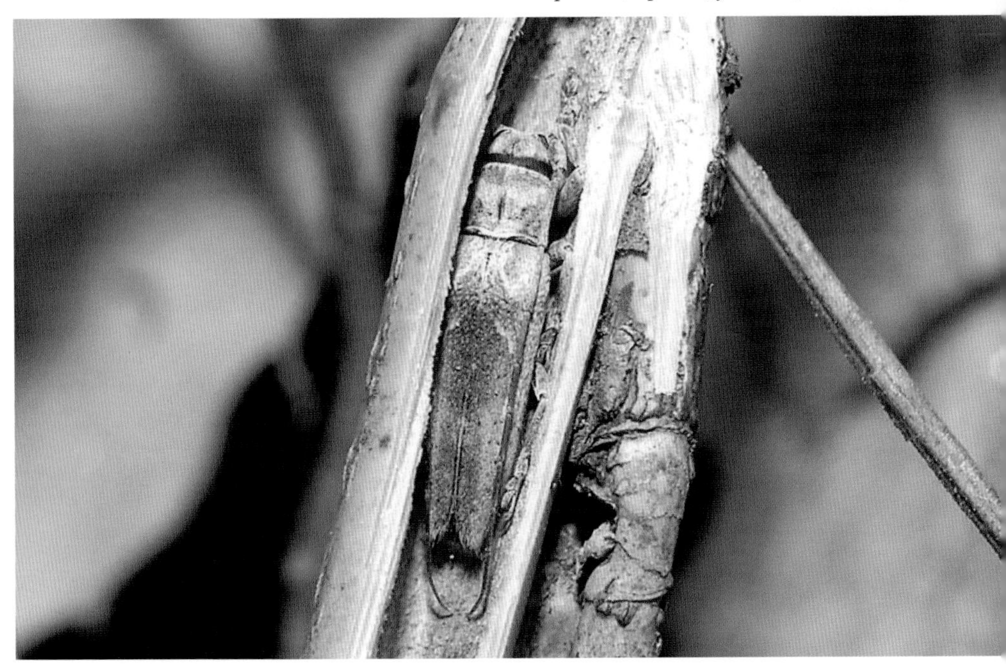

전남 해남군 2009.겨울.

Aelara furcata Bates, 1873: 314

Niphona furcata: Hirayama, 1937: 166

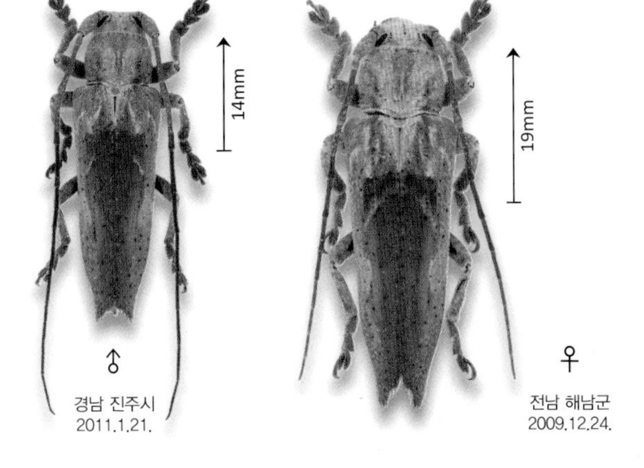

몸길이	12~20mm
성충활동시기	5월 초순~6월 중순
최종동면형태	번데기, 성충
기주식물	이대, 왕대, 조릿대, 해장죽
한반도분포	전남, 경남
아시아분포	대만, 일본, 중국

전라남도, 경상남도의 대나무 숲을 중심으로 넓게 분포한다. 성충은 5월 초순부터 발생하여 6월 중순까지 활동한다. 주로 서식지 근처에서 생활하며 밤에 불빛에 날아오는 경우도 있다. 겨울에 이대류나 얇은 대나무를 고사목을 쪼개 보면 월동하고 있는 유충, 번데기, 성충을 모두 관찰할 수 있다. 과거에는 채집하기 굉장히 어려웠던 종이었으나 기주식물과 생태가 밝혀지면서 어렵지 않게 찾을 수 있게 되었다.

두꺼비하늘소 | 두꺼비하늘소족 Parmenini

Plectrura (*Phlyctidola*) *metallica metallica* (Bates, 1884)

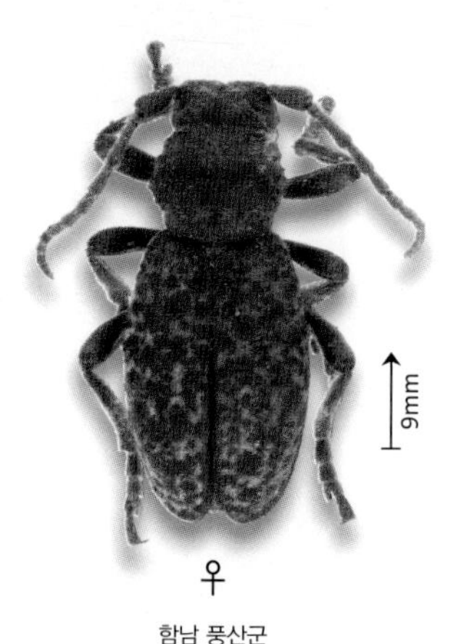

♀
함남 풍산군
1936.8.2.

북한의 함경남도 두운봉과 풍류리에서 관찰 기록이 있고 남한의 기록은 없다. 꽃에는 모이지 않으며 성충은 나뭇잎이나 가지에 붙어있다. 암컷은 뿌리 부분에 가로로 구멍을 뚫고 산란한다. 유충은 뿌리의 수피 부분을 가해하며 어느 정도 자라면 목질부를 가해한다. 굵은 뿌리에서 성장한 유충은 수피 바로 아래에, 얇은 뿌리에서 성장한 유충은 목질부에 번데기방을 만든다. 성충은 가을에 우화해 나와 활동하다가 숲 속의 부엽토 등에서 동면한다.

 *Phlyctidola metallica* Bates, 1884: 236

 *Plectrura metallica*: Matsushita et Tamanuki, 1937: 149

몸길이	8~13mm
성충활동시기	8월 초순~9월 중순
최종동면형태	성충
기주식물	두메오리나무
한반도분포	함남
아시아분포	러시아, 북한, 일본, 중국

목하늘소 | 목하늘소족 Lamiini

Lamia textor (Linnaeus, 1758) | **적색목록 취약(VU)**

경기 이천시
1994.5.8

전국에 분포하며 물가 주변의 버드나무에서 가장 많이 관찰된다. 성충은 이른 봄~6월 초순까지 활동한다. 봄철에 얇은 버드나무 가지에 매달려 수피를 갉아먹는 개체나 땅바닥을 기어 다니는 모습을 관찰할 수 있다. 속날개가 존재하지만 비행하는 모습을 관찰한 바는 없다. 암컷은 살아있는 버드나무류의 밑동에 턱으로 상처를 내고 산란한다. 유충은 목질부를 가해하며 성장을 마친 유충은 목질부에 번데기방을 틀고 번데기가 된다. 해외에서는 가을경에 우화해서 활동하다가 야외에서 겨울을 난 뒤 이듬해 봄부터 활동을 시작한다.

 *Cerambyx textor* Linnaeus, 1758: 392

 *Lamia textor*: Kolbe, 1886: 222

몸길이	24~28mm
성충활동시기	5월 초순~6월 초순
최종동면형태	성충
기주식물	버드나무
한반도분포	경기 수원시, 남양주시, 포천시, 강원 춘천시, 양구군, 전남 장성군
아시아분포	러시아, 몽골, 북한, 일본, 중국, 카자흐스탄

목하늘소족 Lamiini |

우리목하늘소

Lamiomimus gottschei Kolbe, 1886

강원 철원군 2013.6.23.

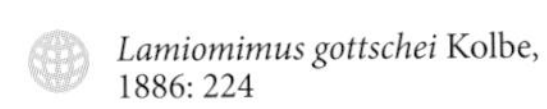
Lamiomimus gottschei Kolbe, 1886: 224

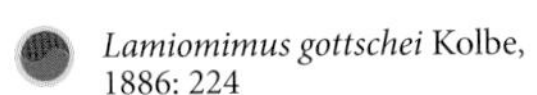
Lamiomimus gottschei Kolbe, 1886: 224

♂ 강원 홍천군 2012.5.28.

♀ 강원 양구군 2012.5.26.

몸길이	24~35mm
성충활동시기	5월 초순~8월 초순
최종동면형태	유충
기주식물	떡갈나무, 신갈나무, 상수리나무
한반도분포	전국
아시아분포	러시아, 북한, 중국

전국의 활엽수림에 분포하며 개체수도 많아 쉽게 관찰할 수 있다. 성충은 5월 초순에 발생하여 8월 말까지 관찰된다. 주로 초봄에 참나무 밑동이나 벌채목에서 관찰되며 맑은 날에는 임도 주변이나 공터를 낮게 비행하는 개체도 볼 수 있다. 암컷은 죽은 지 얼마 되지 않은 참나무 밑동에 산란을 한다. 유충은 수피 아래를 가해하며 성장을 마친 유충은 같은 자리에 번데기방을 틀고 우화한다. 개체수가 많은 데다 주행성이라 눈에 자주 띄는데 크기도 크고 강해 보이는 겉모습으로 장수하늘소로 오인되곤 한다.

후박나무하늘소 | 목하늘소족 Lamiini

Eupromus ruber (Dalman, 1817)

전남 완도 2012.1.31.

25mm

♀

전남 완도
2012.1.31.

24mm

♂

전남 완도
2012.1.31.

남부지방 해안가의 상록활엽수림을 중심으로 서식한다. 5월 하순~ 7월 초순까지 관찰된다. 성충은 한낮에 기주식물에서 짝짓기를 하거나 수피를 갉는다. 암컷은 큰턱을 이용해 살아있는 후박나무 수피를 둥근 모양으로 가해한 후 그 자리에 산란을 한다. 유충은 생목의 심부를 가해하며 성장한 후 가을에 번데기방을 만들고 성충이 된다. 몸 전체가 빨간 벨벳 같은 느낌을 주며 검은 점무늬가 박혀 있는 매우 아름다운 하늘소이다. 남부지방에서 가로수로 많이 쓰이는 후박나무의 살아있는 가지를 가해하는 해충이다.

Lamia ruber Dalman, 1817: 167

Eupromus ruber: Lim et al., 2013: 360

몸길이	19~29mm
성충활동시기	5월 하순~7월 초순
최종동면형태	성충
기주식물	후박나무
한반도분포	전남 완도군, 경남 거제시
아시아분포	대만, 일본, 중국

목하늘소족 Lamiini |

도깨비하늘소

Parechthistatus gibber (Bates, 1873)

전남 완도군 2015.7.4.

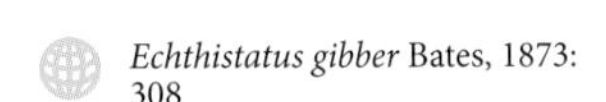

Echthistatus gibber Bates, 1873: 308

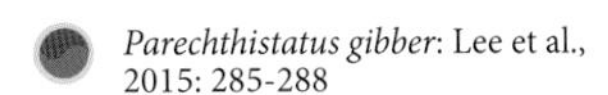

Parechthistatus gibber: Lee et al., 2015: 285-288

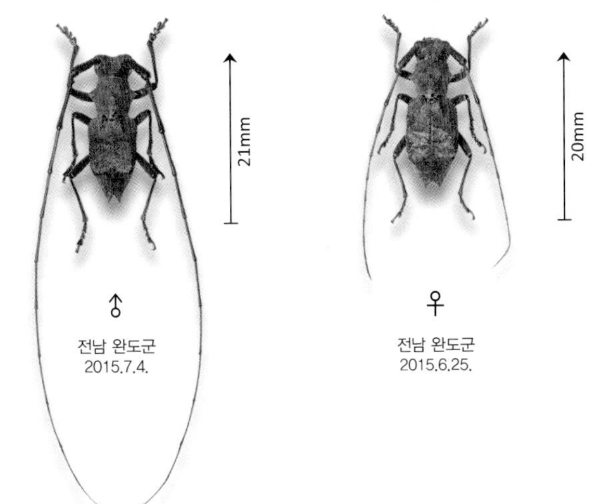

몸길이	18~22mm
성충활동시기	5월 하순~9월 하순
최종동면형태	유충
기주식물	소사나무, 각종 활엽수
한반도분포	전남 완도군
아시아분포	일본

2015년에 기록된 종으로 남해 섬지역의 상록활엽수림에서 발견되었다. 성충은 5월 하순~9월 하순까지 활동한다. 국내에서는 대부분 야간에 구름버섯이 핀 활엽수 고사목에서 발견되었다. 일본의 경우 주간에 시든 초본식물에서 쉬고 있는 모습이 주로 관찰되나 국내에서는 확인된 바 없다. 속날개가 퇴화하여 날지 못하는 종으로 일본의 경우 다양한 아종으로 나뉘어 있다. 국내에 서식하는 개체군에 대해서도 아종수준의 연구가 필요할 것으로 보인다.

긴수염하늘소 | 수염하늘소족 Monochamini

Monochamus (*Monochamus*) *subfasciatus subfasiatus* (Bates, 1873)

제주 제주시 2009.7.17.

13mm

♂ 제주 제주시 2013.7.12.

13mm

♀ 제주 제주시 2009.7.1.

남부지방의 혼합림에 분포하는 종으로 주로 제주도에서 발견된다. 성충은 6월 하순에 발생하여 8월 초순까지 활동한다. 7월 초순부터 중순까지 제주도의 예덕나무 고사목에서 활동하는 여러 개체를 관찰했다. 낮과 밤 해 질 녘 등을 가리지 않고 출현하며 짝짓기나 산란 등의 자세한 생태는 관찰하지 못하였다. 이외에도 침엽수 고사목에서 발견되거나 소나무 고사목에서 성충이 우화해 나온 사례도 있다. 경상남도 가야산에서도 기록이 남아 있으나 표본을 확인하지 못하였다.

 *Monohammus subfasciatus* Bates, 1873: 308

 *Monochamus subfasciatus*: Komiya, 1971: 65

몸길이	10~18mm
성충활동시기	6월 하순~8월 초순
최종동면형태	유충
기주식물	벚나무, 소나무, 예덕나무
한반도분포	경남 합천군, 제주
아시아분포	대만, 일본, 중국

수염하늘소족 Monochamini |

깨다시수염하늘소

Monochamus sutor longulus (Pic, 1898)

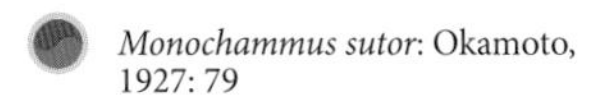

Monohammus longulus Pic, 1898: 23

Monochammus sutor: Okamoto, 1927: 79

남한에서 채집된 기록은 없으며 백두산 근처에서 채집된 표본을 확인하였다. 성충은 7월 중순에 출현하여 8월 하순까지 관찰되고 주로 밤에 침엽수 고사목에서 활동한다고 알려져 있다. 암컷은 턱으로 침엽수 수피에 상처를 내고 산란한다. 유충은 수피 아래를 가해하며 성장하면서 목질부로 파고든다. 생김새는 전체적으로 광택이 있는 검은색이며 딱지날개에 옅은 노란색, 흰색 점이 자잘하게 나타난다. 딱지날개의 점무늬는 암컷이 수컷보다 좀 더 뚜렷하게 나타난다.

몸길이	17~23mm
성충활동시기	7월 중순~8월 하순
최종동면형태	번데기, 유충
기주식물	가문비나무, 낙엽송, 잣나무, 전나무
한반도분포	양강도
아시아분포	러시아, 몽골, 북한, 일본, 중국, 카자흐스탄

수염하늘소족 Monochamini |

큰깨다시수염하늘소

Monochamus (*Monochamus*) *nitens* (Bates, 1884)

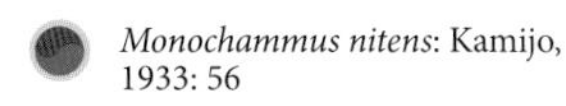

Monohammus nitens Bates, 1884: 238

Monochammus nitens: Kamijo, 1933: 56

고산지대의 침엽수림에 서식하는 종으로 7~8월까지 활동한다. 최근 지리산의 정상부에서 우연히 1개체가 채집되었다. 과거 팔공산과 전라북도 장수면에 기록만 남아 있는 희귀한 종으로 표본을 확인하지는 못했던 아주 희귀한 하늘소이다. 수염하늘소와 외형적으로 유사하지만 큰깨다시수염하늘소는 가슴판 가장자리에 흰색 무늬가 뚜렷하다.

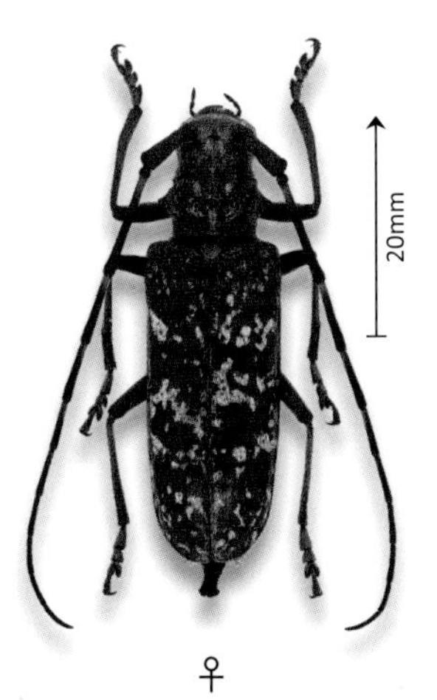

♀

경남 산청군
2008.8.9.

몸길이	19~28mm
성충활동시기	7월 중순~8월 중순
최종동면형태	유충
기주식물	가문비나무, 잎갈나무, 전나무
한반도분포	경북 영천시, 경남 산청군
아시아분포	러시아, 일본

북방수염하늘소 | 수염하늘소족 Monochamini

Monochamus (*Monochamus*) *saltuarius* (Gebler, 1830)

경기 양평군 2013.5.12.

11mm

♂

강원 화천군
2011.6.14.

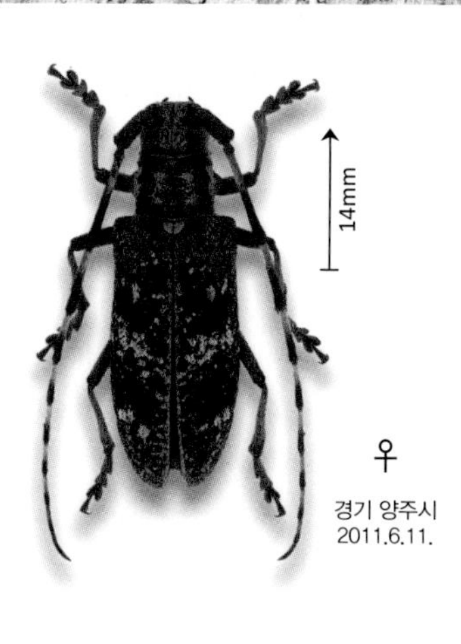

♀

경기 양주시
2011.6.11.

Monohammus saltuarius Gebler, 1830: 184

Monochamus saltuarius: Heyrovsky, 1932: 29

몸길이	11~19mm
성충활동시기	5월 중순~8월 초순
최종동면형태	유충
기주식물	각종 침엽수
한반도분포	경기, 강원, 충청, 경북
아시아분포	러시아, 몽골, 북한, 일본, 중국, 카자흐스탄

전국의 침엽수림, 혼합림에 폭넓게 분포하는 종으로 5월 중순~8월 초순까지 활동한다. 개체수가 많아서 침엽수 고사목, 벌채목이 있는 곳이라면 어디서나 쉽게 관찰할 수 있다. 성충은 침엽수 얇은 가지에서 수피를 갉아먹는다. 암컷은 살아있는 침엽수의 쇠약해진 부분이나 죽은지 얼마 안 된 침엽수에 턱으로 구멍을 뚫고 산란한다. 유충은 수피 바로 밑 내수피 부분을 가해하다가 성장을 마치면 목질부로 파고들어가 번데기방을 만들고 성충이 된다. 유충이 침엽수 쇠약목, 벌채목 등을 가해하는 임업해충이다.

수염하늘소족 Monochamini |

솔수염하늘소

Monochamus (Monochamus) alternatus alternatus Hope, 1842

제주 서귀포시 2009.7.5.

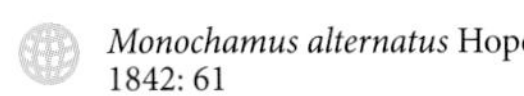
Monochamus alternatus Hope, 1842: 61

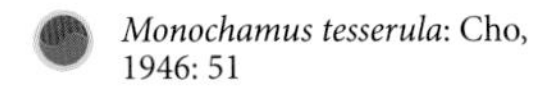
Monochamus tesserula: Cho, 1946: 51

몸길이 18~27mm
성충활동시기 7월 초순~8월 초순
최종동면형태 유충
기주식물 각종 침엽수
한반도분포 경남, 제주
아시아분포 일본, 중국

제주도를 포함한 남부지방에 주로 서식하며 서식지 내에서의 개체수는 많은 편이다. 성충은 7월 초순에 발생하여 8월 초순까지 활동한다. 개체수가 많은 탓인지 주간에 관찰되는 경우도 종종 있지만 주로 야간에 활발히 활동한다. 7월 중순경 자정이 넘은 시각에 삼나무, 소나무 등이 쌓인 벌채목 등에서 짝짓기 하는 성충 여럿을 관찰한 바 있다. 암컷은 침엽수 수피에 턱으로 구멍을 낸 후 산란한다. 유충은 수피 바로 밑 내수피 부분을 먹다가 성장하면 목질부로 파고들어가 번데기방을 만든다. 유충이 침엽수 쇠약목, 벌채목 등을 가해하는 임업해충이다.

♀ 제주 2009.7.20.

♂ 제주 서귀포시 2000.7.5.

수염하늘소

| 수염하늘소족 Monochamini

Monochamus (*Monochamus*) *urussovii* (Fischer von Waldheim, 1805)

경남 함양군 2013.7.17.

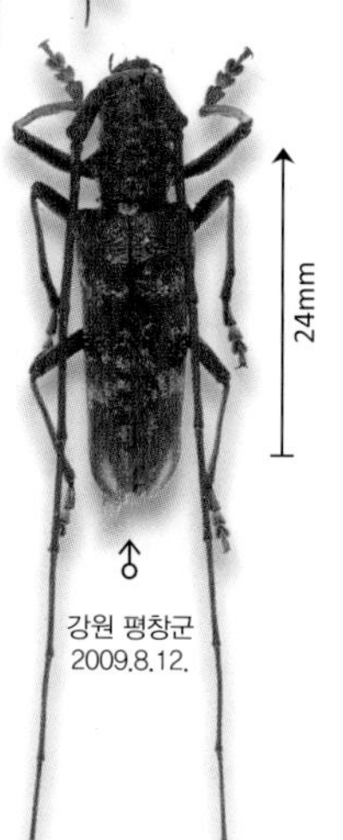

강원 평창군 2009.9.2.

강원 평창군 2009.8.12.

전국의 고산지대 침엽수림에 서식하는 종으로 7~8월까지 관찰된다. 성충은 각종 침엽수 수관에서 새순을 갉아먹으며 야행성으로 불빛에 잘 날아온다. 8월 중순 한밤중에 서서 죽은 전나무 고사목에 날아와 짝짓기 및 영역 다툼을 하는 수십 마리의 개체를 확인한 바 있다. 암컷은 전나무, 가문비나무 등의 수피에 턱으로 구멍을 낸 후 산란관을 꽂고 산란한다. 보통 한 구멍에 한 개의 알을 낳으며 구멍을 뚫어놓고 산란하지 않는 경우도 허다하다. 유충은 수피 아래를 가해하다가 성장을 마치면 목질부로 파고들어 번데기방을 만들고 우화한다. 수컷은 몸길이의 2배가 훌쩍 넘는 더듬이를 가지고 있으며, 암컷은 딱지날개의 흰 무늬 변이가 다양하다.

Cerambyx urussovii Fischer von Waldheim, 1805: 12

Monochammus sartor: Okamoto, 1927: 79

몸길이	15~35mm
성충활동시기	7월 초순~8월 하순
최종동면형태	유충
기주식물	가문비나무, 낙엽송, 분비나무, 잣나무, 전나무
한반도분포	강원, 전북 남원시, 경북 영천시, 경남 산청군, 제주
아시아분포	러시아, 몽골, 북한, 중국, 카자흐스탄

수염하늘소족 Monochamini |

점박이수염하늘소

Monochamus (*Monochamus*) *guttulatus* Gressitt, 1951

강원 양양군 2013.7.9.

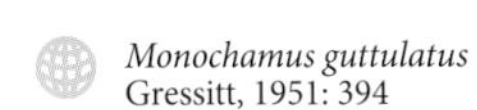

Monochamus guttulatus Gressitt, 1951: 394

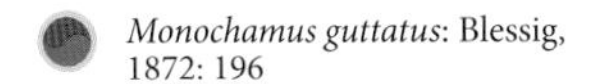

Monochamus guttatus: Blessig, 1872: 196

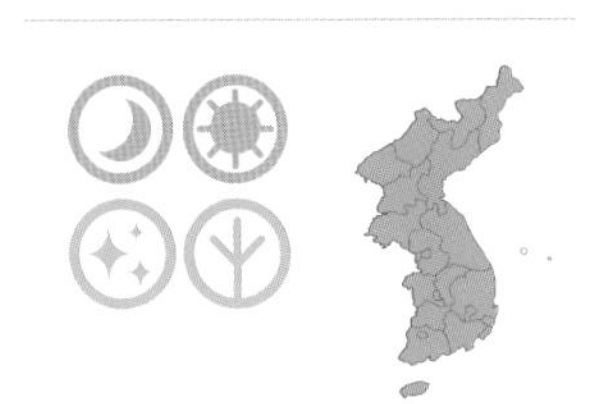

몸길이	12~15mm
성충활동시기	5월 하순~8월 초순
최종동면형태	유충
기주식물	각종 활엽수
한반도분포	전국, 제주
아시아분포	러시아, 북한, 중국

5~8월까지 전국의 활엽수림과 혼합림에 서식하며 개체수가 많아 흔하게 관찰되는 종이다. 각종 활엽수 고사목에서 먹이활동 및 짝짓기 하는 개체들을 관찰 할 수 있으며 야간에는 불빛에 이끌려 날아온다. 암컷은 활엽수 고사목 수피에 가로로 상처를 낸 후 산란관을 삽입해 산란한다. 유충은 수피 아랫부분을 가해하며 성장을 마치면 목질부로 파고들어 번데기방을 틀고 우화한다. 각 딱지날개 하단에 두개의 흰 점이 있어 점박이수염하늘소라는 이름이 붙었다.

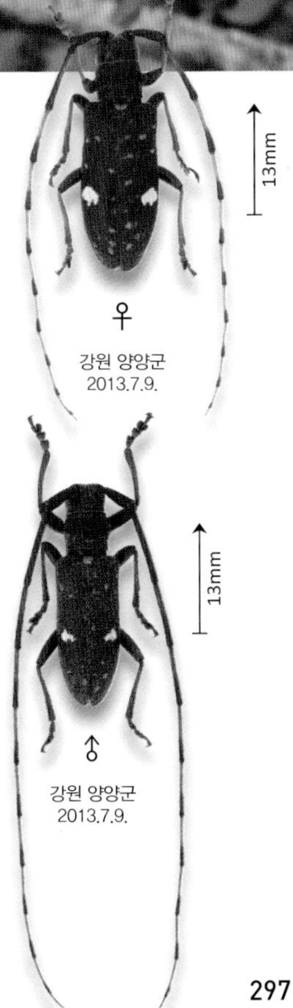

흰점박이하늘소 | 수염하늘소족 Monochamini

Monochamus (*Monochamus*) *impluviatus impluviatus* (Motschulsky, 1859)

현재까지는 국내의 확실한 채집기록이 없고 표본을 확인한 바도 없다. 성충은 6~8월까지 출현하며 낙엽송 꼭대기에서 새순이나 잎을 갉아먹는다. 암컷은 고사한 낙엽송의 가지나 꼭대기 부분에 큰턱으로 구멍을 내고 산란한다. 유충은 수피 바로 아래 목질부를 가해하며 성장하면서 점점 목질부 내부로 파고들어간다. 성장을 마친 유충은 목질부에 번데기방을 만든다.

 *Monohammus impluviatus* Motschulsky, 1859: 571

 *Monochamus impluviatus*: Plavilstshikov, 1958: 526

몸길이	11~18mm
성충활동시기	6월 초순~8월 하순
최종동면형태	유충
기주식물	낙엽송, 시베리아잣나무
한반도분포	명확한 채집기록 없음
아시아분포	러시아, 몽골, 중국

단풍수염하늘소 | 수염하늘소족 Monochamini

Mecynippus pubicornis Bates, 1884

명확한 채집지의 언급 없이 국내에서 채집되었다는 기록(Pic, 1907)만 남아 있는 종이다. 채집된 표본은 확인하지 못하였으며 그 후 관찰되었다는 소식도 접하지 못하였다. 성충은 6월 하순에 발생하여 8월 초순까지 활동한다고 알려져 있다. 암컷은 버드나무 수피를 세로로 길게 갉은 후 그 자리에 산란을 한다. 전체적으로 밝은 황갈색을 띠고 딱지날개 가운데에 V자 모양의 굵은 흰색 줄무늬가 있다.

 *Mecynippus pubicornis* Bates, 1884: 241

 *Mecynippus pubicornis*: Pic, 1907: 21

몸길이	18~25mm
성충활동시기	6월 하순~8월 초순
최종동면형태	유충
기주식물	버드나무
한반도분포	명확한 채집기록 없음
아시아분포	일본

수염하늘소족 Monochamini |

알락하늘소

Anoplophora malasiaca (J. Thomson, 1865)

경기 가평군 2013.8.1.

Calloplophora malasiaca J. Thomson, 1865: 553

Anoplophora malasiaca: Lee, 1987: 164

몸길이	25~35mm
성충활동시기	6월 중순~8월 초순
최종동면형태	유충
기주식물	각종 활엽수
한반도분포	전국, 제주
아시아분포	일본

전국의 활엽수림에 서식하며 개체수도 많다. 성충은 6월 하순~8월 중순까지 활동한다. 기주식물을 크게 가리지 않으므로 도심에서도 쉽게 관찰할 수 있다. 주로 낮에 얇은 가지를 갉아먹거나 짝짓기를 한다. 암컷은 살아있는 플라타너스, 오리나무, 참나무 등 다양한 활엽수에 산란한다. 턱으로 깔때기 모양의 상처를 낸 뒤 그 자리에 산란한다. 유충은 살아있는 나무의 목질부를 가해하며, 그 나무에서는 톱밥과 수액이 흘러나온다. 도심의 가로수에 큰 피해를 주기 때문에 해외에서는 방제연구가 활발하다. 이전까지는 국내에 *A. chinensis*와 *A. malasiaca* 두 종이 분포하는 것으로 알려졌으나 최근 연구에서 두 종이 *A. malasiaca*로 동종이명 처리되었다.

유리알락하늘소 | 수염하늘소족 Monochamini

Anoplophora glabripennis (Motschulsky, 1854)

중국 옌볜 (China) 2013.7.27.

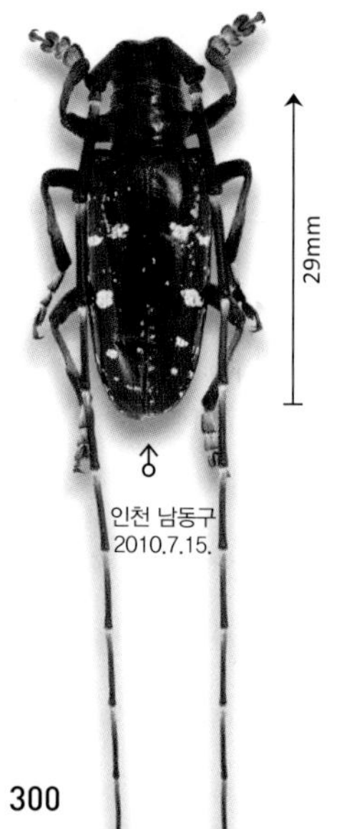

25mm

♀

강원 인제군
2010.7.21.

29mm

♂

인천 남동구
2010.7.15.

주로 중북부지방의 울창한 활엽수림에 분포하는데 최근에는 인천의 도심에서도 발견되고 있다. 성충은 6월 하순~8월 중순까지 활동한다. 암컷은 살아있는 버드나무, 고로쇠나무, 마로니에 등에 상처를 낸 뒤 그 자리에 산란한다. 유충은 수피 내부를 가해하다가 목질부로 파고 들어 목질 내부를 가해한다. 유충은 나무 밖으로 톱밥을 배출하는데 이 자리에서 수액이 흘러나오기도 한다. 알락하늘소와 유사하게 생겼지만 유리알락하늘소는 딱지날개 상단에 작은 돌기들이 없이 매끈하다. 딱지날개의 흰색 무늬에 노란빛이 도는 변이형도 관찰된다.

 *Cerosterna glabripennis* Motschulsky, 1854: 48

 *Melanauster macularius*: Kolbe, 1886: 238

몸길이	25~33mm
성충활동시기	6월 하순~8월 중순
최종동면형태	유충
기주식물	단풍나무, 버드나무, 마로니에, 고로쇠나무
한반도분포	경기 파주시, 포천시, 강원 화천군, 인제군, 양양군, 경북 영주시
아시아분포	러시아, 몽골, 북한, 중국

수염하늘소족 Monochamini |

큰우단하늘소

Acalolepta seunghwani Danilevsky, 2013

강원 양양군 2012.9.3.

 *Acalolepta seunghwani* Danilevsky, 2013: 28-41

 *Acalolepta seunghwani* Danilevsky, 2013: 28-41

몸길이	20~36mm
성충활동시기	6월 중순~9월 초순
최종동면형태	유충
기주식물	너도밤나무, 두릅나무, 음나무, 오가피나무, 일본황칠나무, 팔손이
한반도분포	전국, 울릉도
아시아분포	러시아, 북한, 일본, 중국

과거 *A. luxuriosa*로 사용되다가 2013년 러시아 학자에 의해 한국, 중국, 일본의 유사종들이 연구되면서 국내에 서식하는 큰우단하늘소는 신종으로 발표되었다. 울릉도를 포함한 전국에 분포하며 주로 두릅나무 밭에서 많이 관찰된다. 성충은 6월에 출현하여 9월 초순까지 활동한다. 드물게는 10월까지 활동하는 개체들도 눈에 띈다. 성충은 주로 두릅나무의 얇은 가지를 가해하며 야간에는 불빛에 이끌려 날아오기도 한다. 암컷은 두릅나무, 음나무의 쇠약한 부분에 산란한다. 유충은 수피 바로 아래를 가해하다가 어느 정도 성장하면 목질부로 파고들어 계속 가해한다. 성장을 마친 유충은 목질부에 번데기방을 틀고 우화한다. 겨울에 두릅나무 고사목 뿌리에서 월동하는 종령 유충을 관찰한 바 있다.

♀ 강원 양양군 2012.7.15.

♂ 강원 홍천군 2011.7.30.

작은우단하늘소 | 수염하늘소족 Monochamini

Acalolepta sejuncta sejuncta (Bates, 1873)

강원 양양군 2013.7.9.

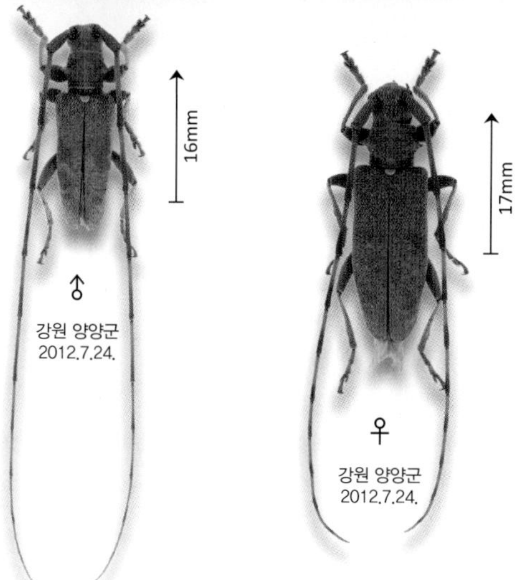

Monohammus sejuncta Bates, 1873: 310

Monohammus sejunctus: Kolbe, 1886: 225

몸길이	15~20mm
성충활동시기	6월 중순~8월 초순
최종동면형태	유충
기주식물	각종 활엽수
한반도분포	전국, 전남 홍도
아시아분포	러시아, 일본, 중국

전국의 활엽수림에 분포하며 6월 중순~8월 초순까지 활동한다. 성충은 활엽수의 새순이나 잎을 가해하며 밤에 불빛에도 잘 날아온다. 유충은 수피 아래를 가해하다가 성장함에 따라 목질부로 파고들어 계속 가해한다. 다 자란 유충은 목질부에 나무 표면과 수직으로 번데기방을 만들고 우화한다. 우단하늘소와 유사하게 생겼지만 더듬이 1~4마디의 형태가 다르고 딱지날개 중간쯤에 희미한 반문이 있다.

수염하늘소족 Monochamini | # 우단하늘소

Acalolepta fraudatrix fraudatrix (Bates, 1873)

강원 양양군 2013.7.14.

Monohammus fraudatrix Bates, 1873: 309

Haplohammus fraudator: Okamoto, 1924: 192

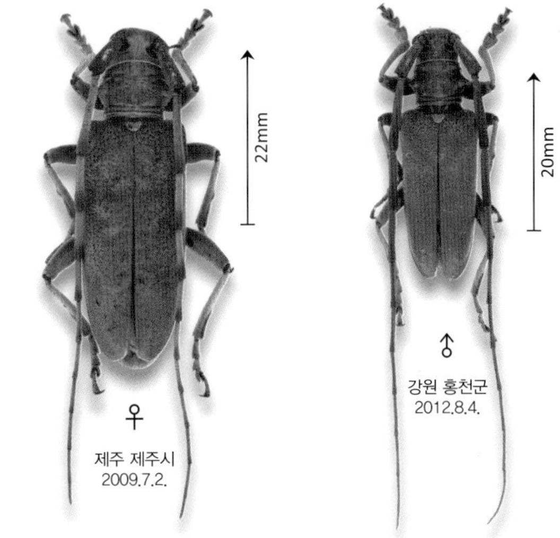

몸길이	12~25mm
성충활동시기	6월 중순~8월 초순
최종동면형태	유충
기주식물	각종 활엽수
한반도분포	전국, 제주
아시아분포	러시아, 일본

제주도를 포함한 전국의 활엽수림에 분포하며 서식지 내의 개체수는 많은 편이다. 야행성 하늘소로 낮에는 고사목의 어두운 부분이나 시든 잎에 붙어있고 주로 밤에 불빛에 이끌려 날아오는 개체들이 관찰된다. 암컷은 호두나무, 자귀나무 등의 다양한 활엽수에 산란하는데, 드물게는 침엽수에 산란하는 경우도 있다. 어린 유충의 섭식 형태는 확인하지 못했으며 어느 정도 자란 유충은 목질부를 가해하며 성장한다. 몸 전체를 갈색빛 우단으로 감싼 것 같은 독특한 느낌을 준다.

밤우단하늘소 | 수염하늘소족 Monochamini

Acalolepta kusamai Hayashi, 1969

Acalolepta kusamai Hayashi, 1969: 64

Acalolepta fraudatorix: Lee, 1979: 72

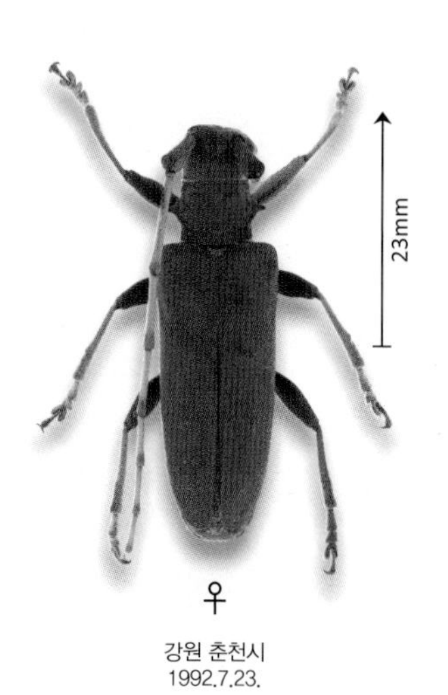

강원 춘천시
1992.7.23.

현재까지 전라남도 장성군에서 1개체가 채집된 이후로 관찰한 기록을 접해보지 못하다가 춘천에서 채집된 표본 1점을 확인하였다. 국내에서 자세한 생활사는 밝혀지지 않았으며 해외에서는 밤에 굴거리나무, 덧나무, 누리장나무 등에서 활동하거나 불빛에 날아오는 경우가 많다고 한다. 유충은 살아있는 나무의 수피 바로 아랫부분을 가해하며 성장한다. 우단하늘소와 외형적으로 차이가 거의 없지만 밤우단하늘소는 더듬이 첫 마디가 크게 부풀어 있다.

몸길이	17~29mm
성충활동시기	6월 중순~8월 중순
최종동면형태	유충
기주식물	굴거리나무, 누리장나무, 덧나무, 딱총나무
한반도분포	강원 춘천시, 전남 장성군
아시아분포	일본

애기우단하늘소 | 수염하늘소족 Monochamini

Astynoscelis degener degener (Bates, 1873)

Monohammus degener Bates, 1873: 310

Saitoa teneburosa Matsushita, 1937: 104

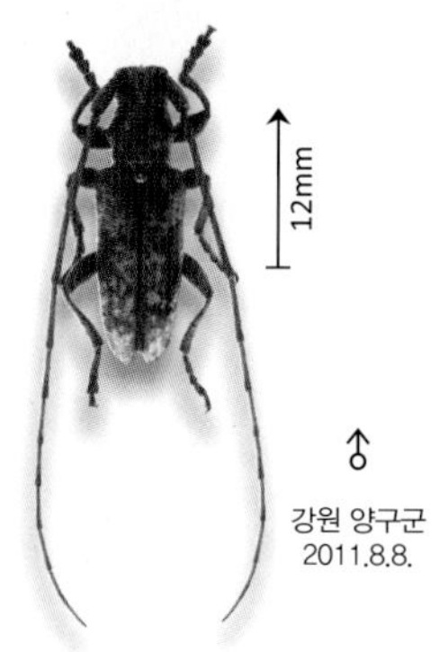

강원 양구군
2011.8.8.

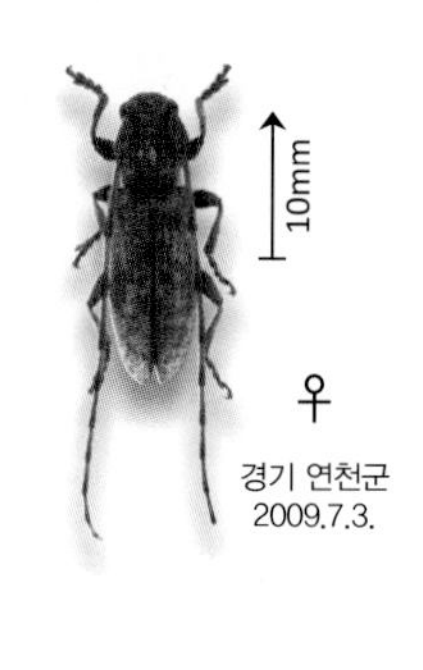

경기 연천군
2009.7.3.

몸길이	9~14mm
성충활동시기	6월 초순~8월 중순
최종동면형태	유충
기주식물	쑥
한반도분포	경기 양주시, 강원, 경북 영주시, 경남 거창군
아시아분포	대만, 러시아, 일본, 중국

숲 속 공터나 농지 주변의 초지에 서식하는 종으로 개체수는 많지 않은 편이다. 성충은 6월 초순~8월까지 활동하며, 주로 한낮에 쑥에서 먹이활동이나 짝짓기 하는 모습이 관찰된다. 다른 우단하늘소들과는 달리 밤에 불빛에 이끌려 날아오는 경우는 드물다. 성충은 살아있는 쑥을 가해하며 줄기에 산란한다. 유충은 줄기 아래쪽으로 파고 내려가면서 성장을 하고 뿌리 부근에서 겨울을 난다. 성장을 마친 유충은 뿌리 부근에 번데기방을 틀고 우화한다. 국내에 서식하는 우단하늘소들 중에서 크기가 가장 작다.

수염하늘소족 Monochamini |

화살하늘소

Uraecha bimaculata bimaculata J. Thomson, 1864

강원 양양군 2013.7.8.

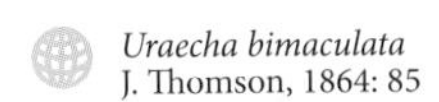

Uraecha bimaculata J. Thomson, 1864: 85

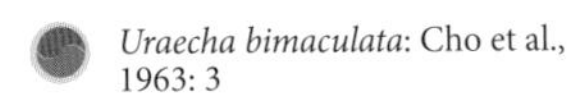

Uraecha bimaculata: Cho et al., 1963: 3

제주도를 포함한 전국의 활엽수림에 분포하며 중부지방보다는 남부지방에 상대적으로 개체수가 많은 편이다. 성충은 6월 중순~8월 중순까지 활동하며 9월에 발견되는 경우도 종종 있다. 낮에는 나무에 매달려 있는 마른 가지나 시든 잎에 가만히 붙어있기 때문에 관찰하기 어렵다. 밤에는 불빛에 이끌려 날아오는 개체들을 만날 수 있다. 암컷은 생강나무, 참나무 등의 활엽수 쇠약목에 산란한다.

몸길이	15~25mm
성충활동시기	6월 중순~8월 중순
최종동면형태	유충
기주식물	단풍나무, 무화과나무, 벚나무, 붉나무, 생강나무, 예덕나무, 자귀나무, 참나무
한반도분포	전국, 제주
아시아분포	대만, 일본

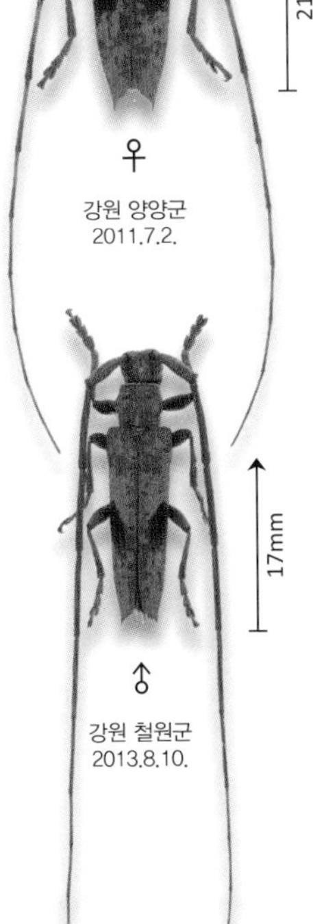

울도하늘소 | 수염하늘소족 Monochamini

Psacothea hilaris hilaris (Poscoe, 1857)

강원 삼척시 2009.8.3.

♂

경남 창녕군
2013.7.3.

26mm

♀

경남 창녕군
2013.7.3.

20mm

멸종위기야생동식물 2급으로 지정되었다가 개체수가 많은 탓에 최근 해제되었다. 뽕나무 밭을 망치는 대표적인 해충이기도 하다. 울릉도에서 최초로 발견되어 울도하늘소라는 이름이 붙었으나 최근에는 전국 각지에서 발견되고 있다. 주로 남부지방에서 발견되며 최북단 기록은 강원도 삼척이다. 성충은 6월 하순~8월 중순까지 활동하며 한낮에 뽕나무 줄기나 잎사귀 위에서 가해하고 있는 모습이 관찰된다. 유충은 뽕나무의 목질부를 가해하며 성장한다.

 *Monohammus hilaris* Pascoe, 1857: 103

 *Psacothea hilaris*: Saito, 1932: 444

몸길이	14~30mm
성충활동시기	6월 하순~8월 중순
최종동면형태	성충
기주식물	귤, 누리장나무, 닥나무, 무화과나무, 뽕나무, 용나무, 팔손이
한반도분포	강원 삼척시, 경상
아시아분포	대만, 일본, 중국

수염하늘소족 Monochamini |

애기수염하늘소

Xenicotela pardalina (Bates, 1884)

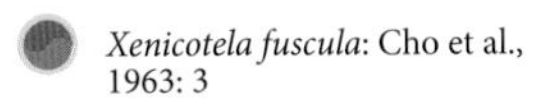

Monohammus pardalina Bates, 1884: 239

Xenicotela fuscula: Cho et al., 1963: 3

1963년도 강원도 설악산에서 1개체가 채집되어 기록된 후 공식적인 채집기록이 없다. 해외에서는 평지부터 산지까지 폭넓게 서식하며 다양한 활엽수를 기주로 하는 보통종이다. 주로 한낮에 말라 죽은 가지에서 껍질을 갉아먹으며 밤에는 불빛에 이끌려 날아온다고 알려져 있다. 유충은 참나무, 풍게나무 등의 고사한 가지를 가해한다고 한다. 딱지날개는 갈색 바탕에 검은색 점무늬가 어지럽게 흩어져 있다.

몸길이	9~13mm
성충활동시기	6월 중순~8월 초순
최종동면형태	밝혀지지 않음
기주식물	고추나무, 두릅나무, 머귀나무, 예덕나무, 졸참나무, 초피나무, 칠엽수, 풍게나무
한반도분포	강원 인제군
아시아분포	일본

수염하늘소족 Monochamini |

두줄수염하늘소

Blepephaeus infelix (Pascoe, 1856)

Monohammus infelix Pascoe, 1856: 48

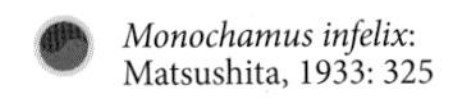

Monochamus infelix: Matsushita, 1933: 325

명확한 채집지의 언급 없이 한국에서 채집되었다는 기록(Matsushita, 1933)만 남아 있는 종이다. 채집된 표본을 확인하지는 못하였으며 국내 초기록 이후로 관찰되었다는 소식도 접하지 못하였다. 성충은 7월 초순에 출현하여 8월 중순까지 활동한다고 알려져 있다. 몸 전체는 검은색을 띠며 딱지날개에 흰색 물결무늬가 가로 방향으로 2줄이 있다. 더듬이는 몸길이의 1.5배 정도이다.

몸길이	15~20mm
성충활동시기	7월 초순~8월 중순
최종동면형태	밝혀지지 않음
기주식물	밝혀지지 않음
한반도분포	명확한 채집기록 없음
아시아분포	중국

뽕나무하늘소 | 참나무하늘소족 Batocerini

Apriona (Apriona) rugicollis Chevrolat, 1852

강원 양양군 2013.7.27.

41mm

♀

인천
2012.8.3.

37mm

♂

강원 화천군
2011.8.11.

전국에 서식하며 민가 주변부터 깊은 산속까지 관찰되는 지역의 범위가 넓다. 성충은 7월 초순~9월 초순까지 활동한다. 주로 뽕나무의 가는 가지에 붙어 수피를 갉아먹는 모습을 볼 수 있으며, 수피를 갉아먹은 흔적으로 성충을 찾아볼 수 있다. 밤에는 불빛에 이끌려 날아오기도 한다. 암컷은 살아있는 뽕나무 가지에 턱으로 상처를 내고 산란하는데 산란흔은 말발굽 형태를 띤다. 유충은 목질부를 가해하여 나무를 시들게 만들기 때문에 농가에서는 해충으로 취급된다.

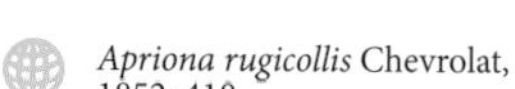

Apriona rugicollis Chevrolat, 1852: 418

Apriona rugicollis: Okamoto, 1927: 81

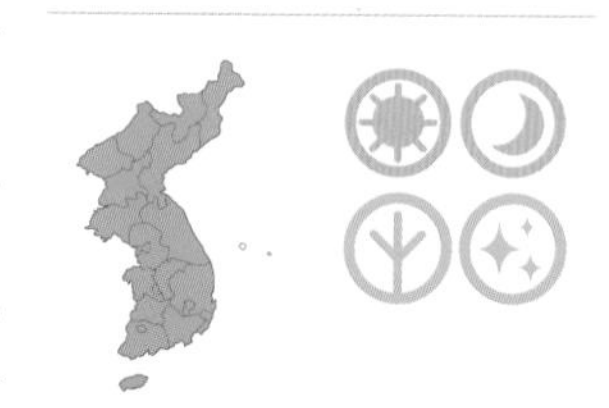

몸길이	35~45mm
성충활동시기	7월 중순~9월 초순
최종동면형태	유충
기주식물	무화과나무, 뽕나무
한반도분포	전국, 제주
아시아분포	대만, 러시아, 북한, 일본, 중국

참나무하늘소족 Batocerini |

흰점뽕나무하늘소 신칭

Apriona (*Apriona*) *swainsoni swainsoni* (Hope, 1840)

Lamia swainsoni Hope, 1840: 79

Apriona swainsoni: Jiroux, 2011: 7

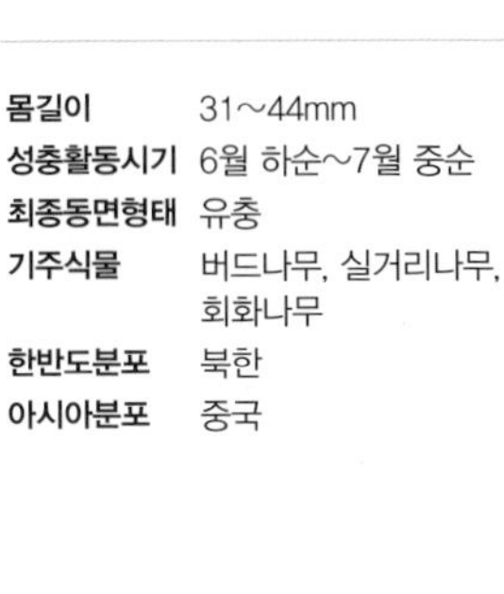

북한의 동북부 지역과 중국 국경 인접지역, 그리고 산둥반도까지 분포하는 것으로 보아 남한에도 분포할 가능성이 있다고 보인다. 성충은 6~7월까지 버드나무, 실거리나무, 회화나무 등의 가지를 갉아먹는다. 암컷은 살아있는 홰나무 등의 줄기에 턱으로 상처를 내고 산란한다. 유충은 수피 아래쪽과 목질부를 폭넓게 가해하는데, 바닥과 수평한 방향으로 가해하는 것이 특징이다. 해외에서 흰점뽕나무하늘소는 심각한 해충으로 취급되고 있다.

몸길이	31~44mm
성충활동시기	6월 하순~7월 중순
최종동면형태	유충
기주식물	버드나무, 실거리나무, 회화나무
한반도분포	북한
아시아분포	중국

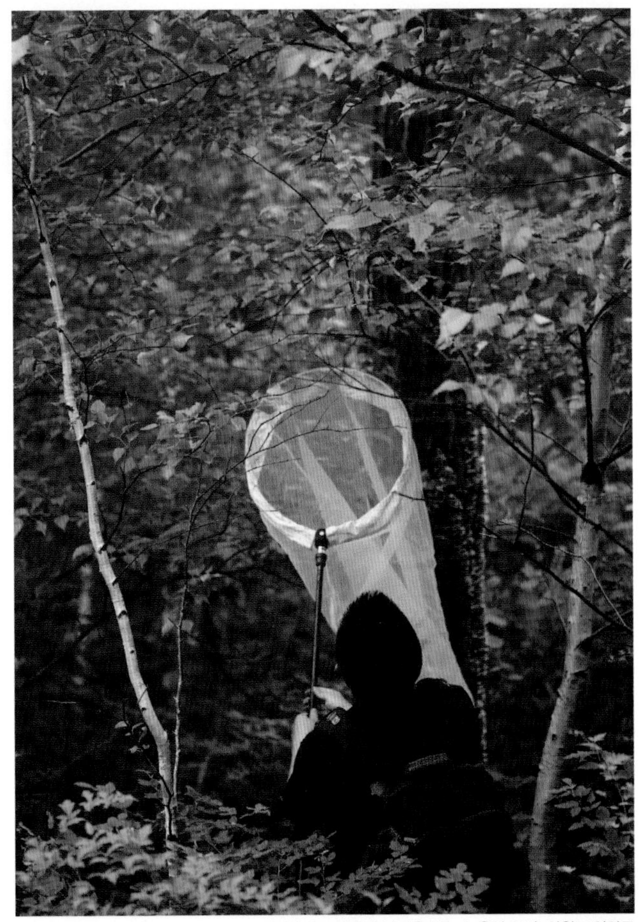

서어나무 고사목에 날아온 하늘소 육안 조사, 강원도 양양군

참나무하늘소 | 참나무하늘소족 Batocerini

Batocera lineolata Chevrolat, 1852

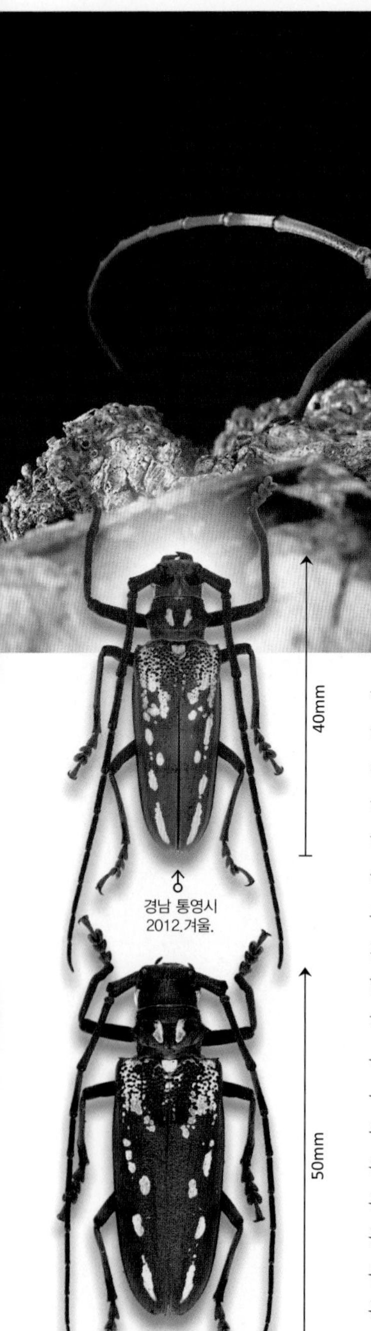

♂ 경남 통영시 2012.겨울.

♀ 경남 거제시 2009.겨울.

경남 거제시 2010.겨울.

남해안의 활엽수림에 주로 서식하며 강원도 일부 지역에서 발견된 사례도 있다. 성충은 5월 하순부터 출현하여 7월 중순까지 활동한다. 참나무, 오리나무 등의 얇은 가지를 가해하는데 낮에는 주로 나무의 높은 부분에서 활동하기 때문에 관찰하는 것이 쉽지 않다. 밤에 불빛을 보고 날아오기도 한다. 암컷은 살아있는 나무의 굵은 줄기에 산란한다. 유충은 살아있는 나무를 먹고 자라는데 유충이 기생한 부분은 비정상적으로 부풀어 오른다. 유충 상태로 동면하는 개체도 있고 성충 상태로 동면하는 개체도 있다. 국내에 서식하는 하늘소 중에서 장수하늘소 다음으로 몸집이 크다. 거대한 유충이 살아있는 참나무, 오리나무 등을 가해해 고사시키는 해충이다. 남부지방의 활엽수에 피해가 특히 심각하다.

Batocera lineolata Chevrolat, 1852: 417

Batocera rubus Linnaeus var. *coreana* Kolbe, 1886: 238

몸길이	40~52mm
성충활동시기	5월 하순~7월 하순
최종동면형태	번데기, 성충
기주식물	느릅나무, 버드나무, 뽕나무, 오리나무, 자작나무, 참나무, 호두나무
한반도분포	강원 고성군, 전남, 경남
아시아분포	대만, 일본, 중국

알락수염하늘소족 Ancylonotini |

알락수염하늘소

적색목록 취약(VU) | *Palimna liturata continentalis* (Semenov, 1914)

경기 포천시 2010.7.7.

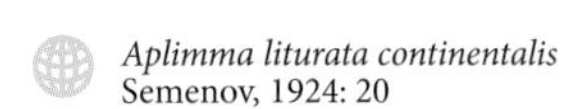

Aplimma liturata continentalis Semenov, 1924: 20

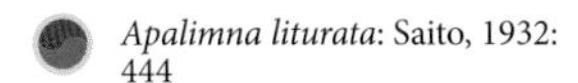

Apalimna liturata: Saito, 1932: 444

몸길이	12~24mm
성충활동시기	7월 초순~8월 중순
최종동면형태	유충
기주식물	너도밤나무, 서어나무, 참나무
한반도분포	경기 포천시, 강원 평창군, 양양군, 전북 무주군, 전남 해남군, 장성군, 경남 산청군, 제주
아시아분포	러시아

제주도를 포함한 전국의 극상림에 국지적으로 서식한다. 성충은 7월 초순에 발생하여 8월 중순까지 활동한다. 주로 낮에 빛이 잘 드는 서어나무 고사목에서 발견된다. 유충은 수피 아래를 가해하며 성장을 마치면 목질부 바깥쪽에 번데기방을 틀고 우화하는데 이때 번데기의 머리는 아래쪽으로 향해 있다. 해외에서는 서어나무 이외에도 참나무, 단풍나무, 자작나무 등도 기주식물로 알려져 있다. 흰 바탕에 검은 무늬가 어지럽게 박혀 있고 더듬이가 매우 긴 것이 특징이다.

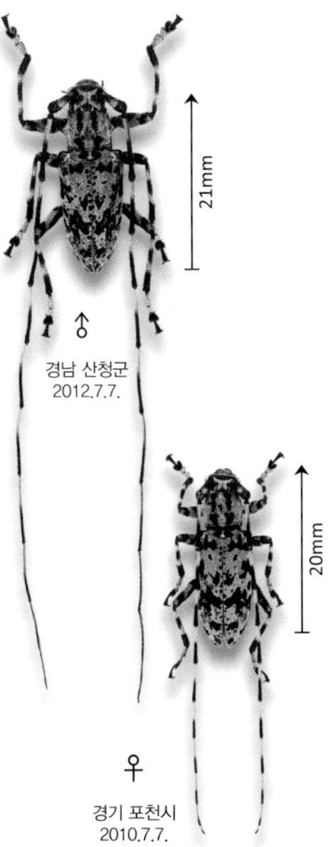

경남 산청군 2012.7.7.

경기 포천시 2010.7.7.

털두꺼비하늘소 | 털두꺼비하늘소족 Ceroplesini

Moechotypa diphysis (Pascoe, 1871)

충북 제천시 2009.4.28.

23mm
♂
경기 가평군
2012.10.6.

25mm
♀
경기 가평군
2012.10.6.

Scotinauges diphysis Pacoe, 1871: 277

Moechotypa fuliginosa Kolbe, 1886: 221-222

전국의 활엽수림에 분포하며 개체수도 매우 많다. 도심 한가운데의 작은 숲에서도 살아갈 정도로 생활력과 번식력이 강하다. 개체수가 워낙 많아 3~10월까지 연중 관찰할 수 있다. 낮에는 주로 참나무류의 줄기나 벌채목에서 활동한다. 암컷은 죽은 지 얼마 되지 않은 나무에 턱으로 구멍을 뚫고 산란하며 다양한 활엽수에 산란한다. 유충은 수피 바로 아래쪽을 가해하고 같은 자리에 번데기방을 만들고 우화한다. 가을경에 우화한 성충은 야외에서 월동한 후 이듬해 봄에 활동한다. 딱지날개 상단부 양측에 털뭉치 2개가 대칭적으로 솟아 있어 털두꺼비하늘소라는 이름이 붙었다. 성충은 다양한 활엽수의 표피를 갉아먹고, 유충은 나무에 표고버섯을 재배하는 농가에 피해를 입힌다.

몸길이	19~25mm
성충활동시기	3월 중순~10월 중순
최종동면형태	성충
기주식물	각종 활엽수
한반도분포	전국, 제주
아시아분포	러시아, 일본, 중국

염소하늘소족 Dorcaschematini |

굴피염소하늘소

Olenecamptus formosanus Pic, 1914

인천 2013.4.13.사육

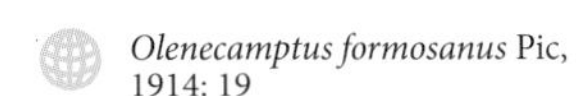

Olenecamptus formosanus Pic, 1914: 19

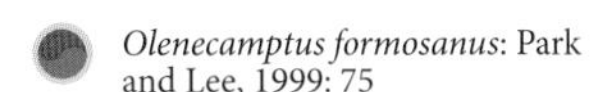

Olenecamptus formosanus: Park and Lee, 1999: 75

몸길이	11~16mm
성충활동시기	5월 중순~8월 초순
최종동면형태	유충
기주식물	굴피나무, 밤나무, 호두나무
한반도분포	인천, 대전, 전남 해남군, 경남 거제도
아시아분포	대만, 일본, 중국

국내에 서식하는 염소하늘소들 중에서 가장 최근에 기록된 종으로 전국의 활엽수림에 분포한다. 성충은 5월 중순~8월 초순까지 활동한다. 주로 한낮에 굴피나무, 밤나무, 호두나무 등 기주식물의 잎사귀 뒷면에 붙어서 잎을 갉아먹지만 높은 곳에 주로 붙어있는 습성 탓에 관찰하기는 다소 어렵다. 밤에 불빛에 이끌려 날아오는 일도 많다. 암컷은 굴피나무의 가지에 상처를 내고 산란한다. 유충은 수피 아래를 가해하다가 성장을 마치면 목질부로 파고들어 번데기방을 틀고 우화한다.

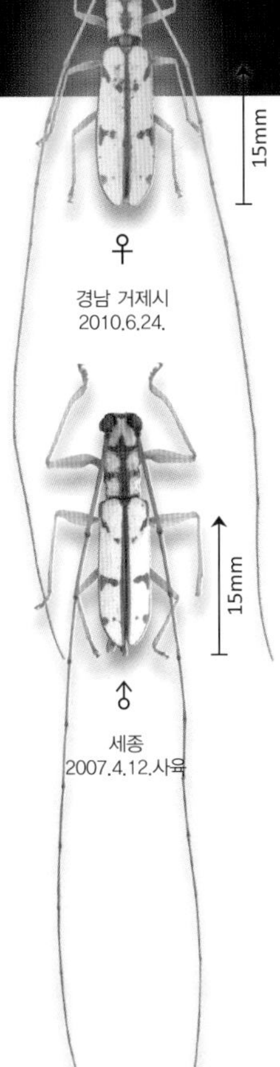

♀ 경남 거제시 2010.6.24.

♂ 세종 2007.4.12.사육

염소하늘소 | 염소하늘소족 Dorcaschematini

Olenecamptus octopustulatus (Motschulsky, 1860)

강원 화천군 2013.6.15.

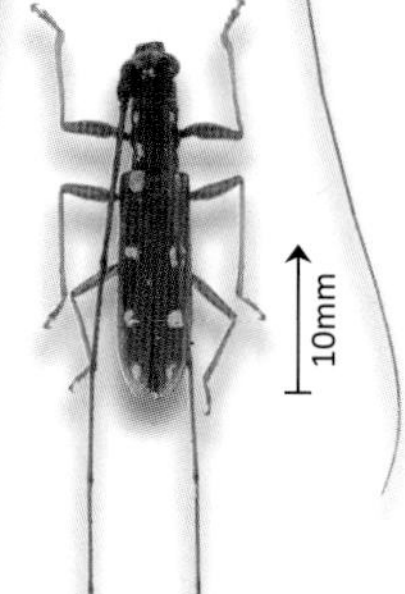

♀ 12mm
강원 화천군
2013.5.27.

♂ 10mm
강원 화천군
2009.6.22.

전국의 활엽수림에 분포하며 주로 산림에서 자주 관찰된다. 성충은 5월 중순~8월 초순까지 활동한다. 한낮에 활엽수 잎에 붙어있으며 밤에 불빛에 이끌려 날아오기도 한다. 낮에 단풍나무 잎에서도 관찰된 사례가 많지만 단풍나무를 기주식물로 하는지는 확인해보지 못했다. 암컷은 산사나무, 아그배나무 등의 쇠약한 가지나 고사목 가지에 상처를 내고 산란한다. 유충은 수피 아래를 가해하다가 성장을 마치면 목질부로 들어가 번데기방을 틀고 우화한다.

 *Ibidimorphum octopustulatus* Motschulsky, 1860: 152

 *Olenecamptus octopustulatus*: Okamoto, 1927: 81

몸길이	8~12mm
성충활동시기	5월 중순~8월 초순
최종동면형태	유충
기주식물	산사나무, 아그배나무, 옻나무, 층층나무
한반도분포	전국, 제주
아시아분포	대만, 러시아, 몽골, 북한, 일본, 중국

염소하늘소족 Dorcaschematini |

점박이염소하늘소

Olenecamptus clarus Pascoe, 1859

인천 2013.4.13.사육

Olenecamptus clarus Pascoe, 1859: 44

Olenecamptus clarus: Saito, 1932: 445

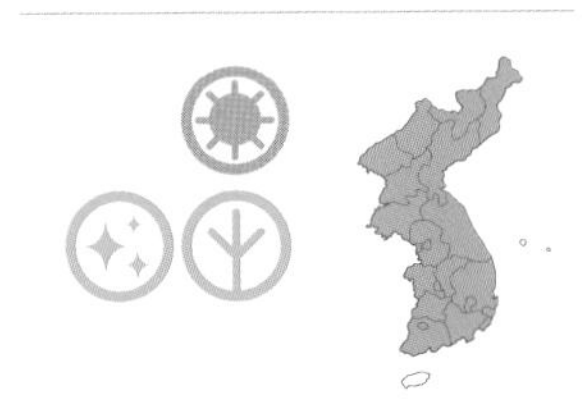

몸길이	12~13mm
성충활동시기	6월 초순~8월 초순
최종동면형태	유충
기주식물	굴피나무, 뽕나무
한반도분포	전국
아시아분포	대만, 러시아, 북한, 일본, 중국

전국의 활엽수림과 민가 근처에 서식한다. 6월 초순부터 발생하여 8월 초순까지 발견된다. 한낮에는 주로 뽕나무 잎 뒷면에서 잎을 갉아먹는다. 야간에는 불빛에도 이끌려 날아온다. 암컷은 뽕나무 가지의 쇠약한 부분에 산란한다. 유충은 수피 아랫부분을 가해하며 성장을 마치면 목질부에서 번데기방을 틀고 우화한다. 얇은 가지를 가해하는 유충들은 가끔 수피를 제외한 모든 부분을 먹어 치우기도 한다. 흰염소하늘소와 비슷하지만 이 종은 딱지날개의 검은 점이 6개이며 딱지날개의 봉합선 부분이 검다.

12mm

♀

강원 양양군
2013.7.9.

12mm

♂

강원 화천군
2013.6.15.

흰염소하늘소 | 염소하늘소족 Dorcaschematini

Olenecamptus subobliteratus Pic, 1923

충남 천안시 2009.4.14.

20mm

♂
충남 천안시
2009.2.21.

17mm

♀
강원 양양군
2011.7.11.

전국의 활엽수림에 분포하며 개체수도 많다. 성충은 6월 중순~8월 초순까지 활동한다. 한낮에는 호두나무 잎사귀 뒷면에서 쉬고 있는 모습이 종종 관찰된다. 야간에는 불빛에 잘 날아온다. 유충은 수피 바로 아래를 가해하다가 어느 정도 성장하면 목질부로 들어가 번데기방을 만들고 우화한다. 점박이염소하늘소와 닮았으나 대부분의 흰염소하늘소는 딱지날개의 점이 4개이고 날개봉합선 부분이 흰색이다. 최근에 이 종과 매우 유사한 *O. riparius*가 발표되었으나 아직 국내에서는 발견하지 못하였다.

Olenecamptus subobliteratus Pic, 1923: 19

Olenecamptus clarus: Lee, 1979: 74

몸길이 13~20mm
성충활동시기 6월 중순~8월 초순
최종동면형태 유충
기주식물 호두나무
한반도분포 강원, 충남 천안시, 경남 진주시
아시아분포 대만, 일본, 중국

염소하늘소족 Dorcaschematini |

테두리염소하늘소

Olenecamptus cretaceus cretaceus Bates, 1873

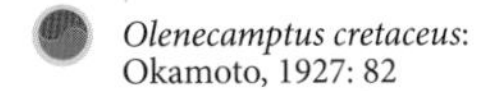

Olenecamptus cretaceus Bates,1873: 314

Olenecamptus cretaceus: Okamoto, 1927: 82

몸길이	16~23mm
성충활동시기	6월 초순~8월 중순
최종동면형태	유충
기주식물	느티나무, 뽕나무, 산초나무, 예덕나무, 푸조나무
한반도분포	전남 여수시, 해남군, 완도
아시아분포	대만, 일본, 중국

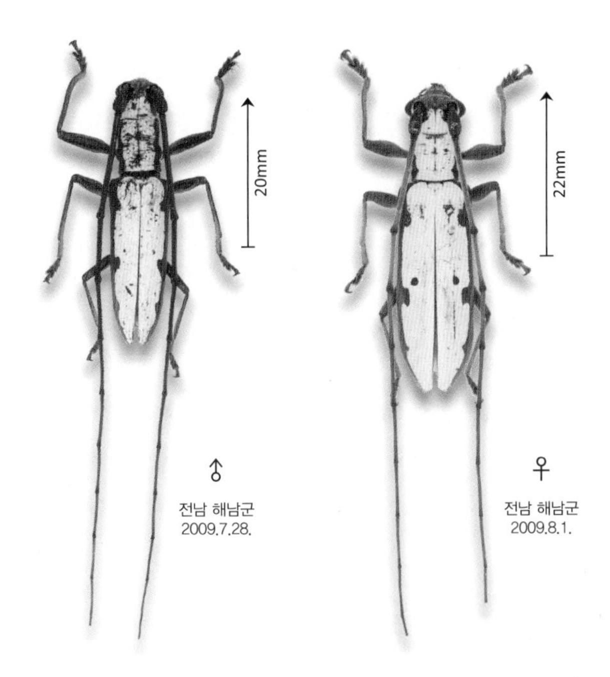

전라남도의 해안가와 인접한 산림에 서식하며 개체수는 많지 않다. 성충은 6월 초순~8월 중순까지 활동한다. 낮에는 주로 활엽수류의 잎에서 활동하지만 관찰하기 어려우며 오히려 야간에 불빛에 이끌려 날아온 개체들이 자주 발견된다. 암컷은 고사하거나 쇠약해진 느티나무, 예덕나무 가지에 산란을 한다. 굴피염소하늘소와 닮았지만 날개봉합선에 갈색 무늬가 나타나지 않는다. 국내에 서식하는 염소하늘소 중에서 크기가 가장 크다.

테두리염소하늘소가 발견되는 숲, 전남 해남군

흰무늬말총수염하늘소 | 말총수염하늘소족 Xenoleini

Hirtaeschopalaea nubila (Matsushita, 1933)

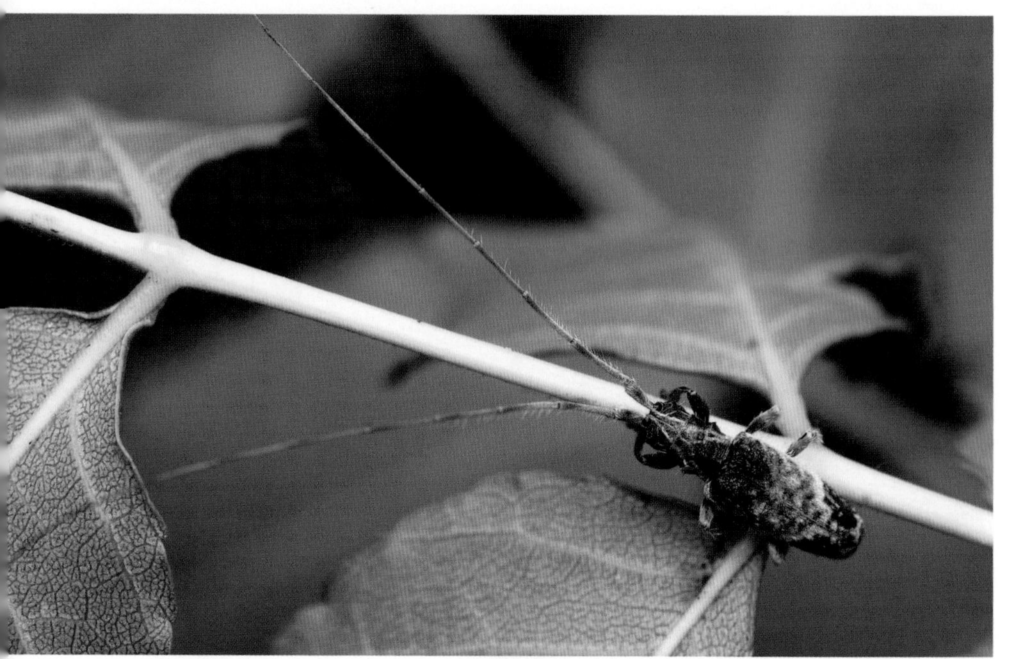

강원 양양군 2012.7.22.

10mm

♀
강원 양양군
2013.7.

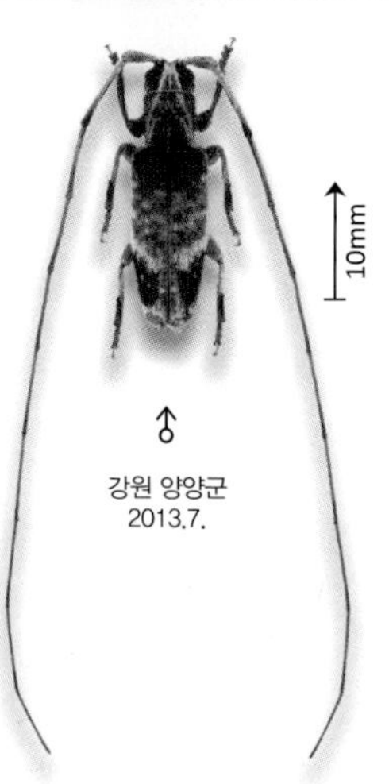

♂
강원 양양군
2013.7.

Yezohammus nubilus Matsushita, 1933: 347

Hirtaeschopalaea nubila: Oh and Lee, 2013: 301

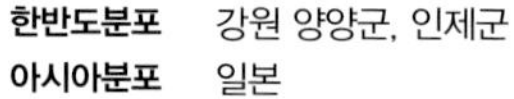

몸길이	6~11mm
성충활동시기	6월 초순~7월 하순
최종동면형태	유충
기주식물	뽕나무, 소태나무
한반도분포	강원 양양군, 인제군
아시아분포	일본

2012년 강원 동북부 산간지역에서 야간 등화에 날아온 수컷 1개체를 시작으로 인근에서 종종 관찰되었다. 소태나무, 뽕나무 등을 기주로 하며, 개체수는 많지 않은 것으로 보인다. 근처의 소태나무 생목의 고사한 가지를 스위핑해 암수 10여 개체를 추가로 채집하였다. 유충은 소태나무 고사목의 수피 밑을 가해하다 어느 정도 성장하면 목질부로 파고들어 번데기방을 틀고 우화한다. 이 책의 기록 이전까지는 일본 특산종으로 기록되어 있었다.

말총수염하늘소족 Xenoleini |

말총수염하늘소

Xenolea asiatica (Pic, 1925)

제주 서귀포시 2013.7.13.

 *Aeschopalaea asiatica* Pic, 1925: 16

 *Xenolea asiatica*: Oh and Lee, 2013: 301

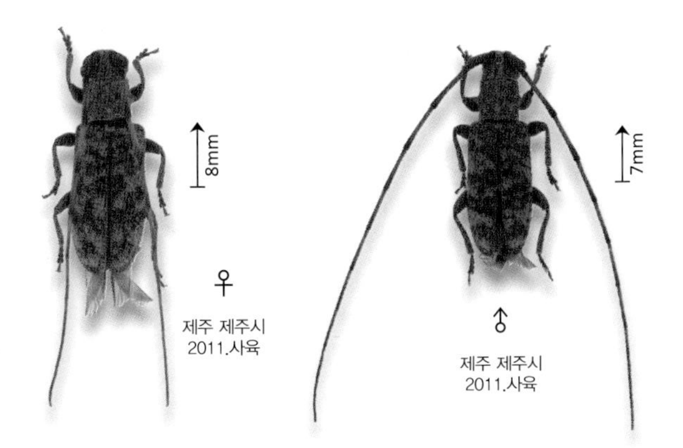

몸길이	5~10mm
성충활동시기	6월 초순~8월 초순
최종동면형태	유충
기주식물	닥나무, 뽕나무
한반도분포	울릉도, 제주
아시아분포	대만, 일본, 중국

지금까지는 울릉도, 제주도 등의 섬지역에서만 발견되었다. 성충은 6월 초순~8월 초순까지 활동한다. 주로 뽕나무, 닥나무, 꾸지뽕나무 등 뽕나무과 식물에서 활동하며 고사한 가지에 딱 붙어서 더듬이를 앞으로 뻗고 있는 상태로 가만히 앉아 있는 모습이 관찰된다. 밤에 불빛에 이끌려 날아오기도 한다. 유충은 뽕나무과 식물의 고사목 수피 아래를 가해하다가 종령 때 목질부로 들어가 성충이 된다.

무늬곤봉하늘소 | 곤봉하늘소족 Desmiphorini

Rhopaloscelis unifasciata Blessig, 1873

경기 동두천시 2010.겨울.사육

강원 춘천시
2009.5.19.

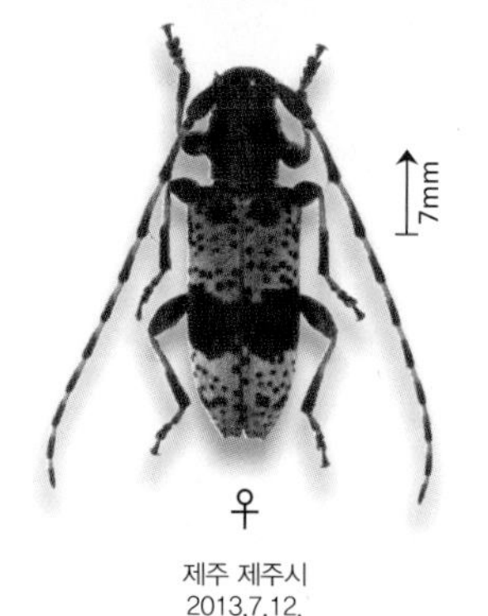

♀
제주 제주시
2013.7.12.

Rhopaloscelis unifasciata Blessig, 1873: 206

Rhopaloscelis unifasciatus: Okamoto, 1927: 82

전국의 활엽수림에 넓게 분포하며 개체수도 많다. 성충은 4월 중순부터 7월 하순까지 활동하며 주로 낮에 활엽수 고사목 가는 가지에서 짝을 찾아다니며 밤에는 불빛에도 날아온다. 암컷은 참나무, 물푸레나무, 때죽나무 등 활엽수 고사목에 작은 구멍을 뚫고 산란한다. 주로 지름 5cm 정도의 가는 가지를 선호하지만, 굵은 줄기에 산란하기도 한다. 유충은 부화 후에 곧바로 목질부로 파고들어가 가해하며 가을에 나무 속에서 성충이 되어 그 상태로 겨울을 난다.

몸길이	5~9mm
성충활동시기	4월 중순~7월 하순
최종동면형태	성충
기주식물	굴피나무, 개서어나무, 때죽나무, 물푸레나무, 버드나무 초피나무, 호두나무
한반도분포	전국, 제주
아시아분포	러시아, 몽골, 북한, 일본, 중국, 카자흐스탄

곤봉하늘소족 Desmiphorini |

곤봉하늘소

Arhopaloscelis bifasciata (Kraatz, 1879)

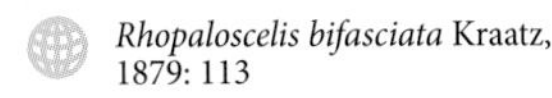

Rhopaloscelis bifasciata Kraatz, 1879: 113

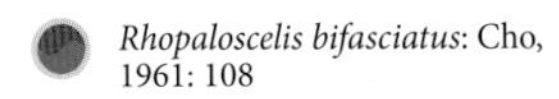

Rhopaloscelis bifasciatus: Cho, 1961: 108

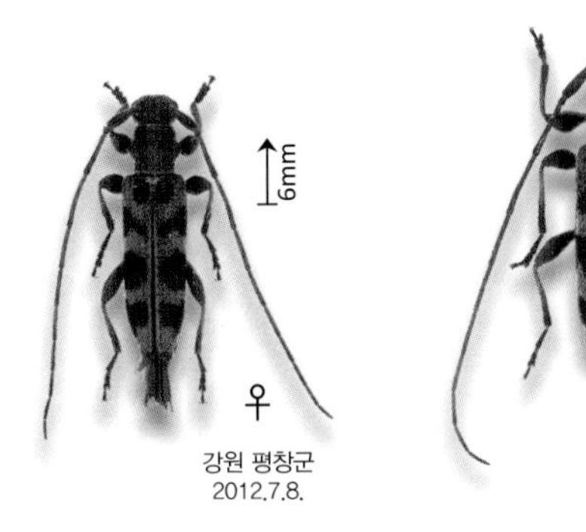

강원 평창군 2012.7.8. / 강원 평창군 2012.7.8.

몸길이	5~8mm
성충활동시기	5월 하순~7월 중순
최종동면형태	유충
기주식물	물푸레나무, 배나무, 산겨릅나무, 피나무
한반도분포	강원 평창군, 양구군, 울릉도
아시아분포	러시아, 중국

강원도 산지와 울릉도 등지에 분포한다. 성충은 6~8월까지 활동하며 낮에 피나무 등 활엽수의 가는 가지를 갉아먹는다. 고사목이나 꽃에서도 간간히 발견되며 밤에는 불빛에 날아오기도 한다. 암컷은 지름 2~10cm가 넘는 것까지 다양한 굵기의 피나무 고사목에 산란한다. 유충은 수피 아래를 가해하며 종령이 되면 목질부로 파고들어가 번데기방을 틀고 우화한다.

곤봉하늘소족 Desmiphorini |

애곤봉하늘소

Cylindilla grisescens Bates, 1884

Cylindilla grisescens Bates, 1884: 250

Cylindilla grisescens: Lee, 1983: 79

몸길이	5~6mm
성충활동시기	5월 초순~6월 중순
최종동면형태	성충
기주식물	물푸레나무, 으름덩굴, 중국굴피나무
한반도분포	경기 양평군, 전남 광양시, 경북 영주시
아시아분포	러시아, 일본

전국의 활엽수림에 국지적으로 분포한다. 개체수가 상당히 적고 보호색을 띠고 있어 관찰하기 매우 어려운 편이다. 성충은 5월 초순~6월 중순까지 활동하며, 주로 물푸레나무 등 가는 가지의 수피 부분을 갉아먹는다. 밤에 불빛에 이끌려 날아오기도 한다. 암컷은 물푸레나무, 으름덩굴 등의 가는 가지에 산란하며 유충은 수피 아랫부분을 가해한다.

권하늘소 | 곤봉하늘소족 Desmiphorini

Mimectatina divaricata divaricata (Bates, 1884)

 *Sydonia divaricata* Bates, 1884: 247

 *Doius divaricatus* Bates, 1884: 247; Lee: 62

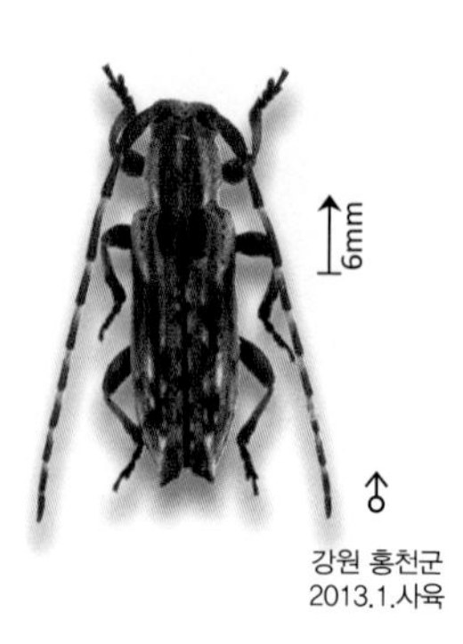

강원 홍천군
2013.1.사육

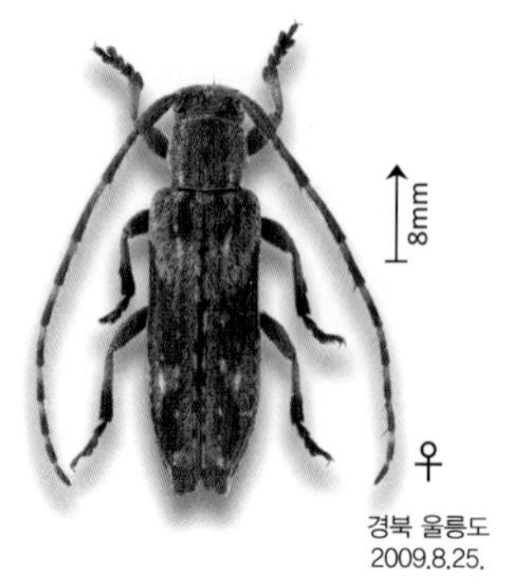

경북 울릉도
2009.8.25.

울릉도와 제주도 그리고 강원 산간지역에 분포한다. 성충은 6월 하순~8월 하순까지 활동한다. 주로 낮에 가는 나뭇가지에 붙어있으나 크기가 작고 보호색을 띠는 탓에 관찰하기는 어렵다. 해외에서는 불빛에 날아온다고 알려져 있으나 국내에서는 확인하지 못하였다. 암컷은 층층나무 등의 고사목에 산란한다. 유충은 수피 아래를 가해하다가 종령이 되면 바깥쪽 목질부로 들어가 번데기방을 틀고 성충이 된다.

몸길이	6~8mm
성충활동시기	6월 중순~8월 하순
최종동면형태	유충
기주식물	층층나무, 호두나무, 난티나무, 피나무, 들메나무, 전나무, 가문비나무, 곰솔
한반도분포	강원 홍천군, 평창군, 울릉도, 제주
아시아분포	대만, 러시아, 일본, 중국

혹민하늘소 | 곤봉하늘소족 Desmiphorini

Eupogoniopsis granulatus Lim, 2013

 *Eupogoniopsis granulatus* Lim, 2013: 358

 *Eupogoniopsis granulatus* Lim, 2013: 358

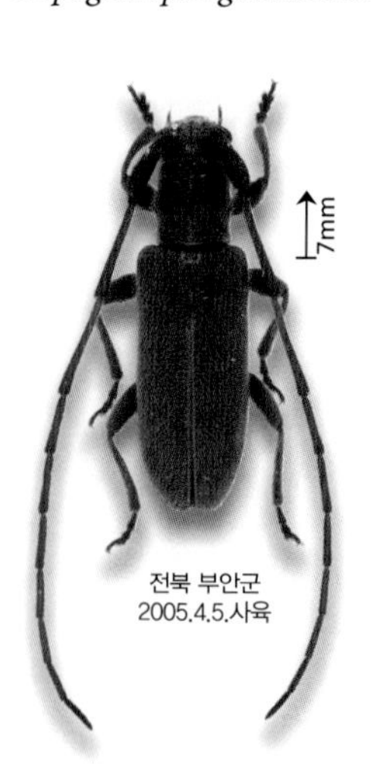

전북 부안군
2005.4.5.사육

2000년대 초반부터 전북 일부 지역에서 발견되었던 종으로, 2013년 Lim 등에 의해 신종으로 기록되었다. 성충은 6월 중순~7월 초순까지 활동하며 꾸지나무, 닥나무 등에서 관찰된다. 주로 시든 잎에서 빈번하게 보이는 것으로 알려져 있다. 산란방식, 유충의 섭식 형태 등에 대해서는 아직까지 밝혀진 바가 없다.

몸길이	5~8mm
성충활동시기	6월 중순~7월 초순
최종동면형태	알려지지 않음
기주식물	꾸지나무, 닥나무
한반도분포	전북 군산시, 부안군

곰보통하늘소 신칭

곤봉하늘소족 Desmiphorini |

Anaesthetis confossicollis Baeckmann, 1903

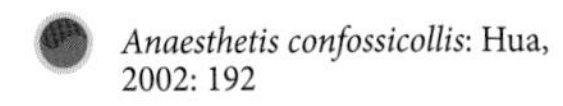

Anaesthetis confossicoliis Baeckmann, 1903: 394

Anaesthetis confossicollis: Hua, 2002: 192

몸길이	4~6mm
성충활동시기	5월 초순~6월 초순
최종동면형태	유충
기주식물	떡갈나무
한반도분포	명확한 채집기록 없음
아시아분포	러시아, 몽골, 일본, 중국

국내 초기록 이후 종적이 묘연한 상태였다가 최근 강원도 인제에서 관찰되었다. 성충은 떡갈나무, 피나무 등의 활엽수의 수피를 갉아먹는다. 야간에는 불빛에도 날아온다. 암컷은 피나무 등 활엽수의 쇠약한 부분이나 말라 죽은 가지에 산란한다. 유충은 수피 아래를 가해하며 성장하면서 목질부로 파고든다. 종령 유충은 수피 아래까지 탈출구를 미리 뚫어놓은 후 목질부에서 번데기방을 만들고 우화한다.

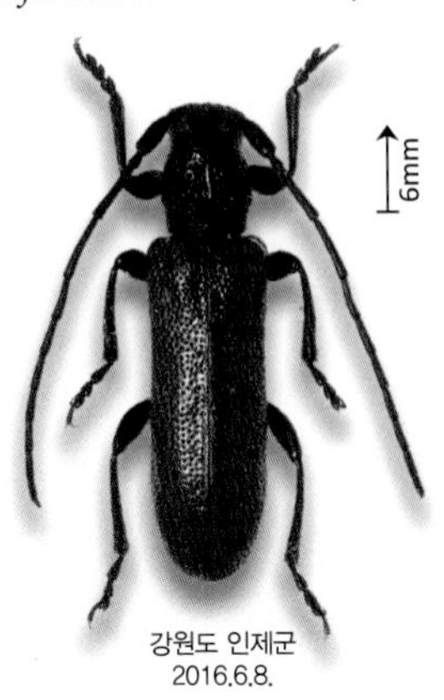

강원도 인제군
2016.6.8.

남방통하늘소 신칭

곤봉하늘소족 Desmiphorini |

Pseudanaesthetis sp.

미동정

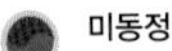

미동정

몸길이	6~10mm
성충활동시기	6월 중순~7월 하순
최종동면형태	밝혀지지 않음
기주식물	복사나무, 호두나무
한반도분포	경기 의왕시, 대구, 대전, 경남 거제도

전국에 국지적으로 서식하지만 남부지방에서 주로 관찰되며 개체수는 적다. 낮에 고사목 가는 가지나 풀잎 위에서 활동하는 것이 종종 관찰된다. 밤에 불빛에 이끌려 날아오기도 한다.

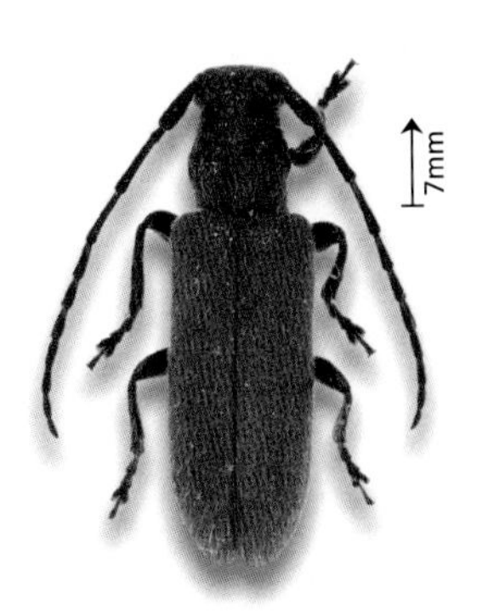

경남 산청군
2009.사육

큰통하늘소 | 곤봉하늘소족 Desmiphorini

Sophronica koreana Gressitt, 1951

강원 영월군 2006.5.9.

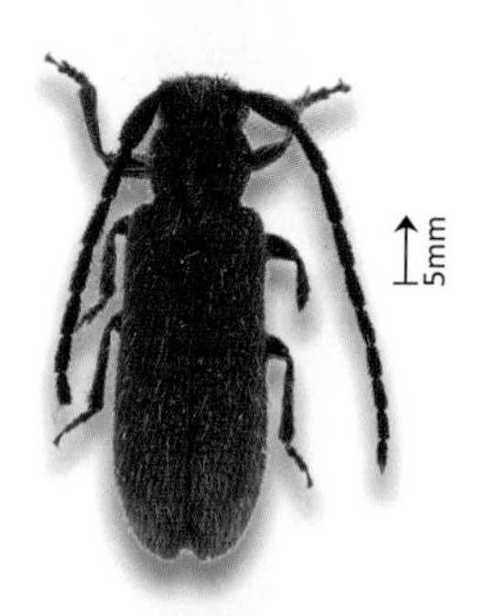

강원 춘천시
2005.5.21.

강원 철원군
2010.5.9.

Sophronica koreana Gressitt, 1951: 508

Sophronica koreana Gressitt, 1951: 508

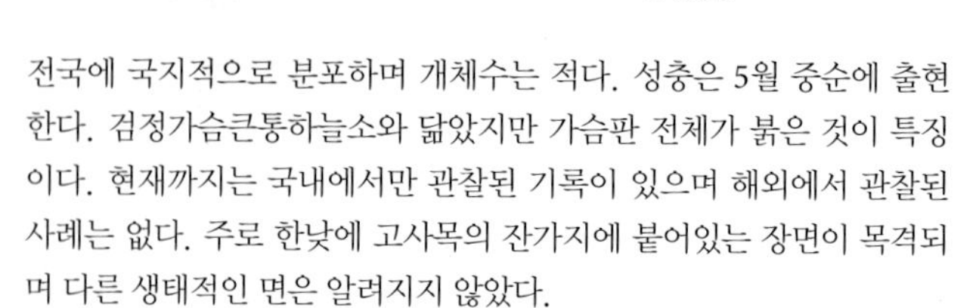

전국에 국지적으로 분포하며 개체수는 적다. 성충은 5월 중순에 출현한다. 검정가슴큰통하늘소와 닮았지만 가슴판 전체가 붉은 것이 특징이다. 현재까지는 국내에서만 관찰된 기록이 있으며 해외에서 관찰된 사례는 없다. 주로 한낮에 고사목의 잔가지에 붙어있는 장면이 목격되며 다른 생태적인 면은 알려지지 않았다.

몸길이 5~7mm
성충활동시기 5월 초순~6월 초순
최종동면형태 유충
기주식물 마삭줄, 뽕나무, 쥐똥나무, 벚나무
한반도분포 강원 춘천시, 영월군, 철원군

곤봉하늘소족 Desmiphorini |

검정가슴큰통하늘소 신칭

Sophronica sundukovi Danilevsky, 2009

강원 양구군 2011.5.13.

Sophronica sundukovi Danilevsky, 2009: 25

Sophronica sundukovi: Danilevsky, 2013: 18

중부 이북지방에 분포하며 개체수는 적다. 성충은 5월 중순에 출현한다. 현재까지 자세한 생태는 밝혀지지 않았다. 큰통하늘소와 닮았지만 가슴판의 붉은색 무늬가 측면에 있다. 2009년에 러시아에서 신종으로 발표되었으며 국내에서는 2011년에 양구군에서 1개체가 채집된 이후 현재까지 관찰되지 않고 있다.

♂

강원 양구군
2011.5.13.

몸길이 5~7mm
성충활동시기 5월 중순~6월 하순
최종동면형태 밝혀지지 않음
기주식물 밝혀지지 않음
한반도분포 강원 양구군

통하늘소 | 곤봉하늘소족 Desmiphorini

Anaesthetobrium luteipenne Pic, 1923

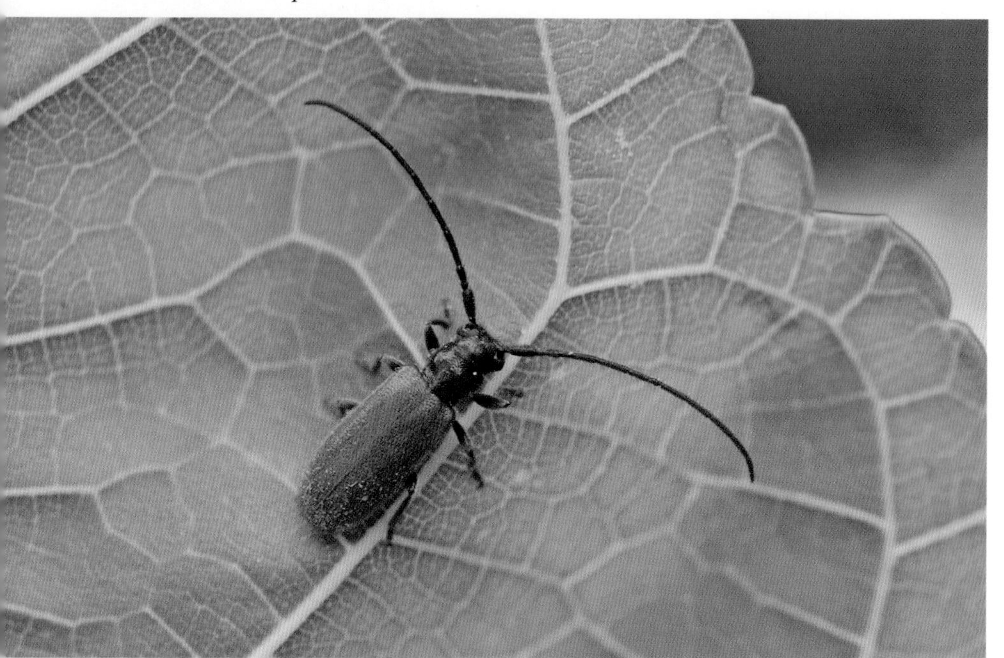

경기 양평군 2013.6.23.

5mm
♂
세종
2009.사육

5mm
♀
세종
2009.사육

Anaesthetobrium luteipenne Pic, 1923: 20

Anaesthetis confossicollis: Lee, 1979: 75

전국의 민가 주변부터 깊은 산속까지 뽕나무가 있는 곳이면 대부분 서식한다. 성충은 5월 중순~7월 중순까지 활동한다. 낮에 주로 뽕나무의 고사한 가지나 잎에서 활동하는 모습을 관찰할 수 있다. 밤에는 불빛에 이끌려 날아오기도 한다. 암컷은 뽕나무의 시든 가지나 고사한 부분에 산란을 하며 굵은 부분보다 가는 가지를 선호한다. 유충은 마지막 겨울을 유충 상태로 보내고 봄이 오면 바로 번데기가 되어 우화한다. 가슴판이 노란 변이형이 나타나기도 한다.

몸길이	5~7mm
성충활동시기	5월 중순~7월 중순
최종동면형태	유충
기주식물	뽕나무, 산뽕나무
한반도분포	전국
아시아분포	일본, 중국

곤봉하늘소족 Desmiphorini |

두꺼비곤봉하늘소 신칭

Quasimesosella ussuriensis (Tsherepanov, 1983)

강원 인제군 2013.6.1.

Microlera ussuriensis Tsherepanov, 1983: 215

미기록

6mm

강원 인제군
2013.6.1.

강원 인제군
2007.7.30.

몸길이	5~7mm
성충활동시기	6월 초순~7월 하순
최종동면형태	밝혀지지 않음
기주식물	밝혀지지 않음
한반도분포	강원 홍천군, 인제군
아시아분포	러시아

강원도 북부지방의 울창한 산림에 서식하며 개체수는 매우 적다. 성충은 6월 초순~7월 말까지 활동한다. 아직까지 정확한 기주나 생태가 밝혀지지 않은 종이며, 지금까지는 주로 참나무 가지를 스위핑하다 채집한 경우가 대부분이다.

맵시곤봉하늘소 | 곤봉하늘소족 Desmiphorini

Terinaea tiliae (Murzin, 1983)

 *Miaenia tiliae* Murzin. 1983: 584

 *Teerinaea atrofusca*: Lee, 1987: 177

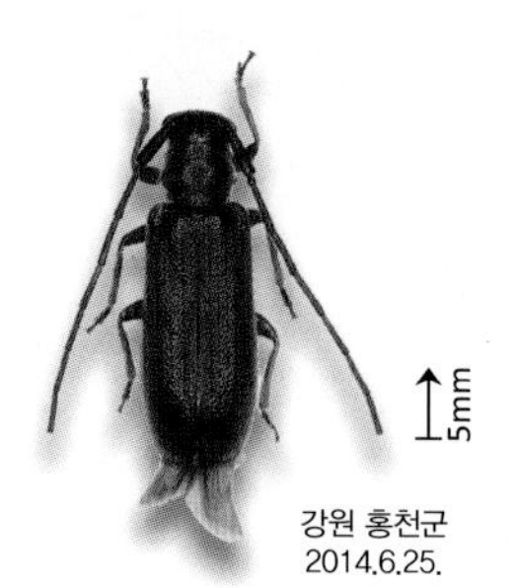

강원 홍천군
2014.6.25.

강원도 북부지방의 울창한 산림에 서식하며 개체수는 매우 적다. 성충은 5월 하순부터 발생하여 7월 중순까지 활동한다. 주로 갓 죽은 피나무 가지나 마른 잎에서 발견된다. 유충은 피나무를 가해한다.

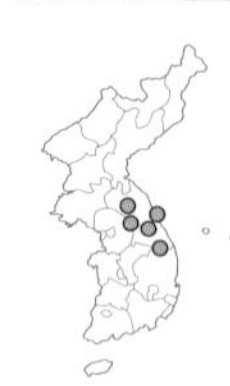

몸길이	5~7mm
성충활동시기	5월 하순~7월 중순
최종동면형태	유충
기주식물	피나무
한반도분포	강원 태백시, 평창군, 화천군, 양양군, 홍천군
아시아분포	러시아, 북한

닮은새똥하늘소 | 새똥하늘소족 Pogonocherini

Pogonocherus fasciculatus fasciculatus (Degeer, 1775)

 *Cerambyx fasciculatus* Degeer, 1775: 71

 *Pogonocherus fasciculatus*: Lee, 1987: 182

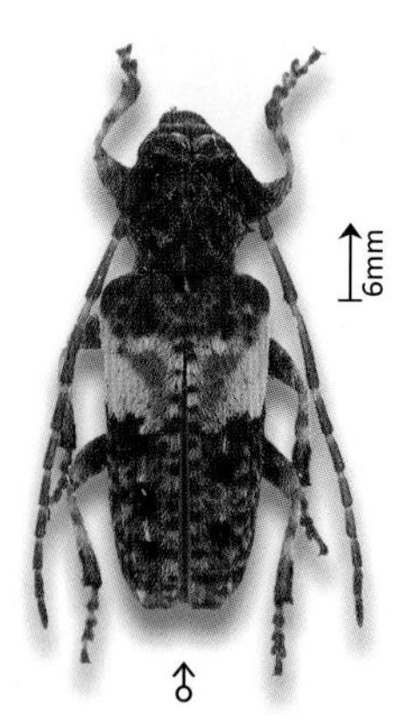

♂
울산 울주군
1984.10.1.

현재까지 관찰된 분포지는 설악산, 영월 등으로 매우 국지적이며 관찰된 개체수도 매우 적다. 성충은 이른 봄과 가을에 활동한다. 주간에 수령이 오래된 침엽수 가지 부분에 날아와 짝을 찾고 산란한다. 유충은 수피 아래를 가해하며 번데기방은 목질부에 만든다. 새똥하늘소와 닮았으나 닮은새똥하늘소는 시초 끝에 가시가 없는 점으로 쉽게 구분 가능하다.

몸길이	5~7mm
성충활동시기	4월 하순~7월 초순
최종동면형태	성충
기주식물	가문비나무, 소나무, 전나무
한반도분포	울산 울주군, 강원 양양군, 영월군
아시아분포	러시아, 몽골, 중국, 카자흐스탄

새똥하늘소족 Pogonocherini |

새똥하늘소

Pogonocherus seminiveus Bates, 1873

경기 가평군 2009.3.20.

Pogonocherus seminiveus Bates, 1873: 382

Pogonocherus seminiveus: Cho, 1936: 93

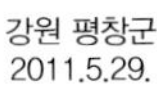

♂

강원 평창군
2011.5.29.

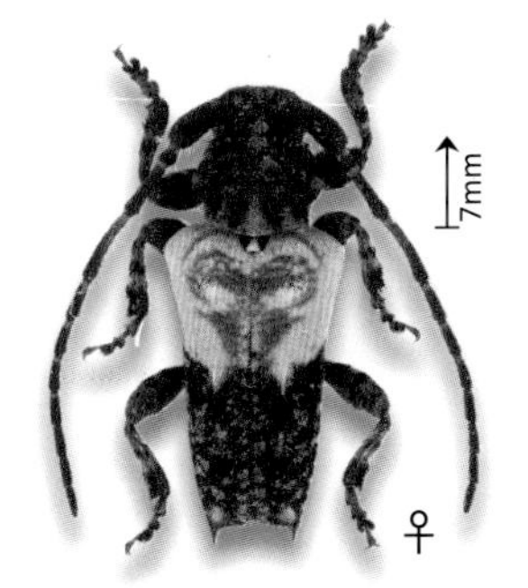

세종
2013.6.4.

몸길이	6~8mm
성충활동시기	2월 하순~7월 초순
최종동면형태	성충
기주식물	너도밤나무, 두릅나무, 밤나무, 신갈나무, 음나무, 팔손이
한반도분포	전국
아시아분포	중국, 일본, 북한

전국의 산지와 민가 근처의 두릅나무가 있는 곳에 서식하며 개체수가 많은 편이다. 국내에 서식하는 하늘소 중 가장 먼저 활동하는 종으로 2월경에 활동하는 개체가 발견되기도 한다. 성충은 주로 3월 중순~5월까지 활동한다. 따뜻한 날씨가 지속되면 2월에도 활동하는 경우가 있으며 강원도 일부 지역에서는 7월 초순까지도 보인다. 성충은 두릅나무 새순을 가해하며 두릅나무에 산란한다. 유충은 수피 아랫부분을 가해하다가 성장하면서 목질부로 파고든다. 종령 유충은 바깥쪽 목질부에 번데기방을 만든다. 번데기는 가을경에 우화해 성충으로 월동하며 나무껍질 아래 등 추위를 피할 수 있는 곳에서 동면한다.

검은콩알하늘소 | 새똥하늘소족 Pogonocherini

Exocentrus marginatus Tsherepanov, 1973

경기 파주시 2012.3.사육

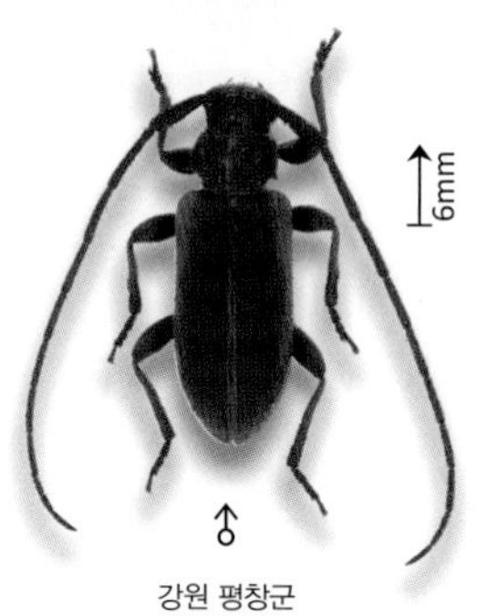

강원 양양군 2011.7.28.

강원 평창군 2012.사육

Exocentrus marginatus Tsherepanov, 1973: 138

Exocentrus (Pseudocentrus) fisheri: Lee, 1981: 47

전국의 산지에 분포한다. 성충은 6월 중순부터 발생하여 7월 하순까지 활동한다. 한낮에는 대부분 고사목 줄기의 좁은 틈 사이에 붙어있고 늦은 오후부터 활동하기 시작한다. 밤에는 불빛에 이끌려 날아온다. 암컷은 밤나무, 느티나무, 물푸레나무 등의 죽은 지 얼마 되지 않은 고사목에 산란한다. 이름에 걸맞게 딱지날개가 대부분 검은색이며 딱지날개 상단 바깥쪽만 옅은 갈색이다.

몸길이	5~8mm
성충활동시기	6월 중순~7월 하순
최종동면형태	유충
기주식물	난티나무, 느티나무, 물푸레나무, 밤나무, 소태나무
한반도분포	경기, 강원, 경북
아시아분포	일본, 중국

새똥하늘소족 Pogonocherini |

줄콩알하늘소

Exocentrus lineatus Bates, 1873

강원 평창군 2013.5.4.사육

Exocentrus lineatus Bates, 1873: 384

Exocentrus (*Exocentrus*) *lineatus*: Lee, 1981: 47

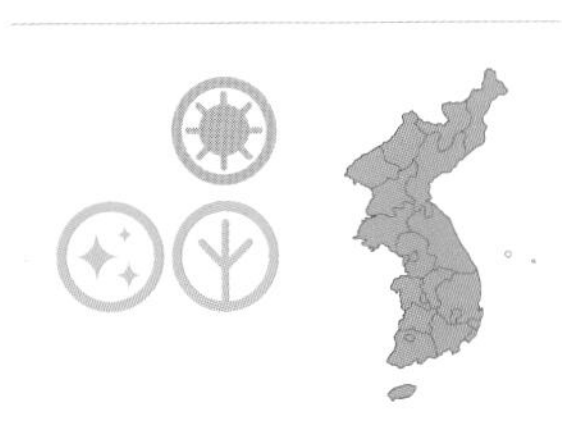

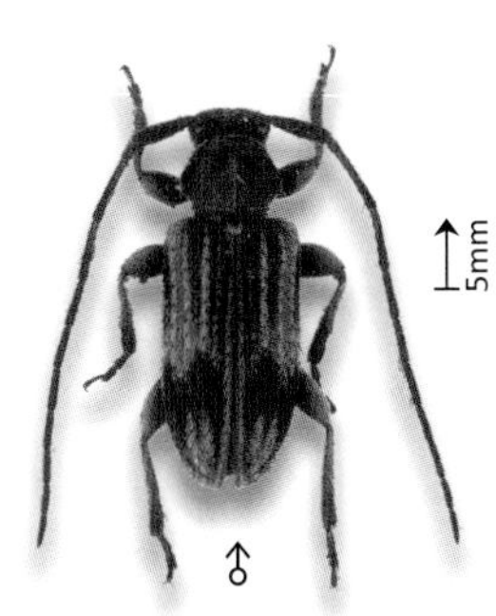

경기 화성시
2012.12.21.사육

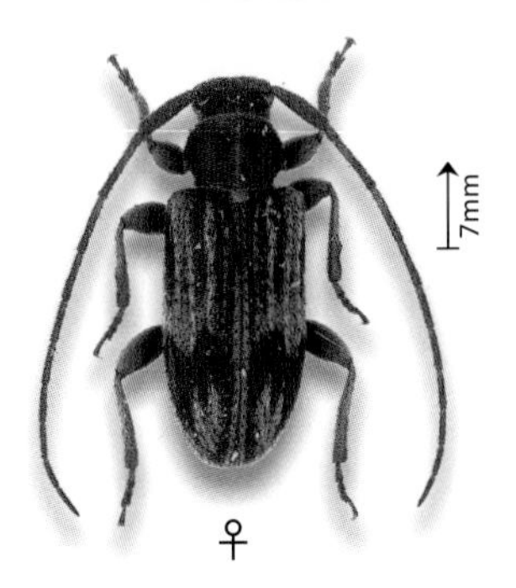

경기 화성시
2012.12.21.사육

몸길이	5~7mm
성충활동시기	5월 중순~8월 초순
최종동면형태	유충
기주식물	각종 활엽수
한반도분포	전국, 제주
아시아분포	러시아, 일본, 중국

전국의 야산에 분포하며 개체수도 많다. 성충은 5월 중순에 발생하여 8월 초순까지 활동한다. 주로 오후에 마른 고사목에서 관찰되며 꽃에서는 관찰한 바가 없다. 고사목 위에서 짝짓기와 산란이 동시에 이루어진다. 야간에는 불빛에도 잘 날아와서 어렵지 않게 관찰할 수 있다. 유충은 고사목의 수피 아래를 파먹으며 성장을 하다가 종령이 되면 목질부로 들어가 성충이 된다.

유리콩알하늘소 | 새똥하늘소족 Pogonocherini

Exocentrus guttulatus ussuricus Tsherepanov, 1973

강원 화천군 2013.6.22.

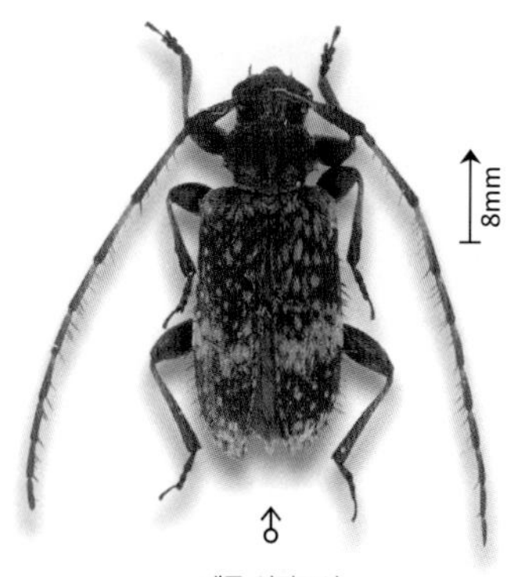

제주 서귀포시
2009.7.5.

제주도를 포함한 전국에 넓게 분포하며 개체수도 많은 편이다. 성충은 주로 6월 초순~8월 초순까지 활동한다. 성충은 한낮에 죽은 지 얼마 되지 않은 활엽수 가지에 붙어있는 모습이 관찰되며 야간에는 불빛에도 잘 날아온다.

Exocentrus ussuricus Tsherepanov, 1973: 138

Exocentrus saitoi Matsushita, 1935: 313

몸길이	5~9mm
성충활동시기	6월 초순~8월 초순
최종동면형태	유충
기주식물	개굴피나무, 무화과나무, 풍게나무, 팽나무
한반도분포	경기 가평군, 강원 영월군, 인제군, 충북 제천시, 경남 산청군, 제주
아시아분포	러시아, 북한, 중국

새똥하늘소족 Pogonocherini |

구름무늬콩알하늘소

Exocentrus fasciolatus plavilstshikovi Danilevsky, 2014

경기 양평군 2013.겨울.사육

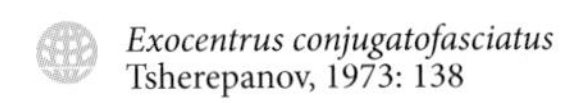

Exocentrus conjugatofasciatus Tsherepanov, 1973: 138

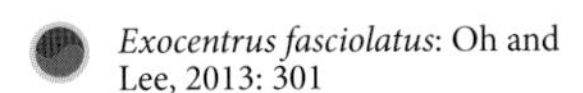

Exocentrus fasciolatus: Oh and Lee, 2013: 301

지리산 이북의 활엽수림에 분포하며 개체수는 보통이다. 성충은 한낮에 활엽수류 고사목의 틈새에서 쉬고 있고, 늦은 오후에 짝짓기를 하는 모습이 관찰된다. 야간에는 종종 불빛에도 날아온다. 암컷은 활엽수류 고사목 수피 틈에 산란을 하며 유충은 수피 아래에서 성장을 하다가 가을이 오면 목질부로 들어가 겨울을 난 뒤 초여름에 성충이 된다.

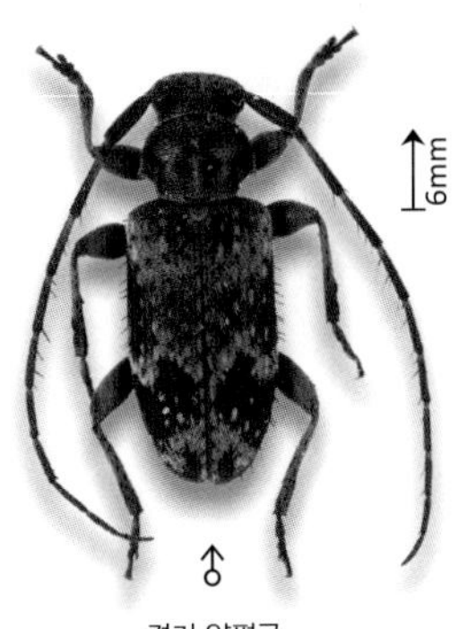

경기 양평군
2013.사육

몸길이	4~6mm
성충활동시기	6월 하순~8월 초순
최종동면형태	유충
기주식물	느릅나무, 보리수나무, 참피나무, 팽나무, 호두나무
한반도분포	경기, 강원, 충남
아시아분포	러시아, 북한, 중국

우리콩알하늘소 | 새똥하늘소족 Pogonocherini

Exocentrus (Pseudocentrus) zikaweiensis Savio, 1929

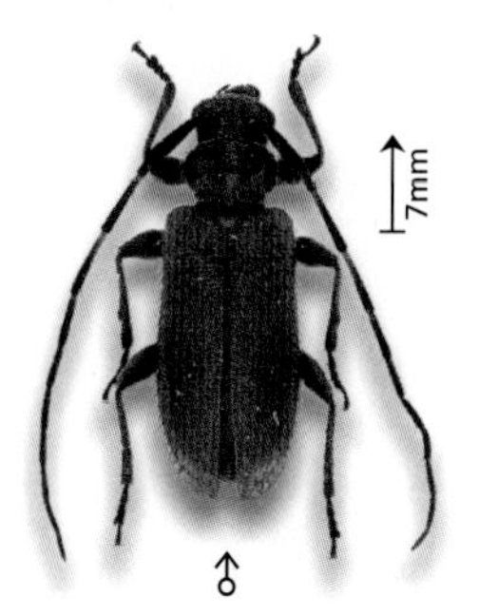

♂
경남 진주시
2010.7.20.

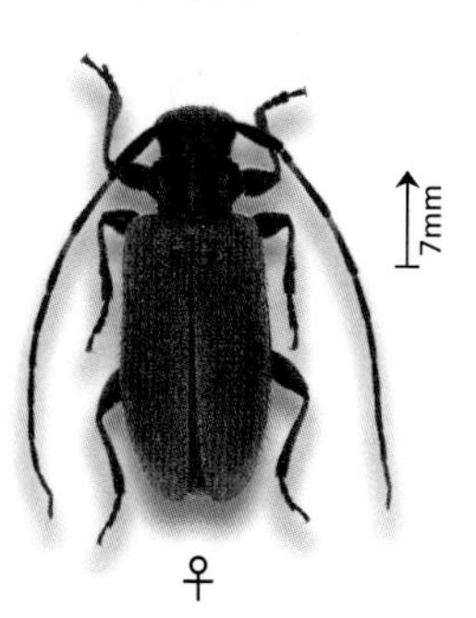

♀
경남 진주시
2010.7.20.

전국에 국지적으로 분포하며 개체수는 보통이다. 성충은 한낮에 죽은 지 얼마 되지 않은 활엽수 가지에 붙어있는 모습이 관찰된다. 밤에는 불빛에도 잘 날아온다. 통하늘소와 외형적으로 유사하지만 가슴판의 형태나 딱지날개 폭과 높이의 비율로 구분할 수 있다. 국가생물종지식정보시스템에 등재된 통하늘소는 대부분 우리콩알하늘소의 오동정이다.

 *Exocentrus zikaweiensis* Savoi, 1929: 3

 *Exocentrus saitoi* Matsushita, 1935: 313

몸길이 5~9mm
성충활동시기 6월 초순~8월 초순
최종동면형태 유충
기주식물 난티나무, 무화과나무, 산뽕나무, 아까시나무, 중국굴피나무, 천선과나무, 풍게나무, 호두나무, 후박나무
한반도분포 대전, 경기 고양시, 가평군, 충남, 경남 진주시
아시아분포 중국

새똥하늘소족 Pogonocherini |

민무늬콩알하늘소 신칭

Exocentrus tsushimanus Hayashi, 1968

Exocentrus tsushimanus Hayashi, 1968: 27

미기록

지리산 이남의 활엽수림에 분포하며 개체수는 보통이다. 성충은 한낮에 활엽수류 고사목의 틈새에서 쉬고 있고, 늦은 오후에 짝짓기를 하는 모습이 관찰된다. 야간에는 종종 불빛에도 날아온다. 암컷은 활엽수류 고사목 수피 틈에 산란을 하며 유충은 수피 아래에서 성장을 하다가 가을이 오면 목질부로 들어가 겨울을 난 뒤 초여름에 성충이 된다.

4mm

충남 천안시
2009.2.사육

몸길이	4~6mm
성충활동시기	6월 하순~8월 초순
최종동면형태	유충
기주식물	각종 활엽수
한반도분포	전남

새똥하늘소족 Pogonocherini |

무늬콩알하늘소

Exocentrus tesudineus Matsushita, 1931

Exocentrus tesudineus Matsushita, 1931: 47

Exocentrus testudineus: Cho et al., 1963: 4

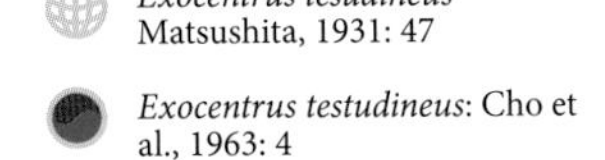

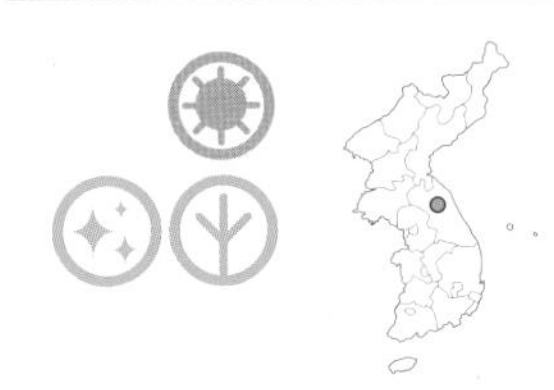

조(1963)에 의해 설악산에서 기록된 이후로 관찰된 바 없다. 해외에서는 성충이 5월 하순에 발생하여 8월 초순까지 관찰되고 주로 활엽수류 고사목에서 활동한다고 알려져 있다. 국내에서는 생태는 물론 서식 여부조차 불확실한 상태이다.

몸길이	4~5mm
성충활동시기	5월 하순~8월 초순
최종동면형태	유충
기주식물	느릅나무, 자작나무, 황벽나무
한반도분포	강원 인제군
아시아분포	러시아, 일본

콩알하늘소 | 새똥하늘소족 Pogonocherini

Exocentrus galloisi Matsushita, 1933

Exocentrus galloisi Matsushita, 1933: 397

Exocentrus galloisi: Uchida et Kojima, 1944: 7

국내에 분포한다는 기록은 있으나 표본은 확인하지 못하였다. 전체적으로 고동색 바탕에 옅은 회색의 잔털이 매우 짧게 나 있다. 딱지날개 중하단부에는 가로줄 모양으로 털이 없어 짙은 고동색을 띤다. Danielvsky에 따르면 국내에 기록되어 있는 콩알하늘소는 *E. galloisi Matsushita*와 *E. satierlini Ganglbauer* 중 어느 종인지 아직 결정되지 않은 상태라고 한다.

몸길이	5~6mm
성충활동시기	5월 하순~8월 초순
최종동면형태	유충
기주식물	개물푸레나무, 느티나무, 모밀잣밤나무, 밤나무, 예덕나무, 종가시나무, 참빗살나무, 졸참나무, 호두나무
한반도분포	경기 남양주시, 충남 천안시
아시아분포	일본

큰곤봉수염하늘소 | 큰곤봉수염하늘소족 Acanthoderini

Aegomorphus clavipes (Schrank, 1781)

Cerambyx clavipes Schrank, 1781: 135

Acanthoderes clavipes: Heyrovsky, 1932: 29

러시아

러시아

함경북도 청진에서만 기록이 남아 있으며 남한에서 관찰된 기록이나 표본을 확인할 수 없었다. 성충은 6월 중순~8월 초순까지 활동한다. 주로 한낮에 고사목에서 짝짓기와 먹이활동을 하는 모습이 관찰되고 밤에 불빛에 날아오는 일은 드물다. 암컷은 지름이 20cm가 넘는 굵은 사시나무, 포플라 등의 고사목에 산란한다. 유충은 수피 아래를 가해하다가 종령이 되면 목질부로 파고들어가 번데기방을 틀고 우화한다.

몸길이	10~12mm
성충활동시기	6월 중순~8월 초순
최종동면형태	유충
기주식물	사시나무, 포플러, 버드나무
한반도분포	함북 청진시
아시아분포	러시아, 몽골, 북한, 일본, 중국, 카자흐스탄

큰곤봉수염하늘소족 Acanthoderini |

잔점박이곤봉수염하늘소 신칭

Oplosia suvorovi (Pic, 1914)

강원 홍천군 2013.겨울.사육

Hoplosia suvorovi Pic, 1914: 65

Oplosia suvorovi: Tsherepanov A. I., 1984: 27

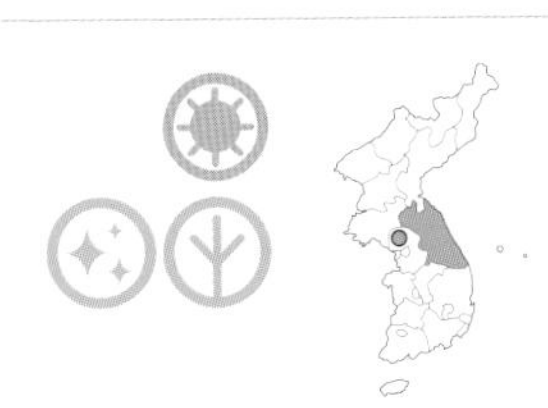

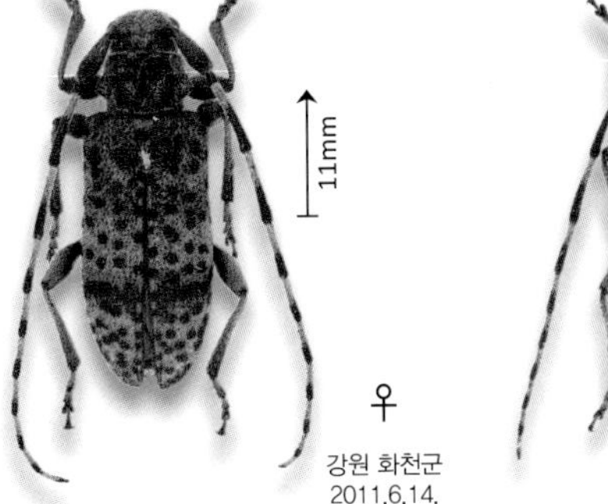

강원 화천군 2011.6.14.

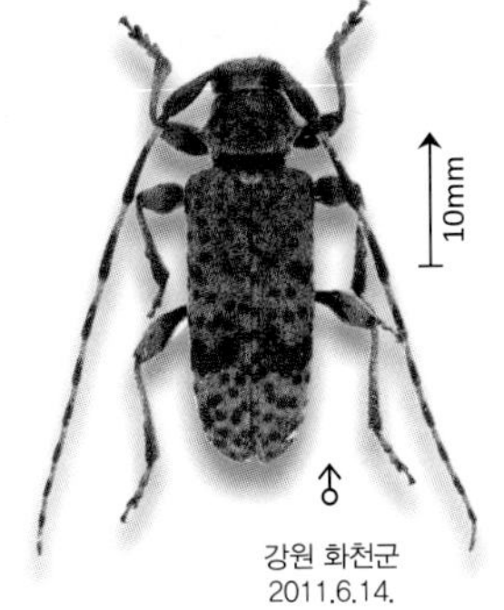

강원 화천군 2011.6.14.

몸길이	9~13mm
성충활동시기	5월 중순~8월 초순
최종동면형태	유충
기주식물	사스래나무, 팥배나무, 피나무
한반도분포	경기 동두천시, 강원
아시아분포	러시아, 일본

경기도와 강원도 일부 지역에 국지적으로 분포하며 서식지 내의 개체수가 많은 편이다. 한낮에는 햇살을 피해 고사목의 어두운 부분에서 쉬고 있는 모습이 관찰되며, 오후 무렵부터 활동이 활발해진다. 암컷은 피나무, 사스래나무 등 각종 활엽수 고사목에 산란한다. 유충은 수피 아랫부분을 가해하다가 성장함에 따라 목질부로 파고든다. 종령 유충은 목질부에 번데기방을 만든다. 딱지날개의 가로띠무늬의 선명도, 체색의 변이가 다양하게 나타난다. 『한반도 하늘소과 갑충지』(Lee, 1987)에 기재된 산꼬마수염하늘소(*L. stillatus*) 암컷 표본은 잔점박이곤봉수염하늘소의 오동정이다.

북방곤봉수염하늘소 | 곤봉수염하늘소족 Acanthocinini

Acanthocinus sachalinensis Matsushita, 1933

강원 홍천군 2013.6.1.

13mm

♂ 강원 홍천군 2012.5.28.

15mm

♀ 강원 화천군 2011.6.14.

전국 산지에 분포하며 개체수도 많다. 5~8월까지 죽은 지 얼마 되지 않은 침엽수 벌채목에서 쉽게 발견되며 오래된 고사목에는 잘 오지 않는다. 한낮에는 그늘진 부분에 숨어 있다가 해 질 무렵부터 서서히 활동을 시작한다. 불빛에 잘 날아오며 개체수가 많은 탓에 낮에도 종종 관찰이 된다. 암컷은 각종 침엽수 고사목 수피 틈에 산란한다. 유충은 수피 아랫부분을 가해하며 같은 자리에 번데기방을 틀고 우화한다. 곤봉수염하늘소와 닮았지만 시초 상단부에 점각이 몰려있고 하단부로 내려갈수록 점각이 적다. 그리고 시초의 가장자리가 평행하다.

Acanthocinus carinulatus Gebler, 1833: 302

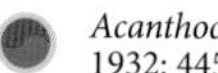
Acanthocinus oppositus: Saito, 1932: 445

몸길이	12~21mm
성충활동시기	5월 중순~8월 중순
최종동면형태	유충
기주식물	잎갈나무, 소나무, 분비나무, 가문비나무
한반도분포	전국
아시아분포	러시아, 몽골, 북한, 중국

곤봉수염하늘소족 Acanthocinini |

남방곤봉수염하늘소[신칭]

Acanthocinus orientalis Ohbayashi, 1939

제주 서귀포시 2013.7.16.

Acanthocinus orientalis
Ohbayashi, 1939: 116

미기록

제주도와 강원도 평창에서 관찰되었다. 성충은 5~8월 침엽수 고사목이나 벌채목에서 주로 관찰된다. 밤에 불빛에 날아오는 경우도 많다. 얼마 전까지 북방곤봉하늘소로 오동정하는 경우가 많았지만 남방곤봉수염하늘소는 뒷다리 부절 2번째 마디가 검다. 전체적인 몸의 형태는 아래로 갈수록 좁아지며 딱지날개 점각의 크기도 다르다.

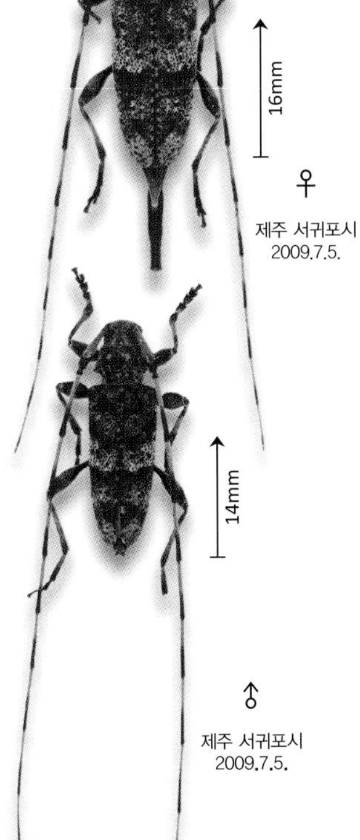

♀
제주 서귀포시
2009.7.5.

♂
제주 서귀포시
2009.7.5.

몸길이	12~21mm
성충활동시기	5월 중순~8월 중순
최종동면형태	유충
기주식물	소나무
한반도분포	강원도 평창군, 제주
아시아분포	러시아, 일본

곤봉수염하늘소 | 곤봉수염하늘소족 Acanthocinini

Acanthocinus griseus (Fabricius, 1792)

Cerambyx griseus Fabricius, 1792: 261

Acanthocinus griseus: Heyrovsky, 1932: 29

남쪽 해안가에 분포한다고 알려져 있지만 표본을 확인하지 못하였다. 해 질 무렵부터 활동하며 야간에 고사목이나 벌채목에서 관찰되며 불빛에도 날아온다. 암컷은 소나무, 전나무 등 침엽수 고사목의 줄기에 산란한다. 유충은 수피 아래를 가해하며, 종령이 되면 같은 자리에 번데기방을 틀고 우화한다. 북방곤봉수염하늘소와 매우 닮았지만 곤봉수염하늘소는 딱지날개 하단부에도 점각이 뚜렷하다.

몸길이	9~14mm
성충활동시기	5월 중순~8월 중순
최종동면형태	유충
기주식물	소나무, 잎갈나무
한반도분포	남부 해안일대
아시아분포	러시아, 몽골, 북한, 중국, 카자흐스탄

솔곤봉수염하늘소 | 곤봉수염하늘소족 Acanthocinini

Acanthocinus aedilis (Linnaeus, 1758) | 적색목록 취약(VU)

Cerambyx aedilis Linnaeus, 1758: 392.

Acanthocinus (Lamia) aedilis: Saito, 1928: 11

경기 가평군
2003.5.

경기도 양주, 가평, 강원도 홍천 등 야생 잣나무가 서식하는 지역에 드물게 분포한다. 개체수가 적어 관찰이 쉽지 않은 종이다. 해외에서는 일반적으로 가을경 우화한 신생충이 많이 관찰되며 이른 봄에도 월동 개체들이 발견된다. 국내에서는 주로 4~5월 야간에 활동하는 개체들이 주로 관찰된다. 암컷은 수피가 온전한 잣나무 고사목의 수피 틈에 산란한다. 유충은 수피 아래를 가해하며 종령이 되면 목질부로 파고들어가 번데기방을 만든다. 수컷의 경우 더듬이의 길이가 몸길이의 5배가량 되어 환상적인 자태를 뽐낸다.

몸길이	15~26mm
성충활동시기	4월 중순~5월 하순
최종동면형태	성충
기주식물	구주소나무, 잣나무
한반도분포	경기 양주시, 가평군, 강원 홍천군
아시아분포	러시아, 몽골, 북한, 중국, 카자흐스탄

곤봉수염하늘소족 Acanthocinini |

산꼬마수염하늘소

Leiopus stillatus (Bates, 1884)

강원 화천군 2013.6.15.

Acanthocinus stillatus Bates, 1884: 254

Leiopus japonicus: Uchida et Kojima, 1944: 7

10mm

♂

강원 화천군
2013.6.15.

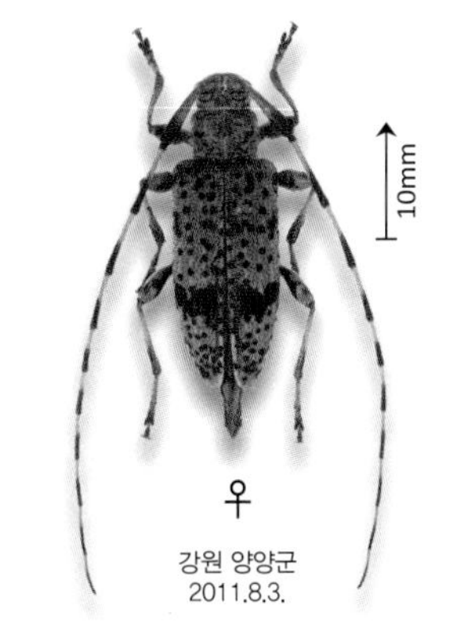

10mm

♀

강원 양양군
2011.8.3.

몸길이	8~11mm
성충활동시기	5월 중순~8월 중순
최종동면형태	유충
기주식물	느티나무, 참나무, 층층나무, 풍게나무, 팽나무, 후박나무
한반도분포	서울, 경기 하남시, 강원, 제주
아시아분포	러시아, 북한, 일본, 중국

제주도를 포함한 전국의 활엽수림에 분포한다. 성충은 5월 중순부터 발생하여 8월 중순까지 활동한다. 낮에는 활엽수류 벌채목에서 쉬고 있는 개체를 만날 수 있으며, 밤에 불빛에 날아오는 경우가 특히 많다. 암컷은 참나무, 층층나무 등 활엽수의 지름 15~20cm 정도 되는 굵은 줄기에 산란한다. 유충은 수피 아래를 가해하며 종령이 되면 같은 자리에 번데기방을 틀고 우화한다. 『한반도 하늘소과 갑충지』(Lee, 1987)의 산꼬마수염하늘소 암컷은 잔점박이곤봉수염하늘소(*O. suvorovi*)의 오동정이다.

꼬마수염하늘소 | 곤봉수염하늘소족 Acanthocinini

Acanthocinus (*Acanthobatesicanus*) *guttatus* (Bates, 1873)

 *Leiopus guttatus* Bates, 1873: 384

 *Leiopus guttatus*: Lee, 1979: 77

몸길이	6~8mm
성충활동시기	6월 초순~8월 중순
최종동면형태	밝혀지지 않음
기주식물	소나무, 솔송나무
한반도분포	부산, 강원 평창군, 양양군, 제주
아시아분포	일본, 중국

울창한 혼합림에 국지적으로 분포하며 개체수는 매우 적다. 성충은 6월 초순~8월 중순까지 활동한다. 한낮에는 관찰된 적이 없으며 지금까지는 밤에 불빛에 이끌려 날아온 소수의 개체들만 채집되었다. 국내에서는 다른 생태적인 정보는 아직까지 알려지지 않았다. 해외에서는 소나무의 마른 가지에 모인다고 알려져 있다. 북방곤봉수염하늘소와 닮았으나 경절에 주황빛이 감돌고 가슴판에 점무늬가 없다. 딱지날개의 무늬 패턴으로도 구별 가능하다.

여러 곤봉수염하늘소족 곤충을 만날 수 있는 침엽수 벌채목, 경기 가평군

곤봉수염하늘소족 Acanthocinini |

흰점꼬마수염하늘소

Leiopus albivittis albivittis Kraatz, 1879

강원 홍천군 2013.6.14.

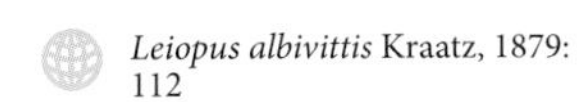

Leiopus albivittis Kraatz, 1879: 112

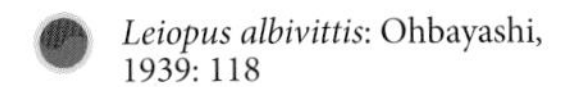

Leiopus albivittis: Ohbayashi, 1939: 118

강원 홍천군 2013.6.14.

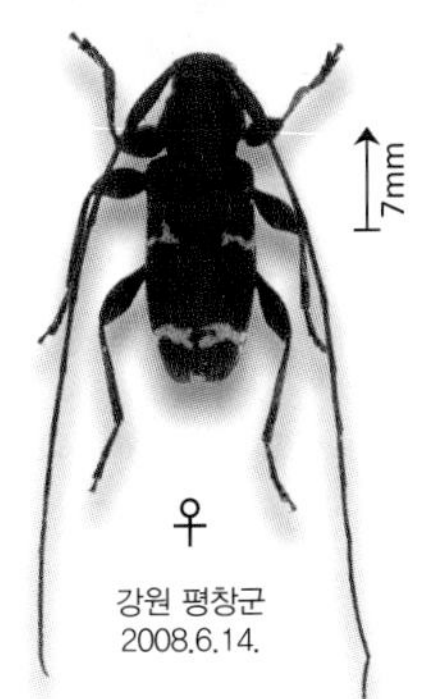

강원 평창군 2008.6.14.

몸길이	5~8mm
성충활동시기	5월 하순~7월 초순
최종동면형태	유충
기주식물	가래나무, 귀룽나무, 물푸레나무
한반도분포	강원 평창군, 화천군
아시아분포	러시아, 몽골, 중국

강원도 평창, 화천 등 북부지방 산간지대에서 드물게 관찰되며 마이산에서도 기록이 있다. 성충은 5월 중순부터 발생하기 시작하여 7월 중순까지 고사목 줄기에서 관찰된다. 암컷은 벚나무, 가래나무 가지의 고사한 부분에 턱으로 상처를 내고 산란한다. 어린 유충은 수피 아래를 가해하며 성장하면서 목질부로 파고들어간다. 종령 유충은 수피 아랫부분에 번데기방을 만드는데, 가는 가지에 기생하는 경우 목질부에 번데기방을 만들기도 한다.

혹등곤봉수염하늘소 신칭

| 곤봉수염하늘소족 Acanthocinini

Ostedes (*Ostedes*) *kadleci* Danilevsky, 1992

강원 양양군 2012.7.22.

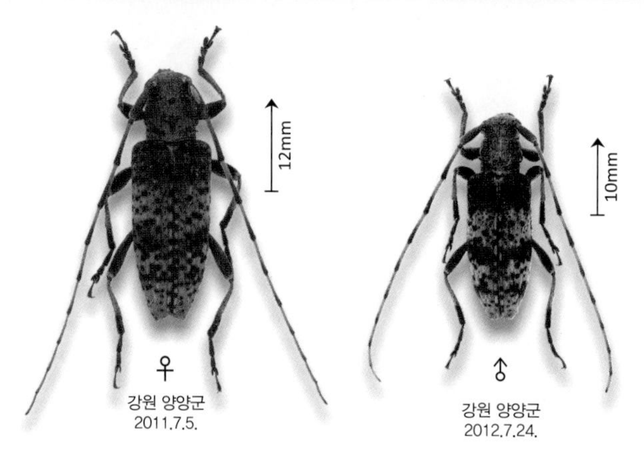

♀ 강원 양양군 2011.7.5.

♂ 강원 양양군 2012.7.24.

Ostedes kadleci Danilevsky, 1992: 203

Ostedes (*s. str.*) *kadleci* Danilevsky, 2013: 18

몸길이	8~12mm
성충활동시기	7월 초순~8월 초순
최종동면형태	밝혀지지 않음
기주식물	밝혀지지 않음
한반도분포	강원 양양군, 화천군
아시아분포	러시아

2012년 국내에서 최초로 채집한 종으로 강원도 동북부지방 울창한 산림에서만 발견되며 개체수가 적은 편이다. 성충은 6월 하순에 출현하여 8월 중순까지 활동한다. 야간에 불빛에 이끌려 날아온 개체만 채집된 상태이고 나무에서 활동하거나 짝짓기 하는 등의 모습은 관찰하지 못하였다. 해외에서도 분포지가 좁고 관찰된 개체수가 많지 않아 생태가 불명확한 상태이다. 딱지날개 상단에 솟아 있는 돌기가 특징적이다.

곤봉수염하늘소족 Acanthocinini |

달구벌하늘소

Rondibilis (Rondibilis) undulata (Pic, 1922)

제주 제주시 2009.6.28.

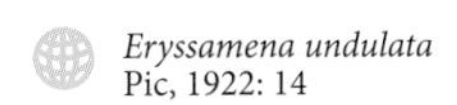

Eryssamena undulata Pic, 1922: 14

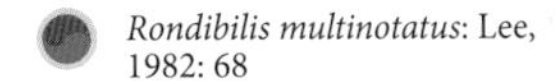

Rondibilis multinotatus: Lee, 1982: 68

서남지방 해안의 도서지역과 제주도를 포함한 남부지방 전역에 분포한다. 성충은 6월 중순에 출현하여 8월 초순까지 활동한다. 한낮에 주로 예덕나무, 팽나무 등의 고사목에 산란하러 날아오는 성충을 관찰할 수 있다. 7월경 제주도에서 예덕나무의 가는 가지를 가해하며 짝짓기 하는 성충을 다수 관찰하였다. 예덕나무의 꽃에서도 종종 관찰되며 주행성 하늘소지만 불빛에도 날아온다.

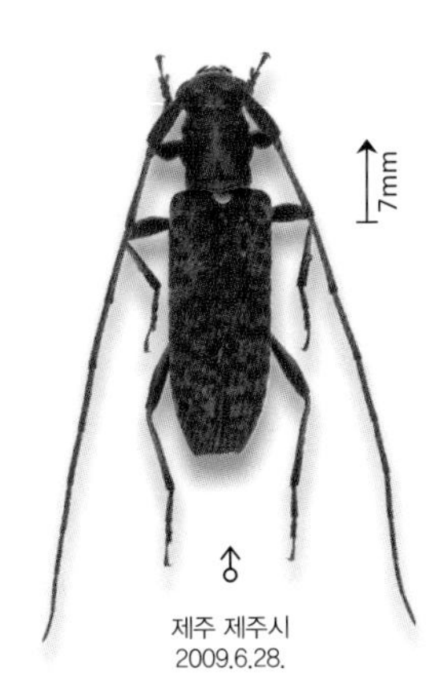

제주 제주시 2009.6.28.

몸길이	5~9mm
성충활동시기	7월 초순~8월 중순
최종동면형태	유충
기주식물	예덕나무, 팽나무
한반도분포	대구, 전남 가거도, 제주
아시아분포	중국

뿔가슴하늘소 | 곤봉수염하늘소족 Acanthocinini

Rondibilis (*Rondibilis*) *schabliovskyi* (Tsherepanov, 1982)

강원 양양군 2012.7.24.

♂
강원 양양군
2011.7.18.

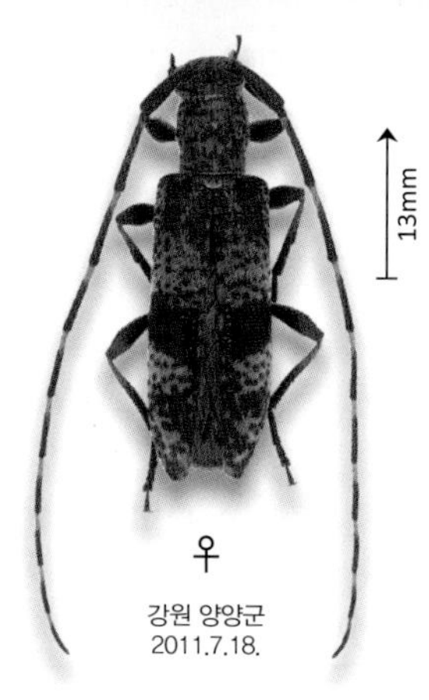

♀
강원 양양군
2011.7.18.

Eryssamena schabliovskyi Tsherepanov, 1982: 30

Eryssamena saperdina: Lee, 1987: 186

몸길이	8~15mm
성충활동시기	7월 중순~8월 중순
최종동면형태	밝혀지지 않음
기주식물	개서어나무, 느티나무, 서어나무, 오리나무
한반도분포	강원 홍천군, 평창군, 양양군
아시아분포	러시아, 북한, 중국

강원도의 활엽수림에 서식한다. 성충은 7월 중순부터 발생하여 8월 중순까지 활동한다. 짝짓기 하거나 산란하는 성충을 관찰하지는 못하였고, 주로 밤에 불빛에 이끌려 온 개체들이 관찰되었다. 암컷은 각종 오리나무, 서어나무 등의 활엽수의 가지에 산란하며 지름 3~6cm 정도 되는 고사한 부분을 선호한다. 유충은 목질부를 가해하고 성장을 마치면 같은 자리에 탈출공을 미리 뚫어놓고 번데기가 된다.

곤봉수염하늘소족 Acanthocinini |

우리뿔가슴하늘소 신칭

Rondibilis (Rondibilis) coreana (Breuning, 1974)

Eryssamena coreana Breuning, 1974: 41

Eryssamena coreana Breuning, 1974: 41

몸길이	9~14mm
성충활동시기	7월 중순~8월 중순
최종동면형태	밝혀지지 않음
기주식물	밝혀지지 않음
한반도분포	강원 평창군, 양양군
아시아분포	북한

강원도의 울창한 활엽수림에 서식한다. 성충은 7월 초순부터 발생하여 8월 중순까지 활동한다. 주로 야간에 밝은 불빛에 이끌려 날아온 개체들을 어렵지 않게 관찰할 수 있다. 아직까지 주간에는 관찰된 적이 없으며 기주식물도 불명확한 상태이다. 뿔가슴하늘소와 유사하게 생겼으나 우리뿔가슴하늘소는 가슴판과 다리가 옅은 붉은색을 띤다.

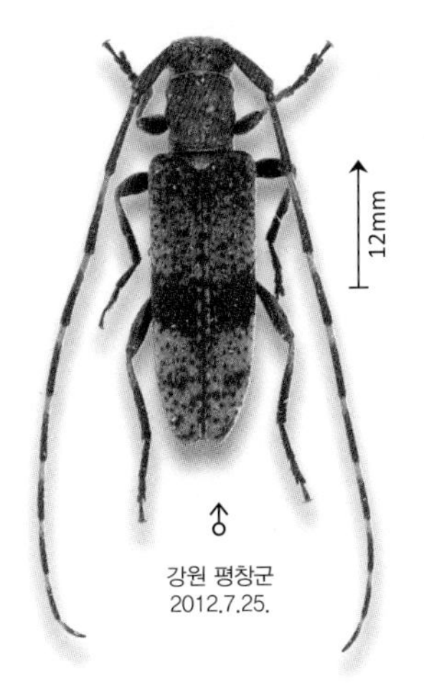

♂
강원 평창군
2012.7.25.

곤봉수염하늘소족 Acanthocinini |

북방정하늘소 신칭

Miaenia maritima Tsherepanov, 1979

Miaenia maritima Tsherepanov, 1979: 82

Sciades (Miaenia) martimus: Danilevsky, 2012: 929

♂
경남 지리산
2013.6.7.

♀
경남 지리산
2013.6.7.

몸길이	5~8mm
성충활동시기	6월 초순~7월 하순
최종동면형태	유충
기주식물	떡갈나무, 졸참나무, 밤나무
한반도분포	경기, 강원, 경남
아시아분포	러시아

서해 도서지역을 포함한 경기, 강원, 경남지역의 활엽수림에 분포한다. 성충은 6월 초순에 발생하여 7월 하순까지 관찰된다. 주로 한낮에 꽃에 날아와 먹이활동을 하는데 특히 밤나무 가지에서 많은 개체수가 관찰된다. 암컷은 시들거나 마른 밤나무 가지에 산란하는데 주로 가는 부분을 선호한다고 알려져 있다.

정하늘소 | 곤봉수염하늘소족 Acanthocinini

Sciades (Estoliops) fasciatus fasciatus (Matsushita, 1943)

제주 서귀포시 2011.2.28.사육

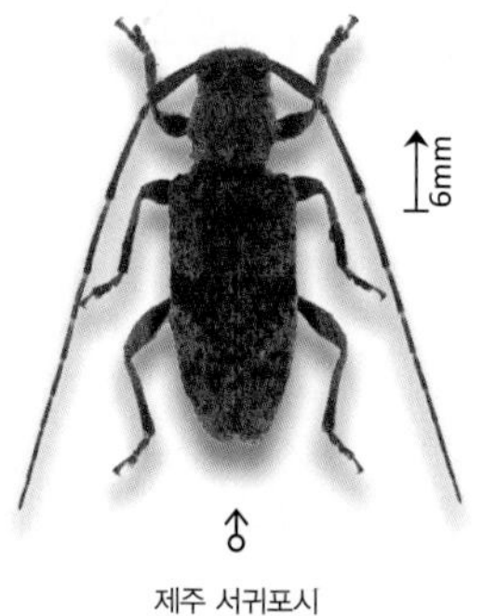

제주 서귀포시
2011.2.28.사육

현재까지는 제주도와 전라남도 홍도에서 소수의 개체들이 관찰되었으며 개체수는 적다. 국내에서는 아직까지 상세한 생태가 밝혀지지 않았지만 해외문헌에 따르면 성충은 6월 초순에 발생하여 7월 하순까지 활동한다고 알려져 있다. 한낮에 구실잣밤나무, 후박나무 등의 고사목에서 활동하며 밤에 불빛에 날아오기도 한다. 유충은 구실잣밤나무 등 활엽수 고사목을 가해한다.

 *Estoliops fasciatus* Matsushita, 1943: 575

 *Estoliops fasciatus*: Lee, 1983: 80

몸길이	6~9mm
성충활동시기	6월 초순~7월 하순
최종동면형태	유충
기주식물	구실잣밤나무, 후박나무
한반도분포	제주, 전남 홍도
아시아분포	일본

긴하늘소족 Saperdini |

노란팔점긴하늘소

Saperda (Lopezcolonia) tetrastigma Bates, 1879

강원 춘천시 2009.겨울.사육

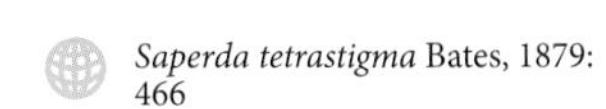

Saperda tetrastigma Bates, 1879: 466

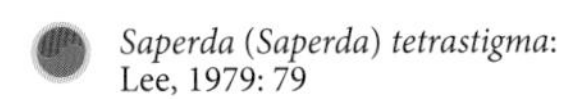

Saperda (Saperda) tetrastigma: Lee, 1979: 79

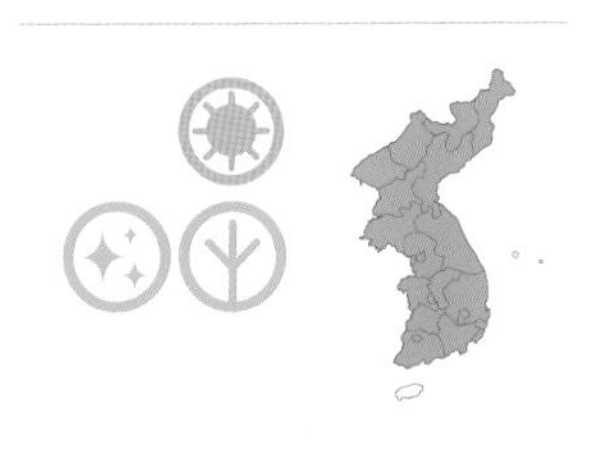

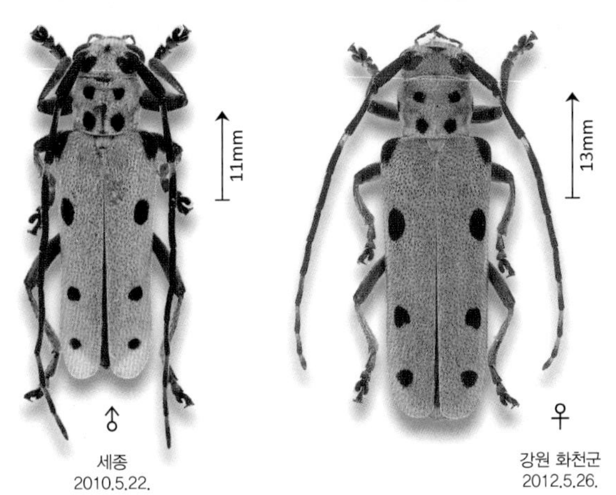

세종 2010.5.22.

강원 화천군 2012.5.26.

몸길이	11~15mm
성충활동시기	5월 중순~8월 초순
최종동면형태	유충
기주식물	다래
한반도분포	전국
아시아분포	대만, 일본

전국의 활엽수림에 넓게 분포한다. 성충은 5월 중순부터 출현하여 8월까지 활동하며 6월 초순에 개체수가 가장 많다. 주행성으로 한낮에 다래 잎 위에서 활동하는 모습을 관찰할 수 있다. 암컷은 죽은 지 오래되지 않은 다래 덩굴에 산란한다. 유충은 수피 아래를 가해하며 종령이 되면 같은 수피 아랫부분에 번데기방을 만들고 우화한다. 가해하는 덩굴이 가는 경우 목질부로 들어가 번데기방을 만들고 탈출공을 막아놓은 상태에서 번데기가 되는 경우도 있다.

팔점긴하늘소 | 긴하늘소족 Saperdini

Saperda (Lopezcolonia) octomaculata Blessig, 1873

강원 양양군 2013.7.8.

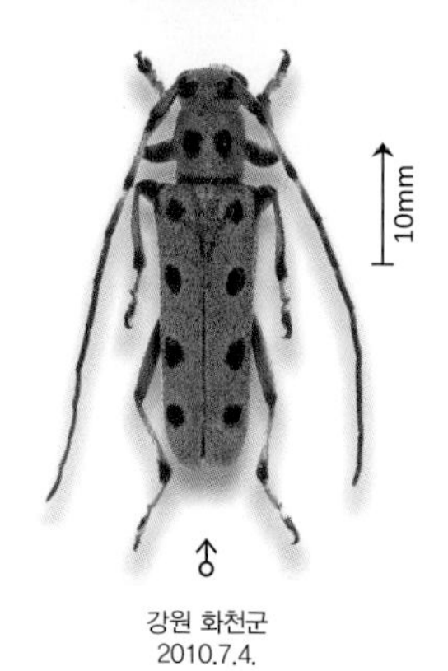

강원 화천군
2010.7.4.

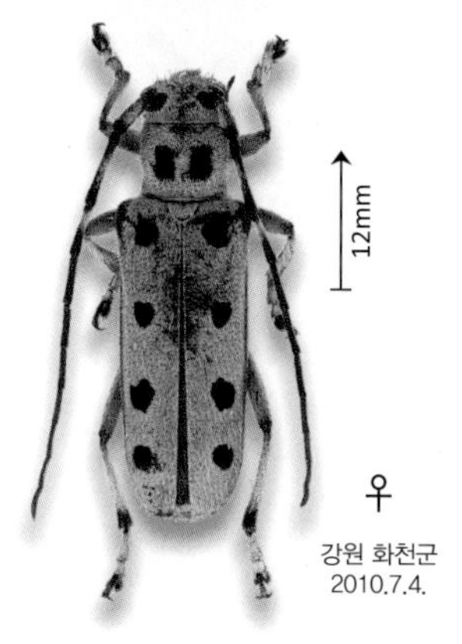

강원 화천군
2010.7.4.

Saperda octomaculata Blessig, 1873: 221

Saperda (Saperda) octomaculata: Lee, 1979: 79

몸길이	9~15mm
성충활동시기	5월 중순~8월 초순
최종동면형태	유충
기주식물	마가목, 벚나무, 아그배나무, 팥배나무
한반도분포	전국
아시아분포	러시아, 몽골, 일본, 중국

전국의 활엽수림에 폭넓게 분포하며 개체수도 많다. 성충은 5월 중순~8월 초순까지 관찰된다. 주로 활엽수 벌채목이나 벚나무 고사목 등에서 활동한다. 맑은 날 정오 무렵에 활발하게 날아다니는 모습도 어렵지 않게 관찰할 수 있다. 야간에는 불빛에도 잘 날아온다. 암컷은 벚나무, 팥배나무 고사목의 수피에 4~5mm 정도의 상처를 내고 그 안에 산란관을 집어넣어 산란한다. 유충은 수피 바로 아래에서 성장하며 성장을 마치면 수피 아래에서 번데기방을 틀고 성충이 된다. 몸의 색이 회색, 옅은 푸른색, 노란색 등으로 다양한 변이형이 존재한다.

긴하늘소족 Saperdini |

만주팔점긴하늘소

Saperda (Lopezcolonia) subobliterata Pic, 1910

강원 홍천군 2013.6.7.

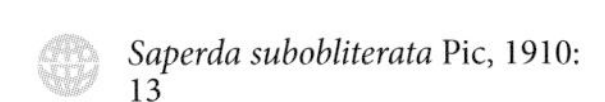

Saperda subobliterata Pic, 1910: 13

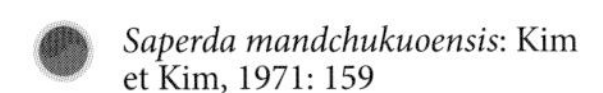

Saperda mandchukuoensis: Kim et Kim, 1971: 159

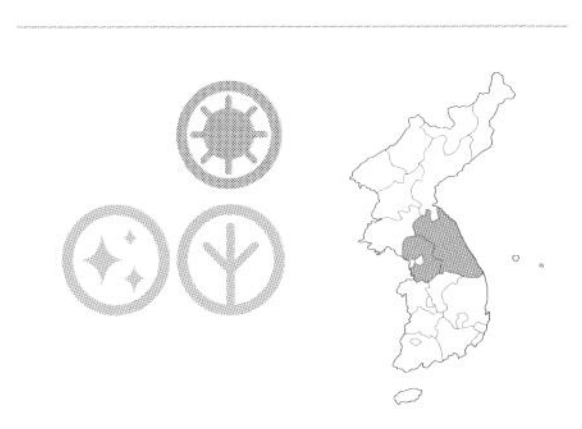

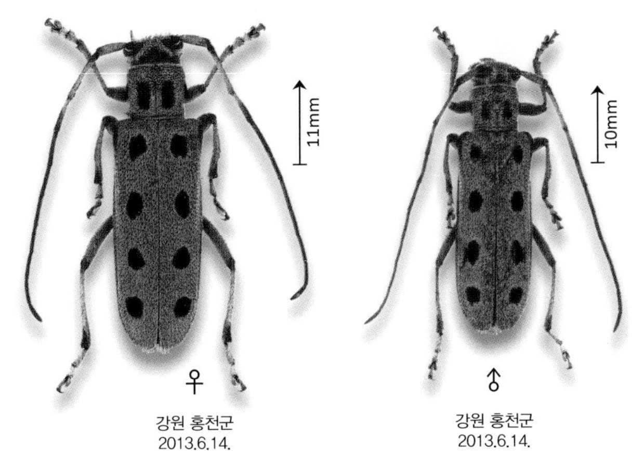

강원 홍천군 2013.6.14. 강원 홍천군 2013.6.14.

몸길이	10~15mm
성충활동시기	5월 중순~8월 초순
최종동면형태	유충
기주식물	느릅나무
한반도분포	경기, 강원
아시아분포	러시아, 일본, 중국

주로 경기도와 강원도의 활엽수림에서 관찰된다. 성충은 5월 중순부터 발생하여 8월 초순까지 활동한다. 낮에는 벌채목이나 죽은 지 얼마 되지 않은 고사목에서 발견되며 주로 오후에 날아다니는 개체들이 자주 관찰된다. 밤에는 불빛에 이끌려 날아온다. 암컷은 느릅나무 고사목이나 시들어 가는 부분에 산란한다. 유충은 수피 아래에서 성장하며 성장을 마치면 수피 내부에서 번데기방을 만들고 성충이 된다. 팔점긴하늘소와 외형적으로 굉장히 유사하지만 가슴판 측면에 있는 검은 점으로 구분이 가능하다.

무늬박이긴하늘소 | 긴하늘소족 Saperdini

Saperda (*Lopezcolonia*) *interrupta* Gebler, 1825

강원 홍천군 2013.겨울.사육

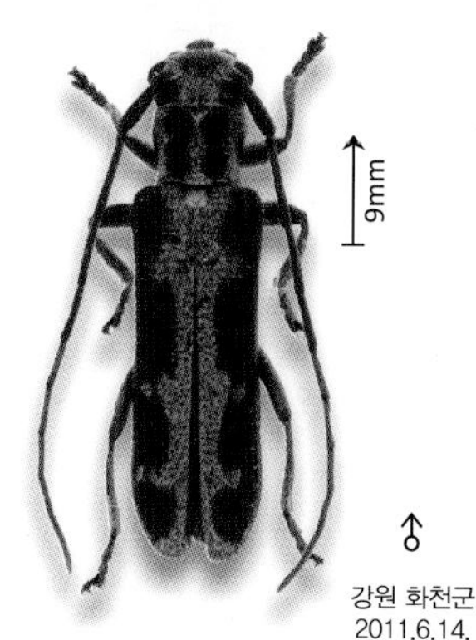

강원 화천군 2011.6.14.

충북 단양군 2013.5.26.

Saperda interrupta Gebler, 1825: 52

Saperda interrupta var. *laterimaculata*: Matsushita et Tamanuki, 1937: 148

전국의 침엽수림에 분포하며, 주로 고산지대나 울창한 산림에서 발견된다. 성충은 5월 하순에 발생하여 8월 초순까지 활동한다. 오후 늦게 활동하는 종으로 해 질 무렵 침엽수 고사목이나 벌채목 무더기에 날아온다. 밤에는 불빛에 이끌려 날아오는 경우도 많다. 암컷은 전나무, 소나무, 잎갈나무 등의 고사한 가지나 고사목 줄기의 수피 틈에 산란한다. 유충은 수피 아래를 가해하며 가을경에 목질부로 들어가서 겨울을 난다. 이듬해 봄이 되면 목질부에서 번데기방을 틀고 성충으로 우화한다.

몸길이	9~12mm
성충활동시기	5월 하순~8월 초순
최종동면형태	유충
기주식물	소나무, 잎갈나무, 전나무
한반도분포	전국
아시아분포	러시아, 북한, 일본, 중국

긴하늘소족 Saperdini |

작은별긴하늘소

Saperda (Compsidia) populnea (Linnaeus, 1758)

강원 화천군 2013.5.21.사육

Cerambyx populnea Linnaeus, 1758: 394

Saperda populnea: Ganglbauer, 1887: 132

♂ 강원 화천군 2011.3.6.사육

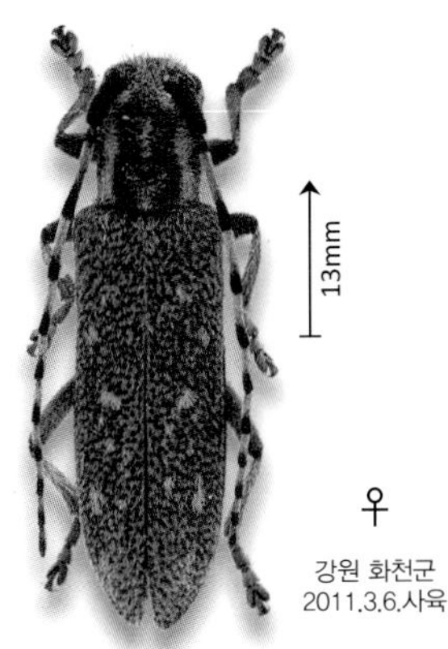

♀ 강원 화천군 2011.3.6.사육

몸길이	11~14mm
성충활동시기	5월 중순~7월 중순
최종동면형태	유충
기주식물	구주물푸레나무, 사시나무, 양버들, 은백양, 종가시나무, 호랑버들
한반도분포	경기, 강원
아시아분포	러시아, 몽골, 일본, 중국, 카자흐스탄

강원도와 경기도에 분포한다. 성충은 5월 중순부터 발생하여 7월 중순까지 활동한다. 한낮에는 주로 버드나무, 포플라 잎 위에서 쉬거나 잎을 갉아먹고 있는 모습이 관찰된다. 암컷은 지름 1~4cm가량의 살아있는 버드나무, 포플러 가지에 산란한다. 턱을 이용해 수피에 U자형의 상처를 낸 후 산란관을 꽂고 산란한다. 유충이 자라는 목질부는 비정상적으로 부풀어 올라 충영이 되는데, 유충은 이 충영 내부조직을 가해한다. 유충 상태로 겨울을 보내고 날이 따듯해지기 시작하면 바로 번데기가 된다. 별긴하늘소와 유사하게 생겼으나 체형이나 딱지날개 점무늬의 배치 형태로 구분 가능하다.

별긴하늘소 | 긴하늘소족 Saperdini

Saperda (Compsidia) balsamifera (Motschulsky, 1860)

강원 평창군 2007.6.16.

15mm

강원 철원군
2010.7.1.

15mm

♀
경기 연천군
1971.7.3.

Compsidia balsamifera Motschulsky, 1860: 151

Saperda balsamifera: Tamanuki, 1933: 87

경기도와 강원도의 활엽수림에 서식하며 개체수가 많지 않은 편이다. 성충은 5월 하순에 발생하여 7월 중순까지 활동하며 6월 중순에 개체수가 가장 많다. 밤꽃에서 스위핑하던 중 채집된 경우가 있지만 먹이활동을 위해 밤꽃에 있었던 것인지는 확실하지 않고, 주로 비행 중이거나 잎 위에서 쉬고 있는 개체들이 관찰된다. 암컷은 지름 5mm 정도의 가는 버드나무 가지 끝에 산란한다고 알려져 있다. 유충은 가는 가지의 목질부를 가해하면서 성장하며 작은 구멍을 통해 톱밥을 배출한다. 성장을 마친 유충은 목질부에서 번데기방을 틀고 우화한다. 국내에서는 오리나무 가지에서 성충이 우화한 사례가 있다.

몸길이	12~14mm
성충활동시기	5월 하순~7월 중순
최종동면형태	유충
기주식물	오리나무, 포플러
한반도분포	경기 연천군, 강원
아시아분포	러시아, 몽골, 북한, 일본, 중국

긴하늘소족 Saperdini |

열두점긴하늘소

Saperda (Lopezcolonia) alberti Plavilstshikov, 1915

강원 홍천군 2013.12.4.사육

Saperda alberti Plavilstshikov, 1915: 80

Saperda alberti: Ohbayashi, 1963: 314

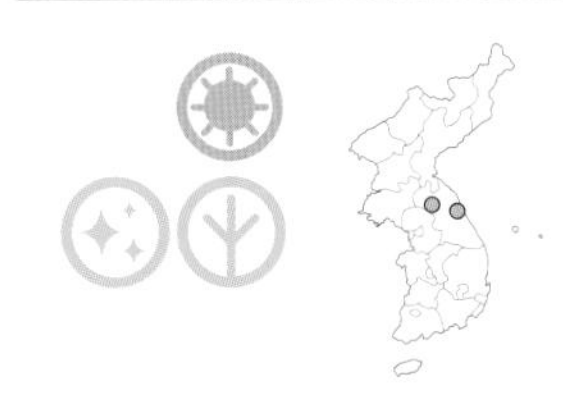

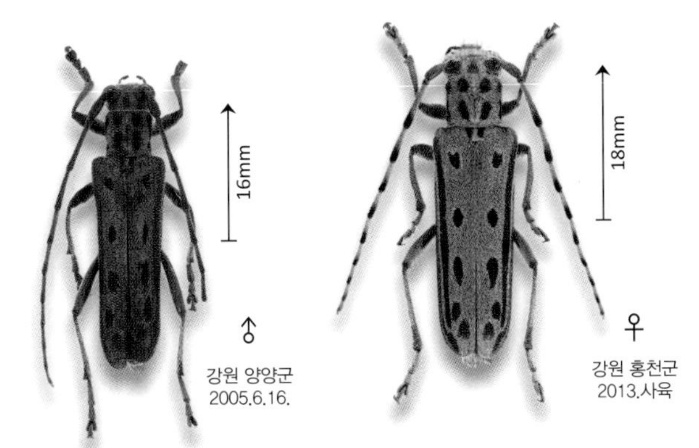

몸길이	12~20mm
성충활동시기	5월 하순~8월 중순
최종동면형태	유충
기주식물	물황철나무, 호랑버들
한반도분포	강원 홍천군, 양양군
아시아분포	러시아, 몽골, 북한, 대만, 일본, 중국, 카자흐스탄

동북부지방 산간지역의 깊은 산속에 서식하며 주로 물가 근처에서 볼 수 있다. 성충은 5월 하순에 발생하여 8월 중순까지 활동한다. 오후 늦게 활동하는 종으로 갓 죽은 물황철나무로 날아온다. 간간히 한낮에도 날아다니는 개체들이 관찰되기도 한다. 낮에는 물황철나무 등의 잎을 갉아먹고, 밤에 불빛에 날아오는 경우도 종종 있다. 암컷은 죽은 지 얼마 안 된 나무에 산란한다. 보통 수피 틈 같은 적절한 자리를 발견하면 껍질을 턱으로 물어뜯은 후에 산란관을 꽂고 산란한다. 유충은 수피 아래를 가해하며 성장하다가 목질부로 들어가 번데기방을 만들고 성충이 된다.

긴하늘소 | 긴하늘소족 Saperdini

Saperda (*Lopezcolonia*) *scalaris hieroglyphica* (Pallas, 1773)

Cerambyx hieroglyphica Pallas, 1773: 723

Saperda scalaris: Cho, 1937: 46

1937년 함경남도 운수령에서의 채집기록 이후 국내에서는 1978년 제주도에서 채집기록이 있었다. 그러나 국내에서 추가로 발견되었다는 소식이나 채집된 표본을 확인한 바 없다. 성충은 5월 하순에 출현하여 8월 초순까지 활동한다. 주행성으로 자작나무에서 활동하는데, 나뭇잎을 갉아먹거나 짝짓기를 한다. 암컷은 나무밑동이나 쓰러진 지 얼마 안 된 자작나무에 산란하며 주로 지름 12cm 이상의 굵은 부분을 선호한다. 유충은 수피 아래를 가해하고 목질부에서 번데기방을 틀고 우화한다. 자작나무, 마가목, 벚나무 등을 기주식물로 하며 그중 자작나무를 가장 선호한다고 알려져 있다.

몸길이	11~19mm
성충활동시기	5월 하순~8월 초순
최종동면형태	유충
기주식물	마가목, 자작나무
한반도분포	함남, 제주
아시아분포	러시아, 몽골, 북한, 중국, 카자흐스탄

백두산긴하늘소 | 긴하늘소족 Saperdini

Saperda (*Saperda*) *carcharias* (Linnaeus, 1758)

Cerambyx carcharia Linnaeus, 1758: 394

Saperda carcharias: Saito, 1932: 444

산림스텝지역에 서식하는 종으로 북한의 양강도에서 발견된 후(Saito, 1932) 추가 기록이나 채집된 표본을 확인하지 못했다. 성충은 7월 중순에 발생하여 9월 초순까지 활동한다. 주로 백양나무, 포플러 등에서 활동하며 드물게 버드나무에 날아오는 일도 있다. 암컷은 나무둥치나 뿌리 부근에 상처를 내고 산란한다. 유충은 수피 아랫부분에서 성장을 하다 겨울이 오기 전에 목질부로 들어가 겨울을 난다. 목질부에서 종령까지 성장한 유충은 번데기방을 틀고 우화한다.

몸길이	19~27mm
성충활동시기	7월 중순~9월 초순
최종동면형태	유충
기주식물	양버들, 은백양
한반도분포	양강도
아시아분포	러시아, 몽골, 북한, 중국, 카자흐스탄

긴하늘소족 Saperdini |

네모하늘소

Eutetrapha sedecimpunctata sedecimpeunctata (Motschulsky, 1860)

강원 양양군 2013.7.6.

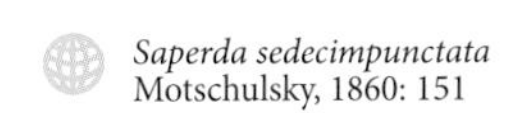

Saperda sedecimpunctata Motschulsky, 1860: 151

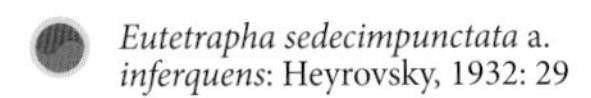

Eutetrapha sedecimpunctata a. *inferquens*: Heyrovsky, 1932: 29

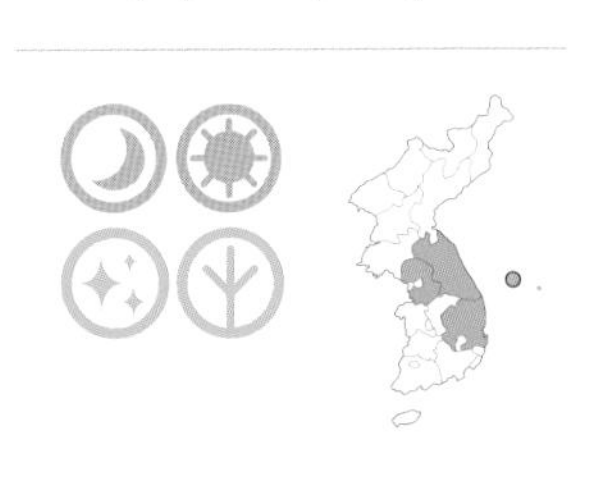

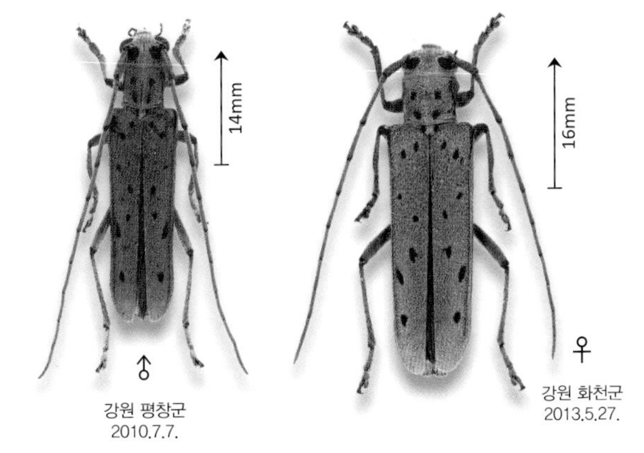

강원 평창군 2010.7.7.

강원 화천군 2013.5.27.

몸길이	14~22mm
성충활동시기	5월 중순~8월 하순
최종동면형태	유충
기주식물	계수나무, 산오리나무, 피나무
한반도분포	경기, 강원, 경북, 울릉도
아시아분포	러시아, 북한, 대만, 일본, 중국

울릉도를 포함한 전국의 산림에 분포한다. 성충은 5월 중순에 출현하여 8월 하순까지 활동한다. 해 질 무렵부터 활동을 시작하는 종으로 주로 피나무나 산오리나무 고사목에 날아와 활동한다. 밤에 불빛에 특히 잘 날아온다. 암컷은 턱으로 수피에 상처를 낸 후에 수피 안쪽에 산란한다. 유충은 수피 아래를 가해하다가 성장하면서 목질부로 파고들어간다. 목질부에서 성장을 마친 유충은 목질 내부에 번데기방을 틀고 우화하는데, 드물게 수피 아래에 번데기방을 트는 개체들도 나타난다. 암컷은 노란빛 이외에 다른 색을 띠는 개체를 관찰하지 못했지만 수컷은 옅은 푸른색, 회색빛, 노란빛 등 여러 색상의 변이가 나타난다.

녹색네모하늘소 | 긴하늘소족 Saperdini

Eutetrapha metallescens (Motschulsky, 1860)

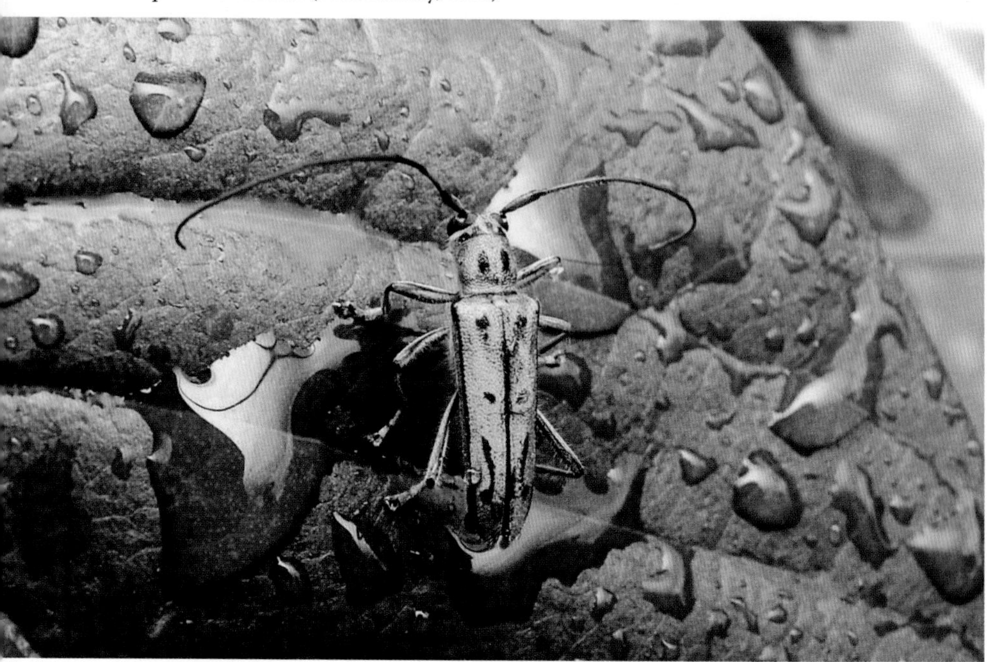

강원 양양군 2013.7.8.

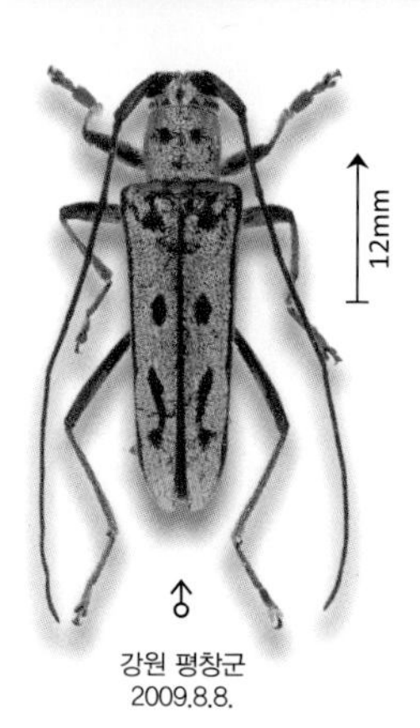

13mm
♀
강원 화천군
2013.5.27.

강원 평창군
2009.8.8.

 *Saperda metallenscens* Motschulsky, 1860: 150

 *Eutetrapha metallescens*: Okamoto, 1927: 83

몸길이	12~17mm
성충활동시기	5월 중순~8월 중순
최종동면형태	성충
기주식물	개서어나무, 단풍나무, 사스래나무
한반도분포	경기, 강원, 경북, 제주
아시아분포	러시아, 북한, 중국

제주도를 포함한 전국의 산지에 분포한다. 성충은 5월 중순부터 출현하여 8월 중순까지 활동한다. 오후 늦게부터 활엽수 벌채목, 고사목 등에서 활발히 활동하고 밤에는 불빛에 이끌려 날아오는 경우가 아주 많다. 암컷은 사스래나무, 단풍나무 등 다양한 활엽수 고사목에 산란한다. 암컷은 턱으로 수피에 작은 구멍을 낸 후 산란관을 집어넣어 산란하며 한 구멍에 한 개의 알을 낳는다. 유충은 수피 아래를 가해하고 성장을 마치면 목질부로 들어가 번데기방을 만들고 우화한다. 몸에 수분을 머금으면 몸 색깔이 붉은 빛으로 변하기도 한다.

긴하늘소족 Saperdini |

팔점네모하늘소

Eutetrapha ocelota (Bates, 1873)

Glenea ocelota Bates, 1873: 387.

Eutetrapha ocelota: Narita, 1937: 69

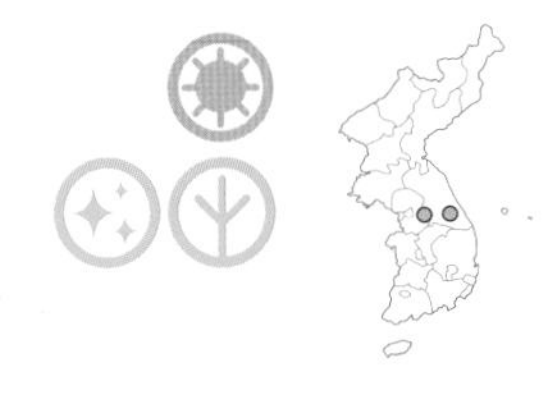

경기도 용문산과 강원도 오대산에서만 기록이 있는 종으로 국내에서 채집된 표본이나 추가 채집기록을 확인한 바 없다. 성충은 5월 하순에 출현하여 8월 초순까지 활동한다. 한낮에 기주인 장미과 식물의 고사목에서 활동한다고 알려져 있다. 밤에 불빛에도 날아오지만 이는 매우 드문 경우라고 한다. 외형적으로 팔점긴하늘소와 매우 유사하지만 딱지날개의 점무늬가 바깥쪽으로 치우쳐 있으며 가슴판에 4개의 점이 선명하게 박혀 있다. 몸의 색이 노란색에서 연두색까지 다양한 변이형이 존재한다.

몸길이 12~18mm
성충활동시기 5월 하순~8월 하순
최종동면형태 유충
기주식물 매화나무, 산벚나무, 왕벚나무, 팥배나무
한반도분포 경기 양평군, 강원 평창군
아시아분포 대만, 일본

긴하늘소족 Saperdini |

애긴네모하늘소

Pareutetrapha eximia (Bates, 1884)

Paraglenea eximia Bates, 1884: 257

Paraglenea eximia: Okamoto, 1927: 86

1927년 Okamoto가 차령에서 채집한 기록 이후로 추가로 관찰된 사례를 접하지 못하였다. 성충은 5월 말에 발생하여 7월 하순까지 활동한다고 알려져 있다. 주로 한낮에 기주식물인 목련과 식물의 잎을 갉아먹는다고 한다. 녹색네모하늘소와 매우 닮았으나 검은색 점이 더 크며 8개로 선명하게 나뉘어 있다.

몸길이 11~13mm
성충활동시기 5월 하순~7월 하순
최종동면형태 유충
기주식물 일본목련
한반도분포 차령
아시아분포 북한, 일본

삼하늘소 | 긴하늘소족 Saperdini

Thyestilla gebleri (Faldermann, 1835)

강원 철원군 2013.6.23.

12mm

♂

강원 영월군
2010.6.21.

13mm

♀

강원 영월군
2010.6.21.

Saperda gebleri Faldermann, 1835: 434

Thyestilla gebleri: Ganglbauer, 1887: 132

전국의 초지와 산지 주변의 공터에 서식하는 종으로 개체수도 많은 편이다. 성충은 5월 중순~7월 중순까지 활동한다. 성충은 맑은 날에 활동하며 쑥, 삼 등의 줄기를 갉아먹거나 초지를 여유롭게 날아다닌다. 암컷은 쑥, 삼등의 줄기에 턱으로 가로로 긴 상처를 낸 후에 산란한다. 암컷은 7~10mm 정도의 줄기에 산란하는 것을 선호한다. 유충은 줄기 내부를 가해하며 겨울이 오면 뿌리 부근으로 내려가 월동한다. 성장을 마친 유충은 이른 봄에 번데기방을 틀고 우화한다. 해바라기씨를 닮은 귀여운 외형을 지니고 있다. 유충은 삼의 줄기를 갉아먹어서 '삼벌레'라고도 불리며, 한방에서 경풍의 약재로 쓰인다.

몸길이	10~15mm
성충활동시기	5월 중순~7월 중순
최종동면형태	유충
기주식물	대마, 쑥, 엉겅퀴
한반도분포	전국
아시아분포	러시아, 북한, 일본, 대만, 중국

긴하늘소족 Saperdini |

모시긴하늘소

Paraglenea fortunei (Saunders, 1853)

울산 2013.6.11.

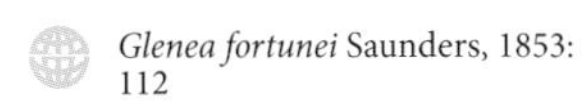

Glenea fortunei Saunders, 1853: 112

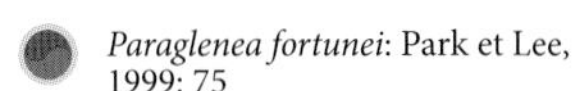

Paraglenea fortunei: Park et Lee, 1999: 75

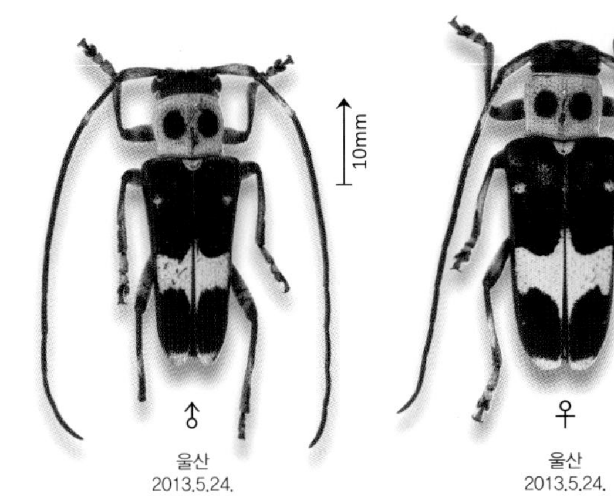

울산 2013.5.24.

울산 2013.5.24.

몸길이	9~13mm
성충활동시기	5월 하순~7월 초순
최종동면형태	유충
기주식물	비양나무, 모시풀, 무궁화
한반도분포	경기 하남시, 강원 화천군, 충남, 전북, 전남, 경남
아시아분포	대만, 일본, 중국

주로 남부지방에 분포하며 드물게 경기도, 강원도에서 발견되는 경우도 있다. 남한에서 채집된 지역의 최북단 기록은 화천이다. 성충은 5월 하순에 발생하여 7월 초순까지 활동한다. 한낮에 무궁화, 모시풀에서 관찰되며 잎을 가해한다. 꽃에 모이거나 불빛에 유인되어 날아오는 경우는 거의 없다. 무궁화에서 주로 발견되어 무궁화하늘소라는 이름으로 불리기도 했으나 모시긴하늘소가 정확한 국명이다.

잿빛꼬마긴하늘소 | 긴하늘소족 Saperdini

Praolia citrinipes citrinipes Bates, 1884

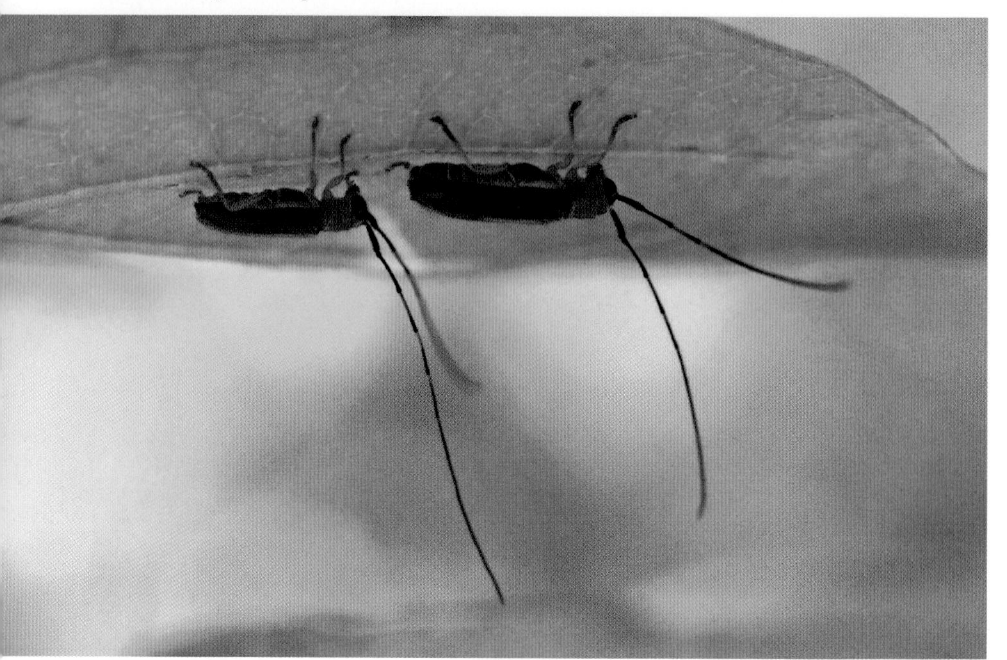

제주 제주시 2013.7.12.

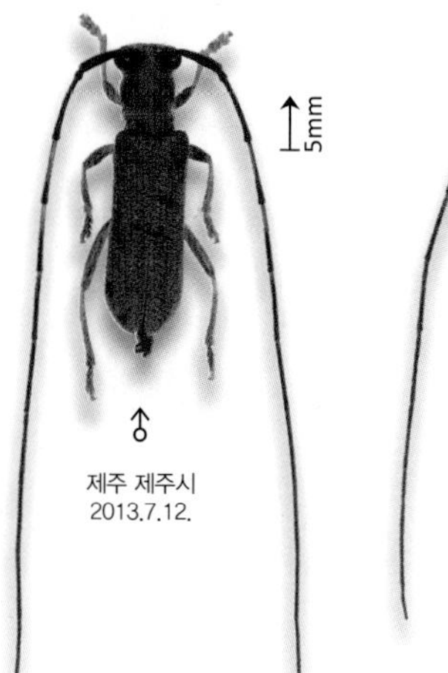

♂
제주 제주시
2013.7.12.

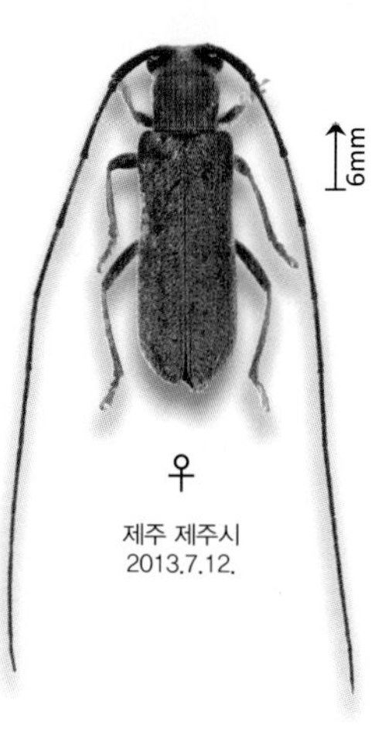

♀
제주 제주시
2013.7.12.

Praolia citrinipes citrinipes Bates, 1884: 261

Praolia citrinipes citrinipes: Oh et Lee, 2013: 303

몸길이	5~7mm
성충활동시기	5월 중순~6월 하순
최종동면형태	유충
기주식물	생강나무, 비목, 감태나무, 기름나무, 생달나무, 육박나무
한반도분포	전북 진안군, 제주
아시아분포	러시아, 몽골, 북한, 중국

전라북도 일부 지역에서만 발견되다가 최근 제주도에서 많은 개체들을 확인하였다. 5월 중순부터 발생하여 6월 하순까지 활동한다. 성충은 주로 한낮에 생강나무, 비목 등의 잎 뒷면에 붙어있는 모습이나 하늘하늘 날아다니는 모습이 관찰된다. 크기가 작아 나는 모습이 파리처럼 보이기도 한다. 크기가 굉장히 작고 몸에 비해 더듬이가 길다. 딱지날개가 잿빛을 띠어 잿빛꼬마긴하늘소라는 이름을 붙였다. 앞으로 연구가 진행되면 추가 서식지가 많이 발견될 것으로 보인다.

긴하늘소족 Saperdini |

별황하늘소

Menesia sulphurata (Gebler, 1825)

강원 홍천군 2013.겨울

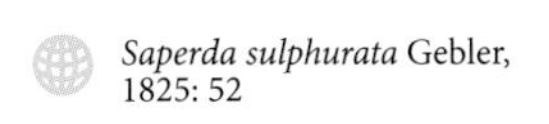

Saperda sulphurata Gebler, 1825: 52

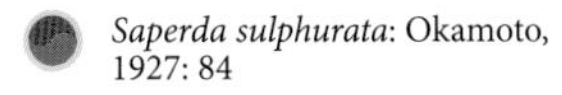

Saperda sulphurata: Okamoto, 1927: 84

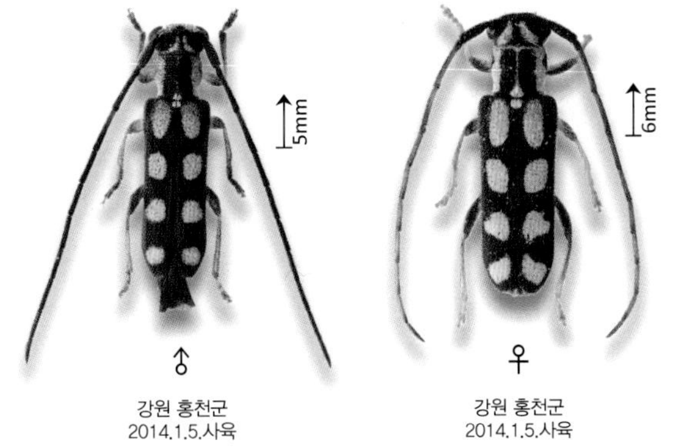

강원 홍천군 2014.1.5.사육

강원 홍천군 2014.1.5.사육

몸길이	6~10mm
성충활동시기	5월 중순~7월 중순
최종동면형태	유충
기주식물	고로쇠나무, 개굴피나무, 단풍나무, 붉나무, 서어나무, 옻나무, 피나무
한반도분포	경기, 강원, 경북
아시아분포	러시아, 몽골, 북한, 일본, 중국, 카자흐스탄

전국의 활엽수림에 분포하며 개체수도 많다. 성충은 5월 중순부터 출현하여 7월 중순까지 활동한다. 낮에는 주로 고로쇠나무, 단풍나무, 붉나무 등의 잎에서 관찰되며 해 질 무렵부터 활발히 날아다니기 시작한다. 밤에 불빛에 유인되어 날아오는 경우도 있다. 암컷은 활엽수 고사목의 가는 가지나 줄기에 산란한다. 유충은 수피 내부를 가해하고 종령이 되면 목질부로 파고들어가 번데기방을 만들고 성충이 된다. 수피 바로 아래까지 탈출공을 미리 뚫어놓고 번데기방을 만들기 때문에 육안으로 번데기방의 위치를 확인할 수 있다.

산황하늘소 | 긴하늘소족 Saperdini

Menesia albifrons Heyden, 1886

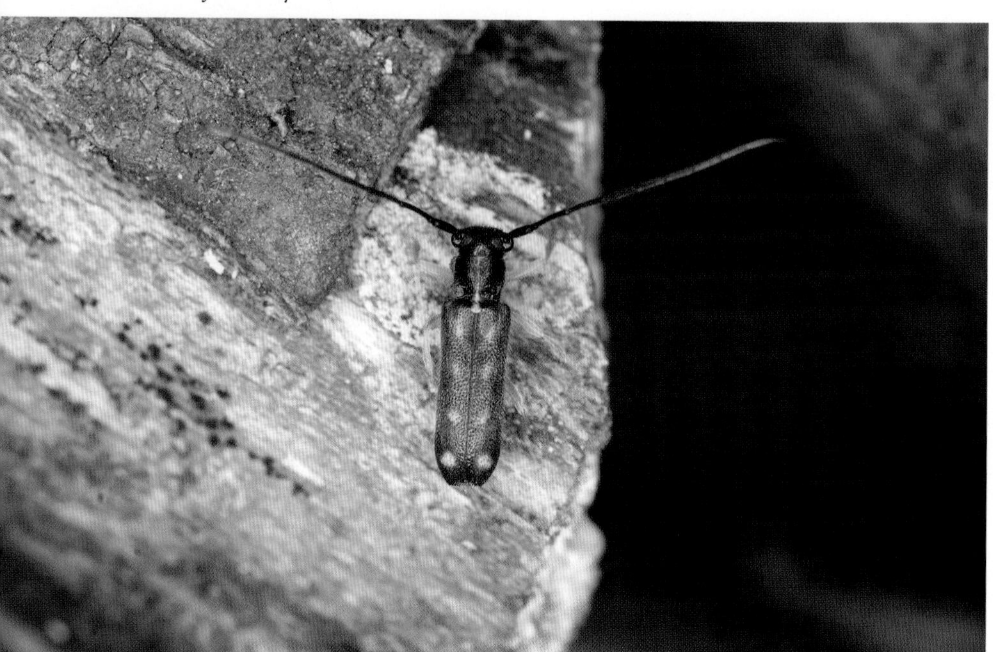

강원 홍천군 2013.겨울.사육

6mm

♂

강원 홍천군
2013.사육

7mm

♀

강원 홍천군
2013.사육

Menesia albifrons Heyden, 1886: 276

Menesia albifrons: Lee, 1987: 201

주로 강원도, 경기도의 울창한 산림에 분포한다. 성충은 5월 중순부터 출현하여 7월 중순까지 활동한다. 낮에는 다양한 활엽수에서 관찰되며 밤에는 불빛에도 잘 날아온다. 암컷은 벚나무, 다릅나무, 산겨릅나무 등의 가는 가지에 산란한다. 주로 지름 7cm 이하의 줄기를 선호하며 마른 가지나 살아있는 가지에 모두 산란한다. 유충은 수피 아래에서 성장하고 종령이 되면 목질부로 들어가 번데기방을 만들고 우화한다. 일반적으로 딱지날개 전체가 검은색이지만, 2~8개의 흰 점이 있는 변이형이 나타나기도 한다.

몸길이 6~9mm
성충활동시기 5월 중순~7월 중순
최종동면형태 유충
기주식물 개벚나무, 다릅나무, 산겨릅나무, 살구나무
한반도분포 경기, 강원
아시아분포 러시아

긴하늘소족 Saperdini |

황하늘소

Menesia flavotecta Heyden, 1886

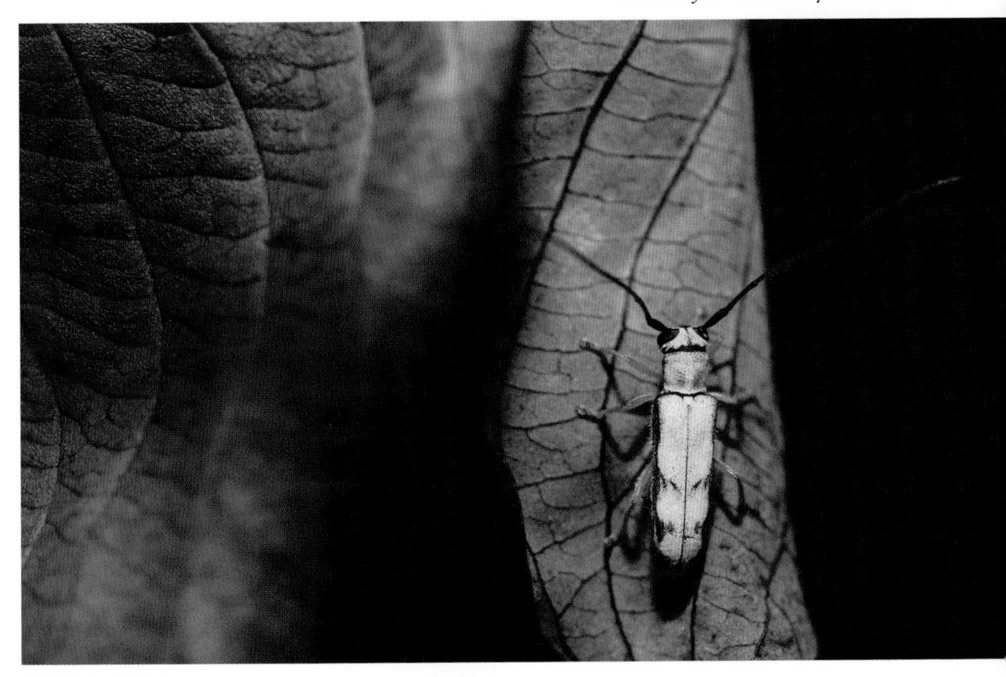

강원 양양군 2012.6.15.

Menesia flavotecta Heyden, 1886: 276

Menesia flavotecta: Ohbayashi, 1963: 317

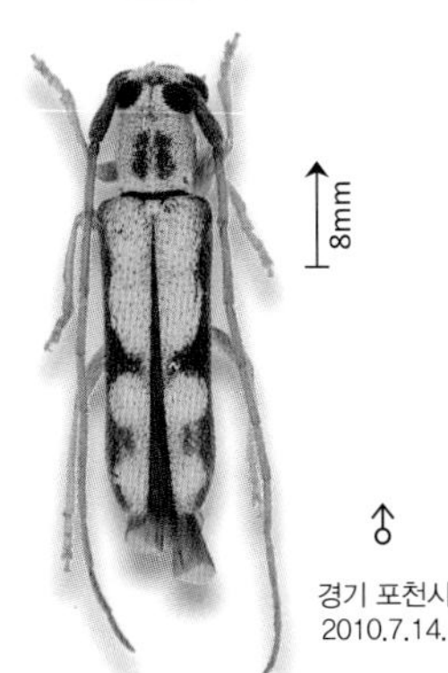

♂

경기 포천시 2010.7.14.

♀

경기 포천시 2010.7.14.

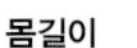

몸길이	6~10mm
성충활동시기	5월 하순~7월 중순
최종동면형태	유충
기주식물	가래나무, 개굴피나무
한반도분포	강원
아시아분포	러시아, 일본

주로 동북부 산지에 분포하며 울창한 숲 속의 가래나무에서 발견된다. 성충은 5월 하순~7월 중순까지 활동한다. 낮에는 주로 가래나무 잎 뒷면에서 시맥을 갉아먹으며, 산란을 위해 벌채목에 모이기도 한다. 오후 무렵부터 날아다니는 모습이 관찰되고 밤에는 불빛에 날아오는 경우도 종종 있다. 암컷은 가래나무 등의 수피 아래쪽에 산란하며 지름 3cm 정도 되는 가는 가지를 선호한다. 유충은 수피 아래쪽을 가해하고 성장을 마치면 목질 내부로 얕게 파고들어가 번데기방을 틀고 우화한다.

흰점하늘소 | 긴하늘소족 Saperdini

Glenea (*Glenea*) *relicta relicta* Pascoe, 1858

 *Glenea relicta* Pascoe, 1858: 258

 *Glenea relicta*: Hirayama, 1937: 165

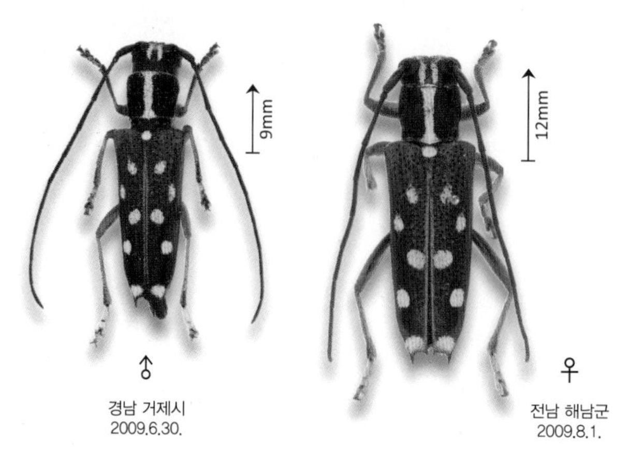

경남 거제시 2009.6.30.

전남 해남군 2009.8.1.

몸길이	8~13mm
성충활동시기	5월 하순~8월 초순
최종동면형태	유충
기주식물	굴피나무
한반도분포	강원 화천군, 전남, 경남
아시아분포	러시아, 대만, 일본, 중국

전국의 활엽수림에 분포하며 남부지방에 개체수가 가장 많다. 성충은 5월 하순~8월 초순까지 활동한다. 주행성으로 낮에 느릅나무, 다래 등의 줄기를 갉아먹거나 잎 위에서 쉬고 있는 모습이 관찰되며 밤에는 불빛에도 잘 날아온다. 해외에서는 수국, 가막살나무 등의 꽃에도 날아온다고 알려져 있다. 암컷은 굴피나무 등의 가지에 산란한다. 유충은 수피 아래를 가해하며 성장을 마치면 수피 아래에 번데기방을 틀고 우화한다.

흰점하늘소가 채집된 해남군의 임도

긴하늘소족 Saperdini |

당나귀하늘소

Eumecocera impustulata (Motschulsky, 1860)

강원 양구군 2013.5.19.

Saperda impustulata
Motschulsky, 1860: 151

Eumecocera impustulata:
Okamoto, 1927: 85

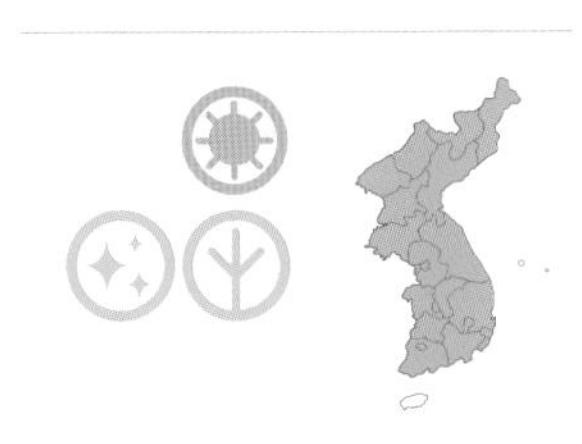

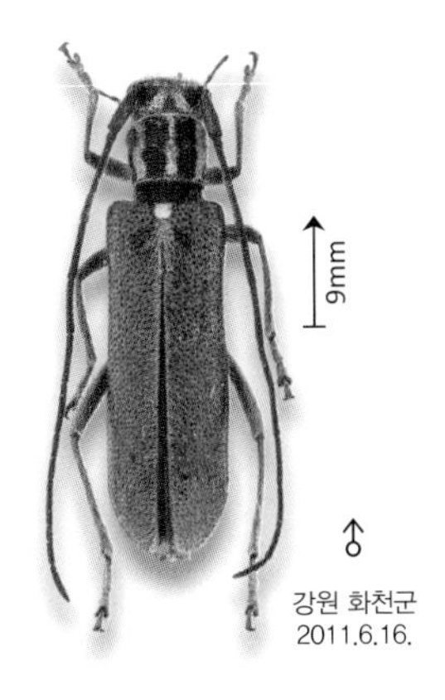

강원 화천군
2011.6.16.

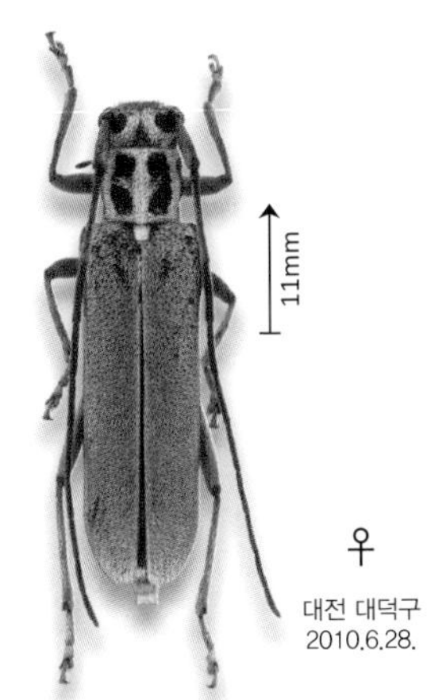

대전 대덕구
2010.6.28.

몸길이	8~11mm
성충활동시기	5월 초순~7월 중순
최종동면형태	유충
기주식물	개서어나무, 귀룽나무, 느릅나무, 단풍나무, 버드나무, 소사나무, 오리나무, 자작나무
한반도분포	전국
아시아분포	러시아, 몽골, 북한, 일본, 중국

제주도를 포함한 전국의 활엽수림에 분포하며 개체수도 많다. 성충은 5월 초순에 출현하여 7월 중순까지 관찰된다. 주행성으로 낮에 느릅나무 주위에서 잎을 갉아먹거나 짝짓기 하는 모습이 관찰된다. 밤에 불빛에도 자주 날아오는 편이다. 암컷은 느릅나무, 버드나무 등 다양한 활엽수 가지의 수피 틈에 산란한다. 유충은 수피 아래에서 성장하며 유충 상태로 겨울을 보내고 이른 봄 수피 아래에서 번데기방을 틀고 성충이 된다. 금색, 연청색, 회색 등 체색에 다양한 변이가 존재한다.

먹당나귀하늘소 | 긴하늘소족 Saperdini

Eumecocera callosicollis (Breuning, 1943)

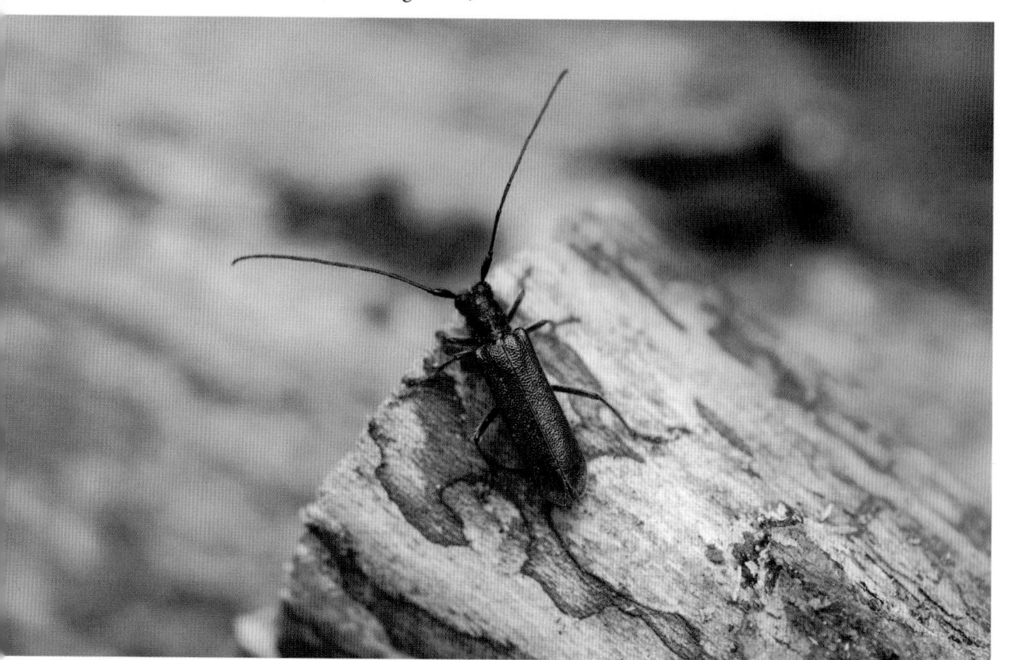

강원 평창군 2012.12.31.사육

9mm ♂ 강원 홍천군 2013.6.9

9mm ♀ 강원 평창군 2013.6.9.

Stenostola callosicollis Breuning, 1943: 100

Eumecocera unicolor: Lee, 1979: 81

전국의 활엽수림에 분포하며 동북부지방에 개체수가 가장 많다. 성충은 5월 중순에 발생하여 6월 중순까지 활동한다. 주로 한낮에 참나무, 피나무 등의 잎이나 가지에서 활동하며 밤에 불빛에 이끌려 날아오는 경우도 종종 있다. 암컷은 참나무, 피나무 등의 5cm 정도 되는 가지에 산란한다. 유충은 수피 아래를 가해하며 성장을 마치면 목질부로 파고 들어 번데기방을 틀고 우화한다. 당나귀하늘소와 몸의 형태가 비슷하지만 먹당나귀하늘소는 몸 전체가 검은색이다.

몸길이	9~12mm
성충활동시기	5월 중순~6월 중순
최종동면형태	유충
기주식물	개굴피나무, 너도밤나무, 물참나무, 음나무, 졸참나무, 피나무
한반도분포	경기 남양주시, 강원, 경북 영천시, 함북
아시아분포	러시아, 중국

국화하늘소족 Phytoeciini |

국화하늘소

Phytoecia (Pytoecia) rufiventris Gautier des Cottes, 1870

충북 단양군 2013.5.4.

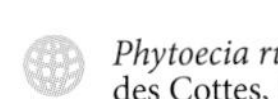

Phytoecia rufiventris Gautier des Cottes, 1870: 104

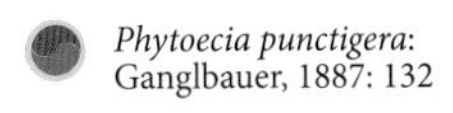

Phytoecia punctigera: Ganglbauer, 1887: 132

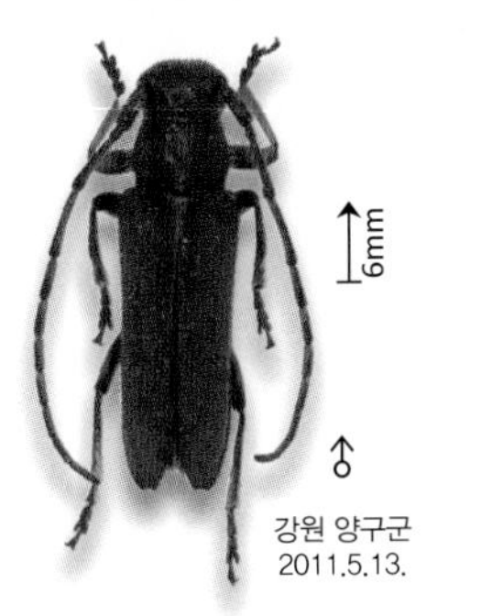

강원 양구군 2011.5.13.

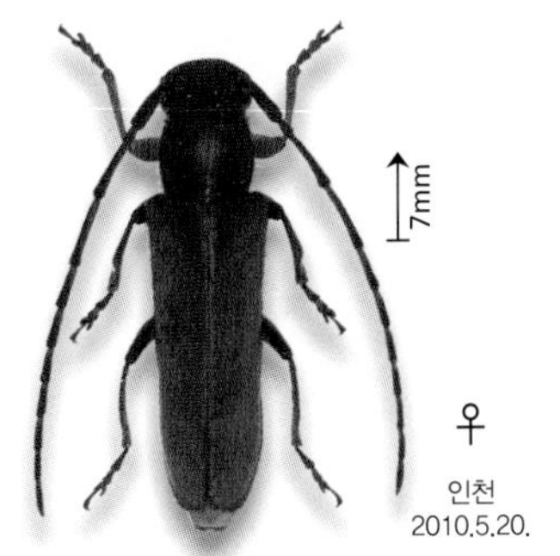

인천 2010.5.20.

몸길이	6~9mm
성충활동시기	4월 하순~5월 하순
최종동면형태	성충
기주식물	쑥, 국화
한반도분포	전국, 제주
아시아분포	러시아, 몽골, 북한, 대만, 일본, 중국

전국의 초지에 분포하며 개체수도 많은 편이다. 4월 말부터 발생하여 5월 하순까지 활동한다. 성충은 대부분의 시간을 기주 국화과 식물에서 먹이활동과 짝짓기, 산란을 하면서 지낸다. 주로 쑥에서 많은 수가 관찰된다. 맑은 날에는 쑥 주위를 비행하는 개체나 잎 위에 올라와 쉬는 개체들이 쉽게 관찰된다. 암컷은 살아있는 국화과 식물에 가로로 상처를 내고 산란한다. 유충은 살아있는 국화과 식물을 가해하며 유충이 가해하는 식물은 점점 시들어 간다. 그러므로 국화를 점차 말라 죽게 하여 국화 재배 농장에 피해를 준다. 가슴판에 붉은 점이 없는 변이도 종종 발견된다.

먹국화하늘소 | 국화하늘소족 Phytoeciini

Phytoecia (*Cinctophytoecia*) *cinctipennis* Mannerheim, 1849

강원 영월군 2008.5.28.

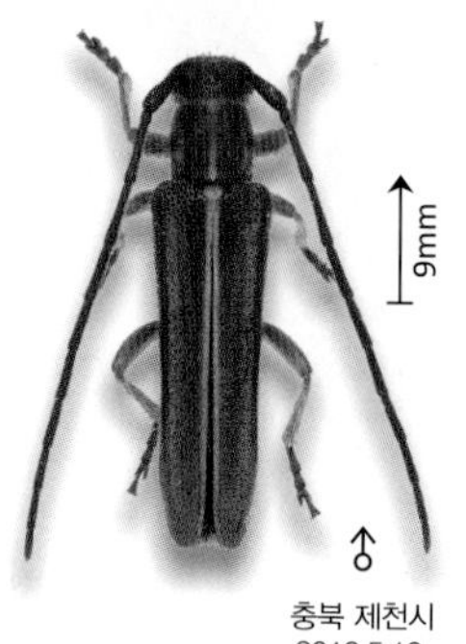

충북 제천시
2012.5.19.

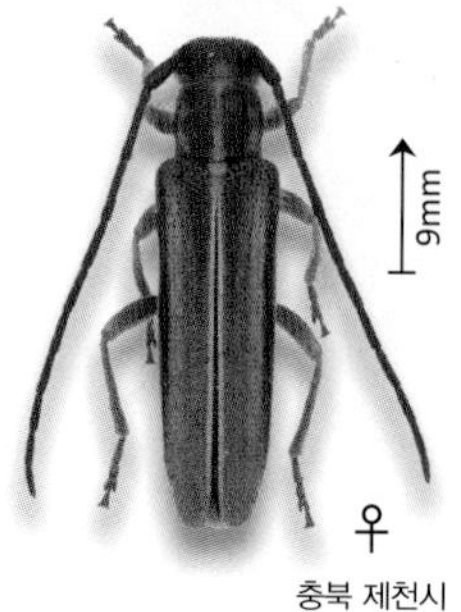

충북 제천시
2012.5.19.

 *Phytoecia cinctipennis* Mannerheim, 1849: 242

 *Phytoecia sibirica*: Saito, 1932: 444

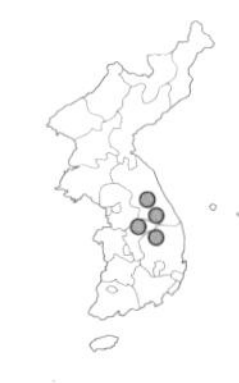

강원도, 경상북도의 산길 주변과 야산의 초지에 서식한다. 성충은 5월 중순~6월 중순까지 활동하며 개체수는 많지 않다. 성충은 꽃에 모이지 않으며 주로 인진쑥 주변에서 활동한다. 주로 맑은 날에 활동하며 오전에는 잘 관찰되지 않다가 오후 해 질 무렵부터 초지를 날아다니거나 인진쑥에서 짝짓기, 먹이활동을 하는 개체들이 나타나기 시작한다. 암컷은 인진쑥의 줄기에 상처를 내고 산란한다. 유충은 인진쑥의 줄기를 가해하며 가을이 오면 뿌리 쪽으로 내려가 동면을 준비한다.

몸길이	7~9mm
성충활동시기	5월 중순~6월 중순
최종동면형태	유충
기주식물	쑥, 인진쑥, 털산쑥
한반도분포	강원 영월군, 평창군, 충북 제천시, 경북 영주시
아시아분포	러시아, 몽골, 북한, 중국

긴하늘소족 Saperdini |

검정긴하늘소 신칭

Stenostola ivanovi Danilevsky, 2014

강원 영월군 2004.5.25.

 *Stenostola ivanovi* Danilevsky, 2014: 662

 미기록

몸길이	8~10mm
성충활동시기	5월 초순~6월 초순
최종동면형태	유충
기주식물	섬꽃마리
한반도분포	강원 영월군

지금까지 강원도의 석회암지대에서 소수의 개체들만 채집되었다. 성충은 5월 초순~6월 중순까지 활동하며 주로 오후에 쑥 주변에서 활동하는 모습이 관찰된다. 기주식물이나 다른 생태도 정확하게 알려진 바가 없어 추가적인 연구를 필요로 하는 종이다. 국화하늘소, 먹국화하늘소와 형태적, 생태적으로 매우 유사해 미동정 상태에서 검정국화하늘소라는 국명을 붙였으나 후속 연구를 통해 긴하늘소족에 속하는 것으로 확인되어 새로운 국명을 부여한다. 검정긴하늘소는 온몸이 검은색이며 아무 무늬가 없다.

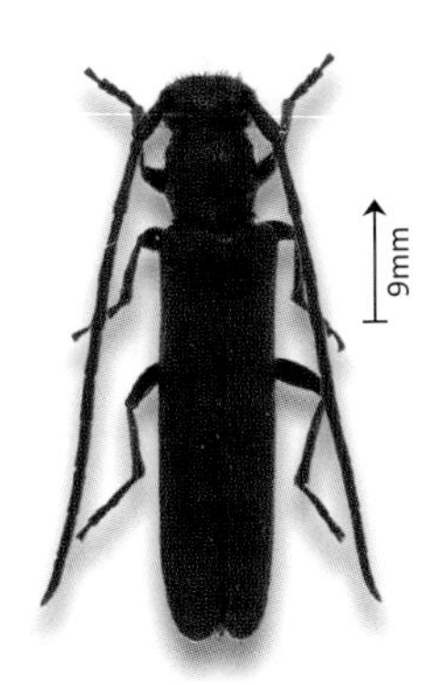

강원 영월군
2004.5.25.

노랑줄점하늘소 | 국화하늘소족 Phytoeciini

Epiglenea comes comes Bates, 1884

강원 양양군 2012.6.15.

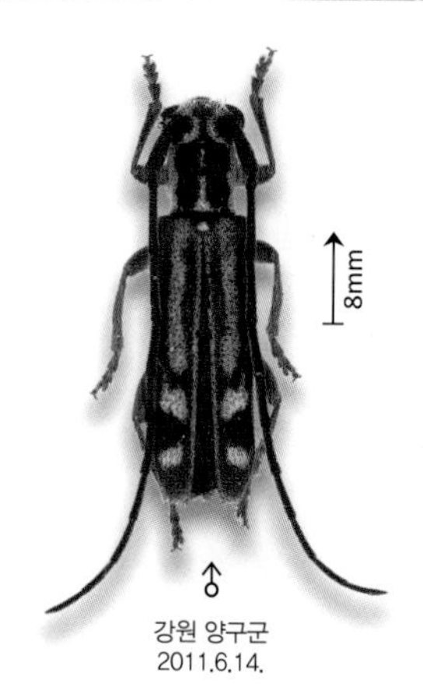

8mm

♂

강원 양구군
2011.6.14.

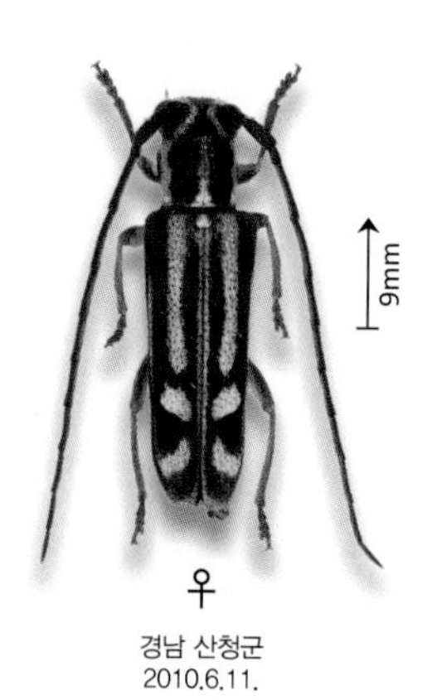

9mm

♀

경남 산청군
2010.6.11.

Epiglenea comes Bates, 1884: 259

Epiglenea comes: Okamoto, 1927: 86

전국의 산지에서 서식하며 개체수도 매우 많다. 5월 중순~8월 초순까지 활동하며 비행력도 뛰어나 한낮에 날아다니는 개체들도 쉽게 만날 수 있다. 오후에 서서 죽은 자귀나무 고사목이나 붉나무 등의 잎 뒷면에서 주로 관찰된다. 유충은 고사목의 수피 바로 아래를 가해하며 종령 때 목질부로 들어가 겨울을 난 뒤 번데기가 된다. 딱지날개에 있는 노란무늬가 전체적으로 넓고 은은하게 퍼진 변이형이 나타난다.

몸길이	8~11mm
성충활동시기	5월 중순~8월 초순
최종동면형태	유충
기주식물	감나무, 고로쇠나무, 붉나무, 예덕나무, 옻나무, 이나무, 자귀나무, 호두나무
한반도분포	전국
아시아분포	일본, 중국

국화하늘소족 Phytoeciini |

선두리하늘소

Nupserha marginella marginella (Bates, 1873)

강원 화천군 2013.6.22.

Oberea marginella Bates, 1873: 390

Nupserha marginella: Ganglbauer, 1887: 132

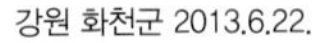

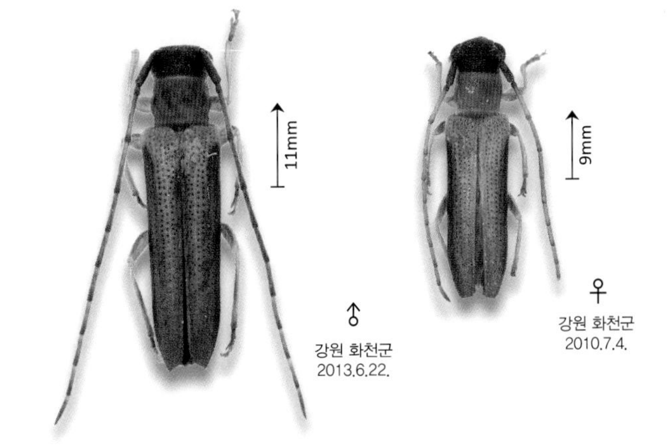

♂ 강원 화천군 2013.6.22.

♀ 강원 화천군 2010.7.4.

몸길이	9~13mm
성충활동시기	6월 중순~7월 중순
최종동면형태	유충
기주식물	사과나무
한반도분포	전국, 제주
아시아분포	러시아, 대만, 몽골, 일본, 중국

제주도를 포함한 전국의 초원지대, 활엽수림 등에 서식한다. 성충은 5월 하순부터 출현하며 7월 중순까지 활동한다. 주로 한낮에 초지를 날아다니는 모습이 관찰되며 7월 초순에 시냇가 주변의 벼과식물에서 활동하는 성충 여럿을 관찰했다. 해외에서는 선두리하늘소의 기주식물이 사과나무인 것으로 알려져 있으나 국내에서는 아직 밝혀지지 않은 상태다.

홀쭉사과하늘소 | 국화하늘소족 Phytoeciini

Oberea (*Oberea*) *fuscipennis fuscipennis* (Chevrolat, 1852)

강원 홍천군 2013.6.14.

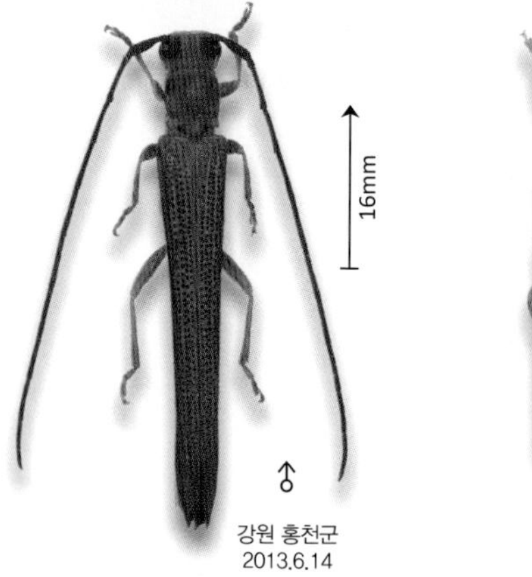

강원 홍천군
2013.6.14

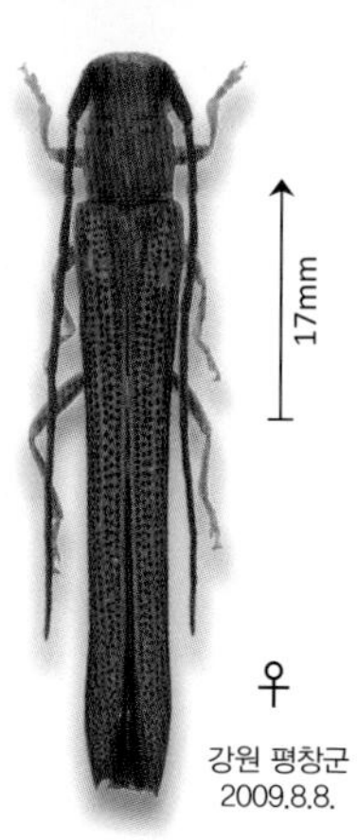

강원 평창군
2009.8.8.

 *Isosceles fuscipennis* Chevrolat, 1852: 419

 *Oberea holozantha* var. *formosana*: Saito, 1932: 443

몸길이	15~19mm
성충활동시기	6월 초순~8월 중순
최종동면형태	유충
기주식물	노박덩굴
한반도분포	전국
아시아분포	대만, 북한, 일본, 중국

전국의 산지에 분포하며 관찰하기 크게 어렵지 않은 종이다. 성충은 6월 초순에 발생하여 8월 중순까지 활동한다. 주로 오후경에 산 능선이나 임도에서 빠르게 날아다니는 모습이 관찰된다. 밤에 불빛에 날아오는 경우도 있다. 암컷은 노박덩굴 등의 살아있는 가지에 산란한다. 유충은 목질부를 먹고 성장하며 작은 구멍을 뚫고 톱밥을 배출한다. 월서사과하늘소나 큰사과하늘소와 닮았지만 복부의 2, 3번째 마디만 검은색을 띠고 나머지 부분은 주황색을 띤다.

국화하늘소족 Phytoeciini |

월서사과하늘소

Oberea (*Oberea*) *nigriventris nigriventris* Bates, 1873

 *Oberea nigriventris* Bates, 1873: 389

 *Oberea nigriventris*: Lee, 1981: 53

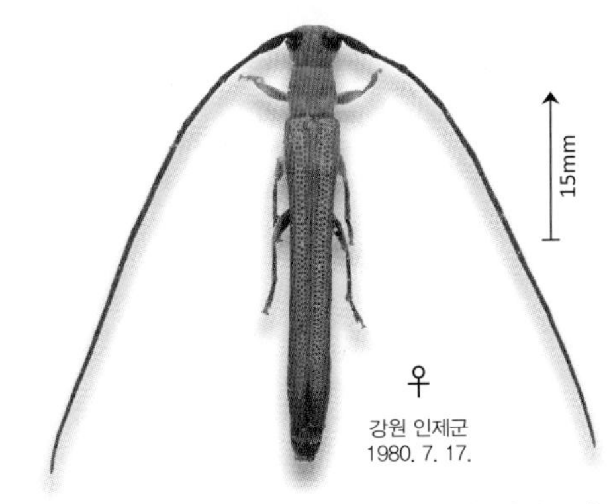

몸길이	12~16mm
성충활동시기	5월 하순~7월 초순
최종동면형태	유충
기주식물	큰조롱
한반도분포	강원
아시아분포	대만, 일본, 중국

설악산에서 채집된 2개체로 국내에서 처음 기록이 되었으며, 이후 강원도 일부 지역에서 몇 개체들이 추가로 발견되었다. 성충은 5월 하순~7월 중순까지 활동한다. 주로 한낮에 큰조롱의 가는 줄기에 딱 붙어서 더듬이를 앞으로 쭉 뻗은 상태로 휴식을 취한다고 알려져 있다. 국내에서 산란과 유충에 대한 자세한 생태는 밝혀지지 않았다. 홀쭉사과하늘소와 외형적으로 유사하지만 월서사과하늘소는 더듬이가 더 길고 복부 전체가 검은색이다.

국화하늘소족 Phytoeciini |

큰사과하늘소

Oberea (*Oberea*) *simplex* Gressitt, 1942

 *Oberea simplex* Gressitt, 1942: 91

 *Oberea atropunctata* m. *coreensis* Breuning, 1947: 58

과거 정확한 위치와 정보 없이 한국에 분포한다고 기록되었다. 정확한 생태나 기주식물에 관한 정보도 알려진 바가 없다. 생김새는 홀쭉사과하늘소와 유사하나 복부에 검은 무늬가 없다고 한다.

몸길이	14~17mm
성충활동시기	5월 중순~7월 초순
최종동면형태	밝혀지지 않음
기주식물	밝혀지지 않음
한반도분포	명확한 채집기록 없음
아시아분포	러시아, 중국

검정사과하늘소 | 국화하늘소족 Phytoeciini

Oberea (Oberea) morio Kraatz, 1879

강원 홍천군 2013.6.1.

강원 인제군 2013.6.1.

강원 평창군 2009.5.30.

 *Oberea morio* Kraatz, 1879: 117

 *Oberea linearis*: Saito, 1932: 444

몸길이	10~13mm
성충활동시기	5월 중순~6월 중순
최종동면형태	유충
기주식물	벌완두, 살갈퀴
한반도분포	강원 홍천군, 평창군, 경북 청송군
아시아분포	러시아, 몽골

울창한 삼림에 둘러싸인 고산 초원지대에 서식한다. 서식지가 넓지는 않지만 서식지 내에서는 어느 정도 개체수가 있는 편이다. 성충은 5월 중순에 출현하여 6월 중순까지 관찰된다. 주로 한낮에 콩과식물 주위에서 활동하며 잎 뒷면이나 가는 줄기에 앉아 식물을 가해하거나 짝짓기를 하는 모습이 관찰된다. 우리사과하늘소와 닮았으나 다리 색이 밝은 노란색에 가깝고 체형이 홀쭉하다.

국화하늘소족 Phytoeciini |

고삼사과하늘소 신칭

Oberea (Oberea) herzi Ganglbauer, 1887

충북 제천시 2013.5.26.

Oberea herzi Ganglbauer, 1887: 23

Oberea herzi: Lee, 1982: 71

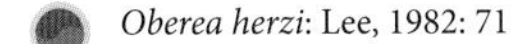

몸길이	11~17mm
성충활동시기	5월 초순~6월 중순
최종동면형태	유충
기주식물	고삼
한반도분포	경기, 강원, 충청, 경상
아시아분포	러시아, 북한, 중국

낮은 산지의 초지나 임도 주변에 분포한다. 성충은 5월 초순~6월 중순까지 고삼 주변에서 발견되며, 줄기를 갉아 먹거나 짝짓기를 하는 모습이 주로 관찰된다. 암컷은 살아 있는 고삼줄기에 상처를 내고 산란하는데, 지름 5~6mm인 고삼을 선호한다. 유충은 살아 있는 고삼의 심부를 가해하며 유충 상태로 겨울나기를 한다. 우리사과하늘소와 닮았으나 시초가 밝은 주황색을 띤다. 이전까지 *O. herzi*는 '우리사과하늘소'라는 국명으로 불렸으나 이는 *O. coreana*가 *O. herzi*의 동종이명 처리되어 사용된 국명이다(Lee, 1982). 현재 *O. coreana*와 *O. herzi*는 별종으로 판단되며 모두 국내 서식이 확인되었으므로 서로 다른 국명을 붙여야 한다. 따라서 *O. coreana*는 동종이명 처리 전에 사용되던 '우리사과하늘소', *O. herzi*는 기주식물인 고삼의 이름을 따 '고삼사과하늘소'로 칭한다.

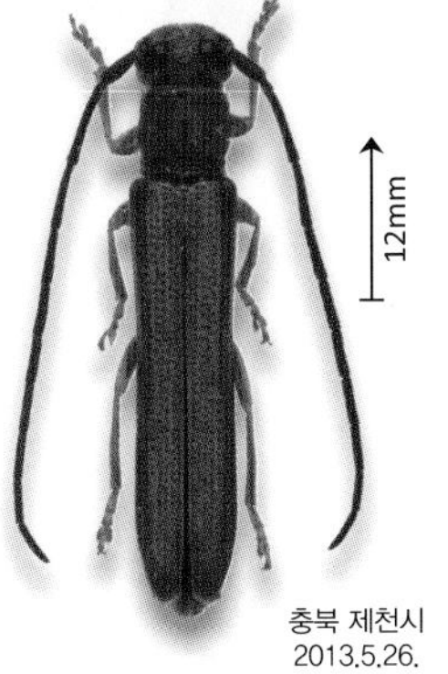

충북 제천시 2013.5.26.

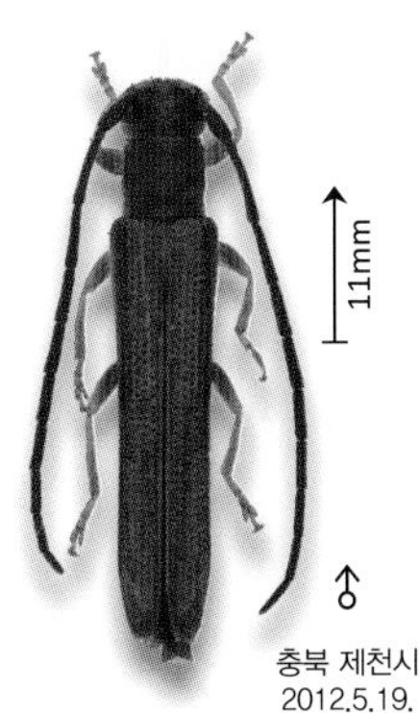

충북 제천시 2012.5.19.

우리사과하늘소 | 국화하늘소족 Phytoeciini

Oberea (*Oberea*) *coreana* Pic, 1912

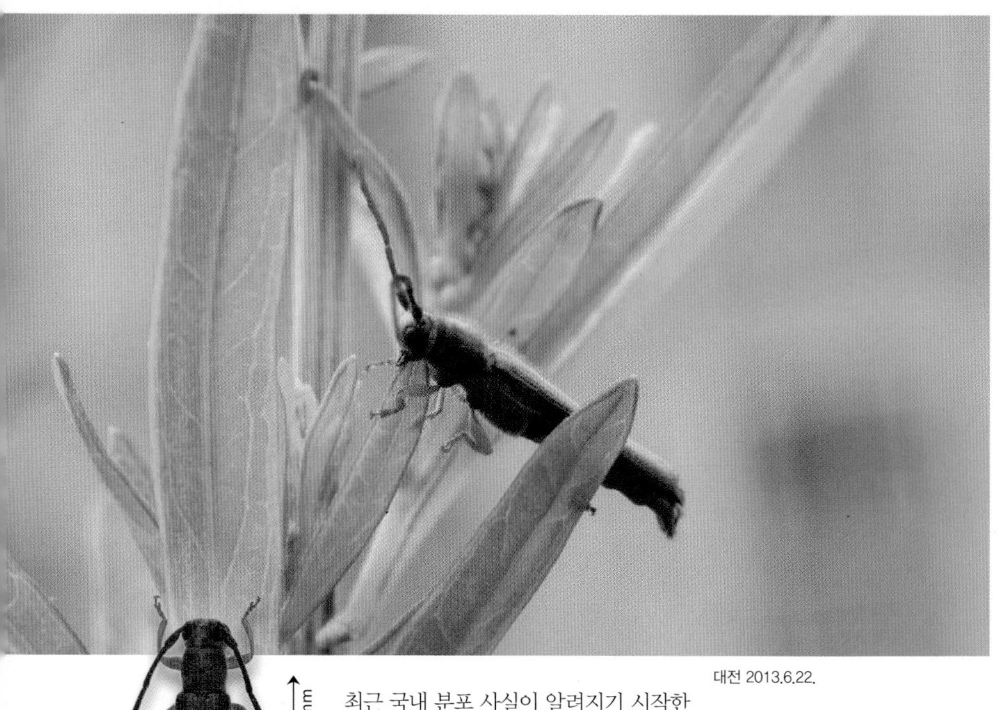

대전 2013.6.22.

10mm ♂ 울산 북구 2013.6.10.

12mm ♀ 울산 북구 2013.6.10.

최근 국내 분포 사실이 알려지기 시작한 종으로 충청도, 전라도 등지에서 관찰되었다. 주로 물가 주변의 초지에 서식하며 서식지 내에서의 개체수는 많은 편이다. 성충은 5월 중순~6월 중순까지 주로 낮에 비수리 근처에서 활동한다. 유충은 겨울에 기주식물인 비수리의 뿌리 부근에서 동면한다. 검정사과하늘소와 매우 닮았지만 다리 색이 좀 더 진한 주황빛이며 딱지날개의 폭이 넓다. *O. coreana*는 처음에 '우리사과하늘소'라는 국명으로 명명되었으나(Lee, 1979) 이후 *O. herzi*의 동종이명으로 처리되어 삭제되면서 *O. herzi*가 '우리사과하늘소'라는 국명을 사용하게 되었다(Lee, 1982). 그러나 *O. coreana*의 국내 서식이 재확인되었으므로 동종이명 처리 전에 사용되던 국명 '우리사과하늘소'를 다시 부여하고, *O. herzi*는 '고삼사과하늘소'라는 새로운 국명을 명명하여 사용한다.

 *Oberea coreana* Pic, 1912: 21

 *Oberea coreana* Pic, 1912: 21

몸길이	9~15mm
성충활동시기	5월 중순~6월 중순
최종동면형태	유충
기주식물	비수리
한반도분포	대전, 충북 충주시, 전남 장성군

국화하늘소족 Phytoeciini |

고리사과하늘소

Oberea (Oberea) heyrovskyi Pic, 1927

강원 홍천군 2013.6.30.

Oberea heyrovskyi Pic, 1927: 10

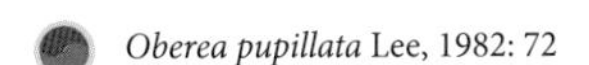
Oberea pupillata Lee, 1982: 72

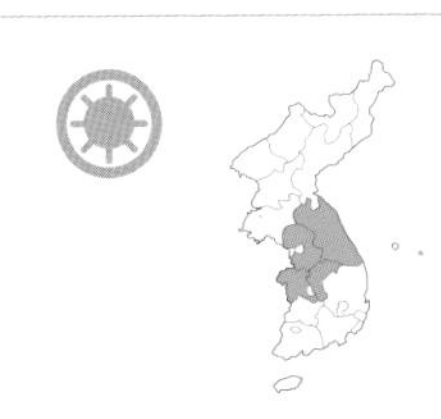

몸길이 16~18mm
성충활동시기 5월 중순~6월 중순
최종동면형태 밝혀지지 않음
기주식물 밝혀지지 않음
한반도분포 경기, 강원, 충청
아시아분포 러시아

남부지방을 제외한 전국의 활엽수림에 서식하지만 개체수는 많지 않다. 성충은 5월 중순~6월 중순까지 활동하며, 주로 낮에 산기슭의 공터나 임도 주변의 풀잎에 앉아 있거나 날아다니는 개체들이 관찰된다. 산란이나 유충의 섭식 형태 등의 자세한 생태는 아직 밝혀지지 않았다. 통사과하늘소와 닮았으나 이 종은 앞가슴판의 하단 측면에 있는 점이 고리 모양이고 가운데가슴배판(metasternum)이 노란색이다.

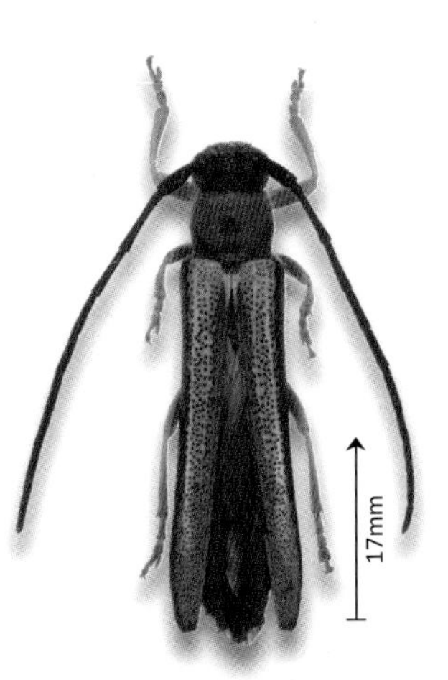

강원 철원군
2009.6.17

통사과하늘소 | 국화하늘소족 Phytoeciini

Oberea (Oberea) depressa Gebler, 1825

Oberea depressa Gebler, 1825: 51

Oberea depressa: Ganglbauer, 1887: 132

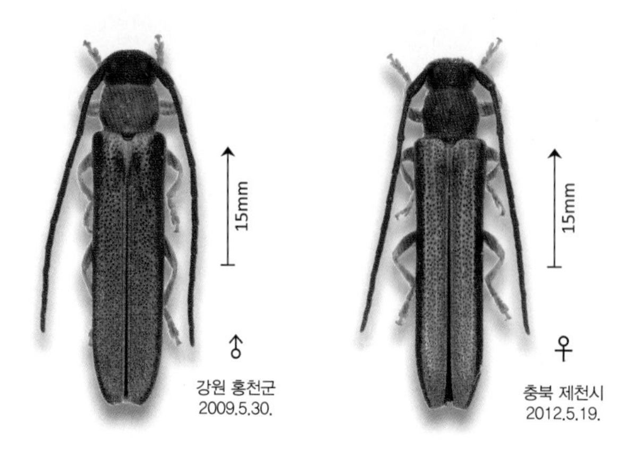

몸길이	15~19mm
성충활동시기	5월 중순~6월 중순
최종동면형태	유충
기주식물	인동덩굴, 조팝나무
한반도분포	전국
아시아분포	러시아, 몽골, 북한, 중국

전국의 산지, 산지와 인접한 초지에 서식하며 깊은 산보다는 대체로 낮은 산 주위에서 주로 관찰된다. 성충은 5월 중순에 발생하여 6월 중순까지 활동한다. 주로 한낮에 초지를 낮게 비행하는 개체들이 관찰된다. 암컷은 살아있는 조팝나무 가는 가지에 산란하며 보통 지름이 1.5~4cm 정도 되는 가지를 선호한다. 유충은 목질 내부를 가해하며 작은 구멍을 통해 밖으로 톱밥을 배출한다. 고리사과하늘소와 외형적으로 유사하지만 통사과하늘소는 복부 5번째 마디에 검은 무늬가 거의 보이지 않는다.

통사과하늘소 서식지 풍경

국화하늘소족 Phytoeciini |

두눈사과하늘소

Oberea (Oberea) oculata (Linnaeus, 1758)

강원 춘천시 2013.6.4.

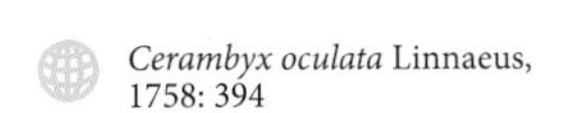

Cerambyx oculata Linnaeus, 1758: 394

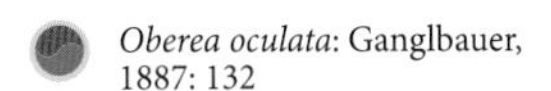

Oberea oculata: Ganglbauer, 1887: 132

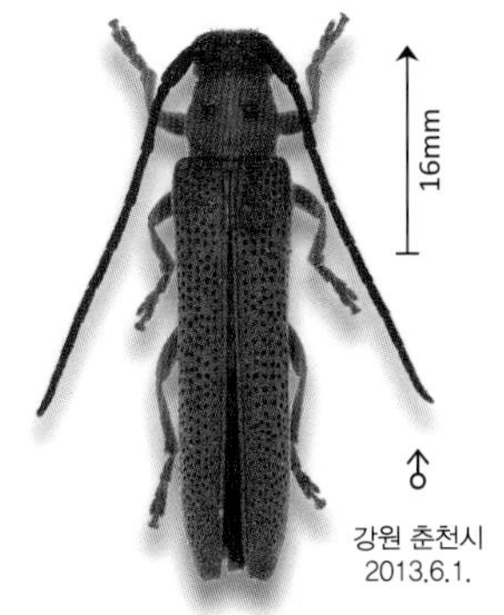

몸길이	16~18mm
성충활동시기	5월 하순~7월 중순
최종동면형태	유충
기주식물	버드나무
한반도분포	경기, 강원, 전남 순천시
아시아분포	러시아, 몽골, 중국, 카자흐스탄

버드나무가 많은 습지나 강가 주변에 분포한다. 성충은 5월 하순에 출현해 7월 중순까지 활동한다. 주로 한낮에 가는 가지에 붙어 더듬이를 전방으로 편 상태에서 버드나무 줄기를 가해하거나 주위를 날아다니는 모습이 관찰 된다. 암컷은 어린 버드나무 가지에 턱으로 구멍을 낸 뒤에 산란관을 꽂고 산란한다. 유충은 살아있는 버드나무 가지 속을 가해한다. 유충은 작은 구멍을 뚫어 가지 밖으로 톱밥을 배출한다. 과거에는 관찰하기 어려웠지만 서식지와 생태가 밝혀지면서 이제는 비교적 쉽게 만날 수 있게 되었다.

사과하늘소 | 국화하늘소족 Phytoeciini

Oberea (Oberea) vittata Blessig, 1872

경기 고양시 2013.6.16.

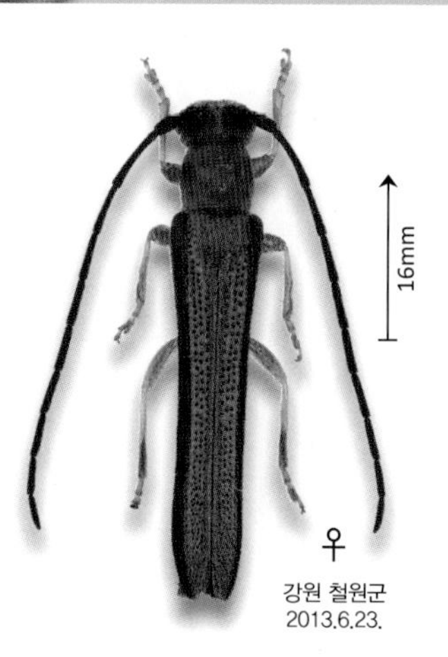

강원 홍천군 2013.6.30.

강원 철원군 2013.6.23.

Oberea vittata Blessig, 1872: 223

Oberea vittata: Ganglbauer, 1887: 132

몸길이	12~19mm
성충활동시기	5월 하순~8월 중순
최종동면형태	유충
기주식물	싸리, 좀자작나무
한반도분포	전국
아시아분포	북한, 중국

전국의 야산부터 깊은 산골까지 폭넓게 분포하며 개체수도 많다. 성충은 5월 하순에 출현해 8월까지 활동한다. 주로 한낮에 싸리나무 주위에서 유유히 날아다니는 개체들을 관찰할 수 있다. 밤에 불빛에 이끌려 날아오기도 하는데 암컷보다 수컷이 많이 관찰된다. 암컷은 살아있는 싸리나무의 가는 가지에 산란하는데 나무껍질을 세로 방향으로 갉아낸 후 그 자리에 산란한다. 암컷은 한 가지에 한 개의 알을 낳는다. 유충은 싸리 가지를 가는 쪽에서 굵은 쪽으로 진행해나가며 가해한다.

국화하늘소족 Phytoeciini |

대만사과하늘소 신칭

Oberea (Oberea) tsuyukii Kurihara & Ohbayashi, 2007

충북 제천시 2013.5.27.

Oberea tsuyukii Kurihara & N. Ohbayashi, 2007: 206

미기록

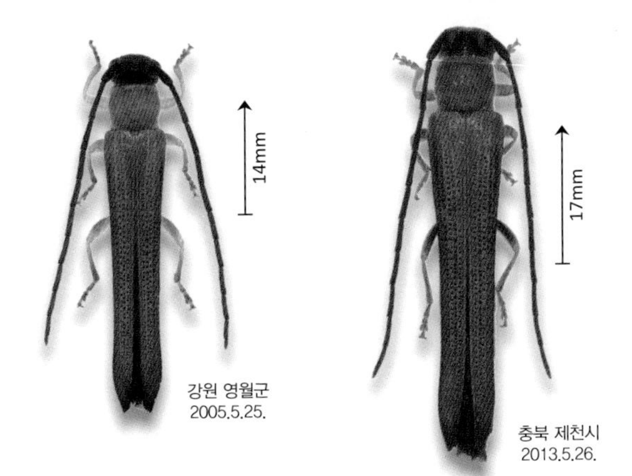

강원 영월군 2005.5.25.

충북 제천시 2013.5.26.

몸길이 17~20mm
성충활동시기 5월 중순~7월 초순
최종동면형태 유충
기주식물 느릅나무
한반도분포 경기 하남시, 강원 영월군, 충북 제천시
아시아분포 대만

비교적 최근에 기록된 종(Kurihara & N. Ohbayashi)으로, 국내에서는 2011년에 기록되었다. 초지와 산지가 혼합된 지역에 국지적으로 서식하며 개체수는 적다. 성충은 5월 중순~7월 초순까지 활동한다. 오전에는 관찰하기 어려우며 오후 무렵에 느릅나무 주위로 비행 중이거나 느릅나무 잎 위에서 쉬고 있는 모습이 주로 관찰된다. 유충은 느릅나무의 가는 가지 내부를 가해한다. 체형은 홀쭉사과하늘소와 닮았으나 머리가 검은색이며 복부의 4번째 마디를 제외한 모든 마디에 검은 무늬가 나타난다.

뾰족날개사과하늘소 신칭 | 국화하늘소족 Phytoeciini

Oberea infranigrescens Breuning, 1947

Oberea japonica m. *infranigrescens* Breuning, 1947: 58

Oberea japonica: Saito, 1932: 458

전라남도 진도에서 채집된 1개체 이외의 채집기록은 존재하지 않는다. 국내에서의 자세한 생태도 아직 밝혀지지 않았다. 해외에서는 6월 초순~7월 중순까지 활동한다고 알려져 있다. 주로 낮에 사과나무나 수국 근처에서 발견되며 종종 야간에는 불빛에도 모인다고 한다. 사과하늘소와 외형적으로 매우 닮았으나 뾰족날개사과하늘소는 딱지날개끝이 가시처럼 돌출되어 있는 점으로 구분이 가능하다.

몸길이	11~14mm
성충활동시기	6월 초순~7월 중순
최종동면형태	밝혀지지 않음
기주식물	사과나무, 산수국
한반도분포	전남 진도
아시아분포	일본

남방사과하늘소 신칭 | 국화하늘소족 Phytoeciini

Oberea (*Oberea*) *formosana* Pic, 1911

Oberea formosana Pic, 1911: 20

Oberea formosana: Gressitt, 1951: 592, 595

국내에서는 현재까지 정확한 생태 정보가 없다. 해외에서는 침엽수와 활엽수가 혼재하는 혼합림에 서식하며 저지대부터 고산지대까지 분포한다고 알려져 있다. 성충은 5월에 발생하여 9월까지 활동하며 주로 낮에 숲의 경계 주변에서 관찰된다. 홀쭉사과하늘소와 매우 닮았지만 더듬이가 더 길며 복부에 검은색 무늬가 없다.

몸길이	15~17mm
성충활동시기	5월 하순~9월 초순
최종동면형태	유충
기주식물	밝혀지지 않음
한반도분포	명확한 채집기록 없음
아시아분포	북한, 대만, 일본, 중국

남색하늘소족 Astathini |

남색하늘소

Bacchisa (Bacchisa) fortunei fortunei (J. Thomson, 1857)

Plaxomicrus fortunei J. Thomson, 1857: 58

Chreonoma fortunei: Ganglbauler, 1887: 132

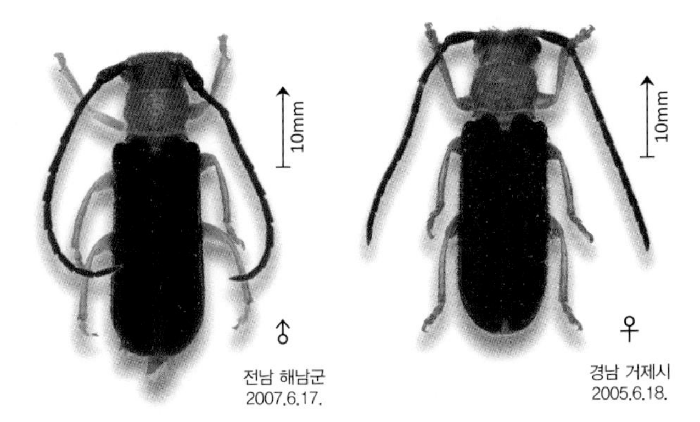

몸길이 10~12mm
성충활동시기 6월 초순~7월 하순
최종동면형태 유충
기주식물 배나무, 매실나무 등 장미과
한반도분포 전남, 경남 거제시
아시아분포 대만, 일본, 중국

경상남도와 전라남도 등 남부지방에 주로 서식하는 종이다. 성충은 6월 초순에 발생하여 7월 하순까지 활동한다. 주행성으로 오후에 배나무 잎 뒷면에서 시맥을 갉아먹는다. 배나무 밭에서 날아다니는 개체들도 종종 관찰된다. 암컷은 배나무, 매실나무 등 장미과 등의 살아있는 가는 가지에 산란한다. 유충은 기주식물 가지의 심부를 가해하며 성장한다. 큰남색하늘소와 닮았지만 남색하늘소는 경절이 주황색이다.

초본류에 서식하는 하늘소 생태사진 촬영, 충북 단양군

큰남색하늘소 | 남색하늘소족 Astathini

Tetraophthalmus episcopalis (Chevrolat, 1852)

강원 양양군 2013.7.8.

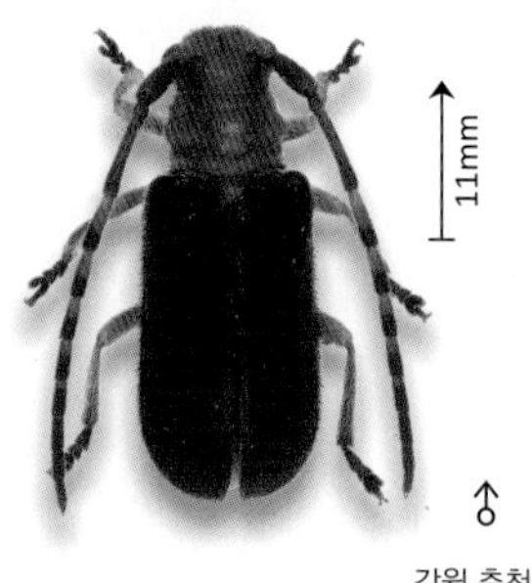

강원 춘천시
2008.9.5.

강원 양양군
2013.7.9.

Astathes episcopalis Chevrolat, 1852: 418

Chreonoma fortunei: Okamoto, 1927: 86

전국에 서식하며 일부 지역에서만 국지적으로 발견된다. 성충은 6월 중순~8월 중순까지 활동한다. 주로 활엽수림의 채광이 좋은 공터 주변에서 발견된다. 개체수가 많지 않아 비행하던 성충을 채집하는 경우가 대다수였다. 해외에서도 정확한 기주나 생활사가 밝혀지지는 않았으나 국내에서 왕모시풀을 가해하는 모습, 물푸레나무 주변을 날아다니는 모습이 관찰된 바 있다. 남색하늘소와 매우 닮았지만 큰남색하늘소는 부절과 경절이 모두 검은색이다.

몸길이	12~13mm
성충활동시기	6월 중순~8월 중순
최종동면형태	밝혀지지 않음
기주식물	밝혀지지 않음
한반도분포	강원 화천군, 양양군, 충북 제천시, 경남 함안군, 산청군, 제주
아시아분포	일본, 중국

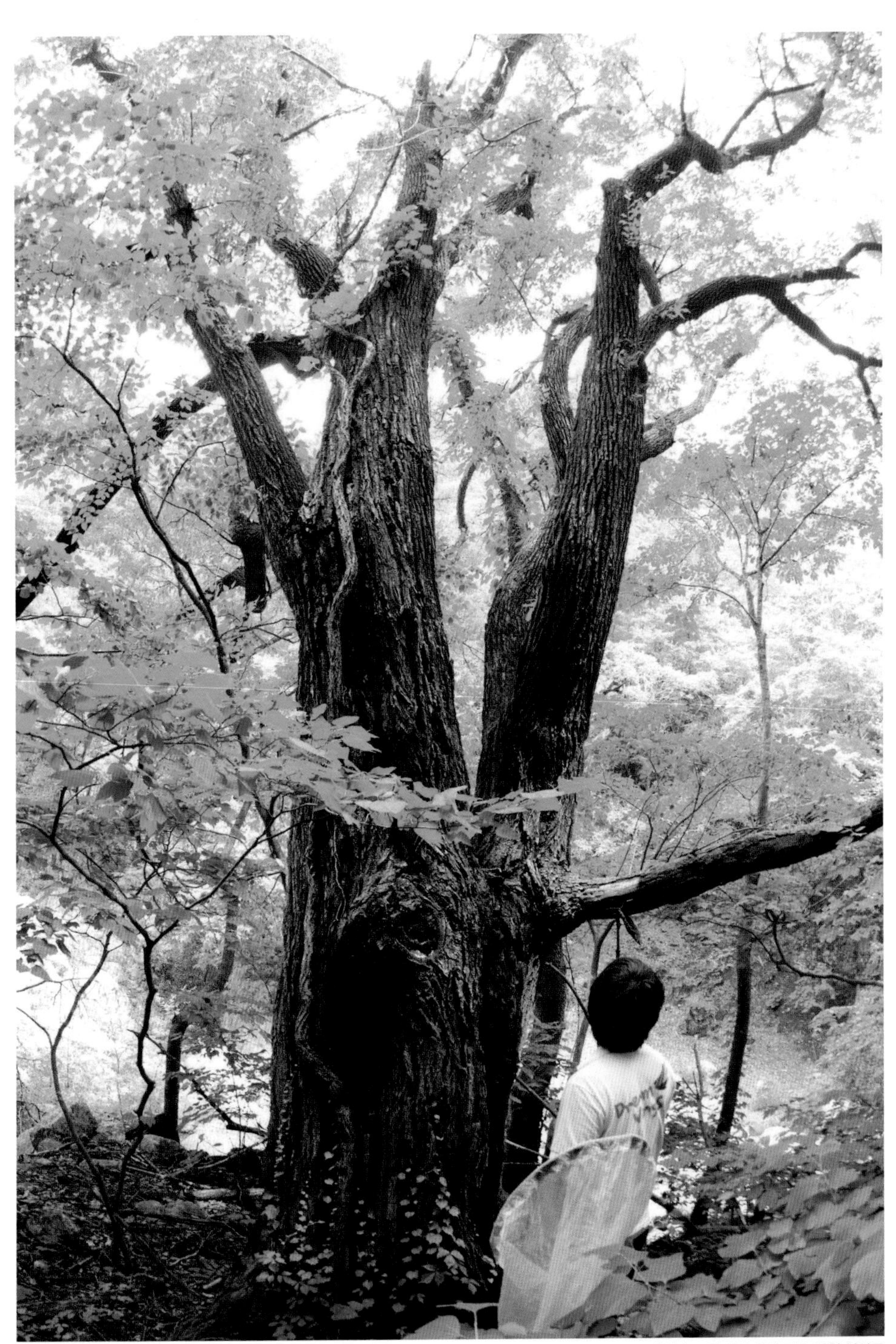

활엽수 고목에서 육안조사, 강원 양양군

참고문헌

A. I. Cherepanov., 1988. *Cerambycidae of Northern Asia: Prioninae, Disteniinae, Lepturinae, Aseminae*. Brill Academic Pub. 642 pp.

A. I. Cherepanov., 1990a. *Cerambycidae of Northern Asia: Cerambycinae. Part 1*. Brill Academic Pub. 292 pp.

A. I. Cherepanov., 1990b. *Cerambycidae of Northern Asia: Cerambycinae. Part 2*. Brill Academic Pub. 354 pp.

A. I. Cherepanov., 1991a. *Cerambycidae of Northern Asia: Lamiinae. Part 1*. Brill Academic Pub. 300 pp.

A. I. Cherepanov., 1991b. *Cerambycidae of Northern Asia: Lamiinae. Part 2*. Brill Academic Pub. 308 pp.

A. I. Cherepanov., 1991c. *Cerambycidae of Northern Asia: Lamiinae. Part 3*. Brill Academic Pub. 395 pp.

An S. L., & Kwon Y. J. 1991: Classification of the genus *Pidonia* Mulsant from Korea (Coleoptera, Cerambycidae). *Insecta Koreana* 8: 30-59.

An S. L., & Kwon Y. J. 1993: Numerical taxonomy of the genus *Pidonia* Mulsant from Korea (Coleoptera, Cerambycidae). *Insecta Koreana* 10: 1-24.

An S. L., 2011: Current Status of Research about Insect Fauna of Natural Reserves in Korea. Journal of Korean Nature 4(4): 273-285.

Bates H. W., 1877: Three new species of longicorn Coleoptera from Japan. *The Entomologist's Monthly Magazine* 14 : 37-38.

Breuning S., 1956: Die Ostasien-Cerambyciden im Museum A. Koenig, Bonn. Bonner *Zoologische Beitrage* 7: 229-236.

Byun B. K. et al., 2009a: Insect Fauna of Mt. Nam-san in Seoul, Korea. *Journal of Korean Nature* 2(8): 137-153.

Byun B. K. et al., 2009b: Insect Fauna of Mt. Sudeog-san in Gyeonggi-do, Korea. *Journal of Korean Nature* 2(2): 155-161.

Byun B. K. et al., 2010: Insect Fauna of Island Gangwha-do with nearby Islands, Incheon Metropolitan city, Korea. *Journal of Korean Nature* 3(1): 25-29.

Cho Y. B. et al., 2008a: Insect Fauna of Gyeongju National Park, Korea. *Journal of Korean Nature* 1(1): 11-20.

Cho Y. B. et al., 2008b: Insect Fauna of Island Baekryeong-do, Incheon city, Korea. *Journal of Korean Nature* 1(1): 66-77.

Crowson R. A., 1960: The Phylogeny of Coleoptera. *Annual Review of Entomology* 5: 111-134.

Danilevskaya G.B et al., 2009: Cerambycidae collected in North-East Kazakhstan by an international collecting trip 2005 (Coleoptera). *Entomologische Zeitschrift* 119(4): 171-178.

Danilevsky M. L., & Miroshnikov A.I. 1985. Timber-Beetles of Caucasus. *Kubanskiy Selskokhozyaistvennyy Institut*: 417 pp.

Danilevsky M. L., 1988a: New and little-known Longicorn Beetles (Coleoptera, Cerambycidae) from the Far East. *Journal of Zoology* 67: 367-374.

Danilevsky M. L., 1988b: Two new Cerambycid beetle species (Coleoptera, Cerambycidae) from Kazakhstan. *Vestnik Zoologii* 2: 12-17.

Danilevsky M. L., 1992a: New genus and species of the tribe Lepturini from Tian-Shan mountains and a new Ostedes Pascoe 1859 from the Far East (Coleoptera, Cerambycidae). *Lambillionea* 92: 203-206.

Danilevsky M. L., 1992b: New species of Cerambycidae from Transcaucasia with some new data (Insecta: Coleoptera). *Senckenhergiana Biologica* 72: 107-117.

Danilevsky M. L., 1993a: New and little known species of Cerambycidae (Coleoptera) from Korea. *Lambillionea* 93: 475-479.

Danilevsky M. L., 1993b: New species of Cerambycidae (Coleoptera) from East Asia with some new records. *Annales Historico-Naturales Musei Nationaus Hungarici* 84: 111-116.

Danilevsky M. L., 1993c: Taxonomic and zoogeographic notes on the family Cerambycidae (Coleoptera) of Russia and adjacent regions. *Russian Entomologicasl Journal* 1: 37-39.

Danilevsky M. L., 1995: New Longicorne Beetles (Coleoptera Cerambycidae) from South East Europe. *Russian Entomologicasl Journal* 4: 63-66.

Danilevsky M. L., 1996a: A revue of subspecific structure of Dorcadion (Compsodorcadion) gebleri Kraatz, 1873 (Coleoptera, Cerambycidae) with description of two new subspecies. *Schwanfelder Coleopterologische Mitteilungen* 21: 1-8.

Danilevsky M. L., 1996b: New longicorn beetles from Korea (Coeoptera: Cerambycidae). *Acta Entomologica Slovenica* 4: 19-22.

Danilevsky M. L., 1997: A check-list of longicorn beetles (Coleoptera, Ceramhycoidea) of Europe. Ljubljana: *Siovensko Entomolosko Drustvo Stefana Michielija*, 64 pp.

Danilevsky M. L., 1999: Description of *Miniprionus* gen. n. from Middle Asia with new data in related genera (Coleoptera: Cerambycidae). *Russian Entomological Journal* 8: 189-190.

Danilevsky M. L., 2001a: New Prioninae, genus *Drumontiana* from SE Asia (Coleoptera, Cerambycidae). *Lambillionea* 101: 228-232.

Danilevsky M. L., 2001b: Review of Cortodera species close to C. reitteri Pic, 1891 and C. ruthena Plavilstshikov, 1936, part II. (Coleoptera, Cerambycidae). *Les Cahiers Magellanes* 8: 1-18.

Danilevsky M. L., 2006: Two new Lepturinae from north Asia (Coleoptera, Cerambycidae). *Les Cahiers Magellanes* 57: 1-6.

Danilevsky M. L., 2009: A new species of the genus *Sophronica* Blanchard, 1845 (Coleoptera, Cerambycidae) from Russian Primorie. *Euroasian Entomological Journal* 8(1): 25-26.

Danilevsky M. L., 2010: Additions and corrections to the new Catalogue of Palaearctic Cerambycidae (Coleoptera) edited by I. Lobl and A. Smetana, 2010. *Russian Entomological Journal*, 19, 3: 215-239.

Danilevsky M. L., 2011: New species of the genus *Olenecamptus* Chevrolat, 1835 (Coleoptera: Cerambycidae) from Russian Ussuri Region. *Russian Entomological Journal*, 20(1): 67-70.

Danilevsky M. L., 2012: Additions and corrections to the new Catalogue of Palaearctic Cerambycidae (Coleoptera) edited by I. Lobl and A. Smetana, 2010. Part. III. *Munis Entomology & Zoology* 7(1): 109-173.

Danilevsky M. L., 1998: Remarks and additions to the key to longicorn beetles Coleoptera, Cerambycidae from Key to the insects of Russian Far East. *Russian Entomological Journal* 6: 49-55.

Dodds et al., 2014: Colonization of Three Maple Species by Asian Longhorned Beetle, *Anoplophora glabripennis*, in Two Mixed-Hardwood Forest Stands. *Insects* 5(1): 105-119.

Gressitt J. L., 1935: The Obriini of Japanese Empire (Coleoptera, Cerambycidae). *Insecta Matsumurana* 9(4): 144-153.

Gressitt J. L., 1951: *Longicorn Beetles of China*. Lechevalier. Paris. 667 pp.

H. Wallin, T. Kvamme, M. Lin. 2012: A review of the genera *Leiopus* Audinet-Serville, 1835 and *Acanthocinus*, Dejean, 1821 (Coleoptera: Cerambycidae, Lamiinae, Acanthocinini) in Asia, with descriptions of six new species of *Leiopus* from China. *Zootaxa* 3326: 1-36.

Han Y. E. & Ryu D. P. 2010: Taxonomic Review of the Genus *Xylotrechus* (Coleoptera: Cerambycidae: Cerambycinae) in Korea with a Newly Recorded Species. *Korean Journal of Applied Entomology* 49(2): 69-82.

Hanjiro. O. 1927: The Longicorn Beetles from Corea. *Insecta Matsumurana* 2(2): 62-86.

Hasegawa M. et al., 2014: A New Species Belonging to the New *Agapanthiine* Genus (Coleoptera, Cerambycidae, Lamiinae) from Korea. *Elytra, Tokyo, New Series*, 4(1): 49-55.

Hasegawa M., 1996: Taxonomic notes on the genus *Acanthocinus* (Coleoptera, Cerambycidae) of Japan and the Far East. 13 pp. *Japanese Journal of systematic Entomology* (N.S.) 2(1): 83-95.

Hayashi et al., 1988: A list of the cerambycid-beetles from Taiwan (I). *Chinese Journal of Entomology* 8: 165-184.

Hayashi M., 1960: An analysis of the Japanese cerambycid fauna with special reference to distribution belts. *Pacific Insects*: 123-131.

Hayashi M., 1963: Revision of some Cerambycidae on the basis of the types of the late Drs. Kano and Matsusita, with descriptions of three new species (Coleoptera : Cerambycidae). *Insecta Matsumurana* 25(2): 129-136.

Hudepohl K. & Heffern D., 2002: Notes on Oriental Lamiini (Coleoptera: Cerambycidae: Lamiinae). *INSECTA MUNDI* 16(4): 247-249.

Jeong et al., 2011: Historical Review of the Insect Fauna and Protected Species in Byunsanbando National Park. *Journal of National Park Research* 2(2): 85-128.

Kim C.W. & Lee S. M., 1983: List of Korean longicorn beetles preserved in Korea University (I). *Entomological Research Bulletin* 9: 95-110.

Kim C.W. & Lee S. M., 1984: List of Korean longicorn beetles preserved in Korea University (II). *Entomological Research Bulletin* 10: 125-133.

Kojima K. & Nakamura S., 2011. *Food plants of Cerambycid beetles (Cerambycidae, Coleoptera) in Japan (revised and enlarged edition)*. Hiba Society of Natural History 506 pp.

Kolbe H., 1886: Beitrage zur Kenntniss der Coleopteren-Fauna Koreas. *Archiv für Naturgeschichte* 52: 139-240.

Kwon T. S. & Byun B. K., 1996: Insect Fauna(Hemiptera, Coledptera, Lepidoptera) in Odaesan National Park. *Korean journal of environment and ecology* 9(2): 99-114.

Lazarev M.A., 2011: New subspecies of *Brachyta interrogationis* (Linnaeus, 1758) from Caucasus (Coleoptera: Cerambycidae). *Munis Entomology & Zoology* 6(2): 859-865.

Lee B. W. et al., 2009: Insect Fauna of Mt. Bongmi-san in Gyeonggi Province, Korea. *Journal of Korean Nature* 2(2): 167-174.

Lee B. W. et al., 2011: Insect Fauna of Mt. Jang-san, Yeongwol-gun, Gangwon-do, Korea. *Journal of Korean Nature* 4(3): 173-184.

Lee S. M., 1979: A synonymic list of longicorn beetles of Korea. *Korean Journal of Entomology* 9(2): 29-83.

Lee S. M., 1980: Longicorn beetles of Gwang-Neung, Korea. *Korean Journal of Entomology* 10(2): 61-70.

Lee S. M., 1980: On the longicorn beetles of various islands of Korea. *Korean Journal of Entomology* 10(1): 45-57.

Lee S. M., 1982: Nine unrecorded longicorn beetles of Korea (Col., Cerambycidae). *Korean Journal of Entomology* 122: 67-69

Lee S. M., 1983: Four unrecorded species of longicorn beetles from Korea (Col., Cerambycidae.) *Korean Journal of Entomology* 131: 79-80.

Lee S. M., 1987: The longicorn beetles of Korean Peninsula. 287pp. Seoul, Korea: National Science Museum.

Lee S. M., 1981a: Eleven unrecorded longicorn beetles of Korea. *Korean Journal of Entomology* 112: 47-49.

Lee S. M., 1981b: Longicorn beetles of mount Seol ag san Korea. *Korean Journal of Entomology*: 43-55.

Lee S. M., 1982. *Longicorn beetles of Korea (Coleoptera, Cerambycidae)*. Editorial Committee of Insecta Koreana. 101 pp.

Lee S. M., 1982: Longicorn beetles of Mts. Geum-Gang-San and Seol-Ag-San, Korea. *Korean Journal of Entomology* 12(1): 103-117.

Lim J. O. et al., 2012: A new species of *Clytus* Laicharting (Coleoptera: Cerambycidae) from Korea with a key to Korean species. *Entomological Research* 42: 192-195.

Lim J. O. et al., 2013a: A new species of *Eupogoniopsis* and new record of *Eupromus ruber* (Dalman) (Coleoptera: Cerambycidae) from South Korea. *Entomological Research* 43: 358-364.

Lim J. O. et al., 2013b: Three species of *Phymatodes* Mulsant (Coleoptera: Cerambycidae) new to South Korea that hosted on *Vitis vinifera* Linnaeus (Vitaceae). *Entomological Research* 43: 23-29

Lim J. S. et al., 2013: A Faunastic Study of Insects from Is. Ulleungdo and Its Nearby Islands in South Korea. *Journal of Asia-Pacific Biodiversity* 6(1): 93-121.

Lingafelter, S. W., Hoebeke E. R., 2002. *Revision of the genus Anoplophora (Coleoptera: Cerambycidae)*. Entomological Society of Washington. 235pp.

Löbl I. & Smetana A., 2010. *Catalogue of Palaearctic Coleoptera volume 8*. Apollo Books. 924 pp.

Makihara H., 2004: Two new species and a new subspecies of Japanese Cerambycidae (Coleoptera). *Bulletin of FFPRI* 3(1) 15-24.

Matushita. M. 1933: Beitrag zur Kenntnis der Cerambyciden des japanischen Reichs. *Journal of the Faculty of Agriculture, Hokkaido Imperial University* 34(2): 157-445.

Niisato T. & Koh S. K., 2003: Taxonomic Notes on Clytine Longicorn Beetles (Coleoptera, Cerambycidae) from Korea. *Elytra*. 31(2): 289-299.

Oh S. H. & Lee S. H., 2013: Four Species of the Subfamily Lamiinae (Coleoptera, Cerambycidae) Newly Recorded from Korea. *Elytra, Tokyo, New Series* 3(2): 301-304.

Oh S. H., 2013: Two Additional Species of the Subfamily Cerambycinae (Coleoptera, Cerambycidae) from the Korean Peninsula. *Elytra, Tokyo, New Series* 3(1): 161-163.

Ohbayashi N. & Niisato T., 1992. *An Illustrated Guide to Identification of Longicorn Beetles of Japan*. Tokai University Press. Tokyo. 673 pp.

Ohbayashi N. & Niisato T., 2007. *Longicorn Beetles of Japan*. Tokai University Press. Tokyo. 818 pp.

Paik N. M., 1970: Insect Funa of Chestnut Bushes at Paju Area in Korea: Mainly on *Dryocosmus kuriphilus* Yasumatsu. *The Korean journal of zoology* 13(1): 3-8.

Park K. T. & Kim K. I., 1986: Identification of a stem-borer, *Compsidia populnea* L. (Coleoptera; Cerambycidae) on *Populus alba × glandulosa*. *Korean Journal of Plant Protection* 24(4): 191-194.

Park S. W. & Lee J. H., 1999: Newly Recorded Two Longicorn Beetles (Coleoptera: Cerambycida) from Korea. *Korean Journal of Entomology* 29(1): 75-77.

Švacha P. & Danilevsky M. L., 1987. *Cerambycoid larvae of Europe and Soviet Union (Coleoptera, Cerambycoidea) Part I*. Univerzita Karlova. 186 pp.

Švacha P. & Danilevsky M. L., 1988. *Cerambycoid larvae of Europe and Soviet Union (Coleoptera, Cerambycoidea) Part II*. Univerzita Karlova. 284 pp.

Švacha P. & Danilevsky M. L., 1989. *Cerambycoid larvae of Europe and Soviet Union (Coleoptera, Cerambycoidea) Part III*. Univerzita Karlova. 205 pp.

Tamanuki K. 1933: A List of the Longicorn-beetle from Saghalien, with the Descriptions of one new Species, one new Variety and one new aberrant From. *Insecta Matsumurana* 8(2): 69-88.

Tamanuki K. 1938: New Longicorn Beetles occurring in Japan and Korea (Col., Cerambycidae). *Insecta Matsumurana* 12(4): 166-168.

Tamanuki K. 1939: Three new Species of Lepturinae from Formosa (Cerambycidae). *Insecta Matsumurana* 13(4): 144-146.

Vasily et al., 2010: *Trichoferus campestris* (Faldermann) (Coleoptera: Cerambycidae), An Asian Wood-Boring Beetle Recorded in North America. *The Coleopterists Bulletin* 64(1): 13-20.

White A., 1853: Catalogue of the coleopteraus insects in the collection of the British Museum. Part VII. Longicornia I. *London: Taylor and Francis*, pp. 1-174.

White A., 1855: Catalogue of the coleopterous insects in the collection of the British Museum. Part VIII. Longicornia II. *London: Taylor and Francis*, pp. 175-412.

김진일 외. 2013. 한국의 멸종위기 야생생물 적색자료집. 8, 곤충 Ⅱ. 국립생물자원관. 130 pp.

박규택 외. 2012. 한국곤충대도감. 지오북. 600 pp.

정세호, 김원택. 2000. 한라산의 곤충상(나비목 제외): Ⅰ.관음사 등산코스 일대. 환경연구논문집 8: 1–38

조복성. 1962a. 韓國產 하늘소(天牛)科 甲蟲의 硏究史. 고려대학교 논문집 5: 89–120

조복성. 1962b. 韓國產 하늘소(天牛)科 甲蟲의 被害植物에 關한 調査. 경희대학교 논문집 2: 355–386

조복성. 1963. 韓國產 하늘소(天牛)科 甲蟲의 未記錄種. 동물학회지 6(1): 3–4

조영호 외. 2011. 전라남도 신안군 도초면 일대 무인도서의 곤충상. 한국환경생태학회지 25(5) : 673–684

한국곤충학회 & 한국응용곤충학회. 1994. 한국곤충명집. 건국대학교 출판부. 744 pp.

한글명 찾아보기

ㄹ

ㅁ

ㅂ

ㅅ

ㅇ

학명 찾아보기

A

B

C

D

E

G

H

J

K

L

M

N

O

P

하 늘 소 생 태 도 감

한반도의 산과 들에서 찾아낸 하늘소 357종

초판 1쇄 발행 2015년 3월 13일
초판 2쇄 발행 2016년 8월 10일

지은이 장현규, 이승현, 최웅
감수한이 이승환

펴낸곳 지오북(**GEO**BOOK)
펴낸이 황영심
편집 전유경, 유지혜, 이지영

주소 서울특별시 종로구 사직로8길 34, 오피스텔 1321호
(내수동 경희궁의아침 3단지)
Tel_02-732-0337
Fax_02-732-9337
eMail_book@geobook.co.kr
www.geobook.co.kr
cafe.naver.com/geobookpub

출판등록번호 제300-2003-211
출판등록일 2003년 11월 27일

ISBN 978-89-94242-34-7 96490

이 도서의 국립중앙도서관 출판시도서목록(CIP)은 서지정보유통지원시스템 홈페이지(http://seoji.nl.go.kr)와 국가자료공동목록시스템(http://www.nl.go.kr/kolisnet)에서 이용하실 수 있습니다.(CIP제어번호: CIP2015007162)